Dispersionen synthetischer Hochpolymerer
Teil II

Chemie, Physik und Technologie der Kunststoffe
in Einzeldarstellungen
Herausgegeben von K. A. Wolf

—————————— 14 ——————————

Dispersionen
synthetischer Hochpolymerer

Teil II
Anwendung

Von

Hans Reinhard

Mit 40 Abbildungen

Springer-Verlag Berlin · Heidelberg · New York 1969

Softcover reprint of the hardcover 1st edition 1969

ISBN-13: 978-3-642-86438-4   e-ISBN-13: 978-3-642-86437-7
DOI: 10.1007/978-3-642-86437-7

Titel Nr. 4314

Vorwort

Der vorliegende Teil II des Buches über die wäßrigen Dispersionen synthetischer Hochpolymerer behandelt deren Anwendung. Er ist dazu bestimmt, dem an Kunststoff-Dispersionen interessierten Anwendungstechniker einen Überblick über die vielfältigen Anwendungsgebiete zu vermitteln, auf denen diese Produktengruppe in stark zunehmendem Maß eingesetzt wird. Auf die Angabe von Rezepten wird verzichtet, da sich die auf dem Markt anzutreffenden Kunststoff-Dispersionen auch dann in ihren Verarbeitungseigenschaften oft sehr stark unterscheiden, wenn sie der gleichen Polymerenklasse angehören. Über das Allgemeingültige hinausgehende Angaben über die richtige Verarbeitung und den zweckmäßigen Einsatz sowie die Handelsnamen sind der technischen Literatur der Dispersions-Hersteller leicht zu entnehmen.

In den einleitenden Kapiteln wird die Bedeutung der wichtigsten Eigenschaften der wäßrigen Dispersionen synthetischer Hochpolymerer – wie Teilchengröße, Oberflächenspannung, Fließverhalten, Stabilität und Filmbildevermögen – sowie der daraus gebildeten Filme für ihre Verarbeitung und ihre Verwendung herausgestellt. In den weiteren Kapiteln werden die zahlreichen Anwendungsgebiete zusammen mit den dazugehörigen Angaben über Produkteigenschaften, Produktauswahl, Verfahrenstechnik usw. jeweils möglichst geschlossen behandelt. Wiederholungen ließen sich deswegen nicht ganz vermeiden. Querverweise innerhalb des vorliegenden Teiles II werden durch die in Klammern gesetzten arabischen Nummern der Kapitel und Abschnitte angezeigt. Eine diesen Hinweisen vorgesetzte I verweist auf Kapitel und Abschnitte des Teiles I („Herstellung, Eigenschaften und Prüfung von Dispersionen synthetischer Hochpolymerer"), in dem das gleiche Thema unter dem Blickwinkel der Herstellung und Prüfung von Kunststoff-Dispersionen behandelt wird.

Die Ausdrücke „Kunststoffdispersionen" und „Latices" (Einzahl: Latex) werden in diesem Buch ebenso wie in der angelsächsischen Fachliteratur (plastics dispersions; latices) synonym gebraucht. Der Begriff Latex deutet nur auf das äußere Erscheinungsbild, das allen wäßrigen Dispersionen von natürlichen und synthetischen Hochpolymeren gemeinsam ist, und der Versuch, ihn auf die natürlichen oder synthetischen Kautschukdispersionen zu beschränken, erscheint daher nicht glücklich.

Am Ende des Buches ist die im Text zitierte Buch-, Zeitschriften- und Patentliteratur* zusammengestellt und kapitelweise durchnumeriert. Jeweils im Anschluß daran ist weiterführende Literatur angegeben, die dem interessierten Leser einen vertieften Einblick verschafft, der über die Anwendung von Kunststoff-Dispersionen hinausgeht.

---

* Die in Klammern gesetzte Jahreszahl hinter den Nummern der Patent- bzw. Auslegeschriften gibt das Jahr der Anmeldung an.

Herrn Professor Dr. K. A. WOLF ist die Anregung zur Abfassung dieses Buches zu verdanken. Er hat sich in dankenswerter Weise um die inhaltliche Gestaltung des Buches bemüht. Bei meinen Fachkollegen, insbesondere bei den Herren Dr. DISSELHOFF, Ing. EISENTRÄGER, Dr. ELSCHNIG, Ing. FICKEISEN, Dr. FLORUS, Dr. HAAS, Dr. KEPPLER, Dr. LEIFELS, Dr. MARTIN, Dr. OTTERBACH, Ing. PETRI, Dr. REINBOLD, D. I. RIESS, Dr. RÜMENS, Dr. RÜTTIGER, Dr. SCHULLER, Dr. SCHWINDT, Dr. SLIWKA, Dr. WELZEL, Dr. WESSLAU, Ing. WITT und Dr. WÜRTELE, möchte ich mich für die vielen Anregungen und die hilfreiche Kritik bedanken, die sie mir während der Entstehung dieses Buches zuteil werden ließen. Ohne diese Hilfe wäre eine umfassende Schilderung der so weitverzweigten Anwendung von Kunststoff-Dispersionen aus einer Feder nicht möglich gewesen. Dem Springer-Verlag habe ich für die gute Ausstattung des Werkes zu danken. Nicht zuletzt möchte ich meiner Frau A. REINHARD sowie den Herren HÄSELER und Dr. PETERHANS danken, die mir bei der mühevollen Arbeit der Korrektur geholfen haben.

Ludwigshafen, im Frühjahr 1968   Der Verfasser

Inhaltsverzeichnis

Anwendung

Kunststoff-Dispersionen werden ebenso wie Lösungen von Hochpolymeren bei der Verarbeitung fast immer auf ein Substrat, wie z. B. Mauerwerk, Putz, Beton, Papier, Textilien, Leder oder Holz, aufgetragen bzw. werden bei der Herstellung solcher Substrate in diese eingearbeitet, um einen besonderen Effekt zu erreichen. Nur bei wenigen Herstellungsverfahren, z. B. der Schaumgummiherstellung und der Erzeugung von Tauchartikeln, wird aus Kunststoff-Dispersionen bzw. Kunststoff-Lösungen ein Fertigartikel gewonnen, bei dem das Polymerisat nicht in Verbindung mit einem Trägermaterial vorliegt.

Der weitverbreiteten Anwendung von Kunststoff-Dispersionen liegen — im Vergleich zu Lösungen von natürlichen und synthetischen Hochpolymeren — eine Reihe verfahrenstechnischer Vorteile bei der Verarbeitung und vielfach bessere Eigenschaften der damit hergestellten Erzeugnisse zugrunde. Ein vorteilhafter Unterschied ist bereits darin zu sehen, daß sich Kunststoff-Dispersionen aus Polymeren beliebiger Zusammensetzung miteinander mischen lassen, wenn sie mit verträglichen Emulgiermitteln hergestellt wurden. Es können auf diese Weise die verschiedenartigsten Eigenschaften der aus Dispersionsmischungen gebildeten Filme eingestellt werden. Dagegen ist bei Lösungen von Hochpolymeren eine uneingeschränkte Mischbarkeit selbst dann nicht immer gegeben, wenn die für die Lösung verwendeten Lösungsmittel unbegrenzt miteinander mischbar sind, da die Makromoleküle in Lösung verhältnismäßig frei beweglich sind und deshalb miteinander in Wechselwirkung treten können. Bei nichtverträglichen Polymerisaten trennt sich dadurch das Lösungsgemisch in mehrere Phasen, oder die Festsubstanz wird ausgefällt. In einem Latex dagegen sind die Makromoleküle in sehr großer Zahl als feste Phase in dispergierten Teilchen zusammengefaßt, deren Oberfläche durch eine Emulgiermittelschicht umhüllt ist, die eine Wechselwirkung der Makromoleküle von Teilchen zu Teilchen ausschließt. Daß in einer Kunststoff-Dispersion das Polymere in dispergierter Form vorliegt, ist auch der Grund für die Unabhängigkeit des Fließwiderstandes („Viskosität") einer Kunststoff-Dispersion vom Polymerisationsgrad des Polymeren. Kunststoff-Dispersionen können daher auch bei solchen Feststoffgehalten noch niedrigviskos sein, bei denen Lösungen der gleichen Polymerisate bereits sehr zähflüssig und kaum oder gar nicht mehr verarbeitbar sind. Manche Polymerisate (z. B. Polyvinylchlorid) sind außerdem in gebräuchlichen Lösungsmitteln so schwer löslich, daß für viele Anwendungsgebiete technisch verwertbare Lösungen gar nicht herzustellen sind. Die gleichen Schwierigkeiten bestehen bei der Herstellung solcher Polymerisate als Emulsionspolymerisate nicht.

Da in Kunststoff-Dispersionen die flüssige Phase aus Wasser besteht, stellt sich bei ihrer Verarbeitung nicht wie bei der von Kunststofflösungen die Frage nach etwaiger Wiedergewinnung von Lösungsmitteln. Brandschutztechnische Maßnahmen sind nicht erforderlich. Die im Vergleich zu Lösungen von Hochpolymeren meistens höheren Feststoffgehalte der Kunststoff-Dispersionen, lassen gleiche Schichtdicken mit einer geringeren Anzahl von Arbeitsgängen erreichen. Besondere verarbeitungstechnische Vorteile gegenüber Lösungen von Hochpolymeren bieten Polymerdispersionen auch beim Auftragen auf poröse Substrate, deren Oberfläche einen Kunststoffüberzug erhalten soll. Die dispergierten Teilchen (Teilchengröße zwischen 0,01 μ und 5 μ) dringen meistens nur wenig in den Untergrund ein, so daß einerseits der auf der Oberfläche sich bildende Film verankert wird und andererseits nicht ein beträchtlicher Teil des Polymerisats für die Filmbildung auf der Oberfläche verlorengeht. Außerdem werden flexible Substrate durch Kunststoff-Dispersionen wegen der im allgemeinen geringeren Penetration weniger versteift als durch gelöste Polymerisate, die beim Auftragen weitaus tiefer in das Substrat eindringen. Aus einem Polymerisatfilm, der aus Lösung gebildet wurde, sind weiterhin die letzten Reste Lösungsmittel sehr viel schwieriger zu entfernen als Restmengen Wasser aus einem Latexfilm.

Beim Abschätzen der anwendungstechnischen Vorteile von Kunststoff-Dispersionen ist aber auch zu berücksichtigen, daß die Trocknung von wäßrigen Kunststoff-Dispersionen im Vergleich zu Lösungen in den gebräuchlichen organischen Lösungsmitteln einen größeren Energie- bzw. Zeitaufwand erfordert. Bei der Beschichtung von wasserempfindlichen Substraten, die sich unter der Einwirkung des Wassers der Kunststoff-Dispersion verziehen oder verwerfen können, müssen in den Beschichtungs- bzw. Streichmaschinen technische Gegenmaßnahmen getroffen werden. Die Filme aus Kunststoff-Dispersionen sind auch meistens wasserempfindlicher als solche aus Kunststoff-Lösungen in organischen Lösungsmitteln, da es sich technisch nicht vermeiden läßt, daß die zur Polymerisation und zur Verarbeitung verwendeten hydrophilen Hilfssubstanzen teilweise im Polymerisatfilm zurückgehalten werden. Auch beim Auftragen einer Kunststoff-Dispersion auf einen saugfähigen Untergrund kann nur ein Teil der wasserlöslichen Substanz mit dem Wasser in das Substrat abwandern.

1 Die Bedeutung der Eigenschaften von Kunststoff-Dispersionen und ihren Filmen für die Anwendung

Die Eigenschaften einer Kunststoff-Dispersion und des daraus gebildeten Polymerisatfilms hängen von der Art und Menge der verwendeten Monomeren, der sehr variablen Polymerisationstechnik und der Art und Menge der Hilfsstoffe ab, die zur Herstellung der Kunststoff-Dispersionen verwendet wurden. Durch die große Zahl von Variationsmöglichkeiten bei der Herstellung ist daher nur inAusnahmefällen zu erwarten, daß sich Polymerisate gleicher Monomerenzusammensetzung in allen Eigenschaften gleichen. Bei der Verarbeitung muß berücksichtigt werden, daß eine Maßnahme, die im Hinblick auf die Veränderung einer Eigenschaft ergriffen wird, zum Nachteil einer anderen wertvollen anwendungstechnischen Eigenschaft ausschlagen kann; so fördert z. B. der Zusatz größerer Mengen oberflächenaktiver Substanzen zu Kunststoff-Dispersionen einerseits die Benetzung hydrophober Flächen sowie die mechanische Stabilität der Latices, verstärkt aber andererseits die Neigung der Kunststoff-Dispersionen, während der Verarbeitung zu schäumen.

In den folgenden Abschnitten soll die Bedeutung einiger charakteristischer Eigenschaften von Kunststoff-Dispersionen und der daraus gebildeten Polymerisatfilme für die anwendungstechnische Verarbeitung von Kunststoff-Dispersionen behandelt werden. Die grundsätzliche Bedeutung von Teilchengröße, Oberflächenspannung, Fließverhalten und Stabilität für Kunststoff-Dispersionen sowie die Meßmethode für diese physikalischen Größen sind in den Kapiteln 1 und 3 des Teiles I beschrieben.

1.1 Teilchengröße (s. a. I. 1.4.1)

Der Teilchendurchmesser der Latexteilchen von Kunststoff-Dispersionen liegt im allgemeinen zwischen 0,01 µ und 5 µ. In willkürlicher Unterteilung nennt man Latices mit Teilchendurchmessern bis zu 0,5 µ feindispers und solche mit darüberliegendem Teilchendurchmesser grobdispers. Mit Seifen als Emulgiermittel werden bei der Polymerisation in der Regel feindisperse, mit Schutzkolloiden grobdisperse Kunststoff-Dispersionen erhalten. Die Größe der Teilchendurchmesser der Einzelteilchen und die Häufigkeitsverteilung der Teilchendurchmesser sind durch die Polymerisationstechnik beeinflußbar. In der anwendungstechnischen Praxis hat man es meist mit Kunststoff-Dispersionen zu tun, die eine mehr oder weniger breite Teilchengrößenverteilung haben. (Prüfmethoden zur Bestimmung der Teilchengröße und deren Verteilungsfunktion s. I. 3.8.)

Eine Reihe anwendungstechnischer Eigenschaften der Kunststoff-Dispersionen wird durch die Teilchengröße und deren Verteilung mitbestimmt.

Der *Glanz* eines Filmes aus einer Kunststoff-Dispersion hängt von dem Ausmaß der regelmäßigen Reflexion der einfallenden Lichtstrahlen an seiner Oberfläche ab. Flächenteile, die auftreffendes Licht diffus streuen, zeichnen sich als matte Stellen ab. Die Voraussetzung dafür, daß ein Kunststoff-Film glänzt, ist also eine möglichst ebene und geschlossene Oberfläche. Eine solche bildet sich aus Kunststoff-Dispersionen bei der Filmbildung am besten, wenn deren durchschnittliche Teilchengröße möglichst klein und außerdem die Teilchengrößenverteilung breit genug ist, daß aus kleineren und größeren Teilchen eine dichte Kugelpackung entsteht. Filme aus grobdispersen Latices glänzen daher in der Regel weniger als Filme aus feindispersen Kunststoff-Dispersionen, da die Polymerteilchen wegen der zu überbrückenden großen Zwischenräume an vielen Stellen des Films nicht zu einer ebenen Oberfläche zusammengeflossen sind. Stärker noch wird die Glanzverminderung, wenn sich in der Dispersion Kunststoffteilchen zu großen, unregelmäßig geformten Gebilden zusammengelagert haben, wodurch bei der Filmbildung Fehlstellen mit verhältnismäßig geringer Packungsdichte der Polymerteilchen entstehen. Die Folge ist eine stark unregelmäßig geformte Filmoberfläche.

Die Stabilität von Kunststoff-Dispersionen gegen Füllstoff- und Pigmentzusätze, kurz auch *Pigmentverträglichkeit* genannt, ist von der Teilchengröße unabhängig. Sie wird hauptsächlich durch die Art und Menge des Hilfsstoffsystems und die Polymerisatzusammensetzung der Kunststoff-Dispersion bestimmt.

1*

Das *Eindringvermögen* von Kunststoff-Dispersionen in poröse, aber dennoch relativ dichte Substrate, wie Papier, Leder oder einen Putzuntergrund, ist naturgemäß bei feinteiligen Latices besser als bei grobteiligen. Andererseits ist bei feindispersen Kunststofflatices die *Wanderungstendenz* während des Trocknens von damit imprägnierten Papier- oder Textilfaser-Vliesen und von gestrichenen, pigmentierten Schichten [1] aus solchen Kunststoff-Dispersionen größer als bei grobdispersen Latices. Sie hängt außer von der Teilchengröße eines Latex auch noch von der Zusammensetzung des Hilfsstoffsystems einer Kunststoff-Dispersion sowie der Faserart eines Vlieses ab und nimmt mit der Schichtdicke der zu trocknenden Schicht zu. Bei den gebräuchlichen Trocknungsverfahren wird die Wärme über die Oberflächen der zu trocknenden Schicht zugeführt. Es stellt sich daher ein Temperaturgefälle von den Oberflächen hin zur Mittelzone der Schicht ein, und das Wasser bewegt sich in entgegengesetzter Richtung zu den Oberflächen, von wo es verdampft wird. Mit dem Wasser wandern auch die Kunststoffteilchen aus dem Innern zu den Grenzflächen hin. Die Teilchenwanderung ist erst beendet, wenn der Latex in der zu trocknenden Schicht durch Verdampfen des Wassers bzw. durch dessen Absorption in einem Substrat so weit aufkonzentriert wurde, daß die Beweglichkeit der Polymerteilchen unterbunden ist.

Die Wanderungstendenz der Kunststoffteilchen ist durch die Trocknungstemperatur beeinflußbar. Bei niedrigen Trocknungstemperaturen, um 25°C, ist sie gering. Deutlich ist dagegen der Wanderungseffekt bei den in den technischen Trocknungseinrichtungen meistens vorliegenden Temperaturen um 100°C an der Verarmung des Kunststoffs in der mittleren Schicht und dessen Anreicherung in den oberen Schichten zu erkennen. Erfahrungsgemäß kann die Wanderung der Kunststoffteilchen in manchen Fällen dadurch unterbunden werden, daß die zu trocknende Schicht zu Beginn des Trocknungsvorganges einer schockartigenTemperaturbehandlung mit Temperaturen von oberhalb etwa 140°C bei dampfgesättigter Luft ausgesetzt wird. Besser als durch die Wahl der Trocknungstemperatur, kann man die Kunststoffwanderung durch die Wahl des Trocknungsverfahrens unterdrücken. Nach einer Trocknung im elektrischen Hochfrequenzfeld ist keine Wanderung der Polymerpartikel über den Querschnitt der getrockneten Schicht hinweg festzustellen. Ebenfalls sehr wirksam ist die Methode, Kunststoff-Dispersionen so instabil zu machen, daß sie beim Erwärmen auf höhere Temperaturen gelieren. Zu diesem Zweck werden der betreffenden Kunststoff-Dispersion wärmesensibilisierende Substanzen zugesetzt. Solche Zusätze sind z. B. Polyvinylmethyläther und Gemische von Elektrolyten mit bestimmten äthoxylierten, oberflächenaktiven Substanzen, die ihre gegen den Elektrolytzusatz stabilisierende Wirkung bei höheren Temperaturen verlieren. Mit welchen Mengen der genannten Zusätze oder ob eine Kunststoff-Dispersion überhaupt wärmesensibel gemacht werden kann, hängt weitgehend von dem in der Kunststoff-Dispersion bereits zur Herstellung vorhandenen Hilfsstoffsystem ab.

Die *Wasseraufnahme* der Filme aus Kunststoff-Dispersionen hängt vor allem vom Filmgefüge, dem Hilfsstoffsystem und der Polymerisatzusammensetzung ab (s. 1.6). Die Teilchengröße der Kunststoff-Dispersionen ist für die Wasseraufnahme der daraus gebildeten Filme insofern von Bedeutung, als sie ein beeinflussender Faktor bei dem Aufbau des Filmgefüges ist (s. 1.5).

Ein für die Anwendungstechnik wichtiger Zusammenhang besteht zwischen den *Fließeigenschaften* (s. I. 1.4.2) und der Teilchengröße bzw. Teilchengrößenverteilung der Latexteilchen. Bei sonst gleicher Zusammensetzung und Feststoffkonzentration ist der Fließwiderstand einer feindispersen Kunststoff-Dispersion größer als der einer grobdispersen. Die dadurch bedingten anwendungstechnischen Probleme werden besonders deutlich bei der Herstellung von Schaumgummi aus synthetischen Kautschukdispersionen. Hierfür sind Latices mit sehr hohem Feststoffgehalt, möglichst um 70 Gewichtsprozent, erforderlich. Die nach der Polymerisation verhältnismäßig niedrig-konzentrierten und dünnflüssigen Kunststoff-Dispersionen verdicken aber zu steifen, nicht mehr fließfähigen Pasten, wenn man sie durch Wasserentzug (z. B. Zentrifugieren) auf die gewünschte hohe Konzentration bringt. Eine vor dem Aufkonzentrieren mit chemischen oder physikalischen Mitteln durchgeführte Agglomeration bewirkt im Latex jedoch eine Teilchenvergrößerung und gleichzeitig eine verhältnismäßig breite Teilchengrößenverteilung, so daß auch bei 70 % Feststoffgehalt freifließende synthetische Kautschukdispersionen erhalten werden.

1.2 Oberflächenspannung

Durch die Anwesenheit oberflächenaktiver Substanzen in der wäßrigen Phase haben Kunststoff-Dispersionen meistens ein ausgeprägtes Benetzungsvermögen, auch für hydrophobe Substrate. In Fällen, in denen dieses nicht ausreicht, wird es durch Netzmittelzusätze weiter erhöht. Die herabgesetzte Oberflächenspannung bedingt aber auch eine gewisse Neigung der Kunststoff-Dispersionen zum Schäumen. Dieser Schaumneigung muß bei der Verarbeitung durch sorgfältige Verfahrenstechnik begegnet werden. Das Einführen von Luft in den Latex beim Mischen, Rühren oder Pumpen sollte durch den Einsatz entsprechend konstruierter Geräte und Einstellen einer möglichst niedrigen Tourenzahl vermieden werden. Beim Herstellen von Mischungsansätzen mit mehreren Komponenten ist es aus dem gleichen Grund zweckmäßig, die Kunststoff-Dispersion zuletzt zuzugeben. In Verarbeitungsmaschinen sollen Kunststoff-Dispersionen nicht frei fallen, sondern zum Überwinden größerer Höhendifferenzen immer auf Leitblechen oder analogen Vorrichtungen geführt werden.

Entschäumungsmittel, wie z. B. höhere Alkohole und deren Derivate, Silikone, Triisobutylphosphat u. a., zeigen einen je nach dem in einer Kunststoff-Dispersion vorhandenen Hilfsstoffsystem unterschiedlichen Wirkungsgrad, der mit zunehmender Lagerzeit abnehmen kann. Außerdem ist bei Zusatz von Entschäumungsmitteln Vorsicht geboten. Störungen bei der Weiterverarbeitung – z. B. Schwierigkeiten beim Heißsiegeln beschichteter und beim Drucken gestrichener Papiere, Fischaugenbildung – haben ihre Ursache oft in einer Überdosierung oder im Vorhandensein von Entschäumungsmitteln überhaupt.

Der Einfluß der Oberflächenspannung auf die Filmbildung von Kunststoff-Dispersionen ist im Abschnitt 1.5 beschrieben.

1.3 Fließverhalten (s. a. I. 1.4.2)

Das Fließverhalten von Kunststoff-Dispersionen [2] ist sehr unterschiedlich. Kunststoff-Dispersionen mit 50 % Feststoffgehalt können sowohl dünnflüssig als auch hochviskos oder pastös sein. Einen großen Einfluß darauf haben die zur Herstellung der Dispersionen verwendeten Emulgiermittel. Mit seifenartigen Emulgiermitteln werden meistens, je nach Feststoffgehalt, dünnflüssige bis leicht viskose, mit Schutzkolloiden dagegen vor allem zähflüssige bis pastöse Latices erhalten. (Messung des Fließwiderstandes s. I. 3.6).

Das Fließverhalten einer Kunststoff-Dispersion ist für ihre Verarbeitung, z. B. in Anstrichbindemitteln, Klebstoffen und Papierbeschichtungsmassen, oft von ausschlaggebender Bedeutung. Eine wäßrige Anstrichfarbe z. B. soll eine Fließgrenze aufweisen, damit sie nicht von der Bürste oder Rolle tropft. Beim darauffolgenden Streichen muß sich der Fließwiderstand durch Erhöhen des Schergeschwindigkeitsgefälles unter der Bürste erniedrigen. Am Ende des Streichvorganges soll der Fließwiderstand zunächst noch niedrig sein. Die Anstrichfarbe verläuft dann in ausreichendem Maße, wodurch sich die Streichmarkierungen egalisieren. Während des Verlaufens soll sich die Struktur in der Anstrichfarbe wieder aufbauen, und der zeitliche Verlauf dieser konkurrierenden Vorgänge muß so aufeinander abgestimmt sein, daß einerseits die Streichmarkierungen durch Verlaufen verschwinden, und sich andererseits durch Wiedererreichen einer Fließgrenze keine Streichzungen oder -tropfen bilden. Sowohl D. L. GAMBLE [3] wie später B. S. GARRET [4] halten diese Forderungen, die sich aus dem Streichvorgang ergeben, am besten durch eine thixotrope Anstrichfarbe erfüllbar. Die Verdunstung des Wassers aus den Anstrichen ist für ihr unterschiedliches Verhalten dabei nicht so entscheidend wie der Wasserverlust durch Absorption im Substrat. Dies zeigten Untersuchungen von B. S. GARRET [4], der die Penetration des Wassers aus Anstrichfarben in Filtrierpapier als Unterlage mit der reinen Oberflächenverdunstung verglich.

Analoge Verhältnisse liegen auch für das Auftragen und Egalisieren von Papierstreichmassen in Walzen- und Rakelstreichmaschinen vor [5] und gelten in ähnlicher Weise für die vielfältigen Klebstoffanwendungen.

Große Schwierigkeiten macht es immer noch, die bei der praktischen Anwendung vorliegenden Schergeschwindigkeitsgefälle sicher zu erfassen, bzw. diese zur Ausarbeitung geeigneter Streichmassen oder -farben im Labor meßtechnisch zu simulieren. So stellt J. G. SAVINS [6] fest, daß die Literaturangaben über das beim Verstreichen einer Anstrichfarbe herrschende Schergeschwindigkeitsgefälle zwischen 100 und 30000 sec^{-1} streuen. A. HARSVELDT [7] berechnet überschlagsmäßig, daß im Walzenspalt einer Mehrwalzenpapierstreichanlage Schergeschwindigkeitsgefälle bis zu 50000 sec^{-1} vorliegen können, während z. B. das sog. „High-Shear-Viskosimeter" nur bis zu ca. 5500 sec^{-1} mißt. W. R. WILLETS [5] schätzt das Schergeschwindigkeitsgefälle bei Walzenantragssystemen auf 10^4-10^6 sec^{-1}. Hinzu kommt noch, daß die Maximalwerte der Scherung innerhalb weniger Sekunden erreicht werden, und außerdem unter solchen Verhältnissen die Temperaturerhöhung in der Streichmasse ebenfalls berücksichtigt werden muß.

Die verschiedenen anwendungstechnischen Verarbeitungsverfahren erfordern vielfach, daß die niedrigviskosen Kunststoff-Dispersionen auf eine höhere Viskosität gebracht oder ganz allgemein Kunststoff-Dispersionen mit mehr oder weniger hohem Fließwiderstand im Fließverhalten den jeweiligen Verarbeitungsbedingungen angepaßt werden. Zu diesem Zweck werden meistens Verdickungsmittel, (s. I. 1.4.5.5) in möglichst geringen Mengen zugesetzt. Dabei ist anzustreben, daß möglichst geringe Mengen des Verdickungsmittels ausreichen, weil sonst durch die wasserlöslichen Substanzen die Wasserfestigkeit der Beschichtungen oder Anstriche leiden kann. Die viskositätserhöhende Wirkung eines bestimmten Verdickungsmittels ist für fast jede Kunststoff-Dispersion unterschiedlich [8] und nicht nur von Emulgiermittelart und -menge, wie es auch Untersuchungen von E. OELSNER [9] zeigten, sondern auch von der Teilchengröße der Kunststoffpartikel, der Konzentration des Latex und anderen Zuschlagstoffen in der Dispersion abhängig.

Die verdickende Wirkung vieler wasserlöslicher Hochpolymerer kommt nicht allein durch Erhöhen des Fließwiderstandes in der wäßrigen Phase zustande, sondern auch durch Aggregation der Dispersionspartikel bzw. in pigmentierten Systemen auch der Pigmente, worauf auch B. S. GARRET [4] hinweist. F. J. HAHN und J. F. HEAPS [10] machten auf die Gefahren aufmerksam, die aus einer übermäßigen Aggregation für die Filmbildung (s. 1.5) und damit für die anwendungstechnischen Eigenschaften eines Anstrichfilms resultieren. Sie fordern daher, daß die Verdickung ohne wesentliche Aggregation der Teilchen erfolgen sollte. Für viele Anwendungen ist eine gewisse Thixotropie erwünscht, die manchen Kunststoff-Dispersionen erst durch Zugabe von hochmolekularen, wäßrigen Kolloiden erteilt wird. Um unerwünschte Aggregatbildungen mindestens weitgehend zu vermeiden, müssen daher das System: Kunststoff-Dispersion-Verdickungsmittel und unter Umständen auch die Pigmente und Füllstoffe, gegebenenfalls unter Zuhilfenahme von zusätzlichem Stabilisierungsmittel, sorgfältig aufeinander abgestimmt sein.

Anstatt mit den geschilderten hochmolekularen Kolloiden können Kunststoff-Dispersionen auch mit Weichmachungs- und quellenden Lösungsmitteln verdickt werden, indem diese die Volumenkonzentration der Teilchen im Latex erhöhen. Auch in Wasser quellbare anorganische Stoffe, wie Bentonite oder sehr feinteilige Siliciumdioxide, erhöhen den Fließwiderstand einer Kunststoff-Dispersion, indem sie die Volumenkonzentration der wäßrigen Phase erniedrigen.

Copolymerisatdispersionen, in die Acrylsäure oder Methacrylsäure in bestimmten Mengen einpolymerisiert wurden, können zur Anwendung durch Zusatz von Ammoniak oder wasserlöslichen Alkalihydroxiden verdickt werden, ohne daß die obengenannten Verdickungsmittel zugegeben werden müssen. Wie H. WESSLAU [11] beschrieb, ist die Verdickbarkeit abhängig von der Einfriertemperatur des Polymerisates und der Hydrophilie der Hauptmonomeren. Die Verdickbarkeit wird mit abnehmender Hydrophilie der Monomeren und unterhalb der Glastemperatur des Polymerisats geringer. Von Einfluß auf den Grad der Verdickung kann auch der Zeitpunkt sein, an dem während der Polymerisation das Carboxylgruppen enthaltende Monomere zugesetzt wird [12].

Kunststoff-Dispersionen mit größeren Anteilen an (Meth)-Acrylsäure im Polymerisat können durch Alkali in hochviskose, wäßrige Lösungen überführt werden. Sie bringen als sog. „Verdickerdispersionen" den Vorteil gegenüber wasserlöslichen, hochpolymeren Kolloiden, daß sie als konzentrierte Produkte geliefert und als solche auch mit der zu verdickenden Kunststoff-Dispersion gemischt werden können und erst in situ durch Zusatz von Alkali verdicken [13, 14]. Außerdem soll die Wasserempfindlichkeit der Filme geringer sein, wenn Kunststoff-Dispersionen auf solche Art und nicht mit den üblichen wasserlöslichen Verdickungsmitteln verdickt worden sind.

1.4 Stabilität

Ein Kubikzentimeter einer 50%igen Kunststoff-Dispersion mit Teilchendurchmessern von 100 mµ enthält ca. 10^{15} kugelförmige Teilchen, die eine Gesamtoberfläche von ungefähr 30 m² besitzen [15]. Wegen der dadurch bedingten großen Grenzfläche des Gesamtsystems neigen die Latexteilchen dazu, sich zu größeren Aggregaten zusammenzulagern. Schreitet dieser Vorgang irreversibel zu immer größeren Partikelanhäufungen fort, so kommt es schließlich zur Koagulatbildung, die in ihrem Endstadium zum vollständigen „Brechen" der Dispersion führt. Die Dispersion wird dabei in eine gelartige oder krümelige Masse verwandelt, die das Wasser in sich aufgesogen hat und sich nicht mehr in ihren ursprünglich feinverteilten Zustand zurückversetzen läßt. Sehr kleine Koagulatteilchen werden in der Sprache der Anwendungstechnik „Stippen" genannt. Sie machen die Verarbeitung einer Kunststoff-Dispersion zwar nicht unmöglich, stören aber bei vielen Verarbeitungsprozessen oder beeinträchtigen die Qualität des Endproduktes. Durch Filtration sind sie mehr oder weniger leicht aus dem Latex zu entfernen. Die Ursache einer Koagulatbildung durch irreversibles Aggregieren der Latexteilchen können mechanische (Scherkräfte), thermische (hohe Temperaturen oder Frost) und chemische (Elektrolyte, Verseifung, pH-Wert-Änderung) Einwirkungen (s. I. 1.4.5) auf die Kunststoff-Dispersion während des Lagerns, Transports oder der Verarbeitung sein.

Beim Lagern von Kunststoff-Dispersionen kann manchmal beobachtet werden, daß sich am Boden des Behälters bzw. auf der Dispersion eine Schicht aus Latexteilchen abscheidet. Vereinzelt entsteht im oberen oder unteren Teil der Dispersion auch zusätzlich oder für sich allein eine Wasserschicht, die frei von Latexteilchen ist, ein sog. Serum. Die Vorgänge, die zu diesen Erscheinungen führen, werden Sedimentation bzw. Aufrahmen genannt. Sie zeigen nicht eine vorhandene oder beginnende Instabilität einer Kunststoff-Dispersion an, auch wenn sich oft das Sediment nach einiger Zeit nicht mehr redispergieren läßt. Sedimentation und Aufrahmen hängen von der Dichtedifferenz zwischen den Latexteilchen und der flüssigen Phase, deren Fließwiderstand und der Teilchengröße der Latexpartikel ab. Ein leichtes Sedimentieren der Teilchen findet bei langem Stehen besonders bei grobdispersen Dispersionen und gegenüber der wäßrigen Phase spezifisch schwereren Polymerisaten, wie z. B. Vinylchlorid- und Vinylidenchlorid-Copolymerisaten, häufig statt, ohne daß ein Bodensatz oder ein Serum an der Oberfläche sichtbar wird; dennoch sind dadurch über die Höhe der Dispersion hin Konzentrationsunterschiede vorhanden, die durch Umrühren wieder ausgeglichen werden können. Gegenüber dem Dispersionsmedium spezifisch leichtere Polymerisate, wie z. B. bestimmte synthetische Kautschuktypen, neigen zum Aufrahmen. Bei den grobdispersen Schutzkolloiddispersionen wirkt vor allem der große Fließwiderstand des Dispersionsmediums dem Sedimentieren der Kunststoffteilchen entgegen. Verdünnen einer Schutzkolloiddispersion mit Wasser führt daher im allgemeinen zum schnellen Absetzen bzw. Aufrahmen der Polymerteilchen, je nach deren Dichte.

Die *Stabilität gegen die Einwirkung mechanischer Scherkräfte* ist für Kunststoff-Dispersionen bis zur vollendeten Verarbeitung von Bedeutung. Pumpen zur Förderung, Schütteln im Behälter auf dem Transport, Mischvorgänge in schnellaufenden Rührwerken, Farbmühlen und auf Walzwerken, Scherung zwischen mit hoher

Geschwindigkeit laufenden Walzen und unter Rakeln in Beschichtungsmaschinen, Verreiben unter dem Pinsel oder der Rolle beim Anstreichen oder Versprühen durch eine enge Düsenöffnung beim Spritzen stellen große Anforderungen an die Scherstabilität einer Kunststoff-Dispersion. Durch Zusatz von oberflächenaktiven Substanzen verschiedenster Art und von Schutzkolloiden kann erforderlichenfalls die Scherstabilität einer Kunststoff-Dispersion oder damit hergestellter Mischungen verbessert werden. Dabei ist immer zu berücksichtigen, daß jeder Zusatz die Endeigenschaften des Produktes beeinflussen kann.

Die Scherstabilität kann z. B. durch Beobachten des anfallenden Koagulats beim Zerreiben des Latex zwischen den Fingerkuppen sowie durch Messen des Koagulatanfalles mit Hilfe von Schüttel-, Reib- und Rührmethoden unter unterschiedlichen Beanspruchungsbedingungen geprüft werden [16]. Trotz der genannten Prüfungsmöglichkeiten im Labor ist es vielfach schwierig zu beurteilen, ob die durch Laborprüfung ermittelte Scherstabilität für die Praxisverhältnisse ausreichend ist, da die tatsächlichen Scherbeanspruchungen im Labortest oft nur angenähert eingestellt werden können. Es ist auch zu berücksichtigen, daß man von der Stabilität der reinen Kunststoff-Dispersion nicht auf die Stabilität einer Mischung derselben Dispersion mit einer anderen, mit Füllstoff-, Pigment- oder anderen Zusätzen schließen kann.

Die *Stabilität gegenüber Elektrolyten* spielt bei Füllstoff- und Pigmentzusätzen eine Rolle, da vielfach mit Füllstoffen und Pigmenten auch darin enthaltene wasserlösliche Salze in den Latex eingeschleppt werden. Sie kann durch Titration mit Elektrolytlösungen (z. B. NaCl, $CaCl_2$) unterschiedlicher Konzentration ermittelt werden. Auf diese Weise läßt sich auch eine Stabilitätserhöhung feststellen, die durch Zusätze ionischer bzw. nicht-ionischer Emulgiermittel oder Schutzkolloide erzielt wurde.

Die Empfindlichkeit mancher Hilfsstoffsysteme in Kunststoff-Dispersionen gegen Elektrolytzusatz wird z. B. bei der Schaumgummiherstellung, Schaumbeschichtung von Teppichrücken oder Textil bzw. Papiervliesimprägnierung genutzt, um Latices gegen eine größere Temperaturerhöhung oder mit einem Zeitfaktor zu sensibilisieren oder das Polymerisat auf Leder- oder Papierfasern bei der Faserleder- bzw. Papierherstellung aufzufällen.

Die Stabilität von Kunststoff-Dispersionen kann auch durch starke Veränderung des pH-Werts vermindert werden. Eine starke Erniedrigung des pH-Werts z. B. führt bei manchen Kunststoff-Dispersionen mit anionischen Emulgiermitteln zur teilweisen oder vollständigen Koagulation, weil mit kleiner werdendem pH-Wert die Dissoziation des Emulgiermittels und damit die die Stabilität bestimmende negative Ladung der Latexteilchen herabgesetzt wird.

Die Stabilität eines Latex kann aber nicht nur durch Elektrolyte gestört werden, sondern auch durch Adsorption der die Polymerdispersion stabilisierenden Emulgiermittel an den Oberflächen der zugesetzten Pigment- und Füllstoffteilchen. Entsprechend den kinetischen Betrachtungen von J. LANGMUIR [17] über die Adsorption an festen Oberflächen ist die Konzentration einer auf einer festen Oberfläche adsorbierten oberflächenaktiven Substanz proportional zu deren Konzentration in der umgebenden Lösung und zu dem Ausmaß, in welchem die Grenzflächenspannung durch den Adsorptionsprozeß erniedrigt ist. Die in Lösung befindliche und die adsorbierte Menge der oberflächenaktiven Substanz stehen dabei in einem dynamischen Gleichgewicht. Wird der Lösung oberflächenaktive Substanz entzogen, geht davon eine dem neuen Gleichgewicht entsprechende Menge von der Oberfläche der festen Phase in Lösung über. Die Menge der adsorbierten Emulgatorschicht auf einer Pigment- oder Füllstoffoberfläche, bei gleicher Ionenkonzentration in der Lösung, ist im Gleichgewichtszustand gewöhnlich größer als auf der Oberfläche eines Latexteilchens. Deshalb wandern von den Latexteilchen beim Mischen mit Pigmenten und Füllstoffen Emulgiermittelmoleküle über die Lösung auf die Oberfläche der Pigmente und Füllstoffe ab. Diese Emulgiermittelabwanderung kann zu einer allmählichen oder sofortigen Koagulation einer Kunststoff-Dispersion führen.

Koagulation kann auch durch Einrühren einer Kunststoff-Dispersion in trockene Pigmente und Füllstoffe verursacht werden, wenn diese zur Benetzung ihrer Oberfläche dem Latex zu viel Wasser entziehen. Pigmente und Füllstoffe sollen daher vor dem Mischen mit Kunststoff-Dispersionen mit Wasser und Dispergiermitteln (niedermolekularen synthetischen Schutzkolloiden, natürlichen Schutzkolloiden, anorganischen Polyphosphaten, ionischen oder nicht-ionischen Netzmitteln) angerieben werden. Läßt sich das direkte Einarbeiten der trockenen Pigmente und Füllstoffe in einem Latex nicht umgehen, muß dessen Stabilität erforderlichenfalls durch vorherige Zugabe oberflächenaktiver Substanzen zur Dispersion erhöht werden. Die Pigmentverträglichkeit einer Kunststoff-Dispersion kann außerdem durch Einpolymerisieren von Monomeren mit hydrophilen Gruppen (z. B. OH, COOH, NH_2) verbessert werden.

Durch den Begriff der *Lagerstabilität* wird die Stabilität einer Kunststoff-Dispersion im Ruhezustand gegenüber dem Koagulieren als Folge thermischer und chemischer Einwirkungen beurteilt. Auch die Neigung zum Sedimentieren und Aufrahmen wird in der Praxis von diesem Stabilitätsbegriff mit umfaßt, obwohl diese Erscheinungen nicht im Zusammenhang mit einer Instabilität des Kolloidsystems stehen; dennoch können sie manchmal die Weiterverarbeitung der betreffenden Kunststoff-Dispersion stören.

Es werden unterschiedliche Methoden benutzt, um z. B. durch Zentrifugieren oder Lagern bei erhöhter Temperatur eine Voraussage über die zu erwartende Lagerstabilität eines Latex machen zu können. Leider besteht aber nicht immer ein eindeutiger Zusammenhang zwischen dem Ergebnis solcher Vorprüfungen und der tatsächlichen gefundenen Lagerstabilität, da — wie bei allen Schnellprüfungen — zusätzliche äußere Einwirkungsfaktoren (z. B. erhöhte Temperatur) auf die Stabilität eingeführt werden, die unter normalen Lagerbedingungen nicht vorhanden zu sein brauchen.

1.5 Filmbildung

Für die Mehrzahl anwendungstechnischer Verarbeitungsverfahren unter Verwendung von Kunststoff-Dispersionen ist deren Filmbildung von außerordentlicher Bedeutung. Sie ist im Gegensatz zur Filmbildung aus einem oxidativ trocknenden Öl und ebenso wie die Filmbildung aus einer Kunststoff-Lösung ein physikalischer Vorgang. Aus einem gelösten Hochpolymeren entsteht ein Film durch Zusammenlagerung der Makromoleküle beim Verdunsten des Lösungsmittels. Die Filmbildung aus einer Kunststoff-Dispersion dagegen ist wegen der im Vergleich zum gelösten Polymermolekül großen Latexpartikel (mit einem durchschnittlichen Durchmesser von 0,01—5 μ) ein komplizierterer Vorgang, der stark von der Temperatur und auch von der Luftfeuchtigkeit abhängt. Unterhalb einer für jedes Polymerisat charakteristischen Temperatur, der sog. „Filmbildungstemperatur", trocknet eine Kunststoff-Dispersion daher nur zu einer nicht zusammenhängenden, pulverigen oder rissigen Schicht auf. Ebenso wenig kann sich in einer mit Wasserdampf gesättigten Atmosphäre ein Film bilden. Bei sehr hoher Luftfeuchtigkeit geht die Filmbildung nur sehr langsam vor sich. Erst oberhalb der Filmbildungstemperatur, die vor allem von der Einfriertemperatur des Polymeren, von dessen Teilchengröße und den Trocknungsbedingungen, wie z. B. der Trocknungsgeschwindigkeit [18], abhängt, wird ein geschlossener Film erhalten. Die Filmbildungstemperatur eines Polymeren kann durch Zusatz von Weichmachern und Lösungsmitteln, die das betreffende Polymere anquellen, herabgesetzt werden. Auf die weichmachende Wirkung des Wassers auf Latexteilchen haben O. WHEELER [19] u. Mitarb. hingewiesen.

Es gibt verschiedene Methoden, die Mindestfilmbildungstemperatur, auch Weißpunkt genannt, zu bestimmen. Bei einer davon wird der Latex auf eine Metallschiene aufgetragen, auf der ein Temperaturgefälle eingestellt wird [20]. Nach Verdunsten des Wassers wird die Temperatur an der Stelle der Schiene abgelesen, wo sich gerade noch ein Film gebildet hat und die Kunststoff-Dispersion nicht zu einem weißen Belag aufgetrocknet ist. Der zeitliche Ablauf der Filmbildung kann durch Lichtstreuungsmessungen [21] verfolgt werden. Mit zunehmender Austrocknung der Filmschicht werden die Streuwerte geringer. Durch gravimetrische Messung des Wasserverlustes während der Filmbildung ist es auch möglich, den Zeitpunkt zu bestimmen, an dem sich die Naßfilmschicht verfestigt. Er wird durch einen Knick in der Wasserverdunstungskurve angezeigt [22].

Zwischen der Filmbildung aus einer Kunststoff-Lösung und einer Kunststoff-Dispersion besteht ein charakteristischer Unterschied. Nach der heute ziemlich allgemein gültigen Auffassung vollzieht sich bei einer Kunststoff-Lösung der Übergang von dem flüssigen in den festen Zustand mindestens bis zur Entfernung der letzten Lösungsmittelreste sehr gleichmäßig und stetig. Im Gegensatz dazu verfestigt sich der Naßfilm (s. Abb. 1 a) einer Kunststoff-Dispersion plötzlich zu dem Zeitpunkt, an dem durch Verdunsten oder Abwandern einer bestimmten Menge Wassers in den Untergrund die Latexpartikel miteinander in Berührung gebracht werden (s. Abb. 1 b).

Vor diesem Zeitpunkt folgen die Teilchen wahrscheinlich, wie sich aus Untersuchungen von J. W. VANDERHOFF und E. B. BRADFORD [23] schließen läßt, in ihren Bewegungen, mindestens in lokal begrenzten Bereichen, gerichteten Wirbelströmungen in der trocknenden Filmschicht. VANDERHOFF und BRADFORD verfolgten photographisch die Trocknung eines Tropfens aus einem Latex, der auf 1 % Feststoffgehalt verdünnt worden war, unter dem Lichtmikroskop. Der Latextropfen stammte aus dem Gemisch zweier monodisperser Polyvinyltoluollatices mit durchschnittlichen Teilchendurchmessern von 1,2 μ und 0,3 μ. Durch die größeren Teilchen wurde auch die Bewegung der im Lichtmikroskop in den Umrissen nicht auflösbaren, kleineren Teilchen sichtbar gemacht. Die Latexteilchen fließen von der Nachbarschaft des Zentrums in den unteren Wasserschichten zu den Randzonen und von dort in oberen Zonen wieder an den Ausgangspunkt zurück (s. Abb. 2). In den Randzonen lagern sich die Teilchen zuerst ab. Im Zentrum bewegen sich die Latexteilchen zufolge der Brownschen Bewegung regellos und zeigen von sich aus keine Neigung, in die Randzonen abzuwandern. VANDERHOFF

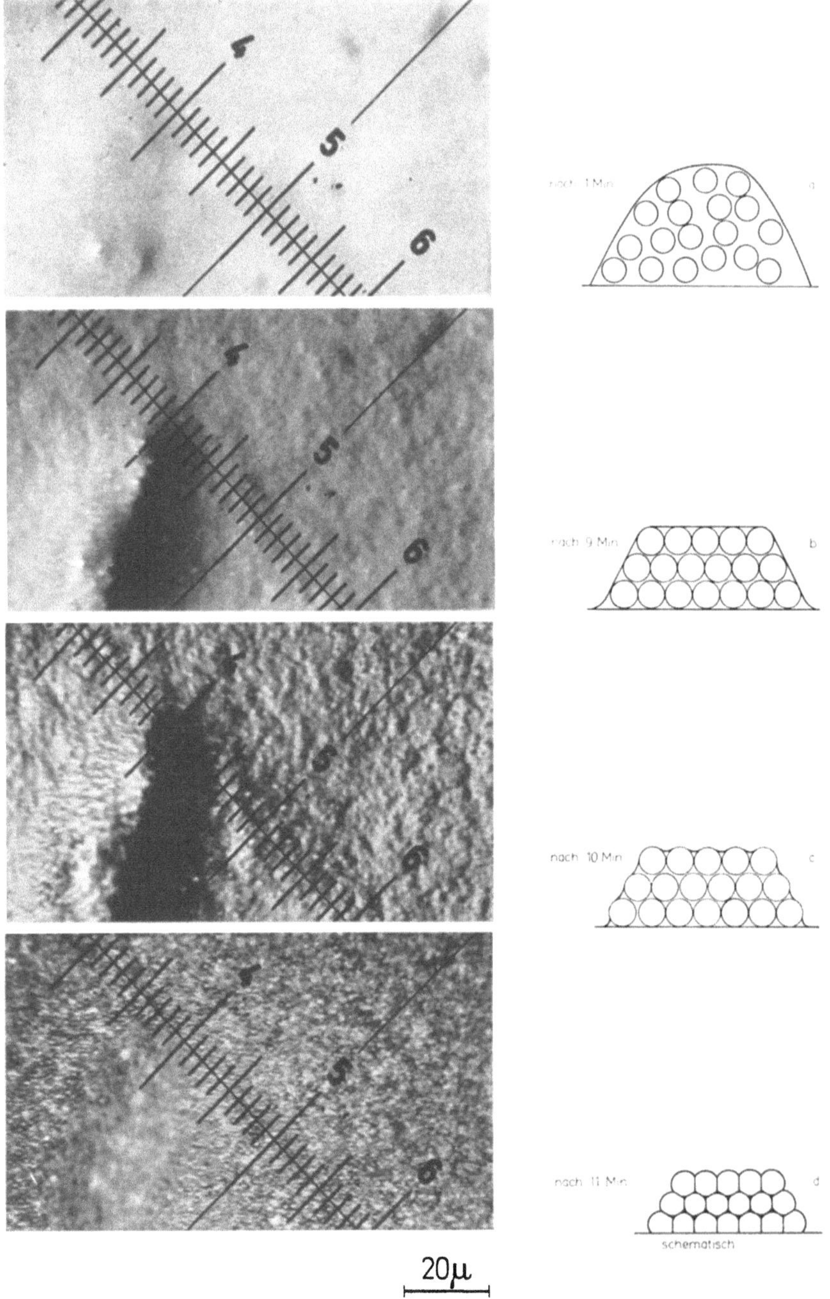

Abb. 1a—d. Filmbildung einer Polyvinylacetat-Dispersion, unter dem Mikroskop im schrägen Auflicht beobachtet (Hellfeld). Maßstab: 1 Skalenteil = 3,3 μ.

und BRADFORD bemerken zwar, daß der Feststoffgehalt im beobachteten Latextropfen weit unter der Konzentration eines Latex bei praktischer Verarbeitung liegt – mit steigendem Feststoffgehalt in einem Latex nimmt auch die Zahl der Zusammenstöße mit benachbarten Teilchen zu, wodurch die Wahrscheinlichkeit ausgerichteter Strömungen der Einzelteilchen geringer wird, – daß aber trotz dieser Einschränkung die Untersuchungen mögliche Bewegungsvorgänge während der Filmbildung aufzeigen.

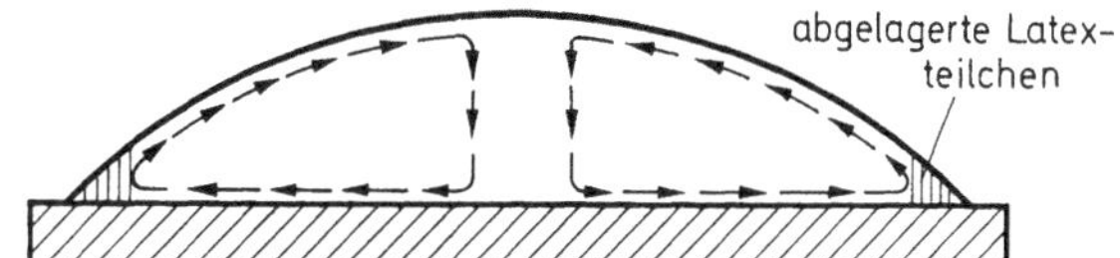

Abb. 2. Strömungsbild in einem auftrocknenden Latextropfen

Die Ausbildung von Wirbelströmungen wurde auch schon von H. BENARD [24] in dünnen Schichten trocknender Lösungsmittellacke festgestellt.

Sind alle Teilchen immobilisiert, so liegt bei dichtester Packung gleich großer, kugelförmiger Dispersionsteilchen eine Raumerfüllung von 75 Vol.-% vor, die bei Vorhandensein einer Teilchengrößenverteilung im Latex auch 75 Vol.-% überschreiten kann. Verteilungsfunktionen der Teilchengröße mit mehreren Maxima können auch zu Raumerfüllungen unter 75 Vol.-% führen.

Sobald sich die Teilchen berührt haben, beginnt die letzte Phase der Filmbildung, das Zusammenfließen der Latexteilchen. Zunächst schnüren sich Flüssigkeitslamellen durch Verdunsten des Wassers an der Filmoberfläche entlang der Teilchenkonturen ein (s. Abb. 1 c). Dementsprechend wächst der Kapillardruck zwischen den einzelnen Teilchen, wodurch die Latexpartikel aneinandergepreßt werden [25]. Schließlich werden diese bei hinreichend großem Kapillardruck deformiert, so daß sich auch die noch vorhandenen Hohlräume ausfüllen und die Teilchen an den Berührungsflächen verschweißen (s. Abb. 1 d) Das restliche Wasser diffundiert während dieses Vorgangs aus dem sich bildenden Film.

Während der letzten Phase der Filmbildung kann der sich bildende Film im allgemeinen bereits nicht mehr in den Ausgangszustand übergeführt werden, er ist nicht mehr redispergierbar. Hingegen ist ein aus einer Kunststoff-Lösung hergestellter Film auch nach der Trocknung erneut in Lösung zu bringen, wenn er nicht während oder nach der Filmbildung chemisch (z. B. durch Vernetzung) verändert wurde.

Die Ursache für die auf manchen Dispersionen zu beobachtende Hautbildung ist die gegenseitige Berührung der Latexteilchen durch Wasserverdunstung in der Oberflächenschicht der Dispersion. Dieser Zustand entspricht bei Latexteilchen, deren Einfriertemperatur unterhalb der herrschenden Raumtemperatur liegt, der letzten Phase einer Filmbildung. Es bildet sich daher eine nicht mehr redispergierbare Haut auf der Dispersion. Kunststoff-Dispersionen sollen daher immer in geschlossenen Behältern aufbewahrt werden, wobei im Luftraum über der Dispersion für ausreichende Feuchtigkeit gesorgt werden soll, damit keine übermäßige Verdunstung des Wassers von der Oberfläche her erfolgt. Eine geeignete Maßnahme gegen die Hautbildung ist auch eine ständige Durchmischung des Latex während der Lagerung. Um Hautbildung während der Verarbeitung zu vermeiden, ist es daher auch zweckmäßig, die Grenzfläche Dispersion/Luft in den Auftragswannen von Verarbeitungsmaschinen klein zu halten, die Dispersion gegen eine Einwirkung von Wärme zu schützen, bzw. den Gefäßinhalt fortwährend durchzumischen.

Die grundsätzlichen Vorstellungen über die Vorgänge, die zur Filmbildung aus Kunststoff-Dispersionen führen, wurden ausführlich in der Literatur behandelt. Nach L. FRENKEL [26] und E. B. BRADFORD [27] ist die Grenzflächenspannung der Teilchen die treibende Kraft zur Filmbildung. Nach G. L. BROWN [25] dagegen wirkt die Grenzflächenspannung der festen Phase zwar ebenso mit wie v. d. Waalsche Kräfte und die Schwerkraft; diese Kräfte sind aber in erster Näherung zu vernachlässigen gegenüber dem Kapillardruck $p = 2\sigma/r$ (σ = Oberflächenspannung, r = angenäherter Radius des Hohlraumes) der wäßrigen Phase, die beim gegenseitigen Berühren der Teilchen nach Verdunsten der Hauptmenge des Wassers in den dann noch bestehenden Zwischenräumen verbleibt. Der zwischen den Teilchen herrschende Kapillardruck kann aus dem mittleren Teilchendurchmesser und der Oberflächenspannung der Dispersion berechnet werden (Tab. 1).

Tabelle 1. *Kapillardrücke für unterschiedliche Latexteilchengrößen*
Nach G. L. BROWN: J. Polym. Sci. **22**, 423 (1956)

Teilchendurchmesser	Kapillardruck (kp/cm²)	
μ	bei $\sigma = 30$ dyn/cm	bei $\sigma = 70$ dyn/cm
1,0	7,9	$1,8 \cdot 10^1$
0,1	$7,9 \cdot 10^1$	$1,8 \cdot 10^2$
0,01	$7,9 \cdot 10^2$	$1,8 \cdot 10^3$

Als eine der experimentellen Stützen seiner Theorie gibt BROWN die Beobachtung an, daß eine höhere Temperatur zur Filmbildung notwendig ist, wenn man das Wasser zunächst unterhalb der kritischen Filmbildungstemperatur verdunsten läßt und anschließend in Abwesenheit von Wasser ein vollständiges Verschweißen der Partikelchen zum Film erzwingt.

Dem Zusammenpressen der Teilchen steht hauptsächlich deren Widerstand gegen eine Deformation entgegen. Die Abstoßungskräfte durch die elektrische Doppelschicht der Teilchen sind zu vernachlässigen. Es ergibt sich somit als Bedingung zur Filmbildung:

$$F_C > F_G, \tag{1}$$

wobei F_C den Kapillardruck der wäßrigen Phase und F_G den Widerstand der Teilchen gegen Deformation bedeutet. BROWN leitet daraus weiter die Bedingung ab:

$$G_t < \frac{35\,\sigma}{R}, \tag{2}$$

worin σ die Oberflächenspannung der wäßrigen Phase, R der Teilchenradius und G_t der Schermodul des Polymerisates ist, der mit F_G in folgender Beziehung steht:

$$F_G = k\,G_t = f(t,\, T,\, \text{Polymerisat})$$
$$(t = \text{Zeit};\ T = \text{Temperatur}) . \tag{3}$$

Der Widerstand des Einzelteilchens gegen Deformation hängt also hauptsächlich von der Temperatur, dem Molekulargewicht und der Polymerisatzusammensetzung ab. Er muß nach der Theorie von BROWN kleiner sein als der zwischen den Latexteilchen, infolge der Anwesenheit von Wasser herrschende Kapillardruck (1). Dieser ist um so größer, je größer die Oberflächenspannung der Dispersion und je kleiner der Teilchenradius ist. Da die Deformation eine Funktion der Zeit ist (3), ist bei den meist erheblichen Fließwiderständen des Polymerisates die Dauer der Einwirkung des Kapillardruckes, die durch die Verdunstungsgeschwindigkeit des Wassers gegeben ist, eine wichtige Einflußgröße bei der Ausbildung des Films. Auf die Abhängigkeit der erhaltenen Filmqualität von der Trocknungsgeschwindigkeit weisen auch R. R. MYERS und R. K. SCHULTZ [18] hin. F. SCOFIELD [28] bezeichnet als eine wahrscheinliche Ursache für den Einfluß der Trocknungsgeschwindigkeit auf die Filmbildungstemperatur auch die adiabatische Abkühlung beim schnellen Verdunsten des Wassers aus der Kunststoff-Dispersion; nach seinen Untersuchungen ist die Verdampfung des Wassers aus einem Latex auf einem isolierenden Untergrund ein adiabatischer Vorgang. Das bedeutet, daß die Wassertemperatur um so stärker erniedrigt wird, je höher die Trocknungsgeschwindigkeit ist. Nach Untersuchungen von ZISMANN [29] kann bei schneller Verdunstung des Wassers die Oberflächentemperatur um 6°C niedriger sein als im Innern.

Nach S. S. VOYUTSKII [30] diffundieren die freien Enden der Polymerenketten nach dem Zusammenpressen und Deformieren der Teilchen über die Grenzflächen der Einzelteilchen ineinander, da nach seiner Ansicht die Größe der Kapillarkräfte und Oberflächenspannung nicht vollständig die mechanischen Eigenschaften des gebildeten Films erklären können. VOYUTSKII nimmt an, daß die Emulgiermittel während des Zusammenfließens der Einzelteilchen von deren Oberfläche entfernt werden, wodurch die Diffusion der Makromoleküle ermöglicht wird. Nach K. JÄCKEL [31] ist aber bei Latices, die nur mit Schutzkolloiden als Emulgiermittel hergestellt werden, durch eigene Untersuchungen [32] und auch solche von F. D. HARTLEY [33] erwiesen, daß das Schutzkolloid teilweise in das Polymerisat eingebaut wird und als nicht ablösbare Schicht auf der Teilchenoberfläche sitzt. Auf die Anwesenheit einer auf dem Polymerisatteilchen nicht verschiebbaren, festhaftenden und stabilisierenden Emulgiermittelschicht schließt K. JÄCKEL [31] auch aus Versuchen, bei denen der wäßrigen Phase einer Kunststoff-Dispersion durch geeignete kolloidchemische Methoden alle wasserlöslichen Substanzen entzogen wurden, ohne daß im allgemeinen solche Latices koagulieren. Die Verschweißung der Teilchen erfolgt nach dieser Vorstellung entweder nachVerdrängen der beweglichen Emulgiermittelschicht (seifenartige Emulgiermittel) oder durch Durchdringen der fixierten, gequollenen Emulgiermittelschicht (Schutzkolloide), wobei K. JÄCKEL [31] zwischen diesen Grenzfällen alle möglichen Übergangszustände als wahrscheinlich mit einschließt. Dabei können die Polymerisatteilchen als Einzelindividuen im Filmgefüge auch nach einer Temperaturbehandlung weit oberhalb ihrer Einfriertemperatur erhalten bleiben, wie Versuche mit Schutzkolloid enthaltenden Latices gezeigt haben [31] (Abb. 3).

Wie aus dem Ablauf der Filmbildung hervorgeht, wird die Struktur eines Filmes aus einer Kunststoff-Dispersion bereits vor beendeter Austrocknung festgelegt, und zwar zum Zeitpunkt, an dem die Latexteilchen durch gegenseitige Berührung unbeweglich werden. In dieser kritischen Phase der Filmbildung darf der noch feuchte Film bei der Verarbeitung nicht durch mechanische Einwirkungen verletzt werden, da für ein Überbrücken der dadurch erzeugten Fehlstellen im Film (z. B. Hohlräume, Poren) durch Fließen der Latexpartikel nicht garantiert werden kann. Aber selbst bei ungestörter Filmbildung wird in der anwendungstechnischen Praxis eine regelmäßige, gitterartige, dichte Packungsstruktur nur ganz selten erreicht. Um diesem Idealzustand möglichst nahe zu kommen, soll die Eigenbeweglichkeit der Teilchen möglichst groß sein und möglichst lange während der Filmbildung erhalten bleiben [31]. Ein stark saugender Untergrund läßt das Wasser zu schnell abfließen, und die Kunststoffpartikelchen verlieren ihre Beweglichkeit, ehe

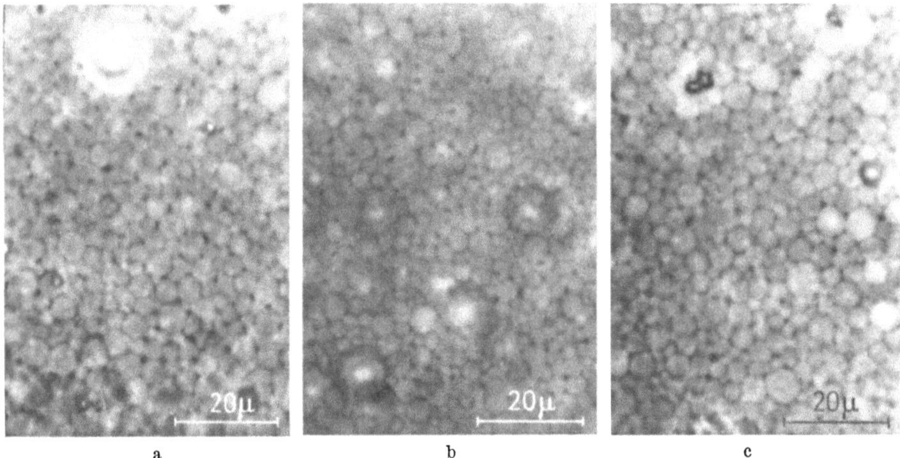

Abb. 3a—c. Stabilität des Filmgefüges von Polyvinylpropionat-Filmen. Phasenkontrast, Hellfeld, durchfallendes Licht

sie sich in dichter Packung über die ganze Fläche des Films ordnen konnten. Das gleiche tritt auch bei zu schneller Verdampfung des Wassers ein. Niedrige Viskosität der flüssigen Phase, kleine Masse und geringes Volumen der Teilchen sowie höhere Temperatur bei der Filmbildung vergrößern die Eigenbeweglichkeit der Teilchen. Mit steigender Temperatur erhöht sich aber auch die Zahl der Zusammenstöße der Teilchen und die Gefahr, daß sich die Zahl der elastischen Zusammenstöße verringert und Teilchen sich schon im ersten Stadium der Filmbildung zusammenlagern. Vorzeitige Aggregation der Teilchen kann auch dadurch hervorgerufen werden, daß durch die Aufkonzentration von im Latex vorhandenen Elektrolyten die elektrische Doppelschicht der Teilchen gestört und wiederum wie bei der Temperaturerhöhung die Zahl der elastischen Zusammenstöße verringert wird [34]. Bereits agglomerierte Teilchengebilde fügen sich schlecht zu einer dichten Kugelpackung zusammen und erzeugen dadurch Fehlstellen im Filmverband, die durch das plastische Fließen der Teilchen nicht immer ausgefüllt werden können. Die Verteilungsstabilität der Latexteilchen ist demnach auch von Einfluß auf das daraus entstehende Filmgefüge. Fehlstellen im Film werden weiterhin durch explosionsartiges Verdampfen des Wassers aus der sich bildenden Filmschicht bei zu hoher Trocknungstemperatur erzeugt. Ein verhältnismäßig große Poren enthaltender Film entsteht auch, wenn der Latex von vornherein Schaumblasen enthält, die beim Trocknungsvorgang nicht entweichen. Die Bildung von zusammenhängenden Filmen aus pigmentierten bzw. gefüllten Kunststoff-Dispersionen und deren anwendungstechnische Eigenschaften sind auch von dem Verteilungszustand der Pigmente bzw. der Füllstoffe abhängig. Diese sollen nach der Dispergierung möglichst als Einzelteilchen vorliegen und auch während der Filmbildung sich nicht zu größeren, unregelmäßigen Gebilden zusammenlagern. Die auf diese, bei nicht-pigmentierten Latices bereits erwähnte Weise entstandenen Fehlstellen im Film sind nicht nur die Ursache für eine verminderte mechanische Festigkeit und geringere Dehnbarkeit, sondern auch für mangelnde Dichtigkeit gegen Flüssigkeiten, Gase und Dämpfe. W. C. PRENTISS [35] diskutiert sehr ausführlich den Einfluß, den die Auswahl der Dispergiermittel auf die Dispergierung der Pigmente hat. Auf die Aggregation von Pigmenten, die der Zusatz von Verdickungsmitteln bewirken kann, wurde bereits hingewiesen (s. 1.3).

1.6 Eigenschaften von Polymerisatfilmen aus Kunststoff-Dispersionen

Die allein auf der Auswahl der Monomeren, ohne Berücksichtigung des Hilfsstoffsystems und der Polymerisationstechnik, basierenden Eigenschaften von Polymerisatfilmen aus Kunststoff-Dispersionen unterscheiden sich von denen der als Festpolymerisate auf den Markt gebrachten Kunststoffe hauptsächlich dadurch, daß bei diesen vor allem unterschiedliche Verformungsbedingungen auf der Verarbeitungsmaschine die Ursache dafür sind, daß gleiche Polymerisate nach der Verarbeitung unterschiedliche Eigenschaften zeigen können; bei Kunststoff-Dispersionen spielt demgegenüber der Filmbildungsvorgang (s. 1.5) eine wesentliche Rolle für unterschiedliche Eigenschaften von daraus gebildeten Polymerisatfilmen. Da aber manche Monomere nur bei der Herstellung von Kunststofflatices als Comonomere eingesetzt werden, erscheint es gerechtfertigt, einige Eigenschaften von aus Kunststoff-Dispersionen gebildeten Polymerisatfilmen in Abhängigkeit von deren Zusammensetzung zu beschreiben.

Reißfestigkeit und Härte einerseits sowie die *Dehnbarkeit und Weichheit des Polymerisatfilms* andererseits werden in erster Linie durch die Monomerenzusammensetzung des Polymerisats beeinflußt. Die Reißfestigkeit (kp/cm²) und die Reißdehnung (in Prozent der ursprünglichen Länge) von Filmen aus Kunststoff-Dispersionen können nach DIN 53371 bestimmt werden. Monomere wie z. B. Styrol, Vinylchlorid und Acrylnitril ergeben Homopolymerisate mit hoher Einfriertemperatur. Als Comonomere in einem Polymerisat wirken sie daher auf dieses versteifend, indem z. B. der aus polymeren Hauptketten herausragende Phenylrest des Styrols die Kettenbeweglichkeit sterisch hindert, so daß diese erst bei höherer Temperatur einsetzt, und bei Acrylnitril enthaltenden Copolymeren die stark polare Nitrilgruppe zu starken zwischenmolekularen Bindungen führt, die nur durch Zufuhr größerer Wärmeenergie gelöst werden können. Acrylester-Polymerisate werden dagegen mit zunehmender Kettenlänge des Alkohols weicher, bis bei 8 C-Atomen die Einfriertemperatur des Homopolymerisats ein Minimum erreicht [36], um von da an wieder anzusteigen (Abb. 4).

Bei sehr langen Alkoholketten im Esterrest ($\geq C_{20}$) sind die Eigenschaften der Seitenkette vorherrschend. Es entstehen Acrylester-Polymere mit wachsartigem Charakter. Die analoge Gesetzmäßigkeit besteht für die Ester der Methacrylsäure, nur daß bereits das erste Glied der Reihe, das Methylmethacrylat, durch die Verzweigungen in der Hauptkette als Homopolymerisat im Vergleich zum Polymethylacrylat härter ist und das Minimum der Einfriertemperatur erst bei 12 C-Atomen im Alkoholrest erreicht wird [36]. Zunehmende Verzweigung des Alkohols — z. B. vom n-Butylalkohol über den i-Butylalkohol zum t-Butylalkohol — führt ebenfalls zu einer Versteifung der Filme der entsprechenden Polyacrylester. Die gleiche Wirkung übt ein cycloaliphatischer Alkyl- oder ein Phenylrest im Acrylestermolekül in Analogie zum Phenylrest im Polystyrol aus.

Für die Vinylester — aber auch für die Vinyläther — gilt ähnliches. Auch hier werden mit zunehmender Kettenlänge der geradkettigen aliphatischen Carbonsäuren die Polymerenfilme weicher. Während ein Latex aus dem Homopolymerisat

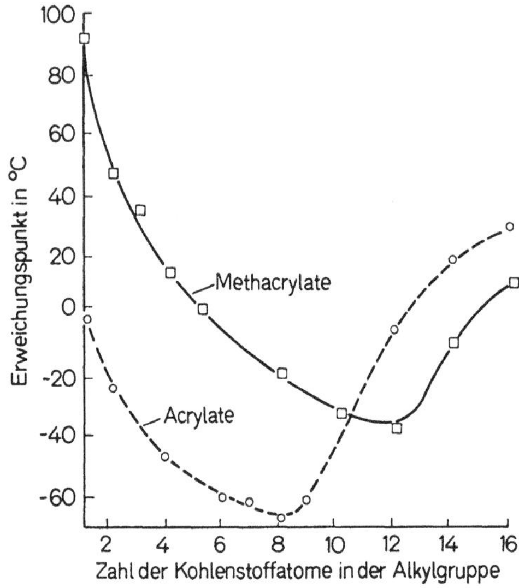

Abb. 4. Erweichungspunkte der polymeren *n*-Alkyl-acryl- und -methacrylester. (Aus: TROMMSDORF, E., u. R. HOUWINK: Chemie und Technologie der Kunststoffe, 3. Aufl., Bd. II, S. 120. Leipzig: Akad. Verlagsges. Geest und Portig, 1956)

des Vinylacetats bei +10° C noch keinen zusammenhängenden Film mit verschweißten Latexteilchen bildet, ist dies bei dem um ein C-Atom in der Acylgruppe längeren Homopolymerisat des Vinylpropionats bereits der Fall. Um bei Vinylacetatpolymeren eine Filmbildung bei Temperaturen wenige Grade über 0° C zu gewährleisten, muß das Vinylacetat mit Comonomeren polymerisiert werden, durch die ein Polymerisat mit ausreichend tiefer Einfriertemperatur erhalten wird, oder das Homopolymerisat des Vinylacetats muß mit niedermolekularen Weichmachern versetzt werden. Verzweigungen in den Makromolekülen führen auch bei den Polyvinylestern dazu, daß deren Einfriertemperatur höher liegt als bei geradlinigen Polyvinylestern mit der gleichen Anzahl von C-Atomen. So ist z. B. der Film aus dem Polyvinylester der Pivalinsäure mit insgesamt 7 C-Atomen im Monomeren beträchtlich steifer als der aus Polyvinylpropionat mit sogar nur 5 C-Atomen, aber diese in geradkettiger Anordnung, da im Pivalinester die Carboxylgruppe an einem tertiären C-Atom sitzt, wohingegen das Vinylpropionat-Molekül nicht verzweigt ist.

Eine gewisse Sonderstellung bei den Monomeren nimmt das Vinylidenchlorid (asymm. 1,1-Dichloräthylen) ein. Wie Äthylen wirkt es als Comonomeres weichmachend für das Polymerisat und kristalliert als Hauptmonomeres je nach der Art des Comonomeren ab einem bestimmten Gewichtsanteil im Polymerisat. Die Filme sind im allgemeinen trotz ihrer praktisch klebfreien Oberfläche noch flexibel, was sonst nur bei Polymerisaten mit ziemlich hoher Einfriertemperatur der Fall ist. Dies ist darauf zurückzuführen, daß im Polymerisat kristalline und amorphe Bereiche nebeneinander vorliegen.

Die Eigenschaften: Reißfestigkeit und Härte sowie Dehnbarkeit und Weichheit der Polymerisate hängen aber auch vom Molekulargewicht, für das als Maß vielfach der über eine Viskositätsmessung bestimmte K-Wert nach FIKENTSCHER [37] angegeben wird, und der Molekulargewichtsverteilung ab. Filme aus Polymerisaten mit niedrigem Molekulargewicht sind weniger flexibel als solche mit hohem. Der Unterschied weniger K-Wert-Einheiten wirkt sich in den höheren Molekulargewichtsbereichen dabei nur wenig aus.

Von Bedeutung für die Lage der Einfriertemperatur eines Copolymerisates und damit auch für die damit im Zusammenhang stehenden Filmeigenschaften, wie z. B. Härte, Dehnbarkeit, Oberflächenklebrigkeit, ist auch die Art der Polymerisation. Uneinheitliche Copolymerisate, Polymerisatgemische und Segmentpolymerisate haben im Vergleich mit einheitlichen Copolymeren und auch untereinander trotz gleicher Bruttozusammensetzung meistens unterschiedliche mechanische Eigenschaften.

Manche Polymerisationshilfsstoffe können selbst in den geringen Mengen, in denen sie anwesend sind, für den Polymerisatfilm als Weichmacher wirken.

Filmhärte bzw. -weichheit, Dehnbarkeit, Oberflächenklebrigkeit, Oberflächenhärte, Biegsamkeit oder Sprödigkeit sind Eigenschaften, die für fast alle Anwendungsgebiete von außerordentlicher Bedeutung sind, so daß an dieser Stelle nicht weiter in allgemeiner Form darauf eingegangen, sondern auf die Kapitel verwiesen werden soll, in denen die Anwendungsgebiete von Kunststoff-Dispersionen behandelt werden.

Eine *Wasseraufnahme*, aus der umgebenden Atmosphäre oder in direktem Kontakt mit Wasser, kann die anwendungstechnischen Eigenschaften eines pigmentierten oder nicht-pigmentierten Polymerisatfilms beträchtlich ändern. In vielen Fällen hat ein Film beim Zurückwiegen nach Wasserlagerung dadurch an Gewicht verloren, daß aus ihm wasserlösliche Substanzen ausgewaschen wurden, wenn der Film von einem bis zur Oberfläche reichenden System von Kapillaren durchzogen war. Bei der Bestimmung der Wasseraufnahme muß auf einen etwa vorliegenden Auswaschverlust Rücksicht genommen werden, da sonst ein zu niedriger Wert der Wasseraufnahme vorgetäuscht wird. Die Wasseraufnahme und der Auswaschverlust können nach der DIN 53472 ermittelt werden.

Auf die weichmachende Wirkung des Wassers für Latexteilchen und die damit verbundene Erniedrigung der Einfriertemperatur des Polymerisates bzw. der Filmbildungstemperatur des betreffenden Latex haben O. L. WHEELER, H. L. JAFFE und N. WELLMANN [38] sowie J. G. BRODNYAN und T. HONEN [39] hingewiesen.

In der Regel ist mit der Wasseraufnahme eine größere Dehnbarkeit des Films, aber auch eine Verminderung der mechanischen Festigkeit verbunden. Bei Anstrichen auf der Grundlage von Polyvinylacetat für die hölzernen Seitenwände von Güterwagen hat sich die wechselnde Feuchtigkeitsaufnahme und -abgabe mindestens nicht nachteilig ausgewirkt, wie langjährige Bewährung solcher Anstriche gezeigt hat. Der Feuchtigkeit im Film wird hier eine weichmachende Wirkung zugeschrieben, die den Anstrichfilm ausreichend dehnbar macht, um den Dimensionsänderungen des nicht-grundierten Holzuntergrundes bei Feuchtigkeitswechsel folgen zu können. Daraus sollte aber keinesfalls der Schluß gezogen werden, daß ein Anstrichfilm entsprechende Mengen Wasser aufnehmen muß, um den praktischen Erfordernissen bez. ausreichend großer Dehnbarkeit gerecht zu werden. Es können auch durch Copolymerisation entsprechender Monomerer, z. B. von Vinylestern, besonders aber von Styrol mit Acrylestern sehr wasserfeste Polymerisate mit hoher Dehnbarkeit hergestellt werden. Durch die Verminderung der mechanischen Festigkeit eines Polymerisates als Folge der Wasseraufnahme wird nämlich vielfach die Scheuerfestigkeit eines Anstrichs beeinträchtigt. Als weitere Ursache dafür kann ein Nachlassen der Adhäsion des Polymeren an den Pigmenten angesehen werden, da in vielen Fällen die molare freie Adsorptionsenergie von Wasser an organische oder anorganische Substrate größer ist als die der angewendeten Polymerisate, wie aus Versuchen mit organischen Lösungsmitteln als niedermolekulare Modellsubstanzen für Polymerisate hervorgeht [40]. Aus den gleichen Gründen kann Wasseraufnahme den Verlust der Haftfestigkeit von Polymerisaten an faserigen Substraten bedeuten. Die Folge davon ist, daß beim Waschen von Geweben die mit Kunststoff-Dispersionen vorher erzielten Ausrüstungseffekte mindestens zum Teil wieder verlorengehen. Bei Textilverbundstoffen kann durch Wasseraufnahme des Bindemittels der mechanische Zusammenhalt des Vliesstoffes geschwächt oder ganz zerstört werden. Eine weitere unangenehme Begleiterscheinung einer Wasseraufnahme von Polymerisaten kann das „Weißanlaufen" von Anstrichen oder Textilbeschichtungen unter der Einwirkung von Wasser sein.

Nach G. L. BROWN und J. P. SCULLIN [41] wird der Grad der Wasseraufnahme im wesentlichen vom osmotischen Druck bestimmt, den die zwischen den Teilchen eingeschlossenen wasserlöslichen Substanzen ausüben, sowie von der Art des Polymerisates selbst. Für den Einfluß des Polymerisates spielt die Hydrophilie der verwendeten Monomeren die ausschlaggebende Rolle. Die hydrophoben Polymerisate des Styrols und des Butadiens nehmen daher wenig Wasser auf. Bei Polymerisaten aus Monomeren, in denen hydrophile und hydrophobe Gruppen vereinigt sind, wie z. B. im Vinylacetat, Vinylpropionat, Methylacrylat, Äthylacrylat und 2-Äthylhexylacrylat, ist die Wasseraufnahme größer oder kleiner, je nachdem wie stark die Wirkung der hydrophilen und hydrophoben Gruppe ist. Die Wasseraufnahme nimmt bei Polymerisaten der genannten Acrylestern in der genannten Reihenfolge vom Methyl- zum 2-Äthylhexylacrylat hin ab. Von sehr großer Bedeutung für die Wasseraufnahme ist das Hilfsstoffsystem der Latices, das — wie bei der Beschreibung des Filmbildungsvorganges geschildert (s. 1.5) — zum Teil fest am Polymerisat verankert bleibt oder in um so größeren Mengen im Film zurückgehalten wird, je wasserundurchlässiger der Untergrund ist. Die wasserlöslichen oder quellbaren Bestandteile einer Kunststoff-Dispersion, wozu auch die nachträglich zugegebenen Netz- und Verdickungsmittel zu rechnen sind, können sogar entscheidender sein für die Wasseraufnahme als die Monomeren des Polymerisates selbst und deren Einfluß vollkommen überspielen.

Eine anwendungstechnisch wichtige Eigenschaft für Filme aus Kunststoff-Dispersionen, die mit alkalischem Untergrund (z. B. Asbestzement, feuchtem Beton) in Berührung sind, oder für beschichtete sowie imprägnierte Textilien, die einem Waschvorgang in alkalischem Medium unterworfen werden, ist die *Verseifungsbeständigkeit* der verwendeten Polymerisate. Verhältnismäßig leicht verseifbar sind die jeweils niederen Glieder der Vinylester- und Acrylester-Reihe. z. B. Vinylacetat und Methylacrylat. Mit zunehmender Länge der Säure- bzw. Alkoholkomponente nimmt die Verseifungsbeständigkeit zu.

Kettenverzweigungen an dem der Estergruppierung benachbarten C-Atom setzen die Verseifungsanfälligkeit ebenfalls herab [*42*], weil durch sterische Hinderung der Angriff der Hydroxylionen auf die Estergruppierung weitgehend unterbunden ist. Durch Copolymerisation mit schwer verseifbaren Monomeren wird die Verseifbarkeit ebenfalls vermindert. Die Kinetik der Verseifung von Vinylester-Homo- und -Copolymerisaten in Dispersion und in Form pigmentierter und nicht-pigmentierter Filme wurde von W. SLIWKA [*43*] untersucht. Die Verseifung wurde mit Natrium- oder Calciumhydroxid durchgeführt. Aus den Untersuchungen geht hervor, daß die Verseifung in Dispersion eine dimolekulare Reaktion ist. Die Verseifung erfolgt an der Oberfläche der Latexteilchen und der daraus gebildeten pigmentierten Filme. Das Verhältnis der Geschwindigkeitskonstante der Verseifung des monomeren Vinylacetats zu der des monomeren Vinylpropionats bei 40°C in Wasser beträgt 1,1. Dagegen zeigt das Verhältnis der zum Vergleich in geeigneter Weise umgerechneten Geschwindigkeitskonstanten der entsprechenden Homopolymerisate bei 40°C in wäßriger Dispersion von 4,2 an, daß hier der sterische Einfluß der Propionatgruppe beim Verseifungsvorgang viermal größer ist als der der Acetatgruppe. Außerdem ist die Geschwindigkeitskonstante der Verseifung von den genannten Monomeren, wie auch von den entsprechenden Homopolymeren in Lösung bei Vinylacetat 600—700 und bei Vinylpropionat 2500—2700 mal größer als die der gleichen Polymerisate in wäßriger Dispersion. Bei Copolymerisaten mit sterisch gehinderten Vinyl- oder Acrylestern bzw. mit nicht-verseifbaren Monomeren wurden Geschwindigkeitskonstanten gemessen, die sich zum Teil um mehr als drei Zehnerpotenzen von denen der Vinylacetat- bzw. Vinylpropionat-Homopolymerisate unterschieden. Die Verseifungsgeschwindigkeit von pigmentierten und nicht-pigmentierten Filmen wird sehr von der Filmqualität (s. 1.5) (Porosität, Verschweißung der Latexpartikel) beeinflußt, da bei stark porösen Filmen die der Verseifungsreaktion zugängliche, effektive Oberfläche wesentlich größer ist als diejenige, die sich aus den makroskopischen Abmessungen des Films ergibt.

Das *Verhalten gegenüber organischen Lösungsmitteln* ist bei vielen Anwendungsgebieten für die Auswahl des Polymerisats ausschlaggebend. Bindemittel für Textilverbundstoffe dürfen in Chlorkohlenwasserstoffen kaum löslich bzw. nur geringfügig quellbar sein, damit diese Textilverbundstoffe mit diesen Lösungsmitteln gereinigt werden können. Bei der Druckfarbenaufnahme und Überlackierbarkeit der gestrichenen Papiere (s. 7.2) spielt die Lösungsmittelaufnahme bzw. -beständigkeit des Bindemittels der Pigmente ebenfalls eine Rolle. Von einer Lederzurichtung (s. 9.2) wird gefordert, daß sie nicht von den Lösungsmitteln (Aceton, Kohlenwasserstoffe) angelöst wird, mit denen Schuhkappenstoffe (s. 10.5) vor dem Verformen aktiviert werden.

Größere Anteile hydrophiler Monomerer (z. B. Methylacrylat, Vinylacetat) verleihen den Copolymeren im allgemeinen Lösungsmittelbeständigkeit gegen aliphatische Kohlenwasserstoffe. Polymerisate aus nicht-polaren Monomeren (z. B. Butadien-Styrol) lösen sich in aromatischen Kohlenwasserstoffen oder werden darin mindestens stark angequollen. Acrylnitril als Comonomeres verbessert in allen Polymerisaten die Lösungsmittelbeständigkeit. Es darf aber trotz der ungefähren Gültigkeit einiger Grundregeln für die Löslichkeit von Polymerisaten in bestimmten Lösungsmitteln dennoch nicht übersehen werden, daß bei Filmen aus handelsüblichen Kunststoff-Dispersionen die Löslichkeit zweier Polymeriate erhebliche Unterschiede aufweisen kann, obwohl sie der gleichen Polymerisatklasse zugeordnet werden können. Die Ursache kann im Vorhandensein geringer Mengen von bestimmten Monomeren oder Hilfssubstanzen bei der Polymerisation liegen, die das Löslichkeitsverhalten beträchtlich verändern können.

Durch Einpolymerisieren von Monomeren mit zwei polymerisierbaren Doppelbindungen (z. B. Divinylbenzol, Diallylmaleinat u. a.) kann eine *Vernetzung* eines Polymerisats erzielt werden, wodurch dessen Löslichkeit bzw. Quellbarkeit in Lösungsmitteln ebenfalls wie durch hydrophile Comonomeren weitgehend unterbunden wird. Das Polymerisat ist in diesem Fall bereits nach erfolgter Polymerisation vernetzt. Eine Vernetzung kann aber auch — bei Einpolymerisieren entsprechender Monomerer — durch eine Kondensationsreaktion bei erhöhter Temperatur und mit Hilfe geeigneter Katalysatoren zu einem beliebigen Zeitpunkt nach der Polymerisation durchgeführt werden. Hierbei muß unterschieden werden zwischen Polymerisaten, die Monomere mit reaktiven Gruppen (z. B. N-Methylolverbindungen ungesättigter Carbonsäureamide oder deren Äther, Chloralkyl-, Glycidyl- oder Chlorhydringruppen), und gegebenenfalls zusätzlich Monomere mit reaktionsfähigen Gruppen (z. B. $-CONH_2$, $-OH$, $-COOH$) enthalten, also selbstvernetzend sind, und solchen, deren reaktionsfähige Gruppen tragende Monomere durch Zusatz von difunktionellen Verbindungen (z. B. niedermolekulare Harnstoff-, Melamin-, Phenol-Formaldehyd-Kondensate) zum *Latex* zur Reaktion gebracht werden. Die zuletzt genannte Reaktionsweise setzt bei wäßrigen Kunststoff-Dispersionen voraus, daß das Vernetzungsmittel in die Kunststoffpartikelchen eindiffundiert.

Durch die Querverbindungen zwischen den Polymerenketten wird aber nicht nur die Löslichkeit herabgesetzt, sondern auch die Kettenbeweglichkeit eingeschränkt. Bei relativ geringem Vernetzungsgrad kann daraus eine Erhöhung der elastischen Erholung resultieren, wie es z. B. für Bindemittel erwünscht ist, die bei der Herstellung von textilen Faservliesen als Einlagestoffe für die Bekleidungsindustrie eingesetzt werden.

Mit zunehmender Vernetzung läßt aber auch die Fließfähigkeit der Polymerisate nach. Nach dem Auftragen einer Kunststoff-Dispersion mit weitgehend vernetztem Polymerisat auf ein beliebiges Substrat kann die herabgesetzte Fließfähigkeit die Ursache sein, daß das vernetzte Polymerisat schlechter haftet, weil die Kontaktfläche mit der Unterlage gegenüber dem gleichen Polymerisat im unvernetzten oder nur wenig vernetzten Zustand kleiner ist. Ist das Polymerisat eines Latex zu stark vernetzt, gleicht der Film einem Gel. Die Zerreißfestigkeit des

Films ist nur noch gering, da die einzelnen Teilchen wegen ungenügender Plastizität nicht mehr richtig miteinander verschweißen konnten. Ein Vorteil vernetzter Polymerisate ist die heraufgesetzte Temperaturbeständigkeit.

Die Fließfähigkeit (plastisches Verhalten) wird aber nicht nur durch Vernetzung beeinflußt, sondern auch durch vermehrten Einbau polare Gruppen tragender Monomerer und das Molekulargewicht. Je niedriger das Molekulargewicht ist, d. h. je fließfähiger die Polymerisate – gegebenenfalls unter Einwirkung von erhöhtem Druck und angehobener Temperatur – sind, desto leichter ist Adhäsion an einem Substrat zu erreichen. Andererseits nimmt mit fallendem Molekulargewicht auch die Kohäsion, d. h. der innere Zusammenhalt des Polymerisatfilms, ab. Die richtige Einstellung des Molekulargewichts hat ihre besondere Bedeutung für alle Klebstoff- bzw. Bindemittelprobleme (s. 2).

Einpolymerisieren von Monomeren mit hydrophilen Gruppen ($-COOH$; $-C \equiv N$; $>C-OH$; $-CONH_2$ u. a.) verbessert die *Haftfestigkeit* auf verschiedenen Flächen, wie z. B. Leder, Holz, Papier, Textilien, Mauerwerk.

2 Grundlegende Erkenntnisse über Verklebungsvorgänge

Bei näherer Betrachtung sind Verklebungsvorgänge an weit mehr Anwendungen von Kunststoff-Dispersionen beteiligt als nur beim Verbinden zweier Substrate mit einer Klebedispersion, was üblicherweise unter Kleben verstanden wird. Auch beim Herstellen von Streichpapieren und beim Zurichten von Leder müssen Pigmente mit Hilfe einer Kunststoff-Dispersion auf einer Unterlage verankert werden. Ebenso beruht die mechanische Festigkeit eines Vliesstoffes auf der klebenden Verbindung der einzelnen Fasern durch die Teilchen einer Kunststoff-Dispersion. Außerdem spielt bei praktisch jeder Anwendungsart von Latices die Adhäsion der Kunststoffteilchen an einem Substrat eine Rolle. Wenn man noch weitergehen will, kann man sogar sagen, daß – ohne Berücksichtigung irgendeines Substrates – auch die Filmbildung aus einer Kunststoff-Dispersion (s. 1.5) durch Verschweißen der Einzelteilchen eine Verklebung darstellt. In der englischen Fachliteratur wird aus diesen Gründen in der Anwendungstechnik sehr oft der Ausdruck „adhesives" für Kunststoff-Dispersionen oder Latices gebraucht, auch wenn deren Anwendung nicht mit einer Verklebung im üblichen Sinn im Zusammenhang steht. So z. B. bei der Verwendung des Bindemittels in einer Papierstreichmasse, einem Vliesstoff oder einer Lederdeckfarbe. Daß viele Anwendungen von Kunststoff-Dispersionen in unterschiedlichen industriellen Gebieten verfahrenstechnisch gemeinsam als Verklebungsvorgänge aufgefaßt werden können, darf allerdings nicht zu der falschen Schlußfolgerung verleiten, aus der Eignung eines Polymerisates in einem Anwendungsgebiet die unbedingte Verwendbarkeit in einem anderen herleiten zu wollen. Dazu sind die Anforderungen, die die jeweils verwendeten Kunststoff-Dispersionen in damit hergestellten Endprodukten erfüllen müssen, in den einzelnen Anwendungsgebieten zu speziell.

Die bisher erlangten Kenntnisse über den Verklebungsmechanismus können aber ganz allgemein die Anwendungstechnik der Kunststoff-Dispersionen auf allen

Anwendungsgebieten fördern. Es erscheint somit gerechtfertigt, die Theorien über den Verklebungsvorgang der Beschreibung von Einzelanwendungen voranzustellen und nicht erst zusammen mit der Verwendung von Latices als Klebedispersionen zu behandeln. Von der Vielzahl der grundlegenden Arbeiten kann allerdings nur ein kurzer Abriß gegeben werden. Ausführliche, zusammenfassende Darstellungen sind an anderen Stellen bereits erschienen [1]. Zur Erklärung der Adhäsion von Hochpolymeren werden heute hauptsächlich drei Theorien diskutiert:

    a) die Adsorptionstheorie,

    b) die Diffusionstheorie,

    c) die elektrostatische Theorie.

Von diesen hat die *Adsorptionstheorie* in der letzten Zeit die größte Aufmerksamkeit auf sich gezogen. Wenn ein Tropfen einer Flüssigkeit auf die Oberfläche eines Festkörpers aufgebracht wird, kann er als Tropfen mit definiertem Kontakt-

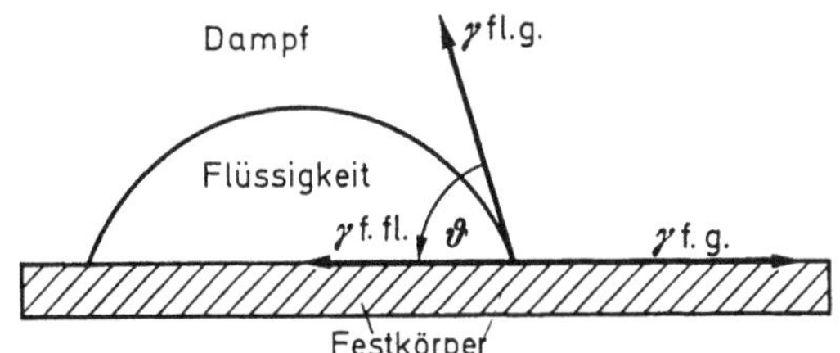

Abb. 5. Kontaktwinkel zwischen flüssiger und fester Phase

winkel liegenbleiben oder sich über die gesamte Oberfläche ausbreiten („spreiten"). Welche der beiden Möglichkeiten eintritt, hängt von der Oberflächenspannung $\gamma_{\text{fl.g.}}$ der Flüssigkeit, der Oberflächenspannung des Festkörpers $\gamma_{\text{f.g.}}$ und der Grenzflächenspannung $\gamma_{\text{f.fl.}}$ des Festkörpers gegenüber der Flüssigkeit ab. Bildet der Flüssigkeitstropfen einen definierten Kontaktwinkel mit der festen Oberfläche (Abb. 5), so müssen nach Th. Young [2] die Oberflächen- bzw. Grenzflächenspannungen der festen, flüssigen und gasförmigen Phase in einem statischen Gleichgewicht stehen, für das folgende Beziehung gilt (Youngsche Gleichung):

$$\gamma_{\text{f.g.}} = \gamma_{\text{f.fl.}} + \gamma_{\text{fl.g.}} \cdot \cos\vartheta \,. \tag{4}$$

Bedeckt ein Flüssigkeitstropfen auf einem Festkörper eine Grenzfläche von 1 cm², so ist durch sein Aufbringen je 1 cm² der Grenzflächen flüssig — gasförmig und fest — gasförmig verschwunden. Dafür ist 1 cm² der Grenzfläche fest — flüssig (Abb. 6) neu entstanden.

Deshalb ist nach A. Dupré [3] die Adhäsionsarbeit $W_{\text{f.fl.}}$ gegeben durch:

$$W_{\text{f.fl.}} = \gamma_{\text{f.g.}} + \gamma_{\text{fl.g.}} - \gamma_{\text{f.fl.}}, \tag{5}$$

wobei in der ursprünglichen Gleichung von Dupré γ_f an der Stelle von $\gamma_{\text{f.g.}}$ steht. Dadurch erstreckt sich ihre Gültigkeit nur auf die Adhäsionsarbeit unter Vakuumbedingungen.

Mit einer etwas veränderten Gleichung (5) ist die Adhäsionsarbeit festgelegt, die man beim Entfernen einer Flüssigkeit von einer festen Oberfläche unter der Berücksichtigung zu leisten hat, daß auf dieser ein adsorbierter Flüssigkeitsfilm zurückbleibt, der im Gleichgewicht mit dem in der Luft vorhandenen Dampf der

Flüssigkeit steht. Nach D. H. BAUGHAM und R. J. RAZOUK [4] kann aber die
Änderung der Oberflächenspannung des Festkörpers nicht vernachlässigt werden,
die durch die Adsorption des Flüssigkeitsdampfes auf der Festkörperoberfläche
eintritt. Es ist daher nicht möglich, die Gleichungen (4) und (5) zu kombinieren,
um zu einer Beziehung für $W_{\text{f.fl.}}$ zu kommen, in der $\gamma_{\text{f.g.}}$ und $\gamma_{\text{f.fl.}}$ ersetzt sind und
nur noch die leicht meßbaren Größen $\gamma_{\text{fl.g.}}$ und ϑ enthält.

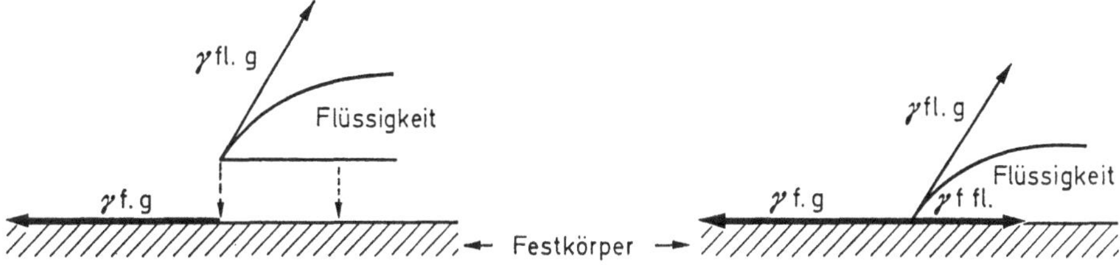

Abb. 6. Schemaskizzen zur Erläuterung der Definition der Adhäsionsarbeit

Die Definition für die Kohäsionsarbeit kann aus der Überlegung abgeleitet
werden, daß beim Zertrennen einer Flüssigkeitssäule mit 1 cm² Grundfläche 2 cm²
neue Oberfläche entstehen (Abb. 7), für die die entsprechende Arbeit gegen die
Oberflächenspannung der Flüssigkeit $\gamma_{\text{fl.g.}}$ zu leisten ist.

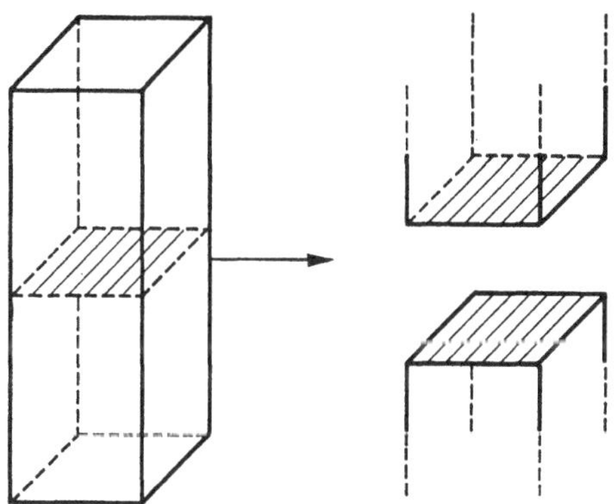

Abb. 7. Schemaskizze zur Erläuterung der Definition der Kohäsionsarbeit

Entsprechend gilt für die Kohäsionsarbeit

$$W_{\text{fl.}} = 2\gamma_{\text{fl.g.}}. \tag{6}$$

Die Flüssigkeit spreitet auf dem Festkörper, wenn die Adhäsionsarbeit größer
ist als die Kohäsionsarbeit:

$$W_{\text{f.fl.}} \geqq 2\gamma_{\text{fl.g.}}. \tag{7}$$

Die Differenz zwischen der Kohäsions- und Adhäsionsarbeit wird nach W. D.
HARKINS u. Mitarb. „initialer Spreitungskoeffizient" S bezeichnet:

$$S = W_{\text{f.fl.}} - 2\gamma_{\text{fl.g.}} = \gamma_{\text{f.g.}} - (\gamma_{\text{fl.g.}} + \gamma_{\text{f.fl.}}). \tag{8}$$

Die Flüssigkeit breitet sich über den Festkörper nur dann aus, bzw. benetzt dessen
Oberfläche nur dann vollständig, wenn $S > 0$ ist. Das gleiche gilt für das Spreiten
einer Flüssigkeit über einer anderen.

Die Oberflächen- und Grenzflächenspannungen von Festkörpern können meßtechnisch nicht genau erfaßt, sondern nur abgeschätzt werden. W. A. ZISMAN [6] nimmt an, daß $\gamma_{f.fl.}$ gegenüber $\gamma_{fl.g.}$ vernachlässigt werden kann. Er kommt auf diese Weise zu einem neuen Ausdruck für die Bedingung des Spreitens einer Flüssigkeit, nämlich:

$$\gamma_{f.g.} > \gamma_{fl.g.}, \tag{9}$$

indem er die Annahme $\gamma_{f.fl.} \ll \gamma_{fl.g.}$ auf die ursprüngliche Bedingung des Spreitens, $S > 0$, und auf die für S von HARKINS aufgestellte Gleichung (8) anwendet.

ZISMAN u. Mitarb. haben die Kontaktwinkel von homologen Reihen reiner Flüssigkeiten auf Festkörpern mit niederer und hoher Oberflächenspannung untersucht, um die Gültigkeit dieser Beziehung (9) zu überprüfen. Sie kamen dabei zu der allgemeinen Feststellung, daß jede Flüssigkeit mit niedriger Oberflächenspanung auf einer glatten, sauberen, festen Oberfläche mit höherer Oberflächenspannung spreitet, wenn nicht ein auf der Oberfläche des Festkörpers aus der Dampfphase adsorbierter Film der Flüssigkeit die Oberflächenspannung des Festkörpers unter die der Flüssigkeit herabsetzt. ZISMAN führt auf Grund seiner Untersuchungen den Begriff der „kritischen Oberflächenspannung" (γ_c) ein. Diese gibt die Oberflächenspannung an, die eine Flüssigkeit haben muß, damit $\cos \vartheta = 1$, also der Kontaktwinkel $\vartheta = 0$ wird, d. h. die Flüssigkeit auf der festen Oberfläche gerade spreitet. Flüssigkeiten, deren Oberflächenspannung ($\gamma_{fl.g.}$) größer als γ_c sind, können nicht über die Oberfläche des betreffenden Festkörpers spreiten.

Zur Bestimmung von γ_c wird die Oberflächenspannung einer homologen Reihe von Flüssigkeiten gegen den Kosinus des Kontaktwinkels aufgetragen und auf den Wert $\cos \vartheta = 1$ extrapoliert. In der folgenden Tab. 2 sind die γ_c-Werte einiger Kunststoffe angegeben:

Tabelle 2. *Kritische Oberflächenspannung einiger makromolekularer Stoffe (bei 20° C)* [*nach* W. A. ZISMAN *aus* J. E. C. **55**, Nr. 10, S. 27 (1955)]

Makromolekulare Stoffe	kritische Oberflächenspannung γ_c (dyn/cm)
Perfluorlaurinsäure	6
Polymethacrylsäure-Φ-octanol-ester[a]	10,6
Polyhexafluorpropylen	16,2
Polytetrafluoräthylen	18,5
Polytrifluorchloräthylen	22
Polyvinylidenfluorid	25
Polyvinylfluorid	28
Polyäthylen	31
Polytrifluorchloräthylen	31
Polystyrol	33
Polyvinylalkohol	37
Polymethylmethacrylat	39
Polyvinylchlorid	39
Polyvinylidenchlorid	40
Polyäthylenterephthalat	43
Polyhexamethylen-adipinsäureamid	46

[a] Φ-octanol: $CF_3 \cdot (CF_2)_6 - CH_2OH$.

Nach L. H. Sharpe und H. Schonhorn [7] sind die Bedingungen für das Spreiten auf der Oberfläche und für die Adhäsion an der Oberfläche eines Festkörpers die gleichen. Die Untersuchungen von Zisman über das Spreiten von organischen Flüssigkeiten auf Festkörpern werden auf das Spreiten von Festkörpern über Festkörpern übertragen und zu einer Verklebungstheorie erweitert. Sharpe und Schonhorn fordern als Voraussetzung für eine starke Klebebindung zwischen zwei reinen Substanzen A und B, daß entweder A über B oder B über A spreitet.

Mit einem Epoxidharz-Kleber erhielten M. Levine, G. Ilkka und P. Weiss [8] auf verschiedenen Filmsubstraten desto geringere Haftfestigkeiten, je geringer die kritische Oberflächenspannung (γ_c) der betreffenden Filmoberfläche war (Tab. 3).

Tabelle 3. *Die kritische Oberflächenspannung der Benetzung (γ_c) und die Haftfestigkeit auf verschiedenen Kunststoff-Filmen*

Film	γ_c (dyn/cm)	Haftfestigkeit am Kunststoff-Film. Zugfestigkeit (psi)
Polyäthylenterephthalat	43	2580
1,4-Cyclohexylen-dimethylen-terephthalat	43	2600
Polyvinylidenchlorid	40	1900
Polyvinylchlorid	40	1920
Polyvinylalkohol	37	1650
Polystyrol	33	1100
Polyvinylfluorid	28	1320
Polytetrafluoräthylen	18,5	350

Diese Ergebnisse unterstreichen nach Weiss u. Mitarb. die Bedeutung, die die Benetzung zur Ausbildung einer Klebebindung hat.

Von B. V. Deryagin und N. A. Krotova [9] wurden für die Trennarbeit beim Abschältest von Kunststoff-Filmen (s. S. 88) experimentelle Werte bis zu 10^4 bis 10^6 erg/cm² gefunden, während die zur Überwindung von Molekularkräften erforderliche Arbeit nur in der Größenordnung von 10^2-10^3 erg/cm² liegen soll. Nach S. S. Voyutskii [10] können die experimentell gefundenen Werte nicht durch die Adsorptionstheorie erklärt werden, die die Adhäsion als reinen Oberflächenvorgang betrachtet und die Ausbildung von Bindungskräften zwischen Klebstoff und Substrat nur auf die Wirkung von Molekularkräften zurückführt. Den Versuch, für die bestehende Differenz den Arbeitsaufwand verantwortlich zu machen, den man zur Verformung des Klebstoffträgers zu leisten hat, hält er nicht für ausreichend begründet. Voyutskii ist daher der Auffassung, daß die große Festigkeit mancher Klebebindungen nur durch Diffusion von Kettenenden und Kettensegmenten der Makromoleküle an der Kontaktfläche der Adhärenden erklärt werden kann, wobei schon ein Eindringen in geringfügige Tiefen von einigen Å eine Erhöhung der Adhäsion um ein Vielfaches bewirkt [11]. Schon früher war mit Hilfe von markierten Kohlenstoffatomen die Diffusionskonstante von Polystyrol (Molekulargewicht variierend zwischen 30000 und 200000), das anteilmäßig mit 30 % bis 70 % Diäthylphthalat plastifiziert worden war, bei Temperaturen zwischen 80°C und

92°C zu 10^{-10}—10^{-11} cm²/sec und die eines Poly-n-butylacrylats mit einem Molekulargewicht von 180 000 bei ca. 40°C zu ca. 10^{-11} cm²/sec bestimmt worden [12]. Für die Adhäsion an sehr dichten Substraten, die keine Diffusion der Klebstoffmoleküle zulassen, erkennt VOYUTSKII die Adsorptionstheorie jedoch an. Für die *Diffusionstheorie* spricht nach VOYUTSKII der experimentelle Befund, daß besonders bei der Adhäsion zweier Flächen aus dem gleichen Material (z. B. Polyisobutylen), der sog. Autoadhäsion, die Adhäsionsarbeit eine Funktion der Kontaktzeit und der Höhe der einwirkenden Temperatur ist (Abb. 8 und Abb. 9).

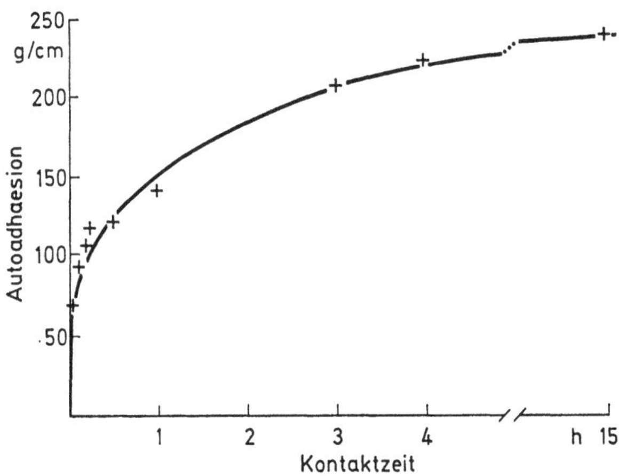

Abb. 8. Autoadhäsion des Polyisobutylens als Funktion der Kontaktzeit bei 22° C. [nach VOYUTSKII, S. S., u. V. M. ZAMAZII: Doklady Akad. Nauk (SSSR) 81, 63 (1951). (aus Adhäsion 7, 505 (1963), dort Abb. 3)]

Nach W. C. WAKE [13], W. A. ZISMAN [6] und C. L. WEIDNER [14] läßt sich eine Zunahme der Verklebungsfestigkeit in Abhängigkeit von Zeit und Temperatur auch als Fließvorgang des Klebstoffs in die Unebenheiten der Oberfläche des Adhärenden deuten. Dadurch kann die tatsächliche Verklebungsfläche gegenüber den geometrischen Abmessungen der Prüfkörper beträchtlich vergrößert werden. C. L. WEIDNER wendet sich außerdem gegen die Behauptung von VOYUTSKII, die zwischenmolekularen Kräfte seien zu gering, um die Größe der experimentell gefundenen Schälarbeit zu erklären. Er weist darauf hin, daß beim Schältest außer am Trägermaterial auch an der Klebstoffschicht selbst Verformungsarbeit geleistet werden muß. Die Summe aus Deformationsarbeit von Substrat und Klebstoff sowie der Grenzflächenspannung kommt nach überschlagsmäßiger Berechnung in die für die Schälarbeit gefundene Größenordnung.

Von VOYUTSKII wird auch der mehrfach experimentell nachgewiesene Einfluß des Molekulargewichts, der Molekularstruktur und der Polarität der Polymerisats auf die Verklebungsfestigkeit nur im Zusammenhang mit einer Änderung der Diffusion der Makromoleküle als Folge veränderter Kettenbeweglichkeit gesehen. Die Beweglichkeit der Ketten ist aber nicht nur Voraussetzung für Diffusionsvorgänge, sondern auch für ein Fließen des Polymeren als Vorbedingung zum Benetzen bzw. zur Adsorption an einer festen Oberfläche. Diese Auffassung vertritt u. a. auch C. L. WEIDNER [14] bei der Diskussion der Ergebnisse von Untersuchungen über die Haftfestigkeit von Klebebändern mit verschiedenen Haftklebemassen auf Substraten, wie z. B. Glas, Zellglas, Polyterephthalsäureglykolester und Polytetrafluoräthylen.

R. M. VASENIN [15] schränkt die Gültigkeit der Diffusionstheorie dagegen auf gegenseitig lösliche Polymere ein. Er betrachtet die Diffusion als einen wechselseitigen Prozeß, der beginnt, sobald die beiden Polymerisatflächen innigen Kontakt erreicht haben. Im Gegensatz zu VOYUTSKII diffundieren nach Vasenin hauptsächlich die Kettenenden und nur in untergeordnetem Maße die Kettensegmente des Makromoleküls. Die Stärke der adhäsiven Bindung ist der Anzahl der Kettenenden und der Tiefe der Penetration proportional.

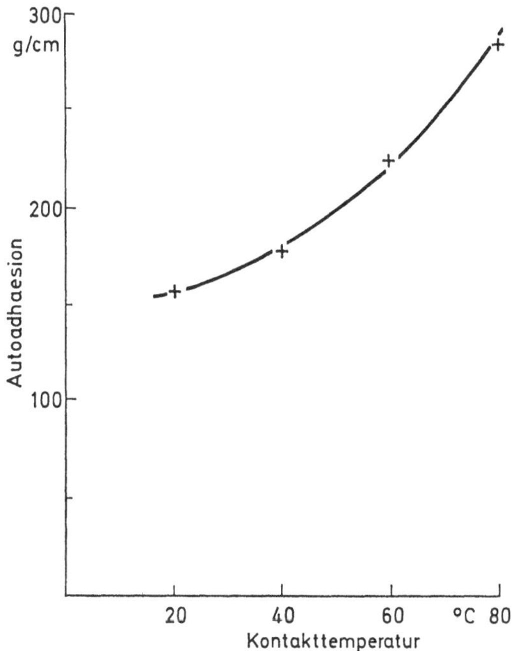

Abb. 9. Autoadhäsion des Polyisobutylens als Funktion der Kontakttemperatur. [nach VOYUTSKII, S. S., u. V. M. ZAMZII: Doklady Akad. Nauk (SSSR) 81, 63 (1951). (aus Adhäsion 7, 506 (1963), dort Abb. 4)]

P. O. SEIDLER [1] ist der Ansicht, daß sich Adsorptionstheorie und Diffusionstheorie ergänzen, indem nach erfolgter Spreitung des Klebstoff-Films auf dem Substrat die Klebebindung durch Diffusion von Teilen der Klebstoffmoleküle verstärkt wird.

N. A. KROTOVA u. Mitarb. [16] beobachteten z. B. beim Trennen eines Polymerisatfilmes von einer Metallfläche im Vakuum elektrische Entladungen und begründeten darauf die sog. *elektrostatische Theorie* der Verklebung, indem sie die Klebstoffschicht und das Substrat als elektrischen Kondensator betrachten. Die Möglichkeit der Ausbildung von elektrischen Feldern zwischen zwei nicht gleichartigen Schichten ergibt sich aus der Regel von COEHN, nach der sich zwei Substanzen mit unterschiedlicher Dielektrizitätskonstante elektrisch aufladen, wenn sie in Kontakt gebracht werden, und zwar lädt sich die mit der höheren Dielektrizitätskonstante negativ auf. KROTOVA u. Mitarb. sehen die elektrische Theorie als Ergänzung zur Adsorptionstheorie an.

Aus den grundlegenden Erkenntnissen über den Verklebungsvorgang lassen sich für die anwendungstechnische Verarbeitung von Kunststoff-Dispersionen, bei der fast immer Adhäsionsprobleme von Bedeutung sind, einige allgemeine Grundsätze ableiten. Ein Klebstoff zum Verbinden zweier Substrate bzw. ein Bindemittel für Pigmente oder Fasern soll auf diesen durch rasches Benetzen eine große Kontaktfläche schaffen, damit sich große Adhäsionskräfte entwickeln können. Während dieser Verarbeitungsphase ist daher ein geringer Fließwiderstand des Klebstoffs bzw. Bindemittels vorteilhaft. Anschließend sollen diese fest werden und dann außer guter Adhäsion auch eine den verschiedenen Anwendungszwecken entsprechende Kohäsion aufweisen. Der Benetzungsvorgang setzt also eine große Beweglichkeit der Klebstoff- oder Bindemittelmoleküle voraus, wie diese bei Flüssigkeiten ganz allgemein gegeben ist. Die Kohäsion von Flüssigkeiten ist aber gering, so daß feste Klebeverbindungen in diesem Fall nur mit monomolekularen Schichten erreicht werden können. Bei Hochpolymeren kommen solche mit niedrigem Polymerisationsgrad und tiefer Einfriertemperatur der Forderung nach großer Beweglichkeit der Moleküle am nächsten. Der Forderung nach zweckentsprechender Kohäsion genügen dagegen Polymerisate mit hohem Polymerisationsgrad und hoher Einfriertemperatur am besten. Als Kompromißlösung hat daher die Wahl von Polymerisaten mittleren Polymerisationsgrades zu gelten, deren Fließwiderstand gegebenenfalls für den Benetzungsvorgang durch die Anwendung von Wärme und Druck erniedrigt wird.

Bei Anwendung der Adsorptionstheorie auf Verklebungsvorgänge mit Hilfe von Kunststoff-Dispersionen ist zu berücksichtigen, daß eine auf den geeigneten Wert eingestellte Oberflächenspannung der wäßrigen Phase wohl für die Benetzung des Substrats durch die Dispersion Voraussetzung ist, aber nicht über die Festigkeit der Klebebindung nach dem Trocknen der Dispersion entscheidet. Vielmehr ist die Benetzung des Substrates durch den aus den Latexpartikeln gebildeten Film entscheidend.

Da es sich bei Kunststoff-Dispersionen und mehr noch bei den daraus hergestellten Beschichtungsmassen oder Klebedispersionen um Mehrstoffsysteme handelt, werden die Benetzungsvorgänge erheblich verwickelter, indem es zur bevorzugten Adsorption einzelner Bestandteile am Substrat kommen kann. Dadurch kann dessen Oberfläche gegenüber den anderen Bestandteilen in einen Zustand niederer oder höherer Energie versetzt sein, wodurch sich auch seine kritische Oberflächenspannung ändert.

Die bis heute experimentell und theoretisch gewonnenen Erkenntnisse über die Adhäsion erlauben nicht, die Festigkeit einer Klebefuge vorauszuberechnen. Sie nennen aber die Vorbedingungen für einen Klebstoff — oder allgemeiner für ein Bindemittel —, damit dieser die größtmöglichen Adhäsionskräfte zu einem in Betracht gezogenen Substrat entwickelt und zu möglichst hohen Klebefestigkeiten (Bindefestigkeiten) kommen kann. In der Praxis hat man es außerdem nie — wie schon erwähnt — mit vollkommen glatten und rissefreien Oberflächen zu tun. Man hat festgestellt, daß bei einer normal geschliffenen Metalloberfläche Höhenunterschiede von etwa 5000 Å zwischen den höchsten und tiefsten Punkten der Oberflächenrauhigkeiten auftreten. Selbst eine Oberfläche mit Spiegelglanz weist noch Höhenunterschiede von 200 Å auf. Damit die Kontaktfläche zwischen Klebstoff und Substrat auch bei rauhen Substratoberflächen möglichst groß ist, muß der Klebstoff also in die Unebenheiten der Oberfläche eindringen. Nur durch Verringerung der Molekularabstände zwischen Klebstoff bzw. Bindemittel und Substrat auf mindestens 3—4 Å können die zwischenmolekularen Kräfte maximal zur Wirkung kommen. Wenn man wie W. A. ZISMAN [6] Vertiefungen in der Substratoberfläche näherungsweise als Kapillaren auffaßt, so bedeutet dies für die Anwendung der Adsorptionstheorie, daß die Klebstoffdispersion eine möglichst hohe Oberflächenspannung aufweisen sollte, um vollständig oder möglichst weit in die Vertiefungen der Oberfläche eindringen zu können. Die Oberflächenspannung des Latex muß andererseits niedrig genug sein, daß dieser über dem Substrat spreiten kann. Daraus folgt, daß es für eine Dispersion je nach Art und Beschaffenheit der Oberfläche eine optimale Oberflächenspannung gibt. Eine zu geringe Oberflächenspannung kann zur Bildung sowohl von Schaumblasen in der Klebstoffschicht als auch von Lufttaschen an der Grenzfläche zwischen Klebstoffschicht und einem Substrat mit rauher Oberfläche führen. Die gleichen Überlegungen lassen sich auf die in der Dispersion enthaltenen Polymerisate anwenden.

Schlechtes Benetzen des Substrats durch das Polymerisat vergrößert auch die Gefahr, daß sich innere Spannungen ausbilden, worauf besonders C. MYLONAS und N. A. DE BRUYNE [17] anhand von Untersuchungen an überlappenden Klebeverbindungen hinweisen. Aber auch innere Spannungen, z. B. erzeugt durch unterschiedliche thermische Ausdehnungskoeffizienten der beiden Materialien oder durch Dickenschwankungen in der Klebstoffschicht, können die tatsächlich erzielte Verklebungsfestigkeit im Vergleich zur theoretisch erzielbaren vermindern.

S. CHANDRASEKARAN und H. MARK [18] diskutieren auf Grund thermodynamischer Überlegungen, vor allem der Adsorptionstheorie der Verklebung, und molekularer Betrachtungen die Eigenschaften eines Polymerisates, die dieses als Bindemittel in Streichmassen für Druckpapiere aufweisen soll, um die in diesem Anwendungsbereich bestehenden Adhäsionsprobleme, Haftfestigkeit an der Oberfläche von Papierfasern und Pigmenten, mit optimalem Effekt zu lösen.

Von J. J. BIKERMAN [19] wurde die Theorie der Verklebung auch auf die Probleme der Haftfestigkeit von Anstrichen übertragen. Für eine gute mechanische Verankerung des Anstrichmittels im porösen Substrat stellte er die Beziehung auf:

$$\frac{\gamma_{\text{fl.g.}} \cos \vartheta \cdot t}{\eta \cdot Z_0} > f(R) . \tag{10}$$

Hierin bedeuten $\gamma_{\text{fl.g.}}$ die Oberflächenspannung des Anstrichmittels, ϑ den Kontaktwinkel an der Grenzfläche Luft, Anstrichmittel und Substrat, t die Zeit der Einwirkung des flüssigen Anstrichmittels auf das Substrat, η den Fließwiderstand des Anstrichmittels, Z_0 die Eindringtiefe des Anstrichmittels in das Substrat und $f(R)$ eine Funktion der Porengestalt des Substrats. Die Verankerung ist um so schlechter, je kleiner der Quotient in (10) ist. Bei einer Diskussion der Beziehung (10) ist zu berücksichtigen, daß sich η während der Trocknung des Anstrichmittels in Abhängigkeit vom Substrat ändert. $\cos \vartheta$ und Z_0 werden ebenfalls durch das Substrat beeinflußt.

3 Kunststoff-Dispersionen in Putzen und Anstrichen

3.1 Putze

Putze dienen einerseits dazu, den Untergrund für einen Anstrich oder für das Aufbringen von Wandbelägen, wie Tapeten, Kacheln, dekorativen Wand- oder Deckenplatten u. a., vorzubereiten; andererseits kann ein Putz selbst die dekorative und schützende Außenfläche eines Bauelements bilden. Normalerweise besteht ein Putzaufbau aus dem Unterputz oder Grobputz und dem Oberputz oder Feinputz, die jeweils wieder aus mehreren Putzlagen zusammengesetzt sein können. In der DIN 18550 für Putze auf Wänden und Decken im Hochbau, deren endgültige Neufassung nach dem Entwurf vom Juni 1963 von W. PIEPENBURG [1] diskutiert wurde, sind nur die mineralischen Bindemittel: Baukalk, Portland-, Eisenportland-, Hochofen-, Traßzement, Baugips und Anhydritbinder sowie deren Mischungen, für Putze genormt. Unzulässig sind jedoch Bindemittelgemische, die aus Baugips oder Anhydritbinder und hydraulischen Bindemitteln bestehen. Kunststoff-Dispersionen werden in zunehmendem Maße Putzen aus mineralischen Bindemitteln zur Verbesserung der Haftfestigkeit und Verringerung der Rißbildungsgefahr zugesetzt oder treten im Putz teilweise oder ganz an deren Stelle. Sie werden von der DIN 18550 nicht erfaßt. Putze mit Kunststoff-Dispersionen als vorwiegendem Bindemittelbestandteil oder einzigem Bindemittel überhaupt werden meistens „Kunststoff-Dispersions-Putze" genannt und treten im Putzaufbau an die Stelle des Oberputzes. Sie werden in den meisten Fällen nicht mehr mit einem Anstrich versehen und unterscheiden sich von den mit Kunststoff-Dispersionen hergestellten Anstricharten hauptsächlich durch die Konfektionierung, d. h. die Art und Menge der Zuschlagstoffe im Verhältnis zum Bindemittel, und durch die gegenüber einem Putz aus mineralischen Bindemitteln meistens verringerte Schichtdicke.

Die in der genannten DIN-Vorschrift aufgestellten Anforderungen an einen Putz lassen sich sinngemäß auch auf solche Putze übertragen, bei denen ausschließlich mit oder unter Zusatz von Kunststoff-Dispersionen gearbeitet wird. Der Putz soll gleichmäßig gut am Untergrund, dem sog. Putzgrund, haften. Das gleiche gilt für die einzelnen Putzlagen untereinander. Das Gefüge innerhalb jeder Lage soll gleichmäßig sein. Festigkeit und Oberflächenbeschaffenheit müssen dem Verwendungszweck entsprechen. Mit der letzten, allgemein gehaltenen Forderung wird der Tatsache Rechnung getragen, daß Festigkeit und Oberflächenbeschaffenheit des Putzes unterschiedlich sein können oder müssen, je nachdem, ob es sich um einen Innen- oder Außenputz handelt oder ob z. B. ein Innenputz als Träger eines Anstrichs, von Kacheln, von schweren und abwaschbaren Tapeten oder von Schalldämmplatten vorgesehen ist. Diesen besonderen Anforderungen schließt sich die nach einer auf das Wandbauelement abgestimmten Wasserdampfdurchlässigkeit an, wobei nicht übersehen werden darf, daß diese durch nachfolgende Beläge auf dem Putz nochmals verändert werden kann. Der Begriff des „wasserabweisenden Putzes" darf nach der gültigen Norm nicht dahingehend ausgelegt werden, daß an seiner Oberfläche Wasser abperlt. Ein solcher Putz soll nur verhindern, daß Wasser bis zum Putzgrund durchdringen kann [1]. Dagegen müssen „wassersperrende Putze" auch gegen unter Druck stehendes Wasser dicht sein.

Kunststoff-Dispersionen können einen wesentlichen Beitrag leisten, um die an einen minderalischen oder „Kunststoff-Dispersions"-Putz zu stellenden Anforderungen zu erfüllen. Als Voraussetzung dafür muß die Einfriertemperatur (s. I.1.4.3.1) des verwendeten Polymerisats unterhalb der Verarbeitungstemperatur liegen. Außerdem soll dieses Polymerisat genügend große Mengen Füllstoffe binden können und auf dem Putzgrund auch bei Feuchtigkeitseinwirkung fest haften. Es soll weiterhin in der Lage sein, Bewegungsspannungen in den mineralischen Putzen auszugleichen. Da viele Putzarbeiten auf alkalischem Untergrund (Beton, Mauerwerk) durchgeführt werden müssen, ist die Alkalifestigkeit ein kritischer Faktor in der Beurteilung von Polymerisaten, die als Binde- oder Zusatzmittel für Putze in Betracht gezogen werden. Bisher haben vor allem bestimmte Vinylpropionat-Copolymerisate und entsprechende Copolymere des Vinylacetats bei Putzen Verwendung gefunden. Wasserfeste und flexible Acrylester-Copolymere eignen sich ebenfalls als Zusatzmittel für Putze. Der Vorteil ihrer Verwendung zeigt sich besonders dann, wenn Spannungen innerhalb und zwischen den Putzlagen auszugleichen sind, die während des Abbindens oder durch große Wärmeeinstrahlung auftreten.

Als *Zuschlagstoffe* für Putzmörtel mit mineralischen Bindemitteln werden vorwiegend Gesteinssande verwendet, deren Kornzusammensetzung zu einem möglichst geringen Hohlraumvolumen führen soll. Ein zu großer Anteil von Feinsand ist wegen des zu großen Bindemittelbedarfs zu vermeiden. Der Rezeptaufbau von Kunststoffputzen ist bez. der Zuschläge wesentlich vielfältiger als der von Mörtelputzen. Außer den dort fast ausschließlich verwendeten Mörtelsanden oder anstatt dieser finden sich darin Füllstoffe und Pigmente, wie Glimmer, Kaolin, Schwerspat, Talkum, Quarzsand, Quarzmehl, Kreide und Titandioxid. Die PVK (s. 3.2) der Kunststoffputze ist im allgemeinen auf Werte um 75 % eingestellt. Zur bunten Einfärbung werden mineralische oder organische Pigmente, diese wegen des leichteren Mischens zweckmäßigerweise in Pastenform, verwendet. Leichtzuschlagstoffe, wie z. B. Vermiculit oder Bimsstein, erhöhen die Wärmedämmung eines Putzes. Durch einen Zusatz von Polyamid- oder Polyesterfasern mit einem Titer von normalerweise 10—20 den. und einer Schnittlänge von etwa 6 mm kann die Gefahr der Bildung von feinen Haarrissen weiter vermindert, keinesfalls aber verhindert werden, daß Setz- und Dehnungsrisse als Folge grober Verarbeitungsfehler entstehen. Entschäumungs-, Konservierungs- und Verdickungsmittel sind fast immer notwendige Zusätze bei einer Putzmasse mit Kunststoff-Dispersionen als Bindemittel. Gegebenenfalls werden geringe Mengen Lösungsmittel zugesetzt, um die Filmbildung aus der Kunststoff-Dispersion zu verbessern und die Trocknungsgeschwindigkeit zu regeln.

Da in einem Ansatz für einen Dispersionsputz möglichst wenig Wasser vorhanden sein soll, um einen verarbeitungstechnisch günstigen, hohen Fließwiderstand zu erzielen und die Gefahr der Schwindrißbildung zu vermeiden, müssen die trockenen Füllstoffe und Pigmente meistens direkt in die Kunststoff-Dispersion eingearbeitet werden. Diese Arbeitsweise erfordert wegen der Gefahr des Koagulierens der Kunststoff-Dispersion besondere Sorgfalt beim Mischen. Der Kunststoff-Dispersion werden vor dem Zusatz der Füllstoffe und Pigmente Dispergiermittel zur Erhöhung der Stabilität zugesetzt.

Die *Putzweise* kennzeichnet den Putz vornehmlich nach der Auftragsmethode. Manche Bezeichnungen für Putze weisen aber weniger auf die Art des Auftragens als auf die Art der Oberflächenstruktur hin. *Feine* oder *grobe Reibeputze* unterscheiden sich nur durch die unterschiedlich große Körnung der Gesteinssande (Kies). Die Putzmasse wird, in der Stärke der gröbsten Körnung, mit einem rostfreien Glättspachtel aufgetragen, um Rostfleckenbildung an der Fassade zu vermeiden. Durch Verreiben des Putzes mit Kunststoff-Glättkelle oder Holzscheibe wird die gewünschte Struktur der Oberfläche erzeugt. Ein *Kratzputz*, auch *Spachtel-* oder *Kellenputz* genannt, enthält im Gegensatz zu einem Reibeputz Splittmaterial mit Spitzkorn (Kalkstein-, Marmor- oder Quarzsplitt). Die Oberfläche wird nach dem Auftragen mit der Glättkelle nur leicht übergerieben oder geglättet. Beim Trocknen bzw. Abbinden sinkt die Bindemittelmasse etwas zwischen dem Splittkorn ein, wodurch sich die Kratzputzstruktur plastisch herausbildet. Ein *Füllputz* oder Sandspachtel hat die Aufgabe, Hohlräume im Putzgrund oder große Rauhigkeiten im Unterputz auszugleichen. Der *Waschputz* mit Kunststoff-Dispersionen als Bindemittel leitet seinen Namen vom Waschbeton her und hat mit diesem das gemeinsame Merkmal, daß die Zuschlagstoffe aus der Oberfläche hervortreten sollen. Er unterscheidet sich vom Waschbeton aber grundsätzlich dadurch, daß beim Waschputz die charakteristische Oberfläche allein durch die Bestandteile des Putzes erzeugt wird, während beim Waschbeton der in der Oberflächenschicht im Abbinden verzögerte Zementleim nach der Herstellung durch einen Wasserstrahl wieder ausgewaschen wird. Der Zuschlag besteht daher beim Waschputz mit Kunststoff-Dispersionen ausschließlich aus Quarz und gebrochenem, grobkörnigem, weißem oder farbigem Marmor. Da das Bindemittel nicht nur zwischen den Zuschlagteilchen sitzt, sondern auch deren Außenfläche als Film überzieht, ist die Wasserfestigkeit des Polymerisats ein entscheidender Faktor dafür, daß die Putzfläche im Regen nicht ein graues oder milchig weißes Aussehen annimmt. Ein *Streichputz* enthält Füllstoffe mit sehr feinen Körnungen. Sein Name zeigt an, daß er durch Streichen, bevorzugt mit der Bürste, aufgetragen wird. In den meisten Fällen wird die noch feuchte Masse durch Abrollen mit einer Schaumgummirolle gleichmäßig strukturiert.

Der *Putzgrund* soll maßgerecht sein, damit der Putz in gleichmäßiger Dicke aufgetragen werden kann. Gegebenenfalls wird eine Ausgleichsschicht aufgebracht. Bei Putzen mit mineralischen Bindemitteln kann die Haftfestigkeit entweder durch Kunststoffzusätze oder durch Putzträger, wie z. B. Rohrmatten, Rippenstreckmetall, Ziegeldrahtgewebe und Holzwolleleichtbauplatten, verbessert werden. Mit einem Putzträger kann auch ein von der tragenden Konstruktion unabhängiger Putzgrund geschaffen werden.

Auf sehr glatten Betondecken ist es schwierig, einen mineralischen Putz haftfest zu verankern. Diese Betonflächen entstehen durch die zunehmende Verwendung von glattem, leicht zu reinigendem Schalungsmaterial in der Bauindustrie, das die Betonierungsarbeiten rationalisiert. Außerdem sind auf solchen Betonoberflächen meistens noch Reste von Schalölen und Schalpasten vorhanden, die einer ausreichenden Haftfestigkeit des Putzes entgegenwirken. Aber auch auf Hartbrandziegeln, Natursteinen und anderen glatten Materialien kann es ein schwieriges Problem sein, ausreichende Haftfestigkeit des Putzes zu erzielen.

Umfangreiche Versuchsarbeiten über den Einfluß von Schalölen und Schalpasten auf die Haftfestigkeit von mineralischen Putzen an Betondecken hat W. ALBRECHT [2] durchgeführt. Von ihm und W. STEINBACH [3] ist auch ein

Gerät zur Messung der Haftfestigkeit eines Putzes beschrieben worden. Zur Beurteilung der Haftfestigkeit wird allerdings eine große Probenanzahl benötigt, da die Einzelwerte meistens sehr stark streuen. Außerdem ist zu berücksichtigen, daß die Haftfestigkeit natürlich nicht größer als die Zugfestigkeit des Mörtels sein kann. Dies wirkt sich besonders bei Putzen niedriger Zugfestigkeit aus, z. B. bei Gipsmörteln, für die Zugfestigkeiten in der Größenordnung von 1 kp/cm² noch als relativ gute Werte zu bezeichnen sind. In die Untersuchungsreihe waren auch Gips- und Zementmörtel mit Zusatz von Kunststoff-Dispersionen als Haftbrücken zwischen schwierigem Putzgrund und Putz einbezogen, die z. T. wesentlich größere Haftwerte ergaben als Vorspritzmörtel ohne Kunststoff-Zusatz. In die Prüfergebnisse sind aber nicht nur die Eigenschaften der eingesetzten Kunststoff-Dispersionen eingegangen, sondern auch die unterschiedlichen Rezepte der Haftbrücken, die von den Herstellern vorgeschrieben waren.

Die Eigenschaften von Baugips mit dem Zusatz eines Vinylpropionat-Vinylchlorid-Polymerisates wurden von G. H. Benz [4] untersucht. Verbessert wurde die Haftfestigkeit sowohl auf glatten Betonflächen, auf denen sich noch Reste von Schalungsmitteln befanden, als auch auf anderen Putzgründen, wie zementgebundenen Holzwolle-, Asbestzement-, Glaswolle-, Holzspan-, Sperrholz-, Schaumpolystyrol-, Hart-PVC-, Glas- und keramischen Platten. Die Feuchtigkeitsbeständigkeit des Gipsputzes war ebenfalls höher. Der Zusatz der geprüften Kunststoff-Dispersion erwies sich als weitgehend dosierungsunempfindlich, da Biegezug- und Druckfestigkeit des Putzes bis in den Bereich unwirtschaftlich hoher Zusatzmengen stetig zunahmen, Versteifungsbeginn und -ende des Gipsbreis aber erst bei höheren Zusatzmengen (über 7 %), und dann auch nur unwesentlich, in Richtung etwas kürzerer Versteifungszeiten geändert wurden.

Ein nicht unproblematischer Putzgrund sind Schaumstoffplatten aus Polystyrol, da hier der Wärmeausdehnungskoeffizient des Untergrunds sehr verschieden von dem des Putzes ist. Besonders bei einer außen liegenden Wärmedämmschicht wird sich diese viel langsamer den Temperaturschwankungen anpassen als der Putz, so daß Dehnungsrisse in einer spröden Putzschicht entstehen können. Auf die sich daraus ergebenden Fragestellungen für das Putzen auf Hartschaumstoffplatten aus Polystyrol geht D. Balkowski [5] sehr ausführlich ein. Bei diesen handelt es sich um einen nicht-saugenden Untergrund. Demzufolge ist das Putzen mit Kalkzement- oder Kalkgipsputzen ohne zusätzlichen Putzträger nicht möglich. Reine Gipsputze haften dagegen gut, wenn die Schaumstoff-Fläche genügend rauh ist. Für große zusammenhängende Wand- und Deckenflächen aus Polystyrolschaumstoffplatten werden wegen ihrer großen Dehnbarkeit und dadurch geringeren Rißanfälligkeit vorwiegend Kunststoffputze verwendet. Bei dickeren Schaumstoffplatten, vor allem an Außenwänden, empfiehlt Balkowski armierte Putzausführungen. Dabei werden in den frischen Unterputz fadenverstärkte Glasfaservliese oder Glasfasergewebe durch Andrücken lose eingebettet. Auf den verstärkten Unterputz werden die Lagen des Oberputzes aufgebracht und dieser wahlweise strukturiert. Neuere Erfahrungen deuten darauf hin, daß das Reißen des Putzes auch unterbunden werden kann, wenn einerseits die Schaumstoffplatten vollflächig und fest mit dem Untergrund verklebt sind und andererseits die Putzlagen durch Zusatz von entsprechend flexiblen Kunststoffen außerordentlich dehnfähig gemacht wurden.

Putze werden in mehreren Lagen, meistens durch Spritzen, aufgebracht; die direkt auf den Putzgrund kommende erste Schicht wird manchmal auch angeworfen. Kunststoff-Dispersionsputze werden nicht in der Schichtdicke aufgetragen, die in der DIN 18 550 als Richtlinie für Putze mit mineralischen Bindemitteln angegeben ist. Für die *Putzausführung* gibt es einige Grundregeln, die auch bei der Verwendung von Kunststoffzusätzen im Putz nicht unbeachtet bleiben dürfen. Putzarbeiten sollen nicht bei zu tiefen Temperaturen oder direkt vor angekündigtem Frostwetter ausgeführt werden, da der Putz sonst schlecht abbindet und nicht die erforderliche Festigkeit erlangt. Ein Schlagregen auf frischen Putz kann ebenfalls zu Putzschäden führen. Ganz allgemein gesagt, wird die Erhärtung des Putzes von der herrschenden Luftfeuchtigkeit, der Temperatur und den Windverhältnissen beeinflußt. Bei zu stark und ungleichmäßig saugendem Putzgrund muß durch geeignete Maßnahmen (Vorfeuchten, Isolieranstrich) der Wasserentzug aus der Putzmasse verlangsamt und über die Fläche gleichmäßiger gemacht werden. Andernfalls können nicht nur die Reiß- und Haftfestigkeit des Putzes durch „Aufbrennen" geschädigt werden, sondern bei einem farbigen Putz auch ein fleckiges Aussehen resultieren, weil dieser örtlich mit unterschiedlicher Geschwindigkeit auftrocknete. Verriebene oder geglättete, mineralische Bindemittel enthaltende Außenputze mit feinkörnigen Sanden sind besonders anfällig gegen Rißbildung, da beim Glätten durch saugende Wirkung der Glättgeräte Bindemittel und Wasser im Überschuß an die Oberfläche gezogen werden. Dadurch wird die Oberschicht im Verlauf des Abbindens härter als die darunter liegenden Schichten, worin die häufigste Ursache der Bildung von Schwindrissen zu suchen ist. Daher gilt bei Putzausführungen ganz allgemein die Regel, daß der Unterputz mindestens die Festigkeit des Oberputzes erreichen soll. Beeinflußt wird dieser Vorgang durch die Art des Glättens und den Zeitpunkt nach dem Auftragen des Putzes, an dem mit dem Reiben oder Glätten begonnen wird.

Die Dosierungshöhe von Kunststoff-Dispersionen zu mineralischen Bindemitteln hängt von der Art und Beschaffenheit des Putzgrundes ab. Allgemein gültige Regeln hierfür existieren nicht, jedoch werden von den Herstellern der Zusätze Richtwerte angegeben. Diese liegen für dickere Putze (> 10 mm) tiefer als für Dünnputze (< 10 mm), da sich in dünnen Putzschichten ein gewisses Wasserrückhaltevermögen durch größere Zusätze von Kunststoff-Dispersionen, besonders wenn diese mit Schutzkolloiden hergestellt sind, auf den Wasserhaushalt des Putzes beim Austrocknen günstig auswirkt.

Die Prüfung des Putzuntergrundes auf das Vorhandensein von Schalungsmittelresten erfolgt in der Praxis vielfach durch Benetzungsversuche mit Wasser. Bei stark verschmutzten Oberflächen muß es der Entscheidung des Fachmanns vorbehalten bleiben, ob der Putz ohne Vorreinigung der Fläche nur über eine Haftbrücke oder über einen Putzträger auf den Putzgrund aufgebracht wird.

3.2 Fassaden-, Wand- und Deckenanstriche auf Putz, Beton und Mauerwerk sowie Dachpappenanstriche

Einerseits soll ein Anstrich einem Bauwerk ein dekoratives Aussehen für eine möglichst lange Zeit verleihen, andererseits wichtige technologische Zwecke erfüllen. Ein Außenanstrich hat die Aufgabe, den Bauteil vor Schlagregen und aggressiven Gasen zu schützen. Dabei darf er die Austrocknung eines noch frischen Bauwerkes nicht unzulässig verzögern. Der Anstrichfilm soll auch eine regelnde Funktion auf den Wasserdampfhaushalt des Gebäudes ausüben. Von einem Innenanstrich wird außer einem zweckentsprechenden feuchtigkeitstechnischen Verhalten in den meisten Fällen verlangt, daß er gut abwaschbar ist und Flecken leicht entfernt werden können.

Um zu den genannten Eigenschaftsmerkmalen eines Anstrichs zu gelangen, sind bestimmte Anforderungen an das verarbeitungstechnische Verhalten der Kunststoff-Dispersionen und die daraus entstehenden Polymerisatfilme zu stellen. Die Kunststoff-Dispersion soll zu den für die Verarbeitung erforderlichen rheologischen Eigenschaften (s. 1.3) des Anstrichmittels beitragen, die vom Hilfsstoffsystem und der durchschnittlichen Teilchengröße bzw. der Teilchengrößenverteilung des Latex, von den zugesetzten Verdickungs-, Netz- und Dispergiermitteln, der Art der Pigmente und Füllstoffe und dem Pigmentierungsverhältnis abhängen. Sie muß für sich allein und zusammen mit den anderen ausgewählten Bestandteilen des Anstrichmittels lagerstabil sein, was auch in der Forderung nach Elektrolytbeständigkeit und Froststabilität zum Ausdruck kommt. Vom Polymerisat werden großes Pigmentbindevermögen, gute Haftfestigkeit an Pigmentoberflächen und Anstrichuntergrund, nicht zu starkes Anquellen durch Wasser, keine oder höchstens geringe Oberflächenklebrigkeit und ausreichende Dehnbarkeit und Festigkeit der Filme erwartet. Da fast alle diese Filmeigenschaften über einen langen Zeitraum erhalten bleiben sollen, ist ein weiterer wesentlicher Faktor bei der Auswahl der Bindemittel die Alterungsbeständigkeit bei den herrschenden klimatischen und atmosphärischen Verhältnissen. Diese sind je nach geographischem Standort des Anstrichobjekts und der Lage der Anstrichfläche (in Innenräumen oder an Außenflächen) recht unterschiedlich.

Der Filmbildungsvorgang (s. 1.5) bei Kunststoff-Dispersionen, der auf dem Zusammenfließen der einzelnen Polymerisatteilchen der Latices beruht, läßt es zunächst unmöglich oder zumindest sehr schwierig erscheinen, die genannten Filmeigenschaften für ein ideales Anstrichbindemittel in einer Kunststoff-Dispersion zu vereinen; denn ein gutes Filmbildevermögen bei tiefen Temperaturen, aber auch eine große Bindekraft des Polymerisats für Pigmente bzw. Füllstoffe sowie die Haftfestigkeit auf dem Anstrichuntergrund setzen selbst bei den während des Auftrocknens des Anstrichs unter Umständen niedrigen Temperaturen eine bestimmte Verformbarkeit der Polymerisatteilchen voraus, damit diese zu einem Film zusammenfließen und auf der rauhen Pigment- oder Untergrundoberfläche eine möglichst große Kontaktfläche ausbilden können. Polymerisate mit geringer Filmkohäsion und großer Oberflächenklebrigkeit wären, allein von diesem Standpunkt aus betrachtet, hierfür am besten geeignet. Dem stehen jedoch die Wünsche nach Filmfestigkeit und geringer Klebrigkeit der Oberfläche des Anstrichfilms gegenüber, die zuletztgenannte Eigenschaft auch um dessen Verschmutzung auszuschließen. Für diese gegensätzlichen Forderungen kann durch Zusätze von geeigneten Lösungsmitteln, die als temporäre Weichmacher wirken, aber meistens ein brauchbarer Kompromiß gefunden werden. Für die Qualität eines Anstrichs sind aber nicht nur das Bindemittel, die Pigmente und Füllstoffe entscheidend. Diese wird auch zu einem nicht unbeträchtlichen Teil von den zur Verarbeitung des Anstrichmittels notwendigen Hilfs- und Zusatzstoffen, der Beschaffenheit des Untergrundes und den Verarbeitungsbedingungen beeinflußt.

Daß Kunststoff-Dispersionen als Bindemittel für Anstriche auf Mauerwerk und Beton die oxydativ trocknenden Bindemittel und wasserlöslichen Leime sowie die Kalkfarben weitgehend verdrängt haben, ist auf die Kombination mehrerer wertvoller Gebrauchseigenschaften zurückzuführen, die bei den älteren Bindemitteltypen nicht zu finden ist. Die Anstrichmittel können mit Wasser verdünnt werden. Auch die Gefäße, Pinsel und Bürsten können direkt nach Gebrauch mit Wasser gereinigt werden. Als besonderer Vorteil wird das leichte Gleiten des Pinsels oder der Bürste beim Verarbeiten empfunden. Obwohl in Anstrichmitteln aus Kunststoff-Dispersionen Wasser die flüssige Phase ist, bilden sich aus ihnen wasserfeste, sogar wetterfeste Anstrichfilme, da das Polymerisat im Latex nicht im gelösten, sondern dispergierten Zustand vorliegt. Anstriche aus Kunststoff-Dispersionen können daher im Gegensatz zu solchen aus anderen physikalisch trocknenden Anstrichmitteln, wie Leimfarben, Ölfarben und Cellulosenitratlacken, leicht überstrichen werden, ohne daß der darunterliegende Anstrichfilm wieder angelöst wird. Da Anstrichmittel auf der Grundlage von Kunststoff-Dispersionen im Vergleich zu den oxydativ trocknenden Bindemitteln wesentlich schneller zu Anstrichfilmen auftrocknen, können oft mehrere Anstriche innerhalb eines Tages ausgeführt werden. Der flüchtige Anteil besteht fast ausschließlich aus Wasserdampf und nicht aus stark riechenden Lösungsmitteldämpfen. Dadurch ist auch eine Brandgefahr während des Herstellens, Verarbeitens und Trocknens der Anstrichmittel ausgeschlossen. Die Bindemittelteilchen mit einem Teilchendurchmesser — je nach Bindemitteldispersion — zwischen 0,2 und 5 μ dringen auch bei mäßiger Saugfähigkeit des Untergrundes nicht so tief in diesen ein wie ein gelöstes Bindemittel. Dadurch wird weder der Anstrichfilm durch zu großen Bindemittelverlust in seinem Zusammenhalt geschwächt, noch zeichnet sich eine ungleichmäßige Porosität des Untergrundes in unschönem, fleckigem Aussehen des Anstriches ab. Bei sehr saugfähigem Untergrund erübrigt sich jedoch keineswegs ein verdünnter Vorstrich, da sonst die Filmbildung durch zu schnelles Auftrocknen des Anstrichmittels gestört werden kann, was zwangsläufig zu Anstrichschäden führt. Die geringe Eindringtiefe der Latexpartikel in verhältnismäßig stark poröse Untergründe ist allerdings beim Streichen auf kreidenden und nicht fest sitzenden Flächen von Nachteil, da kein Durchdringen der losen Schicht und damit keine Verankerung auf dem darunterliegenden festen Untergrund möglich ist. Hierin sind die in Lösung vorliegenden Bindemittelsysteme überlegen. Mit Anstrichmitteln auf der Grundlage von Kunststoff-Dispersionen werden erfahrungsgemäß auch nicht ganz die Deckkraft und der Glanz wie mit jenen erreicht.

Die Entwicklung der Anstrichbindemittel war in Europa und in den USA, bedingt durch die unterschiedliche Wirtschafts- und Rohstofflage, nicht gleichlaufend. In Deutschland benutzte man schon in den dreißiger Jahren Polyvinylacetat-Dispersionen als *Anstrichbindemittel*, während sich in den USA die Entwicklung auf Styrol-Butadien-Latices konzentrierte, und zwar erst nach dem zweiten Weltkrieg. Mit diesen beiden Polymerisattypen fanden Kunststoff-Dispersionen zum ersten Male großtechnisch Eingang in die Anstrichtechnik. Seitdem ist ihre Bedeutung für dieses Anwendungsgebiet ständig gewachsen, so daß die Herstellung von Anstrichmitteln heute zu einem der wichtigsten Absatzgebiete für Kunststoff-Dispersionen zählt. Latices auf der Grundlage von Vinylacetat-Homo- und-Copolymeren, Vinylpropionat-Homo- und -Copolymeren, Acrylester- bzw. Methacrylester-Copolymeren und Styrol-Copolymeren haben sich in nun schon Jahrzehnte dauernder Anwendung bewährt, wenn die einzelnen Bindemitteltypen entsprechend dem jeweiligen Einsatzzweck ausgewählt wurden.

Jeder der genannten Polymerisatklassen sind produktspezifische Eigenschaften zuzuschreiben. Eine Einschränkung muß jedoch insofern gemacht werden, als die Eigenschaften von Copolymerisaten durch die Art und den Anteil des Comonomeren z. T. erheblich verändert werden können. Außerdem hängen einige, die Qualität des Anstrichbindemittels bestimmende Eigenschaften im wesentlichen von den verwendeten Emulgiermitteln und Polymerisationshilfsstoffen sowie der Polymerisationstechnik ab. Durch diesen Sachverhalt erklären sich auch − worauf schon an anderer Stelle hingewiesen wurde [6] − die manchmal widersprüchlichen Untersuchungsergebnisse in der Fachliteratur über Vergleiche zwischen Polyvinylacetat-, Polyacrylester- und Styrol-Butadien-Copolymerisat-Dispersionen, die oft verallgemeinernd auf ganze Polymerisatklassen übertragen werden.

Die Temperaturen, bei denen ein Anstrichmittel aufgetragen wird, liegen meistens unterhalb der Einfriertemperatur der Homopolymerisate des *Vinylacetats*. Man ist bei diesem Polymerisattyp daher zur Verbesserung der Filmbildung und der Filmeigenschaften auf den Zusatz von Weichmachungsmitteln angewiesen. Dibutylphthalat hat von den gebräuchlichen Weichmachungsmitteln die besten Solvatisierungseigenschaften für Polyvinylacetat. In Sonderfällen werden auch Trikresylphosphat (Mineralölfestigkeit) − allerdings wegen seiner geringen Lichtstabilität nicht für hellfarbige Anstriche −, Trichloräthylphosphat (Flammschutz), Dimethylglykolphthalat (weitgehende Benzinfestigkeit, Mineralölfestigkeit) und Butylurethan-Formaldehyd-Kondensationsprodukte (Mineralölbeständigkeit, Licht- und Alterungsbeständigkeit), jedoch nur anteilmäßig zusammen mit Dibutylphthalat verwendet. Meistens bringt − wie langjährige Praxiserfahrung gezeigt hat − die Anwesenheit von Weichmachungsmitteln keine Nachteile für den Anstrichfilm; dennoch besteht die Gefahr, daß weichmacherlösliche Farbstoffe aus einem farbigen Untergrund in den Anstrichfilm aufgenommen werden, Weichmacher in darüber- oder darunterliegende Lacke oder Anstriche wandern oder die Filmeigenschaften sich bei besonders langdauernder Einwirkung höherer Temperaturen durch langsames Verdampfen des Weichmachers ändern. Entgegen einer oftmals dargelegten Ansicht findet dagegen Wanderung des Weichmachers aus einem Anstrichfilm in mineralische Untergründe, selbst wenn diese sehr porös sind, in nur unbedeutendem Ausmaß statt. Bei Versuchen mit Tritium-markiertem Dibutylphthalat wurde wohl gefunden, daß Weichmacher in darunterliegende Anstrichbindemittel einwanderte, in kaum nennenswertem Maße aber in einen Anstrichgrund aus Holz [7].

Die Estergruppen im Polymerisat verleihen Polyvinylacetat einen beträchtlichen Grad an Polarität; dadurch ist auch eine gewisse Wasseraufnahme des Filmes möglich, deren Ausmaß aber zusätzlich sehr vom verwendeten Emulgiermittelsystem und der Filmstruktur bedingt wird.

Die Quellbarkeit des Polymerisates in wäßrigen Medien zusammen mit der Konstitution des Makromoleküls ist auch die Ursache für die Verseifung des Polyvinylacetats in alkalischem oder saurem Milieu, die auch beim Lagern der daraus gefertigten Anstrichmittel langsam fortschreitet. Ein geringer Zusatz von Carbonaten, wie z. B. Kreide oder Dolomit, zum Puffern der sich beim Lagern der Anstrichmittel entwickelnden Acidität darf deshalb in einem Anstrichmittelrezept mit Polyvinylacetat und den meisten Vinylacetat-Copolymeren nicht fehlen.

In Deutschland wird die Mehrzahl der Kunststoff-Dispersionen auf Basis von Vinylacetat-Polymerisaten für Anstrichzwecke mit Polyvinylalkohol als Schutzkolloid hergestellt. Durch dessen Restgehalt an Acetylgruppen, Molekulargewicht, mengenmäßigen Anteil in der Dispersion und gegebenenfalls Zusätze von oberflächenaktiven Substanzen werden die rheologischen Eigenschaften der Dispersion sowie die Benetzungsfähigkeit und die Wasserbeständigkeit des Anstrichs mitbestimmt. Außer Polyvinylalkohol werden aber auch Celluloseäther und Polymerisate von N-Vinylamiden [8] als Emulgiermittel eingesetzt. Durch eine geeignete Polymerisationstechnik bei der Verwendung von Hydroxyalkyl-alkylcellulosen sollen bessere Viskositätsstabilität der Anstrichmittel und gute Naßabriebbeständigkeit der Anstrichfilme erzielt werden können [9].

Um Schwierigkeiten mit Weichmachungsmittel enthaltenden Anstrichfilmen aus dem Wege zu gehen, sind im vergangenen Jahrzehnt zahlreiche *Vinylacetat-Copolymere* auf dem Markt erschienen. Obwohl eine Vielzahl von Comonomeren zur „inneren Weichmachung" des Polyvinylacetats geeignet erscheinen, werden aus wirtschaftlichen und polymerisationstechnischen Gründen vor allem 2-Äthylhexylacrylat, n-Butylacrylat, Äthylacrylat, Di-n-butylmaleinat bzw. -fumarat, Vinyllaurat und Vinylstearat zur Copolymerisation herangezogen. H. D. COGAN hat die Eigenschaften der Copolymerisate des Vinylacetats mit Vinylestern langkettiger Fettsäuren, Malein- und Fumar- sowie Acrylestern vergleichend geprüft [10]. Da er seiner Untersuchungsreihe ein Standardrezept zur Polymerisation zugrunde legte, wurde sicher nicht in allen Fällen das Optimum erreicht. Dies kennzeichnet die Schwierigkeit, umfassende, allgemeingültige Aussagen über das anwendungstechnische Verhalten eines Polymerisattyps zu machen, da außer der Monomerenzusammensetzung des Polymerisates noch eine ganze Reihe weiterer Faktoren für die Eigenschaften des Polymerisatfilms bestimmend sind. So weist COGAN z. B. auch auf die bekannte Tatsache hin, daß die Wasserfestigkeit der Filme nicht allein vom Hilfsstoffsystem abhängt, sondern auch von der Güte der Filmbildung, die wiederum auch von der Teilchengrößenverteilung im Latex beeinflußt wird. Von A. C. FLETCHER und P. J. WILSON [11] wurde Vinylcaprinat als Comonomeres für Vinylacetat untersucht. Die besten Filmeigenschaften wurden mit 25 Gew.-% Vinylcaprinat im Copolymerisat erhalten. Neuartige Comonomere für Vinylacetat wurden neuerdings durch Vinylierung von in α-Stellung zur Carboxylgruppe verzweigten aliphatischen Carbonsäuren gewonnen [12]. Durch diese Comonomeren mit sterisch blockierter Estergruppierung wird die Widerstandsfähigkeit der Vinylacetat-Polymerisate gegen Verseifung beträchtlich erhöht, wobei eine entsprechend lange Seitenkette der Vinylester gleichzeitig eine größere Beweglichkeit der Kettensegmente ermöglicht und damit die Erweichungstemperatur des betreffenden Polymerisates herabsetzt. In jüngster Zeit ist auch die Copolymerisation von Äthylen mit Vinylacetat im Verfahren der Emulsionspolymerisation zur technischen Reife entwickelt worden [13]. Die Filme dieser Copolymeren sind durch eine gewisse Gummielastizität gekennzeichnet.

Vinylpropionat-Polymerisate unterscheiden sich von dem polymerhomologen Polyvinylacetat durch eine um eine Methylengruppe verlängerte Seitenkette. Dies bedingt eine erhöhte Flexibilität und Weichheit des Polymerisats. Die Filmbildungstemperatur einer Dispersion liegt dadurch so niedrig, daß sich ein Zusatz von Weichmacher erübrigt. Die Verseifungsbeständigkeit ist bei diesem Polymerisattyp gegenüber den meisten Vinylacetat-Polymerisaten ebenfalls erhöht. Die Anwendung dieser Polymerisatklasse in der Anstrichtechnik begann nach dem zweiten Weltkrieg in Deutschland und hat sich inzwischen auf Europa ausgedehnt. In den USA sind Vinylpropionat-Polymerisate aus preislichen Gründen bisher fast unbekannt geblieben.

Durch Copolymerisation kann die Einfriertemperatur des Homopolymerisates angehoben werden, um gegebenenfalls einen etwas härteren Film zu erhalten. Als Comonomere kommen hierzu Vinylacetat, Vinylchlorid, Methylmethacrylat und Ester der Acrylsäure mit einem in α- oder β-Stellung verzweigten Alkohol mit mindestens vier Kohlenstoffatomen [14] in Frage; auch die als Comonomere für Vinylacetat genannten verzweigten Vinylester [12] sind geeignet, wenn dem Ester eine nur kurzkettige, aliphatische Fettsäure zugrunde liegt. Die vier zuletztgenannten Comonomerentypen versteifen nicht nur den Polymerisatfilm, sondern verleihen dem Copolymeren auch eine noch größere Verseifungsbeständigkeit.

Ein wesentlicher Unterschied zwischen den als Anstrichbindemittel gebräuchlichen *Polyacrylester- bzw. Polymethacrylester-Dispersionen* und den Vinylester-Polymerisaten besteht allein schon darin, daß Polyacrylester-Dispersionen nur selten Schutzkolloide als Emulgiermittel enthalten, sondern fast immer ein Emulgiermittelsystem aus ionogenen und nicht-ionogenen Emulgiermitteln. Die Poly-(meth-)acrylester-Dispersionen sind daher meistens auch feinteiliger. Es ist deshalb erklärlich und keine polymerisatspezifische Eigenschaft, daß die Filme aus derartigen Polyacrylester-Dispersionen oft einen stärkeren Glanz aufweisen als solche aus den mit Schutzkolloid hergestellten, grobdispersen Polyvinylester-Dispersionen (s. 1.1). Durch die Vielfalt der zur Verfügung stehenden Acrylester-Monomeren kann eine sehr große Zahl entsprechender Homo-und Copolymerisate hergestellt werden, die in den Eigenschaften erheblich variieren können. Eine verallgemeinernde Beurteilung der Acrylatpolymeren ist daher problematisch.

Polymethylacrylat ist z. B. nicht sehr widerstandsfähig gegen Verseifung durch Alkalien, wohl dagegen Polybutylacrylat oder ein Copolymeres aus Äthyl- und Methylmethacrylat mit entsprechender prozentualer Zusammensetzung. Anstrichbindemittel auf Acrylat-Basis sind daher Copolymere, bei denen durch Auswahl der Monomeren die gewünschte Filmbildungstemperatur, Härte, Wasserfestigkeit und sonstige anstrichtechnisch erforderliche Eigenschaften eingestellt sind. Die wichtigsten Grundmonomeren dafür sind: Äthylacrylat, Methylmethacrylat und Acrylester von verzweigten Alkoholen, die noch mit n-Butylacrylat, Äthylhexylacrylat, Styrol, Vinylchlorid, Acrylnitril, Butylmethacrylat, Vinylestern verzweigter Fettsäuren [15] u. a. copolymerisiert werden, falls die Glastemperatur des Polymeren herauf- oder herabgesetzt werden soll.

Durch die sehr unterschiedliche Zusammensetzung der Acrylester-Polymerdispersionen muß man in der Literatur verzeichnete Untersuchungsergebnisse [16] noch stärker auf die jeweils geprüften Produkte beziehen und kann diese noch weniger verallgemeinern als bei den anderen Polymerisatklassen. Die in der amerikanischen Literatur referierten Arbeiten beziehen sich vorwiegend auf Äthylacrylat-Methylmethacrylat-Copolymere. Wenn darin teilweise von einer etwas größeren Kreidungstendenz, etwas geringeren UV-Stabilität und geringeren Farbtonbeständigkeit von Anstrichen auf Acrylatbasis im Vergleich zu solchen auf der Grundlage von Vinylacetat-Copolymeren berichtet wird, läßt dieses keine Rückschlüsse auf europäische Verhältnisse zu, da hier auch Anstrichbindemittel vorliegen, bei deren Polymerisaten von n-Butylacrylat ausgegangen wurde. Bei geeigneter Polymerisatzusammensetzung und mit entsprechend ausgewähltem Hilfsstoffsystem können mit Acrylester-Copolymeren Anstriche erzielt werden, die sowohl in der Wetterfestigkeit ausgezeichnet zu bewerten sind, als auch in der Scheuerfestigkeit den noch zu erwähnenden Styrol-Butadien-Polymerisaten in nichts nachstehen.

Styrol-Butadien-Copolymerisate als Anstrichbindemittel [17] enthalten meistens um 60 Gew.-% Styrol, da bei diesem Monomerenverhältnis die Filmbildungstemperatur der Dispersion und die Oberflächenhärte des gebildeten Films optimal eingestellt sind. Da die Monomerenzusammensetzung relativ genau definiert ist, ist es bei diesem Polymerisattyp wenigstens für die vom Polymerisat selbst abzuleitenden anstrichtechnischen Eigenschaften leichter möglich, eine allgemeine Charakterisierung zu geben, als bei den bisher erwähnten. Durch die starke Hydrophobie des Polymerisates ist die Wasseraufnahme des Polymerisatfilms sehr gering und wird auch durch unterschiedliche Emulgiermittelsysteme in den zugrunde liegenden Dispersionen verhältnismäßig wenig beeinflußt. Die Konstitution macht eine Verseifung des Polymerisates in saurem und alkalischem Milieu unmöglich. Während der Polymerisation erfolgt bereits eine leichte Vernetzung, so daß der Film, auch in Polystyrol normalerweise lösenden Lösungsmitteln, sehr schwer löslich ist. Die im Polymerisat durch das Comonomere Butadien verbleibenden Doppelbindungen vernetzen im Anstrichfilm unter Belichtung und Einwirkung von Sauerstoff und lassen das Bindemittel nachhärten; damit verbunden ist allerdings auch eine gewisse Neigung zum Vergilben und zum Abbau des Bindemittels, der je nach den atmosphärischen Bedingungen zu einem mehr oder weniger starken Kreiden des Anstrichs führt. Gegebenenfalls müssen Antioxydantien zugesetzt werden. Styrol-Butadien-Latices der genannten Art werden daher hauptsächlich für Innenanstriche verwendet [18], wobei mit ihnen auf Grund der großen Wasserfestigkeit Anstriche mit sehr guter Naßabriebfestigkeit hergestellt werden können.

In den letzten Jahren wurden damit in Industriegegenden, in denen wegen der Dunstglocke nicht mit zu starker Sonnenstrahlung zu rechnen ist, auch Außenanstriche ausgeführt. Durch leichtes Kreiden soll sich der Anstrich insofern selbst reinigen, als bei Regenfällen die den Schmutz tragende, kreidende und geschwächte, äußere Anstrichschicht abgewaschen wird. Dabei ist allerdings jeweils ein Substanzverlust des Anstrichs zu verzeichnen. Ein Außenanstrichmittel mit Styrol-Butadien-Copolymeren erfordert daher eine sehr sorgfältig zusammengestellte Pigmentierung. Außer Titandioxid (Rutil) sind Füllstoffe mit Blättchenstruktur (Glimmer, Talkum, feines Asbestmehl, Diatomeenerde u. dgl.) besonders wichtig. Um das „Kreiden" der Anstriche mit Styrol-Butadien-Copolymeren auch bei starker Sonnenstrahlung unter Kontrolle zu bekommen, sind Polymerisate untersucht worden, bei denen ein Teil des Butadiens durch Acrylester ersetzt wurde [19]; dennoch kommt Außenanstrichen mit Butadien enthaltenden Copolymeren als Bindemittel im Vergleich zu solchen mit Vinylester- und Acrylester-Polymerisaten eine untergeordnete Bedeutung zu. Im übrigen nimmt, auch in den USA [20], der Marktanteil dieses Polymerisattyps für die Anwendung als Anstrichbindemittel zugunsten der Vinylester- und Acrylester-Polymerisate ab, weil diese Polymerisattypen in den meisten Fällen den Anforderungen der Praxis vollkommen genügen und vielfach einfacher zu verarbeiten sind.

Styrol-Butadien-Latices für Anstrichzwecke werden als feinteilige Dispersionen hergestellt. Dementsprechend eignen sie sich zur Herstellung glänzender Anstriche. Durch die starke Hydrophobie des Polymerisates ist die Stabilisierung der als Folge der geringen Teilchengröße großen inneren Oberfläche in der Dispersion durch die Emulgiermittel nicht einfach. Aus diesem Grund muß auch beim Mischen der Dispersionen mit Pigmenten und Füllstoffen sehr vorsichtig verfahren werden, sonst bildet sich leicht Koagulat (s. 1.4). Durch Mitverwendung von Celluloseäthern als Schutzkolloid während der Polymerisation können Styrol-Butadien-Polymerdispersionen günstige rheologische Eigenschaften [21] — ähnlich denen der Polyvinylesterlatices — verliehen werden.

Butadien-freie Styrol-Copolymere mit sehr hohem Anteil an Styrol im Polymerisat sind sehr beständig gegen die Einwirkung von Wasser, Säuren und Alkalien. Sie sind außerdem weitgehend licht- und witterungsbeständig. Sie benötigen zur Filmbildung den Zusatz von Weichmachungsmitteln. Für die Qualität des Anstrichs ist die Art des Weichmachers ausschlaggebend. Dibutylphthalat setzt die Alkalifestigkeit herab. Durch die Flüchtigkeit dieses Weichmachers wird die Alterungsbeständigkeit des Anstrichs ungünstig beeinflußt; deshalb werden auch weniger flüchtige Weichmachungsmittel mitverwendet. Diese auch weniger gelatinierenden Weichmacher haben geringen Einfluß auf die Klebrigkeit des Filmes und können deshalb in größeren Mengen eingesetzt werden, was sich wiederum auf die Alterungsbeständigkeit des Anstrichfilms vorteilhaft auswirkt.

Über *Vinylchlorid-Acrylester-Copolymere* liegen zwar nach der amerikanischen Fachliteratur recht günstige Ergebnisse über Bewitterungsversuche vor [22], in der Anstrichpraxis hat dieser Polymerisattyp sich jedoch bis heute nicht durchsetzen können.

Es liegen auch Untersuchungsergebnisse über *Kombinationen von Kunststoff-Dispersionen mit trocknenden Ölen, Alkydharzen oder deren Gemischen* vor. Styrol-Butadien-Copolymer-Dispersionen sollen dadurch in der Haftfestigkeit auf glatten Flächen und der Froststabilität verbessert werden können [23]. Besonders geeignet sollen Gemische aus Sojaöl und Alkydharzen sein, die dem Latex als Emulsion zugesetzt werden. Von R. Hurd [24] wird auf die verbesserte Abriebfestigkeit und Adhäsion eines Anstriches mit Polyvinylacetat hingewiesen, dem eine Alkydharzemulsion zugesetzt war. Er macht darauf aufmerksam, daß die Verträglichkeit des Alkydharzes mit der Polyvinylacetat-Dispersion vorher geprüft sein muß, da sie je nach Typ des Harzes sehr unterschiedlich sein kann. Umfangreiche Versuche mit verschiedenen Ölen und Alkydharzen sowie einem Epoxidharzester wurden von G. Hesse und E. Maroski [25] durchgeführt. Die Zusätze verbesserten die Wetterbeständigkeit der untersuchten, Weichmacher enthaltenden Vinylacetat-Homopolymerisate. Die Alkydharze und Öle zeigten ihre optimale Wirkung

je nach Art des Harzes und Öles oder des untersuchten synthetischen Latex
bei sehr unterschiedlichen Mengen, nämlich von wenigen bis maximal 40 Gew.-%.
Von K. E. JACKSON [26] werden Kohlenwasserstoffharze beschrieben, die zur
Modifizierung von Anstrichmitteln aus Styrol-Butadien- und Acrylester-Polymerdispersionen geeignet sind. Durch Zusätze von Alkydharzen und trocknenden
Ölen zu Kunststoff-Dispersionen soll auch die Haftfestigkeit der Anstriche auf
kreidendem Untergrund verbessert werden können [27] (s. a. S. 54). Die *Pigmentierung* der Anstrichbindemittel erfolgt mit Weiß- und Buntpigmenten [28], wobei
die Weißpigmente, wie z. B. die Titandioxid-Typen (Rutil, Anatas), Lithopone,
Zinkweiß, Zinkoxid und Bleiweiß, den Hauptbestandteil jeder Pigmentierung
bilden. Blancfix, Kreide, Mikrodolomit, Kaolin und Schwerspat werden manchmal
wegen der gegenüber den eigentlichen Weißpigmenten wesentlich geringeren Deckkraft auch als Streckmittel bezeichnet, vielfach jedoch zu den Füllstoffen gerechnet. Titandioxid ist in fast allen Anstrichrezepten zu finden. Der Rutil-Typ wird
vorgezogen, im Außenanstrich mit Rücksicht auf die Kreidungsbeständigkeit [29],
im Innenanstrich wegen der Fließeigenschaften des Anstrichmittels. Lithopone
ist im allgemeinen nur für Innenanstriche geeignet, da die normalen Zinksulfid-
Pigmentqualitäten den Anstrich im Wetter vergrauen lassen. Ein nach einem
bestimmten Herstellungsverfahren gewonnenes Lithopone soll jedoch in Polyvinyl-
acetat- und Polyvinylpropionat-Anstrichen gute Bewitterungsergebnisse nach
5 Jahren gezeigt haben [30]. Zinkweiß [25], Zinkoxid sowie Bleiweiß und andere
basische Pigmente führen besonders bei den sauer eingestellten Vinylacetat-Poly-
merdispersionen leicht zu unerwünschten Verdickungserscheinungen oder sogar
zur Koagulation. Aber auch bei den anderen Bindemitteltypen ist zu prüfen, ob
das rheologische Verhalten des Anstrichmittels durch den Zusatz dieser Pigmente
nicht nachteilig verändert wird. Durch Zusatz von 5—10% eines praktisch nicht
wasserlöslichen, sec. Erdalkaliphosphats (z. B. Ca-Hydrogenphosphat), berechnet
auf die Zinkweiß-haltige Pigmentmischung, sollen Vinylester-Polymerdispersionen
lagerstabil bleiben, auch wenn sie Zinkweiß enthalten [31]. Die Anwesenheit von
Zinkoxid in der Pigmentmischung erhöht die Beständigkeit des Anstrichfilmes
gegen den oxydativen Abbau des Bindemittels durch UV-Strahlung während der
Bewitterung. Entsprechende Versuchsergebnisse liegen mit niedrig-pigmentierten
Anstrichsystemen auf der Grundlage eines Alkydharzes, eines Acrylester- und
Vinylacetat-Polymeren vor, die vergleichsweise mit Titandioxid, Zinkoxid und
einem Gemisch dieser beiden Pigmente im Verhältnis 85:15 pigmentiert waren
[32]. Voraussetzung für die Verwendung von Zinkoxid ist jedoch, daß die Kunststoff-Dispersion mit Zinkoxid verträglich ist. Zu beachten ist auch, daß zu große
Mengen Zinkoxid die Anstrichfilme hart machen.

Zum Abtönen der Anstrichmittel finden sowohl anorganische (Eisenoxidrot,
-gelb, -braun, Ocker, Chromoxidgrün, Farbruß u. a.) als auch organische Pigmente
(z. B. Hansagelb, Toluidinrot, Phthalocyanin- und andere Pigmentfarbstoffe mit
hohen Echtheitseigenschaften) Verwendung. Buntpigmente, die wasserlösliche
Salze von zwei- und dreiwertigen Metallionen enthalten, können die Stabilität der
Kunststoff-Dispersionen gefährden. Organische Pigmente müssen wegen ihrer
geringen Teilchengröße und daher großen Oberfläche sehr sorgfältig dispergiert
sein, sonst verdickt das Anstrichmittel bei ihrer Zugabe oder während der Lagerung des Anstrichmittels, wenn es nicht sogar koaguliert; mindestens kann es aber

durch Wechselwirkung (s. 1.4) mit der weißen Grundfarbe zu einer Aggregation der dispergierten Teilchen kommen, die eine Änderung der Farbstärke des Anstriches zur Folge hat. L. A. O'NEILL [7] hat diese Erscheinung an einem Anstrichmittel mikroskopisch beobachtet, das eine Phthalocyaninblau-Paste enthielt. Oft ist die Abnahme der Farbstärke eines Anstriches oder Anstrichmittels nicht auf eine unzureichende Dispergierung des organischen Pigmentes, sondern auf Umkristallisation gegen Lösungsmittel schlecht beständiger Pigmente bei Anwesenheit bzw. Zugabe von Lösungsmitteln und Weichmachern zurückzuführen [33]. L. A. O'NEILL [7] hat dieses mit Hilfe von elektronenmikroskopischen Aufnahmen an einem Hansagelb enthaltenden Anstrichmittel nachgewiesen. Von E. DAUBACH [34] wurden Kristallwachstum und -modifikationsumwandlung an einem Azofarbstoff auch in der wäßrigen Lösung eines nicht-ionogenen Dispergiermittels über einen Zeitraum von mehreren Monaten hinweg beobachtet.

Je nach Anwendungszweck des Anstrichmittels können diesem mehr oder weniger große Mengen *Füllstoffe*, wie z. B. Glimmer, Talkum, Quarzmehl, feinteilige Kieselsäure, Diatomeenerde, zugesetzt werden. Talkum verringert die Verschmutzungstendenz eines Anstriches und ist daher in den meisten Anstrichmittelrezepten zu finden. Füllstoffe sind nicht nur billige Verschnittmittel für Pigmente; ohne ihre Anwesenheit ist es auch meistens schwierig, die verarbeitungstechnisch günstigen Eigenschaften eines Anstrichmittels einzustellen. TH. H. FERRIGNO [35] stellte in seinen Untersuchungen über Füllstoffmischungen für Styrol-Butadien-Copolymer-Dispersionen fest, daß eine Mischung von mindestens zwei Füllstoffen notwendig ist, um bei Anstrichmitteln optimale Eigenschaften zu erhalten. Über das Bewitterungsverhalten von Versuchsanstrichen mit unterschiedlichen Gewichtsverhältnissen von Titandioxid-Rutil als Weißpigment und einem Füllstoffgemisch aus Dolomit, Schwerspat, Kreide, Kaolin und Talkum nach 2100 Sonnenstunden (ca. 2 Jahre) wurde von W. PAPPENROTH und G. TEICHMANN berichtet [36]. Die Anstriche waren auf 10 Monate alte, abgelagerte Asbestzementplatten aufgetragen, die mit verdünntem Anstrichmittel vorgestrichen waren. Als Bindemittel kamen ein Vinylacetat-Homo- sowie ein Vinylacetat-Copolymerisat, ein Vinylpropionat-, ein Acrylester- sowie ein Styrol-Butadien-Polymerisat und ein Gemisch aus einem Vinylpropionat- und Vinylacetat-Polymerisat zur Anwendung. Die Auswertung erfolgte nach einem Punktsystem, wobei den einzelnen Anstricheigenschaften verschiedenes Gewicht beigelegt wurde. Das zusammengefaßte Ergebnis besagt, daß je nach Bindemittel die Höhe der Gesamtpigmentierung und das Verhältnis von Füllstoffen zum eingesetzten Titandioxid einen unterschiedlich starken Einfluß auf das Bewitterungsverhalten haben. Diese Faktoren müssen also auf das jeweils verwendete Bindemittel abgestimmt werden, um das Optimum einer langen Schutzwirkung zu erhalten.

A. C. ELM [37] diskutiert die schützende Wirkung der Pigmente gegen die Zerstörung eines Anstrichfilms während der Außenbewitterung. Zwar handelt es sich dabei um Alkydharze oder trocknende Öle, die dargelegten grundsätzlichen Überlegungen lassen sich jedoch auch auf Anstrichsysteme mit Polymerdispersionen als Bindemittel übertragen. Unter anderem sind Lichtabsorptionskurven von Pigmenten bis in den UV-Bereich hinein und die Pigmentschichtdicken angegeben, die nach früheren Messungen von G. F. A. STUTZ und neueren von J. M. GALLAGHER zur vollständigen UV-Absorption notwendig sind.

Das Mengenverhältnis der Bindemittel, Pigmente und Füllstoffe hat ebenso wie deren Art einen großen Einfluß auf die Eigenschaften des Anstrichs, wie z. B. Haltbarkeit im Wetter, Glanz, Anschmutzung und Naßabriebfestigkeit. Es wird je nach dessen Anwendungszweck variiert. Früher wurde das Pigmentierungsverhältnis ausschließlich mit dem Verhältnis der Gewichtsmenge des Latex zur Gewichtsmenge der Pigmente und Füllstoffe ausgedrückt. Die Angabe der Höhe der Pigmentierung als *Pigmentvolumen-Konzentration* [38] setzt sich jedoch immer mehr durch, da für die Pigmentbindung das Volumen, die Form und Oberflächenbeschaffenheit des Pigments von größerem Einfluß sind als dessen Gewicht und sich dadurch unterschiedliche Pigmente besser vergleichen lassen. Das Volumenverhältnis sagt daher mehr über die zu erwartenden Eigenschaften eines pigmentierten Anstrichs aus als das Gewichtsverhältnis und läßt auch eher Vergleiche zwischen den einzelnen Bindemittelsystemen zu. Die Pigmentvolumenkonzentration (PVK) ist definiert als:

$$\text{PVK (in \%)} = \frac{V_\text{P} + V_\text{F}}{V_\text{P} + V_\text{F} + V_\text{fB}} \cdot 100$$

V_P = Pigmentvolumen
V_F = Füllstoffvolumen
V_fB = Volumen des festen Bindemittels.

W. K. ASBECK und M. VAN LOO [39] untersuchten verschiedene Anstricheigenschaften (Glanz, Blasenbildung, Permeabilität, Unterrostung) von Anstrichmitteln der gleichen Ausgangsmaterialien, aber unterschiedlicher PVK. Bei der graphischen Darstellung der Ergebnisse fanden sie, daß die technologischen Eigenschaften des Anstrichs sich im Bereich einer bestimmten PVK deutlich bemerkbar änderten. Sie nannten diese PVK die ,,kritische Pigmentvolumenkonzentration'' (KPVK) eines Anstrichmittels.

Der Begriff der KPVK wurde aus Untersuchungen an Ölanstrichen abgeleitet. Das flüssige Bindemittel kann hier ohne weiteres in alle Hohlräume der Pigmentpackung eindringen. Am Punkt der KPVK sollte das Bindemittel gerade die vorhandenen Hohlräume im Sedimentvolumen des Pigmentgemisches ausfüllen. Dieses ist aber nicht nur vom Pigment(-gemisch) abhängig, sondern kann auch vom Bindemittelsystem bzw. dessen Dispergierwirkung für die Pigmente beeinflußt werden [40]. Von R. J. COLE [41] wird das Verhältnis von Pigmentsedimentvolumen (Pigment-Massiv- und Hohlraumvolumen) zu Pigment-Massivvolumen als Packungsfaktor P bezeichnet.

Bei nicht zu großen Unterschieden in der Dichte der Bindemittel und konstantem P sollte die KPVK bei der Verwendung desselben Pigments eine konstante Größe für alle Bindemittel sein. Dieses sollte auch für die als Anstrichbindemittel gebräuchlichen Kunststoff-Dispersionen gelten, da die Dichte der darin befindlichen Polymerisate im allgemeinen zwischen 1 und 1,1 liegt und die damit verbundene Änderung der KPVK nicht ins Gewicht fällt. Die in der Anstrichtechnik am häufigsten eingesetzten Pigment- und Füllstoffe haben Dichten zwischen 2,8 und 4,4. Eine Variation in diesem Dichtebereich wirkt sich auf die Lage der KPVK ebenfalls kaum aus. Danach müßte die KPVK für die genannten Kunststoff-Dispersionen und Pigmentmischungen die gleiche sein. Diese theoretischen Überlegungen stehen aber im Widerspruch zu den praktischen Erfahrungen mit Kunststoff-Dispersionen. Als Ursache dafür kommen verschiedene Faktoren in Betracht.

Zunächst einmal liegt in Kunststoff-Dispersionen das Bindemittel in diskreten Partikeln vor. Dessen durchschnittliche Teilchengröße liegt sogar in der gleichen Größenordnung wie die der Pigmente und Füllstoffe. Das Bindemittel ist in diesem Fall also nicht wie bei den anderen Anstrichmitteln eine flüssige, kontinuierliche Phase, die ohne weiteres in jeden Hohlraum der Pigmentpackung einfließen kann [*42*]. Außerdem wirkt sich eine unterschiedliche Plastizität der Einzelpartikel bei verschiedenen Bindemitteltypen darauf aus, inwieweit das Polymerisat noch fließfähig genug ist, um in vorhandene Hohlräume der Pigmentpackung einzudringen bzw. in möglichst engen Kontakt mit der Pigmentoberfläche zu kommen. Vor allem aber übt jede Kunststoff-Dispersion je nach ihrer Art einen sehr deutlichen,

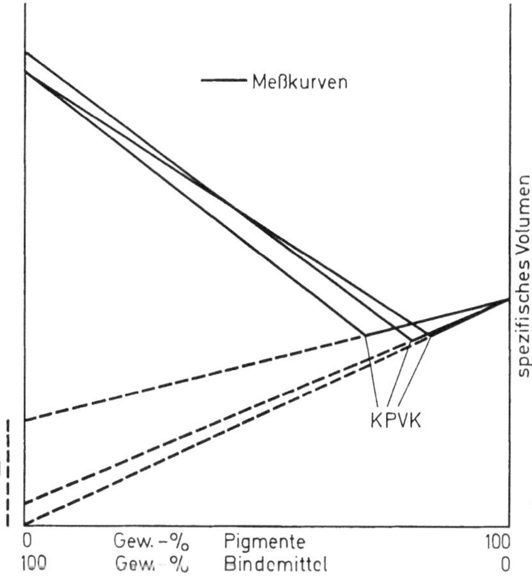

Abb. 10. Schematische Darstellung von PVK-Messungen zur Veranschaulichung des Begriffes „Packungsdefekt"

wenn auch je nach Art der Pigmente unterschiedlichen Einfluß auf die Packungsdichte der Pigmente aus [*43*]. Es ist sogar möglich, auf Grund von Messungen der KPVK mit einer bestimmten Pigmentmischung einen für jede Kunststoff-Dispersion charakteristischen „Packungsdefekt" d zu definieren, der als Maß für die Abweichung von der theoretisch dichtesten Packung des Anstrichfilms gelten kann [*44*] (Abb. 10).

Die genannten Effekte der Teilchenverformbarkeit und der Wechselwirkung zwischen Dispersionssystem und Pigment überlagern sich dem schon früher festgestellten Einfluß der Teilchengröße [*45*], d. h. dem Einfluß des Verhältnisses der Volumina von Bindemittel- zu Pigmentteilchen auf die KPVK. A. WALTER [*46*] stellt einen sog. Zustandsfaktor $f = \text{PVK/KPVK}$ eines Anstrichs zur Diskussion, da es für die Beurteilung der Eigenschaften eines Anstrichs von wesentlicher Bedeutung ist, ob dessen PVK mehr oder weniger weit von der KPVK entfernt liegt.

Zur Festlegung der KPVK von Anstrichmitteln auf der Grundlage von Kunststoff-Dispersionen scheint sich die Bestimmung der Filmdichte bzw. des spez.

Filmvolumens von verschieden hoch pigmentierten Anstrichfilmen besser zu eignen [41, 43, 44, 47] als die Messung der Reißfestigkeit von Anstrichfilmen, da die zuletztgenannte Methode wegen der praktisch unvermeidlichen Fehlstellen im Filmgefüge durch stark streuende Meßwerte in ihrer Aussagekraft beeinträchtigt ist. B. SVOBODA und J. KŎRINSKY [48] machen darauf aufmerksam, daß die KPVK eines Anstrichmittels keine unveränderliche Größe ist. Die Zeitabhängigkeit kann durch Wechselwirkungen zwischen Pigmenten und Bindemitteln sowie durch chemische oder physikalische Veränderungen am Bindemittel bedingt sein. Die wesentliche Rolle dürften aber nachträgliche Aggregatbildungen spielen, die die Packungsdichte des später gebildeten Anstrichfilms gegenüber der bei der ursprünglichen Prüfung des Anstrichmittels verändern können.

Praktisch jedes Anstrichmittel enthält bestimmte *Hilfsstoffe*, die einerseits die verarbeitungstechnologischen Eigenschaften und andererseits die Qualität des daraus gebildeten Anstrichfilms verbessern sollen. Außer der Art ist auch die Menge des Zusatzes genau festzulegen, da sonst andere Eigenschaften ungünstig beeinflußt werden können. Die einzelnen Zusätze wirken spezifisch auf bestimmte Kunststoff-Dispersionen, so daß es keine Regel über die besten Hilfsstoffe für eine bestimmte Polymerisatklasse oder gar ganz allgemein für Kunststoff-Dispersionen gibt.

Wasserlösliche natürliche oder synthetische Kolloide dienen dazu, die rheologischen Eigenschaften des Anstrichmittels so zu verändern, daß dieses gut streichbar ist und der nasse Anstrich gut verläuft (s. 1.3). Schutzkolloide werden auch als Dispergierhilfe beim Anreiben der Pigmente eingesetzt (s. S. 50). Sie können zur zusätzlichen Stabilisierung der Kunststoff-Dispersion — ein für Styrol-Butadien-Polymerdispersionen wesentlicher Faktor — beitragen und sollen außerdem das Absetzen der Pigmente und Füllstoffe im Anstrichmittel beim Lagern verzögern bzw. verhindern. Als Verdickungsmittel werden hauptsächlich eingesetzt: wäßrige Lösungen von Salzen der Poly(meth-)acrylsäure, Alginaten, Methyl-, Carboxylmethyl-, Hydroxyalkylcellulosen, Polyvinylalkohol, Kasein oder anderen Proteinen sowie wasserquellbare Magnesium- und Aluminiumsilicate [49] vom Typ des Bentonits und Montmorillonits und feinteilige Kieselsäure. Von E. J. ALLSOPP II, D. I. KELLEY, M. M. KENT, P. MOSHER und H. J. SALZBERG [50] wurde darauf hingewiesen, daß die Verwendung von Gemischen unterschiedlicher Verdickungsmittel oft wirksamer als die eines einzigen allein ist. Es sind auch Kunststoff-Dispersionen in Gebrauch [51], die oberhalb eines bestimmten pH-Wertes im alkalischen Bereich in eine stark viskose Lösung übergehen.

Zu große Mengen Verdickungsmittel beeinträchtigen die Wasserfestigkeit des Anstrichfilmes. Es können außerdem durch starkes Quellen bei Feuchtigkeitseinwirkung Spannungen im Anstrichfilm erzeugt werden, die schließlich zum teilweisen oder vollständigen Abplatzen des Anstriches führen. Der Glanz eines Anstriches wird vielfach durch Zusatz von Verdickungsmitteln, besonders durch Cellulosederivate, vermindert. Die Verdickungsmittel mit anionischen Gruppen im Molekül (Kasein, Alginate, Polyacrylate) sind naturgemäß empfindlich gegen pH-Wert-Änderungen und mehrwertige Kationen. Durch die Mitverwendung von Komplexbildnern, wie z. B. Kaliumtripolyphosphat, Tetranatriumpyrophosphat, Natriumhexametaphosphat, Salzen der Äthylendiamintetraessigsäure, können vielfach die durch mehrwertige Kationen hervorgerufenen Verdickungserscheinungen verhindert oder mindestens stark abgeschwächt werden.

Manche sehr hochmolekulare Verdickungsmittel bewirken zwar eine große Zunahme des Fließwiderstandes, die Gefahr einer Aggregatbildung von Pigment- und Bindemittelteilchen vergrößert sich aber ebenfalls [52]. Ein Aggregieren von Pigmenten und Füllstoffen durch Verdickungsmittel kann z. B. die Ursache dafür sein, daß ein Anstrich kreidet [53].

Auch ein geringer Zusatz von Lösungsmitteln oder Weichmachern, die das Bindemittel anquellen, erhöht den Fließwiderstand eines Anstrichmittels.

Bestimmte Lösungsmittel, wie z. B. Äthylglykol, Butylglykol, Äthylglykolacetat, Butylacetat, Acetate eines aliphatischen oder alicyclischen Alkohols mit mehr als 4 Kohlenstoffatomen im Alkoholrest (Nonylacetat, 2-Äthylhexylacetat) [54], Hexylenglykol [55], Toluol, Xylol, Testbenzin, Dimethyl-, Dibutyl-, Benzylbutylphthalat, Mono- oder Diester aus Polyalkylenglykolen und Mono- oder Dicarbonsäuren mit bis zu 12 Kohlenstoffatomen [56], Propylenoxidpolymere [57] u. a. verbessern die Filmqualität des Anstrichbindemittels durch Herabsetzen der Filmbildungstemperatur und damit auch die Wasserfestigkeit des Anstrichs, vorausgesetzt, daß sie das Bindemittel anquellen. Die genannten äthoxylierten Fettsäureester und die Polypropylenoxide sollen als oberflächenaktive Substanzen zusätzlich die Stabilität des Anstrichbindemittels verbessern. Als Verlaufmittel eignen sich am besten höhersiedende, mit Wasser in geringem Maß mischbare Lösungsmittel, insbesondere dann, wenn sie die Trocknung des Anstrichs verzögern. Mit Wasser mischbare Alkohole und Glykole erniedrigen den Gefrierpunkt von Wasser. Sie sind daher geeignet, die Frostbeständigkeit von Anstrichmitteln zu erhöhen, deren Bindemittel nicht schon auf Grund des Emulgiermittelsystems oder von Zusätzen wasserlöslicher Schutzkolloide froststabil sind.

Bei der Zugabe von Entschäumungsmitteln (Gemische von äthoxylierten Fettsäuren und Fettalkoholen, Phosphorsäureester, Silikonöle, höhere Alkohole, Propylenglykol u. a.) muß mit Vorsicht vorgegangen werden, da bei einem Überschuß das Benetzungsvermögen des Anstrichmittels unzulässig herabgesetzt werden kann. Schlechter Verlauf des Anstrichmittels, Fischaugenbildung und ungenügende Haftfestigkeit nachfolgender Anstriche können die Folge sein. Es ist empfehlenswert, die Zeitabhängigkeit der Wirkung von Entschäumungsmitteln zu prüfen, da manche Entschäumungsmittel mit der Zeit vom Polymerisat absorbiert und damit wirkungslos werden.

Ein wichtiger Bestandteil eines Anstrichmittels sind Konservierungsmittel, die es vor dem Befall durch Pilze und Bakterien schützen sollen. Eine ausführliche Zusammenstellung der Fachliteratur, die sich mit diesem Thema befaßt hat, findet sich bei H. F. Payne [58] und an anderen Stellen [7, 25]. Im allgemeinen werden metallorganische Verbindungen [59] (vor allem Quecksilbersalze) und Chlorphenolate verwendet. Auch über die „mikrocide" Wirkung von Zinkoxid wurde mehrfach berichtet [37, 60]. Vielfach wirkt dieses auch als Synergist für andere „Microcide". Nach W. J. Stewart [61] bietet die Anwendung von Fungiziden aber keinen ausreichenden Schutz gegen Schimmelbefall, wenn nicht ausgesprochen schimmelanfällige Komponenten aus dem Anstrichrezept herausgelassen werden. Von G. McTavay [62] wird darauf hingewiesen, daß die konventionellen Konservierungsmittel auf Enzyme nicht ansprechen. Um den Abbau dagegen anfälliger Substanzen im Anstrichmittel zu vermeiden, hilft nur, ein Einschleppen von

Enzymen in das Anstrichmittel durch sauberes Arbeiten beim Herstellen und Ab-
füllen auszuschließen.

Zur *Herstellung des Anstrichmittels* werden zweckmäßigerweise die Pigmente
und Füllstoffe in einem Rührwerk mit Wasser — bei Farbruß als Bestandteil der
Pigmentmischung ist oft ein geringer Zusatz eines organischen Lösungsmittels
vorteilhaft — angeteigt. Dem Wasser sind Dispergiermittel (z. B. Polyacrylate mit
niedrigem Mol-Gewicht, Polyvinylsulfonate, Natriumhexametaphosphat, Konden-
sationsprodukte von Formaldehyd mit β-Naphthalinsulfosäure), Netzmittel (z. B.
Äthylenoxidaddukte von Fettsäuren und Fettalkoholen, Sulfobernsteinsäureester)
oder eine geeignete Kombination der genannten Komponenten zugesetzt. Auch
Verdickungsmittel werden manchmal beim Dispergieren von Pigmenten und Füllstoffen verwendet, um die Scherwirkung in der Pigment- bzw. Füllstoffpaste beim
Dispergiervorgang zu erhöhen. Dieses widerspricht aber der Tatsache, daß die
Dispergierwirkung eines hydrophilen Kolloids für Pigmente bei niedrigem Molekulargewicht größer ist als bei hohem. Wasserlösliche Polymerisate sollen als Dispergiermittel daher nicht einen so hohen Polymerisationsgrad aufweisen wie Verdickungsmittel [63]. Schon C. BONDY [64] weist in gleichem Sinn darauf hin, daß
die Verwendung einer zu großen Menge Schutzkolloid beim Abreiben der Pigmente
und Füllstoffe eher ein Aggregieren als die Dispergierung begünstigt. Bei Disper-
gierversuchen von Titandioxid mit einem Alginatester stellte er weiterhin fest, daß
die Dispergierwirkung besser war, wenn das als Komplexbildner verwendete
Natriumpyrophosphat nicht gleichzeitig mit dem Schutzkolloid eingesetzt, sondern
erst nachträglich zugegeben wurde. Dem Pigmentansatz werden meistens noch Entschäumungsmittel zugesetzt. Falls die Dispergierwirkung von Rührapparaturen
mit hoher Scherwirkung (z. B. Dissolver) nicht ausreicht, muß der Pigmentansatz
zur besseren Verteilung auf einem Walzenstuhl bzw. in einer Kugel- oder hoch-
tourigen Trichtermühle abgerieben werden. In diesem Zusammenhang sollten aber
auch die an einem grauen Einbrennlack experimentell geprüften Überlegungen von
H. E. WEISBERG [65] beachtet werden, daß nicht nur Kunststoff-Dispersionen bei
langanhaltender Einwirkung hoher Scherkräfte Koagulat bilden können, sondern
unter solchen Bedingungen auch das Desaggregieren von Pigmenten während des
Dispergiervorgangs in ein verstärktes Aggregieren umschlagen kann. Die Art und
Menge der Dispergier- und Netzmittel müssen nicht nur auf das Pigmentgemisch,
sondern auch auf das Kolloidsystem der Bindemitteldispersionen abgestimmt sein.
G. L. WEIDNER [66] untersuchte die Wechselwirkung und selektive Adsorption
von anionogenen und nicht-ionogenen Netzmitteln in Anstrichmitteln auf Basis
von Polyvinylacetat, die mit organophilen und hydrophilen Pigmenten versetzt
waren. Dabei zeigte sich, daß durch wahllose Verwendung von Netzmitteln die
Qualität des Anstrichmittels beeinträchtigt wurde. Es genügt nicht, daß die Pigmente vor dem Mischen mit dem Bindemittel fein verteilt vorliegen. Auch beim
Lagern des Anstrichmittels und schließlich bei der Filmbildung darf es möglichst
nicht durch Wechselwirkungen zwischen den Bindemittel- und Pigment- bzw.
Füllstoffteilchen zu einer verstärkten Neubildung von Aggregaten kommen. Das
Aggregationsverhalten an Pigmenten kann aber nicht nur durch Zusätze beim
Dispergieren und die Komponenten eines Anstrichmittels beeinflußt werden, sondern auch durch eine Oberflächenbehandlung der Pigmente selbst. Über ent-
sprechende Untersuchungen an Titandioxid-Pigmenten berichtet H. RECHMANN

[*67*]. Er weist ausdrücklich darauf hin, daß das Aggregationsverhalten nicht durch das Pigmentpulver allein bestimmt wird, sondern charakteristisch ist für das System: Pigment und umgebendes Medium. Nach den bisherigen Ausführungen über Wechselwirkungen in Anstrichmittelsystemen und deren Folgen könnte man annehmen, daß eine Aggregatbildung in Anstrichmitteln für deren Verhalten beim Lagern und Verarbeiten sowie für die Qualität der damit hergestellten Anstriche immer von Nachteil ist. Nach F. K. DANIEL [*68*] sollte man jedoch die Wechselwirkung zwischen dispergierten Teilchen nicht vereinfachend als qualitatives, sondern mehr als quantitatives Problem betrachten. Danach wirkt sich starke Aggregatbildung, sowohl was die Zahl der Aggregate als auch die Größe der Einzelaggregate anbetrifft, auf die Eigenschaften eines Anstrichs, wie Deckkraft, Glanz, Bewitterungsstabilität, ungünstig aus. Dagegen kann ein leichtes, wechselweises Aggregieren der unterschiedlichen Pigmente in Pigmentgemischen vorteilhaft für die Gleichmäßigkeit eines bunten Anstrichs sein. DANIEL bezieht sich in seinen hier nur auszugsweise gebrachten Überlegungen zwar im wesentlichen auf Anstrichsysteme mit gelösten Bindemitteln, doch läßt sich seine Betrachtungsweise zum großen Teil auch auf Anstrichmittel auf der Grundlage von Kunststoff-Dispersionen übertragen.

Die Kunststoff-Dispersionen werden in langsam laufenden Rührwerken mit der angeriebenen Pigmentpaste gemischt. Soll das Bindemittel mit der Pigmentpaste zusammen angerieben werden, dann erfolgt dieses am besten in den bereits angeführten Mühlen. Auf Walzenstühlen wird nämlich die Kunststoff-Dispersion zusammen mit den Pigmenten auf die große Walzenoberfläche in dünnem Film ausgebreitet. Durch die sich daraus ergebende schnelle Wasserverdunstung kann unter Umständen das Bindemittel nicht reemulgierbar antrocknen. Die beim Abreiben dadurch entstandenen Hautfetzen stören die Homogenität des Anstrichfilms. Beim Abreiben auf Walzenstühlen kann es auch vorkommen, daß geringe Mengen Eisen in den Ansatz gelangen, was zu Verfärbungen und Koagulatbildungen Anlaß geben kann. Aber auch in Trichter- und noch mehr in Kugelmühlen kann es zur Bildung von Koagulat oder Stippen kommen, wenn die verwendete Kunststoff-Dispersion nicht genügend scherstabil ist.

Wenn sehr hoch gefüllte Anstrichmittel mit großem Fließwiderstand hergestellt werden sollen, ist es meistens erforderlich, daß die trockenen Pigmente und Füllstoffe direkt in die Kunststoff-Dispersion eingearbeitet werden. Die für das Anreiben der Pigmente üblicherweise verwendeten Hilfsstoffe werden in diesem Fall bereits der Bindemitteldispersion zugesetzt. Der durch das Einrühren der trockenen Pigmente erfolgende Wasserentzug stellt hohe Anforderungen an die Stabilität der Kunststoff-Dispersion. Gegebenenfalls ist eine zusätzliche Stabilisierung des Latex durch Netzmittel erforderlich. Vor allem aber soll die Zugabe der Pigmente und Füllstoffe in die Kunststoff-Dispersion langsam erfolgen und dabei immer für eine gute Durchmischung des Ansatzes gesorgt sein.

Beim Lagern der Anstrichmittel wird manchmal eine Änderung des Fließwiderstandes beobachtet. Eine Verringerung deutet auf einen Abbau des wasserlöslichen Kolloids durch Mikroorganismen hin [*69*]. Die Ursache von Verdickungserscheinungen kann die Wechselwirkung zwischen Pigmenten, Füllstoffen, Bindemittelteilchen und Verdickungsmitteln sein, die zu einer Aggregatbildung dieser Teilchen geführt hat. Das Anstrichmittel sollte dann mit oberflächenaktiven Substanzen zusätzlich stabilisiert bzw. sollte das Verdickungsmittel gewechselt werden. Außer durch die erwähnten Wechselwirkungen zwischen den einzelnen Bestandteilen des Anstrichmittels kann dessen Nachdicken auch durch das Anstrichbindemittel allein verursacht sein. Die dafür vorwiegend verwendeten Kunststoff-Dispersionen zeigen nämlich vielfach thixotropes Fließverhalten, das für diesen Anwendungszweck sogar erwünscht ist (s. 1.3). Die beim Mischen mit Pigmenten und Füllstoffen auftretenden Scherkräfte erniedrigen daher den Fließwiderstand der Dispersion, der sich im Ruhezustand der Dispersion, manchmal erst nach Tagen, wieder auf seinen Ausgangswert einstellt. Demgemäß ist auch der Fließwiderstand von mit solchen Dispersionen hergestellten Anstrichmitteln nicht in allen Fällen sofort nach der Herstellung konstant.

Die *Höhe der Pigmentierung* richtet sich nach den Anforderungen an den Anstrich und dem gewünschten Aussehen der Anstrichoberfläche. Sie variiert in gewissen, aber verhältnismäßig engen Grenzen mit dem Pigmentbindevermögen des Bindemittels und der Teilchengröße der Pigmente und Füllstoffe.

Bei einem *matt auftrocknenden Außenanstrich* bewegt sich die PVK zwischen 35 % und 55 %. Anstrichmittel für *nicht glänzende Innenanstriche* werden dagegen vielfach beträchtlich höher pigmentiert. Im allgemeinen bewegt sich hierfür die PVK zwischen 60 % und 80 %. Von der PVK hängt natürlich auch die Wasserfestigkeit eines Anstriches ab.

Bei *Glanzanstrichen* sind die Grenzen der PVK enger gesetzt. Ein Unterschied in der Höhe der Pigmentierung zwischen Außen- und Innenanstrichen kann hier nicht gemacht werden, da der Glanz des Anstrichfilms der bestimmende Faktor ist. Die PVK liegt für beide meistens zwischen 10 % und 30 %. Mit einer Pigmentierungshöhe im oberen Bereich der genannten Grenzen und entsprechender Auswahl der Pigmente und Füllstoffe kann man Anstriche mit Seidenglanz erzeugen, wobei naturgemäß auch das Bindemittel selbst einen gewissen Einfluß ausübt. Mit feinteiligen Kunststoff-Dispersionen wird der Glanz größer als mit grobdispersen [70]. Das gleiche gilt für die Kornfeinheit der Pigmente und Füllstoffe. Die übrigen Zusatzstoffe eines Anstrichmittels können den Glanz des Anstrichs ebenfalls beeinflussen. Erfahrungsgemäß führen Bindemittel, die trüb auftrocknen, zu schlechter glänzenden pigmentierten Anstrichen als solche, die glasklare Filme bilden. Große Mengen Verdickungsmittel wirken mattierend. Da Glanzanstriche nur verhältnismäßig wenig pigmentiert sind, müssen stark deckende Pigmente (Titandioxid) in ausreichender Menge im Anstrich vorhanden sein, um die notwendige Deckkraft zu erhalten. Die niedrige PVK erfordert außerdem eine sorgfältige Auswahl der Bindemittel, um die Anstrichoberfläche klebfrei (Verschmutzungsgefahr) zu halten. Mit alkalilöslichen Hartharzen (Schellack, Manilakopal- und Maleinatharzen) soll die Filmhärte von weichgemachten Polyvinylacetat-Dispersionen erhöht werden können [71]. Der Zusatz von Harzen bringt allerdings auch die Gefahr mit sich, daß sich die Farbe des Anstriches verändert.

Mit Kunststoff-Dispersionen lassen sich auch *Wandplastiken* [72] herstellen. Sie müssen durch größere Mengen Füllstoffe, bevorzugt durch solche, die nur wenig Wasser aufsaugen oder absorbieren, und durch Verdickungsmittel stark thixotrop eingestellt sein. Das Anstrichmittel wird direkt nach dem Auftrag, z. B. durch Stupfen mit Pinsel oder Bürste bzw. durch Modellieren mit der Rolle, reliefartig gemustert.

„*Mehrfarbeneffekte*" [72] eines Anstrichs können dadurch erzielt werden, daß man einen anders gefärbten Lack in eine Kunststoff-Dispersionsfarbe einemulgiert. Dabei darf das Lacklösungsmittel die Latexteilchen höchstens in beschränktem Maße anquellen. Eine andere Möglichkeit besteht darin, daß zwei oder mehrere Anstriche als Wandplastik in verschiedenen Farben aufgetragen und die Spitzen der Reliefstruktur nach dem Trocknen wieder abgeschliffen werden. Auch mit Hilfe von ausschwimmenden Aluminiumpigmenten lassen sich Wandplastiken mit Mehrfarbeneffekt erzielen. Durch aufeinanderfolgendes Auftragen verschieden gefärbter Anstrichmittel nach der Naß-in-Naß-Technik werden — allerdings nur auf horizontalen Flächen — ebenfalls Mehrfarbeneffekte erhalten. Dabei werden dem Anstrichmittel Siliconöle oder Siliconfette zugesetzt, die sonst zur Erzeugung des „Hammerschlageffektes" [72] dienen.

Die Pigmentierung für einen Anstrich mit *Hammerschlageffekt* besteht aus Metallpulvern oder Glimmer mit Zusätzen von Farbstoffen. Beim Trocknen schwimmen diese Pigmente aus und rufen die eigentümliche Farbstruktur mit metallischem Glanz hervor. Anstatt durch Silikone soll der Hammerschlageffekt auch durch Zugabe bzw. Dispergieren der Pigmente mit sehr hydrophoben und sehr langsam verdunstenden organischen Lösungsmitteln zu erzielen sein [73], wobei die Oberflächenspannung der verwendeten Polyvinylacetat-Dispersion nicht kleiner als 48 dyn/cm sein soll. Auf Mauerwerken und Wänden wird ein Anstrich oder eine Wandplastik mit Hammerschlageffekt allerdings verhältnismäßig selten ausgeführt.

Die *Verarbeitung* der Anstrichmittel auf der Grundlage von Kunststoff-Dispersionen kann durch Streichen mit Pinsel, Bürste oder Auftragen mit Hilfe einer Rolle oder Walze, durch Spritzen oder Tauchen erfolgen. Bei der Verwendung von Walzen muß die Trocknungszeit der Anstrichmittel durch jeweils geeignete, hochsiedende, organische Lösungsmittel so eingestellt sein, daß auch bei längerer Arbeitszeit kein Film auf den Walzenoberflächen antrocknen kann. Sonst kann es geschehen, daß die Anstrichmittel ungleichmäßig aufgetragen oder durch sich ablösende Hautfetzen verunreinigt werden. Beim Streichen mit Pinsel oder Bürste ist zu beachten, daß das Anstrichmittel nicht zu lange verstrichen werden darf, da sonst bei der verhältnismäßig rasch fortschreitenden Trocknung eines Anstrichmittels aus Kunststoff-Dispersionen der Anstrich im kritischen Zeitpunkt der Filmbildung (s. 1.5) wieder aufgerissen wird. Ein auf diese Weise bezüglich Zusammenhalt und Haftfestigkeit geschwächter Anstrichfilm neigt dazu, zu reißen oder gar abzublättern.

Wenn beim Streichen auf senkrechten Flächen das Anstrichmittel unter dem Einfluß des eigenen Gewichts nach unten abläuft, kommt es zur sog. „Vorhangbzw. Gardinenbildung". Diese für das Aussehen des Anstrichs unerwünschte Erscheinung wird durch das Fließverhalten und die Filmdicke des Anstrichmittels, das spezifische Gewicht der verwendeten Pigmente, die Verdampfungs- und Penetrationsgeschwindigkeit der wäßrigen Phase sowie durch die Oberflächenbeschaffenheit des Anstrichuntergrunds beeinflußt [74]. Durch entsprechende Einstellung des Anstrichmittels unter Berücksichtigung der genannten Einflußgrößen, vor allem der Fließeigenschaften (s. 1.3), kann die Gardinenbildung vermieden werden. H. Bruss [75] diskutiert mathematische Gleichungen, die die „Vorhang- bzw. Gardinenbildung" beim Verlaufen des Anstrichbindemittels beschreiben, auf praktische Anwendbarkeit. Eine exakte Beschreibung der tatsächlichen Vorgänge ist nicht möglich. Solange man die Fließeigenschaften unter dem Einfluß geringer Scherkräfte betrachtet, soll aber eine Beurteilung der Neigung zum Verlaufen des Anstrichmittels nach dem Auftragen möglich sein.

Bei Fassaden, Wänden und Decken liegt — vor allem in Europa — als *Anstrichuntergrund* meistens verputztes Mauerwerk oder Beton vor (Asbestzement s. 3.5). In den USA überwiegt Holz als Anstrichträger (s. 3.3).

Auch für Dachpappenanstriche werden Anstrichmittel auf der Grundlage von Kunststoff-Dispersionen eingesetzt. Gegenüber Anstrichmitteln in organischer Lösung haben sie den Vorteil, kein Ausbluten des Bitumens während des Streichens zu verursachen [76]. Ob sich ein Durchbluten auf die Dauer vermeiden läßt, hängt von der Porenfreiheit des Anstrichs und der Beständigkeit des Bindemittels gegen Bitumen ab.

Die Beschaffenheit bzw. Vorbereitung des Untergrundes hat für die Qualität eines Anstrichs große Bedeutung. Vielfach werden Anstrichschäden dem Anstrichmittel zugeschrieben, obwohl die eigentliche Ursache ein fehlerhafter Untergrund ist. Dieser muß (s. a. S. 55) frei von Staub und Schmutz sein. Auch Schalungsöle, -fette und -wachse auf Betonoberflächen können die Haftfestigkeit des Anstrichs beeinträchtigen. In vielen Fällen ist es vorteilhaft, den Untergrund zu fluatieren, um einem Durchschlagen löslicher Kalkverbindungen vorzubeugen. Dies gilt besonders für verhältnismäßig frische Putz- und Betonflächen. Bereits vorhandene Ausblühungen können mit verdünnter Salz- oder Salpetersäure abgewaschen werden. Eine durch Fluatieren oder mit Säure behandelte Fläche muß anschließend mit Wasser gründlich gereinigt werden. Besondere Sorgfalt erfordert die Vorbereitung des Untergrundes, wenn ein Anstrich auf einem alten, kreidenden oder abblätternden Anstrich oder losen Putz ausgeführt werden soll. Nicht festsitzende Schichten müssen grundsätzlich durch Abstoßen, Abschleifen oder Sandstrahlen entfernt werden. Latexteilchen dringen in solchen Schichten meistens nicht genügend ein. Der Anstrich verankert sich dadurch nicht im festen Untergrund. Entstehen dann zu einem späteren Zeitpunkt Spannungen im Anstrichfilm, löst sich dieser teilweise oder ganz mitsamt dem lose sitzenden Untergrund ab. Schadhafte Stellen (z. B. Löcher oder breite Risse) im Untergrund werden am besten mit besonders dafür hergestellten Spachtelmischungen ausgebessert. Festhaftende alte Ölanstriche sollten vor dem Überstreichen aufgerauht werden.

Die Verwendung von Lösungsmitteln oder Alkydharzen zur Haftverbesserung auf Ölanstrichen hat nicht in allen Fällen zu dem gewünschten Ergebnis geführt [64]. Zusätze von Holzöl [77] und, wegen der geringeren Vergilbungsgefahr, von Ricinenöl [78] sowie von Rohlein-, Leinölstand-, Tall-, Sojaöl, Alkoholen und aromatischen Kohlenwasserstoffen [79] zu Anstrichmitteln wurden vor allem in den USA untersucht, um einen kreidenden Untergrund zu verfestigen. Es besteht aber die Gefahr, daß der nachfolgende Anstrich mit Kunststoff-Dispersionen als Bindemittel auf einem auf diese Weise verfestigten Untergrund nur mäßig haftet. Dieses ist insbesondere dann der Fall, wenn die Grundierung nicht ausreichend verdünnt aufgetragen wurde, so daß sich ein geschlossener Film gebildet hat. Recht günstig verhalten sich Vorstriche mit verdünnten, sehr feinteiligen Kunststoff-Dispersionen. Die sicherste Methode, einen Untergrund zu verfestigen, ist jedoch die Vorbehandlung mit in organischen Lösungsmitteln gelösten Polymerisaten (z. B.

Vinylchlorid-Copolymere, Chlorkautschuk und Styrol-Copolymere). Das oft empfohlene Vorstreichen mit stark verdünntem Anstrichmittel ist bei Latices wenig erfolgreich, da durch die Teilchengröße der Kunststoff-Dispersionen bestimmt wird, ob das Bindemittel in den Untergrund eindringen kann. Die Teilchengröße wird aber auch durch noch so starkes Verdünnen nicht verringert. Daher ist nur bei einem gelösten Anstrichbindemittel der Verdünnungsgrad der einzig ausschlaggebende Faktor für die Eindringtiefe in den Anstrichuntergrund. Das Vorstreichen mit einer verdünnten, sehr feinteiligen Kunststoff-Dispersion oder einem verdünnten Klarlack ist auch bei sehr saugfähigem bzw. ungleichmäßigem Anstrichuntergrund zweckmäßig [80], um ein „Aufbrennen" des Anstrichmittels bzw. dessen stellenweises Wegschlagen und die dadurch bedingte Streifenbildung oder das Auftreten von Schattierungen zu vermeiden. Manchmal ist es ausreichend, den Anstrichuntergrund vorzunässen, um das Aufbrennen des Anstrichmittels zu verhindern. Bei dieser einfachen Arbeitsweise muß allerdings besonders darauf geachtet werden, daß der Untergrund für den nachfolgenden Anstrichmittelauftrag nicht zu viel angefeuchtet wird. Oft können auch durch die Art der Untergrundstruktur Helligkeitsunterschiede im Farbwert des Anstriches sichtbar werden. In einem solchen Fall besteht die Möglichkeit, die hervorstehenden glatten Flächen durch Stupfen oder Anrauhen bzw. durch Beimischen von Sand an die Nachbarfläche anzugleichen [81]. Bei Anstrichen auf Ziegelstein läßt es sich wegen der unterschiedlichen Saugfähigkeit der Ziegel und des Fugenmaterials trotz entsprechender Pigmentierung und mehrfachen Anstrichs meistens nicht vermeiden, daß sich die Wandstruktur auf dem Anstrich abzeichnet.

Die unterschiedlichen Putzarten sind ein häufig anzutreffender Anstrichuntergrund. Ein Gipsputz, der nicht bereits Kunststoffzusätze enthält (s. 3.1), hat nur geringe Zugfestigkeit und ist außerordentlich saugfähig. Er muß daher durch eine Vorbehandlung mit einer feinteiligen Kunststoff-Dispersion oder mit einem Klarlack verfestigt und weniger porös gemacht werden. Putze aus Luftkalkmörtel müssen nach W. Piepenburg [82] einen Zusatz von mindestens 20 Gew.-% Zement enthalten, wenn sie kurze Zeit nach ihrer Herstellung einen Anstrich auf der Grundlage von Kunststoff-Dispersionen erhalten sollen. Auf Grund seiner Untersuchungen folgert W. Piepenburg, daß ein Putzmörtel nach 28 Tagen mindestens eine Druckfestigkeit von 10 kp/cm² haben muß, um Anstrichschäden zu vermeiden. Gemäß dieser Forderung sind hydraulisch abbindende Putzmörtel und Putze mit einem Kunststoffzusatz (s. 3.1) als Anstrichuntergrund gut geeignet.

P. Eisenwein [83] geht zusammenfassend auf die Schadensmöglichkeiten bei Anstrichen ein, die durch Beton und die unterschiedlichen Putzuntergründe als Anstrichuntergrund verursacht werden können. Untersuchungen von H. Künzel [84] über die thermische Beanspruchung von Außenputzen haben gezeigt, daß durch Sonneneinstrahlung Temperaturen bis ca. 60°C (bei einem schwarzen Anstrich) auf der Oberfläche des Putzes auftreten können. Die dadurch auftretenden Spannungen führen bei schlecht aufeinander haftenden Putzlagen und spröden Putzen meistens zum zunächst stellenweisen, später vollständigen Abplatzen des Putzes.

Ein Bericht über Praxisversuche mit Anstrichmitteln auf Basis von Vinylpropionatpolymeren auf unterschiedlichen Putzuntergründen und unterschiedlich langen Zeiten zwischen Putzen und Anstreichen liegt von G. Florus [85] vor. Aus den Versuchen geht hervor, daß einem Luftkalkmörtel eine genügend lange Abbindezeit an freier Atmosphäre vor dem Aufbringen des Anstrichmittels gewährt werden muß, damit er sich ausreichend verfestigen kann. Weitgehend unempfindlich gegen den Zeitpunkt des Anstreichens ist dagegen ein hydraulisch abbindender Putz. Diese Ergebnisse stimmen mit dem Befund von W. PIEPENBURG [82] und W. LEUSER [86] überein, daß durch einen Anstrich mit Kunststoff-Dispersionen die Carbonatisierung und damit die Festigkeitsentwicklung eines frischen Weißkalkputzes gestört werden kann. Entscheidend für einen normalen Verlauf des Abbindevorganges sind aber auch die Feuchtigkeitsverhältnisse im Putz. Dieser darf keineswegs zu trocken bzw. zu feucht werden. Die Umsetzung des Calciumhydroxids zu Calciumcarbonat erfolgt mit ausreichender Schnelligkeit, wenn im Putz zwischen 0,7 und 3,0 Gew.-% Wasser vorhanden sind. Für die Erhärtung des Putzes spielen Umkristallisationsvorgänge nach der Auffassung von W. PIEPENBURG eine wesentliche Rolle. Diese finden bei Beregnung und Wiederaustrocknen des Putzes statt. W. PIEPENBURG empfiehlt daher für Weißkalkputze, die einen Anstrich mit Kunststoff-Dispersionen erhalten sollen, — wie bereits erwähnt — einen Zementzusatz von mindestens 20 Gew.-%. Von W. LEUSER wird vorgeschlagen, zwischen Aufbringen des Putzes und des Anstriches einen Zeitraum von 12—14 Tagen verstreichen zu lassen, unter der Voraussetzung, daß der Neubau nicht zu stark durchfeuchtet ist und nicht ungünstige Witterungsverhältnisse beim Verputzen geherrscht haben, was zur Folge haben kann, daß zu große Feuchtigkeitsmengen aus dem Mauerwerk nachgeliefert werden. An anderer Stelle [87] wird empfohlen, nicht vor dem Ablauf von 4 Wochen nach der Herstellung zu streichen. H. KÜNZEL [88] vertritt die Ansicht, daß es unmöglich ist, verbindliche allgemeingültige Angaben über die einzuhaltende Zeitdauer zwischen der Fertigstellung des Kalkputzes und dem Aufbringen des Anstriches zu machen, da der Abbindevorgang im Putz sehr von den jeweiligen Witterungsbedingungen und den Feuchtigkeitsverhältnissen im Außenputz bzw. Mauerwerk beeinflußt wird.

Durch Laborversuche stellten H. LEHMANN und H. PFAFF [90] fest, daß die Wasserdampf- und CO_2-Durchlässigkeit von der Teilchengröße und der Teilchengrößenverteilung der verwendeten Polyvinylacetat-Dispersionen sowie der PVK abhängen und im Bereich der KPVK beide ein Minimum zeigen. Bei Innenanstrichen, die über die KPVK hinaus pigmentiert sind, ist praktisch keine unzulässige Verminderung der Durchlässigkeit zu erwarten.

Die Frage der Zweckmäßigkeit eines Anstriches auf frischem Putz wird sehr oft diskutiert [89]. Auf reinen Luftkalkmörteln verbietet sich diese Arbeitsweise einfach deswegen, weil dadurch meistens die zur Aushärtung des Putzes notwendige CO_2-Durchlässigkeit zu stark herabgesetzt wird. Anders liegen die Verhältnisse bei einem hydraulisch abbindenden Putz, bei dem eine durch den Anstrich verursachte, langsamere CO_2-Zufuhr sich nicht auf die Festigkeitsentwicklung des Putzes auswirkt. Hier steht vielmehr das Problem der Verseifungsbeständigkeit des Anstrichbindemittels auf frischem Putz oder ganz allgemein auf alkalischem Untergrund im Vordergrund, abgesehen z. B. von Überlegungen, ob die Restfeuchtigkeit im Putz oder Mauerwerk für das direkte Aufbringen eines Anstrichs im Einzelfall nicht doch noch zu hoch ist. Leichte Verseifbarkeit eines Anstrichbindemittels kann sich für einen Außenanstrich ungünstiger auswirken als für einen Innenanstrich. Sehr ausführlich wurde die Bedeutung der Hydrolysebeständigkeit von Anstrichbindemitteln auf der Grundlage von Vinylester- und Acrylester-Polymerisaten von G. FLORUS [91] behandelt. Wenn auch die Verwendung verhältnismäßig leicht verseifbarer Bindemittel unter ungünstigen Verhältnissen eine Gefahrenquelle für die Haltbarkeit eines Anstriches auf alkalischem Untergrund ist, kann daraus dennoch nicht eine grundsätzliche Unbrauchbarkeit solcher Bindemittel abgeleitet werden.

Die Ursache der Rißbildung in einem Anstrich ist in der Mehrzahl der Fälle in Rissen des Putzes als Folge eines unsachgemäßen Aufbaus bzw. schlechter Putzarbeit zu suchen. Meistens ist der Oberputz zu hart ausgefallen [71, 86], oder in der Putzoberfläche wurde durch zu intensives Glätten das Bindemittel in unzulässiger Menge angereichert. Die so entstehende Kalksinterhaut ist sehr spannungsreich. Außerdem beeinträchtigt sie den zur Erhärtung notwendigen Durchtritt von Kohlendioxid zur Hauptmasse des Putzes. Ein Anstrichfilm kann aber ebensowenig die Entstehung von Rissen im Putz verhindern, wie er bereits vorhandene Putzrisse überbrücken kann. Dies hängt mit der verhältnismäßig geringen Schichtdicke des Anstrichs zusammen und mit dem Umstand, daß der Anstrich mit dem Untergrund fest verbunden ist. Auftretende Spannungen wirken also nur auf die sehr kleine Wegstrecke zwischen den Rißkanten ein. Neuerdings wird daher zur dauerhaften Überbrückung von Haar- und Schwindrissen in Putz und Mauerwerk vor dem Anstrich eine mit Fasern verstärkte Beschichtung, ein sog. Armierungsspachtel, aufgebracht. Aber auch ein solcher kann auf die Dauer nicht verhindern, daß breite Risse, wie z. B. Setzrisse in Bauwerken, auch den Anstrich in Mitleidenschaft ziehen. In einem Armierungsspachtel sind im allgemeinen außer Pigmenten und Füllstoffen etwa 5 Gew.-% Polyamid- oder Polyesterfasern, berechnet auf die Kunststoff-Dispersion, mit einer Faserstärke von 10—20 den. und einer Schnittlänge von 4—6 mm eingearbeitet. Wegen der größeren Schichtdicke des Auftrags ist für die geschilderte Art der Oberflächenbehandlung die Bezeichnung „Spachtel" besser gewählt und die Anwendung des Begriffs „Anstrich" als nicht richtig anzusehen, wenn man darunter — wie üblich — das Aufbringen einer oder mehrerer dünner Schichten auf einem Anstrichuntergrund versteht. Ein mit Fasern armierter Spachtel ist zwar leichter zu verarbeiten als ein mit Gewebe aus den gleichen Fasern verstärkter, erreicht aber nicht dessen Festigkeit.

„Ausblühungen" auf der Anstrichoberfläche — von den zahlreichen Arbeiten über dieses Problem sei die sehr ausführliche Beschreibung von G. ALLYN [92] erwähnt — können auftreten, wenn im Untergrund oder Putz wasserlösliche Salze, meistens Calciumhydroxid, Aluminate und Sulfate, vorhanden sind. Beim Austrocknen des Bauwerkes nach den Bauarbeiten und nach Regenfällen werden diese mit dem entweichenden Wasser an die Oberfläche transportiert. Auch Calciumcarbonat geht bei Anwesenheit vom Kohlendioxid und Wasser als Bicarbonat in Lösung, und zwar in Mengen (0,94—1,08 g/l bei 16°C, als Calciumcarbonat gerechnet), die der Löslichkeit von Calciumhydroxid in Wasser (1,85 g/l bei 0°C; 0,85 g/l bei ca. 25°C) ungefähr entsprechen. Die Gefahr, daß sich „Ausblühungen" an der Anstrichoberfläche absetzen, ist besonders groß, wenn grobe Poren im Anstrichfilm vorhanden sind, wofür auch die PVK des Anstriches eine Rolle spielt. Vorbeugende Maßnahmen sind das Fluatieren des Anstrichuntergrundes und der Zusatz von Phosphaten und Oxalaten zum Anstrichmittel. Von W. A. RIESE [93] wird außerdem darauf hingewiesen, daß bei großem Gehalt an wasserlöslichen

Salzen im Untergrund es zur Auskristallisation dieser Salze unter einem Anstrichfilm kommen kann, der unterhalb der KPVK pigmentiert ist. Die Kristalle drücken
den Anstrich vom Untergrund ab und lassen ihn abblättern, ein Vorgang, der sich
verhindern läßt, wenn jeder Wassertransport in der Mauer vermieden wird.

Von H. Künzel [94] wurde das feuchtigkeitstechnische Verhalten von Außenanstrichen auf Putz und Gasbeton untersucht. Dieses wird einerseits durch die
kapillare Wasseraufnahme bei Beregnung und andererseits durch die Wasserdampfdiffusion bei der Wiederabgabe der aufgenommenen Feuchtigkeit bestimmt. Die
Versuche von H. Künzel ergaben, daß der Anstrich auf Grundlage der geprüften
Kunststoff-Dispersionen die Wasseraufnahme des Bauelementes bei Beregnung
herabsetzt. Dabei blieben jedoch die Unterschiede bestehen, die durch die Eigenschaften des Wandbaustoffs bedingt waren. Ein Jahr bewitterte Versuchsan-
striche auf Gasbeton zeigten nur geringe Abweichungen der Wasserdampfdiffusion
gegenüber dem ursprünglichen Zustand, aber vielfach eine deutliche Veränderung
des Absorptionsverhaltens, sowohl in Richtung höherer als auch geringerer Wasseraufnahme, bei den dem Wetter besonders stark ausgesetzten, nach Westen
gerichteten Anstrichflächen. H. Künzel sieht als Ursache dafür Veränderungen im
Anstrichgefüge (Zunahme der Porosität, Rißbildung, „Versinterung") an, die durch
den Wechsel von Erwärmung und Abkühlung, von Durchfeuchten und Austrocknen eingetreten sind. Eine Beurteilung der feuchtigkeitstechnischen Eigenschaften
eines Anstriches anhand von Laborprüfungen muß sich seiner Ansicht nach daher
für das Verhalten der geprüften Produkte in der Praxis nicht als unbedingt richtig
erweisen. Eine genauere Aussage läßt sich nach ihm nur auf Grund von Messungen
an länger bewitterten Proben machen. H. Künzel fordert für ein günstiges feuch-
tigkeitstechnisches Verhalten, daß der Wasserdampfdurchlaßwiderstand um so
geringer sein muß, je höher die kapillare Wasseraufnahme ist. 12,0 m²h mm QS/g
wird, in Anlehnung an die Erfahrungen mit üblichen Außenputzen von 2 cm Dicke,
als höchstzulässiger Wert des Wasserdampfdurchlaßwiderstandes vorgeschlagen.
Bei den meisten Anstrichen (Dicke 0,3—5,0 mm) auf der Grundlage von Kunststoff-Dispersionen liegt der Wasserdampfdurchlaßwiderstand im Bereich von
1—12 m²h mm QS/g.

Prüfmethoden für Anstrichmittel und Anstrichfilme sollen möglichst praxisnahe
Aussagen über das verarbeitungstechnische Verhalten eines Anstrichmittels und
die Eignung des daraus entstandenen Anstrichfilms unter den in der Praxis zu
erwartenden Bedingungen machen. Von der Federation of Paint and Varnish
Production Clubs sind zusammen mit der American Society for Testing Materials
(ASTM) einige Standard-Testmethoden herausgegeben worden, die im "Official
Digest" und den "ASTM-Standards for Paint, Varnish, Lacquer and Related
Products" Committee D-1 veröffentlicht sind. Eine umfangreiche Zusammenstel-
lung von Testmethoden ist von H. A. Gardner und G. G. Sward [95] erschienen.
Daneben werden aber auch Prüfmethoden verschiedenster Art in den einzelnen
Industrielabors ausgeführt, die zum Teil nicht in der Literatur beschrieben sind.

Eine der wichtigen Eigenschaften eines Anstrichmittels sind die Fließeigenschaften (Streichbarkeit und Verlauf) beim Auftragen und Auftrocknen (s. 1.3).
Um mit den praktischen Verhältnissen wenigstens weitgehend übereinzustimmen,
müssen Fließkurven in einem Rotationsviskosimeter aufgenommen werden. Für
den Verlauf des Anstrichmittels sind aber nicht allein dessen Fließeigenschaften,

sondern ist auch die Geschwindigkeit entscheidend, mit der das Wasser verdampft und in den mehr oder weniger porösen Untergrund eindringt („Penetration"). Eine Prüfung der Kombination von Fließeigenschaften und Penetrationsgeschwindigkeit wurde von F. P. GRINSHAW und R. W. A. PATEMAN [96] ausgearbeitet. Bei dieser Testmethode wird eine abgemessene Menge des verdünnten Bindemittels auf Filtrierpapier bestimmter Qualität aufgetropft, das Filtrierpapier abgedeckt und nach 2 Std der ausgelaufene Kreis ausgemessen. Bei Anstrichmitteln, die zu großen Kreisen auslaufen, soll auf porösem Untergrund (z. B. Gips) die Gefahr am größten sein, daß sich Bürstenmarkierungen wegen zu schnellen Auftrocknens zeigen.

Zur Beurteilung der Abwaschbarkeit eines Anstrichs wird vielfach die Prüfung der Scheuerfestigkeit mit dem Gardner-Gerät herangezogen. Eine mit Gewichten beschwerte Bürste reibt auf einem Anstrichfilm, auf den gleichzeitig Wasser oder eine Netzmittellösung tropft. Gemessen wird die Zahl der Scheuerbewegungen, die zu einem festgesetzten Abrieb führt. Die Scheuerfestigkeit läßt aber keine Rückschlüsse auf die Wetterbeständigkeit eines Anstrichs zu. Künstliche Bewitterungsprüfungen, z. B. im Gardner-Rad oder im Weather-o-meter, sind in ihrer Aussagekraft für Praxisverhältnisse sehr umstritten. Bewitterungsversuche über einen genügend langen Zeitraum (mindestens ein Jahr) sind zur Beurteilung eines Anstriches auf seine Haltbarkeit im Wetter immer noch unerläßlich. Dabei kann die Kreidung nach der DIN 53159 (Kempf-Methode) beurteilt werden. Bei diesem Test wird ein schwarzes Fotopapier mit der durch Wasser angequollenen Gelatineschicht auf den zu prüfenden Anstrich gelegt und mit einem Gummistempel (Belastung 25 kp) angedrückt. Die freiliegenden Pigmentteilchen haften dann an der Gelatineschicht. Das Erscheinungsbild auf dem Fotopapier wird mit Hilfe einer Norm-Skala ausgewertet.

3.3 Anstriche auf Holz

Anstriche auf Holz unterscheiden sich im wesentlichen durch das „Arbeiten" des Holzes von Anstrichen auf Beton, Putz und Mauerwerk in einigen wichtigen Merkmalen (z. B. der PVK, Vorbereitung des Anstrichuntergrundes). Es wird daher im folgenden vor allem die für Holzanstriche charakteristische Anwendungstechnik behandelt. Wegen der allgemeinen Charakteristik von Anstrichmitteln auf der Grundlage von Kunststoff-Dispersionen, ihrer Herstellung und Verarbeitung, sei auf das vorhergehende Kapitel (s. 3.2) verwiesen.

Bei Anstrichen auf Holz, die dem Wetter ausgesetzt sind, steht die schützende Wirkung an erster Stelle und erst in zweiter Linie das damit zu erzielende dekorative Aussehen der gestrichenen Fläche. Der Anstrich soll vor allem das Eindringen von Wasser in das Holz verhindern. A. J. STAMM [97] gliedert die nachteiligen Einflüsse des Wassers auf Holz und den darauf gebrachten Anstrich in vier grundsätzliche Effekte:

a) Wasser quillt Holz an, wodurch in dessen oberen Schichten örtlich Spannungen erzeugt werden, die ihrerseits wieder der Grund für ein Aufreißen und Abbättern des Anstriches sind.

b) Es hat eine größere Affinität zum Holz als die meisten der bekannten Anstricharten und neigt daher dazu, den Anstrich von der Holzoberfläche abzudrücken.

c) Seine Anwesenheit in bestimmten Mengen ist die Voraussetzung für einen biologischen Angriff und die damit verbundene Zerstörung des Holzes und Anstriches.

d) Es kann chemische Umsetzungen durch Sauerstoff und UV-Licht und die dadurch bedingte Zerstörung des Holzes und Anstriches aktivieren.

Bei wechselnder relativer Luftfeuchtigkeit schrumpft bzw. quillt Holz als Folge der dadurch bedingten Wasseraufnahme bzw. -abgabe, es „arbeitet". Trokkenes Holz nimmt z. B. ca. 6 Gew.-% Wasser bei 30 % relativer Luftfeuchtigkeit und 20 Gew.-% Wasser bei 90 % relativer Luftfeuchtigkeit auf [*97, 98*]. Dabei ist die Längen- bzw. Volumenänderung tangential beträchtlich größer als radial zur Faserrichtung und beträgt ein Mehrfaches der Dimensionsänderungen parallel zur Faserrichtung [*97—100*]. Die Hälfte aller Dimensionsänderungen geht beim Wechsel von 30 % auf 90 % relative Luftfeuchtigkeit und umgekehrt vor sich [*98*]. Nach A. J. STAMM [*97*] nimmt ofentrockenes Holz der Dichte 0,4 bei der Wasserlagerung um 11 % seines Volumens zu, wovon 7 % auf die tangentiale und 4 % auf die radiale Richtung entfallen. An anderer Stelle [*99*] wird angegeben, daß beim Wechsel von 25 % auf 75 % relative Luftfeuchtigkeit eine Längenänderung von 0,2 % längs, ca. 2,0 % radial und ca. 4,0 % tangential zu den Fasern stattfindet. Der Grad der Volumenänderungen ist abhängig von der Dichte und Struktur des Holzes. Mit zunehmender Dichte des Holzes wird der Quotient aus tangentialer und radialer Quellung bzw. Schwindung kleiner [*101*]. Außerdem ändert sich das Volumen des Holzes bei Feuchtigkeitseinwirkung nicht gleichmäßig über den ganzen Querschnitt, sondern abnehmend von außen nach innen, wodurch zusätzlich Spannungen zu denen entstehen, die vom unterschiedlichen Quellverhalten des „Frühjahr- und Sommer-Holzes" herstammen [*98, 101, 102*].

Der lineare Wärmeausdehnungskoeffizient des Holzes ist ebenfalls richtungsabhängig und tangential zu den Fasern um ein Mehrfaches größer als entlang der Faserachsen [*100, 101*]. Die Dimensionsänderungen durch Wärmeausdehnung sind allerdings wesentlich geringer als diejenigen, die mit einem Wechsel im Feuchtigkeitsgehalt des Holzes verbunden sind. Wegen ihres geringen Ausmaßes können sie oberhalb der Gefriertemperatur des Wassers vernachlässigt werden, da lufttrockenes oder auch künstlich getrocknetes Holz an der Atmosphäre beim Erwärmen stets infolge Wasserverdunstung schwindet. Bei gefrorenem Holz dagegen können die Spannungen infolge ungleicher Kontraktion in den unterschiedlich tief abgekühlten Schichten sogar zu Faserrissen führen. Von Bedeutung ist die lineare Wärmeausdehnung auch für verdichtetes Schichtholz, da hier Maßänderungen durch Quellung und Schwindung weitgehend eingedämmt sind.

Wenn die durch Quellungs- und Schwindungsvorgänge hervorgerufenen Spannungen gleichmäßig über die ganze Holzfläche verteilt wären, sollte daraus unter der Berücksichtigung der angegebenen Maßänderungen keine Gefahr für die Haltbarkeit eines Anstrichs entstehen. Tatsächlich aber konzentrieren sich die Bewegungsspannungen auf Grund der Morphologie des Holzes auf kleinere Bereiche in der Gesamtfläche, wodurch sie dort um ein Vielfaches größer sind als dem Gesamtwert entspricht. Das „Arbeiten" des Holzes unter Witterungsbedingungen stellt daher große Anforderungen an das Dehnungsvermögen der Anstrichfilme und damit auch an die darin verwendeten *Bindemittel*. Nach Untersuchungen von H. L. JAFFE und J. H. FICKENSCHER [*103*] besteht ein Zusammenhang zwischen dem

Elastizitätsmodul des trägerlosen Anstrichfilms und der Rißbildung des Anstriches entlang der Holzfasern. Trägt man den E-Modul und die Bewertung für die Rißbildung über der PVK (s. S. 46) als Abszisse in ein Koordinatensystem ein, so tritt beim Maximum der Rißbeständigkeit ein Knick im Kurvenverlauf der E-Modul-Kurve über der PVK ein.

Während in Europa und besonders in Deutschland Holzanstriche, zunächst ausschließlich mit weichgemachten Polyvinylacetat-Dispersionen, später dann auch mit Homo- und Copolymeren des Vinylacetats, Vinylpropionats und der Acrylester, schon seit langer Zeit bekannt sind, war noch vor nicht allzu langer Zeit der Holzanstrich in den USA eine Domäne der oxydativ trocknenden Öle. Seit einigen Jahren ist das Interesse in den USA für Kunststoff-Dispersionen als Anstrichbindemittel für den Holzanstrich, dem wegen der dort vorherrschenden Holzbauweise eine große Bedeutung zukommt, sehr gestiegen. Dies findet seinen Ausdruck auch darin, daß in den letzten Jahren zahlreiche Ergebnisse von Bewitterungsversuchen und Erfahrungsberichte über die praktische Bewährung von Außenanstrichen auf Holz mit Kunststoff-Dispersionen gerade in der amerikanischen Fachliteratur [104] veröffentlicht wurden.

Die Untersuchungen erstreckten sich auf Vinylacetat-Homopolymerisate und eine große Anzahl der gebräuchlichsten Monomerenkombinationen aus der Reihe der Vinylester- und Acrylester-Polymeren und bestätigen bzw. ergänzen die in Europa gemachten Erfahrungen, daß sich Anstrichmittel auf der Grundlage von Kunststoff-Dispersionen unter gemäßigten, aber auch unter den in den USA in bestimmten Gegenden extremen, klimatischen Bedingungen für den Anstrich von Holz eignen. Gegenüber Ölanstrichen werden die gute Farbtonbeständigkeit und geringe Neigung zum Blasenwerfen des Anstriches neben den allgemeinen verarbeitungstechnischen Vorteilen einer Kunststoff-Dispersion (s. 3.2) besonders hervorgehoben. Sich widersprechende Teilergebnisse der einzelnen Arbeiten in bezug auf bestimmte technologische Eigenschaften sind darauf zurückzuführen, daß manchmal in unzulässiger Verallgemeinerung die Beurteilung bestimmter Produkte auf die Gesamtheit von Vinylacetat-Homopolymerisaten, Vinylacetat-Copolymerisaten und Acrylesterpolymeren übertragen wurde. Es wurde in solchen Fällen nicht berücksichtigt, daß die Art und Menge der Comonomeren verschieden sein kann. Aber selbst bei identischer Zusammensetzung der Polymerisates ist es möglich, daß unterschiedliches Verhalten in der Praxis durch die Art und Menge der Polymerisationshilfsstoffe und durch die angewendete Polymerisationstechnik bedingt ist, worauf auch K. SAFE [104] und N. G. TOMPKINS [104] in der Diskussion über Untersuchungen an Vinylacetat-Copolymeren als Bindemittel für Holzanstriche ausdrücklich hinweisen. Nur die chemischen und physikalischen Eigenschaften des Polymerisates, die durch die darin verwendeten Monomeren bedingt sind, können verallgemeinert werden. So sind z. B. für Außenanstriche auf Holz die für den Innenanstrich auf Putz und Mauerwerk üblichen Styrol-Butadien-Latices mit ca. 60 Gew.-% Styrol nicht geeignet [105], da die Dehnbarkeit des Anstrichfilms als Folge von Vernetzungsreaktionen im Polymerisat durch Oxydation unter Belichtung so weit herabgesetzt wird, daß der Anstrich den Dimensionsänderungen des Holzes nicht mehr ohne Rißbildung folgen kann.

Die *Pigmentierung* der Holzanstriche unterscheidet sich weniger durch die Art der Pigmente und Füllstoffe, als hauptsächlich durch die PVK von der Pigmentierung der Anstriche auf Putz, Beton und Mauerwerk (s. 3.2). Wegen der erforderlichen Wasserdampfdurchlässigkeit und Deckkraft der Anstriche, wie auch der Gefahr der Verschmutzung der Anstrichoberfläche, darf die PVK nicht zu gering eingestellt werden. Andererseits wird durch eine zu hohe PVK das Dehnungsvermögen des Anstrichs beträchtlich vermindert, wodurch die Gefahr der Rißbildung auf einer „arbeitenden" Holzunterlage zu groß wird. In der Praxis findet sich daher je nach verwendeter Kunststoff-Dispersion eine PVK zwischen 20 % und 40 %.

Mindestens der weitaus größte Anteil des Deckpigmentes sollte Titandioxid (Rutil) sein. Nach Versuchsergebnissen von G. HESSE und E. MAROSKE [106] an Anstrichen auf Kiefern- und Eichenholz mit bestimmten Polyvinylacetat-Dispersionen als Bindemittel verstärkt die Mitverwendung von Lithopone im Pigmentgemisch in geringem Umfang die Neigung zur Rißbildung und zum Kreiden. Ein geringer Zusatz von naß gemahlenem Glimmer dagegen wirkt sich auf die Rißbeständigkeit günstig aus [107]. Zinkoxid enthaltende Anstrichmittel mit Vinylacetat-Homo- und -Copolymeren sowie Polyacrylestern haben nach 2 jähriger Außenbewitterung bei gefärbten Anstrichen bessere Farbstabilität und — zwar weniger deutlich, aber insgesamt doch bemerkbar — geringere Rißbildung [108] gezeigt. Im allgemeinen verhärtet aber Zinkoxid einen Anstrich auf Basis von Kunststoff-Dispersionen und erhöht damit die Gefahr der Rißbildung, wenn es in Mengen über 10 % des Gesamtgewichtes der Pigmente und Füllstoffe verwendet wird. Von den zahlreichen, umfangreichen Untersuchungen über Füllstoffe soll die von F. B. LIBERTI [104] erwähnt sein. Die Untersuchungen erstreckten sich auf Anstriche mit Vinylacetat-Polymeren auf ungrundiertem und ölgrundiertem Weißkiefernholz mit den Bindemitteln, der Art und der Teilchengröße der Füllstoffe und der PVK als variable Größen. Nach N. G. TOMPKINS [104] ist die Neigung zur Rißbildung in dunkel-eingefärbten Anstrichen größer als in heller-eingefärbten, da sich jene unter Sonneneinstrahlung stärker aufwärmen und auf diese Weise Veränderungen im Feuchtigkeitsgehalt des Holzes beschleunigt werden.

Die *Herstellung und Verarbeitung* der Anstrichmittel für Holz zeigen keine grundsätzlichen Unterschiede zur Verfahrensweise mit Anstrichmitteln für Beton, Putz und Mauerwerk (s. 3.2). Für Glanzanstriche sind auch hier feinteilige Kunststoff-Dispersionen vorteilhafter als grobteiligere. Wandplastiken und -spachtel können nur in Sonderfällen hergestellt werden, z. B. als Innenanstriche auf einem durch Papierkaschierung vorbereitetem Spanplattenuntergrund. Ansonsten verbieten sich solche Anstriche wegen der Gefahr der Rißbildung bei den notwendigerweise dicken Anstrichschichten.

Dagegen haben *Flammschutzanstriche* eine gewisse Bedeutung. In der Bezeichnung solcher Anstriche und ihrer Wirkung besteht bisher keine einheitliche Linie. In der Literatur wie im allgemeinen Sprachgebrauch finden sich Ausdrücke wie: feuerhemmend, flammwidrig, feuerwidrig, flammfest, schwer entflammbar, hitzebeständig, feuerfest u. a. E. RUMBERG [109] hat sich mit der Frage der Terminologie auf dem Gebiet der feuersicherheitlichen Bewertung von Bauteilen und brennbaren Materialien befaßt. Er lehnt Ausdrücke wie z. B. feuerhemmend, feuerbeständig, flammwidrig, als unkorrekt ab. Nach ihm soll man von einem schwer entflammbaren Anstrich nur dann sprechen, wenn damit tatsächlich die Eigenschaft des Anstrichs selbst und nicht seine Schutzwirkung für den Untergrund gemeint ist. Für einen solchen Fall schlägt er die Bezeichnung „Anstrich zur Verringerung der Entflammbarkeit" vor. Im allgemeinen wird je nach der Wirkungsweise der flammhemmenden Zusätze zwischen verkohlungsfördernden bzw. gasentwickelnden (Phosphate, Carbonate), sperrschichtbildenden (Wasserglas, Borate) und dämmschichtbildenden (Gemische aus Paraformaldehyd, Harnstoff, Amino- und Phenoplastharzen oder Phosphaten u. a.) Anstrichen unterschieden [110]. Schwenk [110] weist darauf hin, daß bei der Beurteilung der flammhemmenden Wirkung der Untergrund mit dem Anstrich als Einheit zu betrachten ist, da das gleiche Anstrichmittel nicht auf jedem Untergrund den gleich guten Effekt zu haben braucht. Die Wirkung der spezifischen Zusätze kann durch die Art der verwendeten Füllstoffe (Antimontrioxid, Glimmer u. a.) und Weichmacher (Trichloräthylphosphat, Chlorparaffine) noch verstärkt werden. Sperrschichten und nicht brennbare Gase entwickelnde Zusätze können im allgemeinen nicht verhindern, daß das Holz durch die große Wärmeentwicklung in den Oberflächenschichten verkohlt, wodurch andererseits aber eine zusätzlich wärmedämmende Schicht entsteht. R. C. Crippen [111] sieht deshalb den wirkungsvollsten Schutz — bei möglichst geringem Gewichtsverlust und Verkohlen des Holzes — in der Kombination eines durch Aufschäumen dämmenden Primers mit einem darüberliegenden Anstrich, der Antimontrioxid, Chlorparaffine, Phosphate und Metaborate enthält.

Auch die PVK beeinflußt den Wirkungsgrad des Flammschutzanstrichs, wie u. a. E. C. Scholl [112] an Anstrichmitteln feststellte, die chlorierte Substanzen als Zusätze enthielten. Es trat zwischen 30 % und 55 % PVK ein Minimum der Flammschutzwirkung auf, das er mit dem in diesem Bereich ungünstigen Gewichtsverhältnis von chlorierter organischer zu anorganischer Substanz erklärt, wohingegen bei tieferem PVK der Überschuß an chlorhaltiger Substanz und bei höherer PVK der große Anteil an Pigmenten und Füllstoffen die Ausbreitung der Flamme verhindern soll.

Kunststoff-Dispersionen, die als Bindemittel von Flammschutzanstrichen dienen sollen, müssen wegen der wasserlöslichen Zusätze sehr elektrolytbeständig sein. Polymere des Vinylchlorids oder Vinylidenchlorids haben den Vorteil, daß sie bereits von sich aus weitgehend schwer entflammbar sind. Ihr Einsatz scheitert aber in vielen Fällen an der gegenüber den üblichen Anstrichbindemitteltypen geringeren Pigment-, Füllstoff- und Elektrolytverträglichkeit. Mit einem Anstrich auf Basis eines Vinylidenchlorid-Copolymeren soll sich auch die Ausbreitungsgeschwindigkeit einer Flamme auf Spanplatten reduzieren lassen.

Bei der Außenanwendung von Anstrichen zur Verringerung der Entflammbarkeit ist zu beachten, daß die Wirkung durch langsames Auswaschen der wasserlöslichen Zusätze im Regen mit der Zeit nachläßt, wenn der Anstrich nicht durch einen dünnen, wasserbeständigen Überzug geschützt ist, der allerdings seinerseits die flammhemmende Wirkung des Anstrichs reduzieren kann. Prüfbedingungen für flammschützende Anstriche sind in Deutschland in der DIN 4103 niedergelegt.

Die Witterungsbeständigkeit eines pigmentierten oder nichtpigmentierten [113] Holzanstriches wird zu einem nicht unbeträchtlichen Teil auch vom *Anstrichuntergrund*, d. h. der Holzstruktur und der Holzinhaltsstoffe, beeinflußt; so wechseln z. B. Dichte und Porosität der Oberflächenschichten des Holzes je nach Vorliegen von Frühjahrs- oder Sommerholz. Frisch geschlagenes Holz hat meistens eine Feuchtigkeit von über 30%, geschützt im Freien abgelagertes Holz 12—24%

und im Innern beheizter Bauten gelagertes Holz 6—16% [99]. Eine Holzfeuchtigkeit von 12% vor dem Aufbringen des Anstriches wird vielfach als günstig angesehen. Stark ausgetrocknetes Holz sollte angefeuchtet oder mit dem mit Wasser verdünnten Anstrichmittel vorgestrichen werden. Für Außenanstriche ist eine leicht sägerauhe Oberfläche günstiger als eine glatte. Bei Holzanstrichen ist auch darauf zu achten, daß nicht von der Rückseite her zu große Mengen Feuchtigkeit in das Holz eindringen können. Die Folge davon kann sowohl Rißbildung im Anstrich durch starkes „Arbeiten" des Holzes als auch Blasenwerfen des Anstriches durch örtliche Anreicherung von Wasser bzw. Wasserdampf in der Grenzfläche sein. Die bestehenden Auffassungen über den Mechanismus der Blasenbildung bei unter Wasser lagernden Anstrichen werden von P. Kresse [114] ausführlich diskutiert. Er untersuchte Anstriche auch auf Untergründen, die keine oder nur geringe Lokalelementbildung zulassen. Im Abheben des Anstriches vom Untergrund infolge des sich ausbildenden osmotischen Druckes sieht er wie W. Finke [115] die Hauptursache für die Blasenbildung bei Anstrichen, die unterhalb der KPVK (s. S. 46) pigmentiert sind. Er findet aber auch Blasenbildung bei Anstrichen, deren Pigmentierung oberhalb der KPVK liegt. Hier scheiden osmotische Vorgänge als Ursache aus, da der in diesem Fall poröse Anstrich nicht mehr als semipermeable Wand einer osmotischen Zelle gelten kann. Kresse nimmt daher an, daß entsprechend der Quellungstheorie von N. A. Brunt [116] auch Quellungseffekte die Blasenbildung unterstützen, indem die durch Quellung bedingten Spannungen im Anstrichfilm dessen Haftfestigkeit auf dem Untergrund beeinträchtigen. Bei geringer Haftfestigkeit können sie bei oberhalb der KPVK pigmentierten Anstrichfilmen die alleinige Ursache einer Blasenbildung sein. Aus den Untersuchungen von Kresse geht weiterhin hervor, daß sich Blasen besonders rasch bei Anstrichen bilden, die wenig unterhalb der KPVK pigmentiert sind. Dieser Befund wird von ihm dahingehend gedeutet, daß hier die Haftfestigkeit durch das Aufliegen von Pigmentteilchen unmittelbar auf dem Untergrund oder durch einzelne Poren bereits gemindert ist, ohne daß vollständige Porosität vorliegt.

Weichhölzer lassen sich meistens ohne jede Vorgrundierung streichen. Darüber liegt in Deutschland eine langjährige positive Erfahrung vor, da man während des zweiten Weltkrieges wegen der Knappheit an trocknenden Ölen gezwungen war, Eisenbahn-Güterwagen mit Anstrichmitteln auf der Basis von Kunststoff-Dispersionen zu streichen. Dabei griff man vor allem auf die damals bereits vorhandenen, äußerlich weichgemachten Polyvinylacetat-Dispersionen zurück [117]. Zu der guten Bewährung der Polyvinylacetat-Anstriche auf Holz hat offensichtlich die Eigenschaft der verwendeten Anstrichbindemittelfilme beigetragen, durch geringe Feuchtigkeitsaufnahme aus der Luft dehnbarer zu werden und damit beim „Arbeiten" des Holzes mitgehen zu können, ohne zu reißen [118]. Diese Eigenschaft wird nicht nur vom Polymerisat, sondern auch im wesentlichen von der Art des Emulgiermittelsystems beeinflußt.

Das Problem einer geeigneten Vorgrundierung stellt sich besonders in den USA, weil dort Hölzer zur Verwendung kommen, die einen hohen Gehalt an wasserlöslichen, oft von vornherein leichtgefärbten Polyphenolen aufweisen. Am Licht werden diese Substanzen zu dunkelgefärbten, unlöslichen Produkten oxydiert, die auf dem Anstrich Flecken bilden und nur schwierig zu entfernen sind. Außerdem entstehen im Kontakt mit durch Eisen oder Rost verunreinigtem Wasser tiefgefärbte

Komplexverbindungen. Während bei den meisten Hölzern der sowohl mit Diäthyläther als auch mit Wasser extrahierbare Anteil im Durchschnitt gewöhnlich unter 5% des Holzgewichtes liegt, beträgt er z. B. im Rotzedernholz und Rotholz durchschnittlich mehr als 10%, wobei es sich im Gegensatz zu den anderen Hölzern hauptsächlich um wasserlösliche Polyphenole und Tannin-ähnliche Substanzen handelt. J. A. F. GARDNER [119] hat einen Überblick über die chemische Natur einiger wichtiger Extraktstoffe des Holzes und ihre Bedeutung für die Anstrichtechnik gegeben.

Als die sicherste Arbeitsweise für Hölzer mit großem Gehalt an wasserextrahierbaren verfärbenden Substanzen wird daher immer noch die Anwendung eines Vorstriches mit trocknenden Ölen als Bindemittel betrachtet [104]. Über Grundierungen mit nicht oder nur leicht pigmentierten Latices wie auch über solche mit Zusätzen von Ölen oder Alkydharzen zu Kunststoff-Dispersionen liegen wohl erfolgversprechende Bewitterungsversuche, aber noch keine ausreichend langen Praxiserfahrungen vor. Mehrfach wird auch ein Zusatz von Bleisilicaten zur Grundierung aus Kunststoff-Dispersionen empfohlen, um die wasserlöslichen Polyphenole bereits in der Grundierung zu binden.

Das direkte Überstreichen von alten, kreidenden Anstrichen auf Holz ist genau so problematisch wie von solchen auf mineralischem Untergrund (s. 3.2), und auch die zu ergreifenden Maßnahmen sind die gleichen.

Auf Sperrholz, Holzspan- und Holzfaserplatten dienen auf Kunststoff-Dispersionen basierende Anstriche als Grundierung oder dekorative Zurichtung. Beim Streichen wird wie auf Vollholz verfahren. Da diese Platten in Pressen hergestellt werden, muß vor dem Streichen darauf geachtet werden, daß nicht noch die Haftfestigkeit beeinträchtigende Öl- und Fettreste vorhanden sind, mit denen die Zulagebleche zum besseren Entformen eingeschmiert waren. Die Oberflächenbehandlung der genannten Platten wird in den USA auch mit einer Kombination von Polyvinylacetat- und Alkydharzdispersionen ausgeführt [120]. Eine dickere Beschichtung kann auch im Gießverfahren (s. 7.3) aufgetragen werden, was den Vorteil mit sich bringt, daß die Beschichtung nicht so stark in den verhältnismäßig offenen Anstrichuntergrund eindringt.

Die Prüfung der Holzanstriche schließt sich eng an die Prüfmethoden für Anstriche auf Putz, Beton und Mauerwerk an (s. 3.2). Eine spezielle Prüfung für Holzanstriche ist der sog. „Blasentest" („Blistertest"), bei dem einseitig gestrichene Holztäfelchen mit der nicht gestrichenen Seite der Dampfatmosphäre eines auf 50°C gehaltenen Wasserbades zugekehrt sind. Beurteilt wird die Blasenbildung in bestimmten Zeitabständen.

3.4 Anstriche auf Metall

Anstrichmittel auf Basis von Kunststoff-Dispersionen werden vor allem auf poröse Unterlagen aufgetragen. Ein Teil des Emulgiermittels, das die Wasserfestigkeit des gebildeten Films beeinträchtigen kann, wandert in diesen Fällen mit der wäßrigen Phase in den Untergrund ab. Die Latexteilchen können sich in dessen rauher Oberfläche mechanisch verankern. Es besteht daher vielfach die Ansicht, daß Anstrichfilme aus Kunststoff-Dispersionen auf einem nicht saugfähigen Substrat, wie einer Metallfläche, nicht haftfest verankert werden können und außerdem nicht genügend wasserbeständig sind. Die Drahtlackierung und der Korrosionsschutzanstrich beweisen aber, daß auch mit Kunststoff-Dispersionen Anstriche auf metallischem Untergrund erfolgreich durchgeführt werden können. Dem Vorurteil, daß Anstriche mit Latices auf Eisen grundsätzlich zur Unterrostung führen müssen, widerspricht allein schon die Tatsache, daß in Wasser gelöste Einbrennlacke in zunehmendem Maße zur Grundierung von Kraftfahrzeugkarosserien herangezogen werden.

Zur Herstellung von *Drahtlacken* zur Isolierung von Elektromagnet- und Widerstandswicklungen werden seit mehreren Jahren Kunststoff-Dispersionen eingesetzt [121]. Drahtisolierlacke dieser Art haben gegenüber den Lacken in organischer Lösung vor allem den Vorteil, daß durch den höheren Feststoffgehalt die erforderliche Filmdicke in wenigen Arbeitsgängen erzielt werden kann und keine Lösungsmittelrückgewinnung notwendig ist. Die Qualitätsmerkmale eines solchen Überzuges, wie gute Haftfestigkeit auf Metalloberflächen, Zähigkeit, Härte, Elastizität, Wärme-, Alterungs- und Lösungsmittelbeständigkeit sowie gute dielektrische Eigenschaften, stellen natürlich an das Bindemittel große Anforderungen. Deshalb eignen sich als Lackgrundlage besonders Acrylnitril-Copolymere mit $2-15$ Gew.-% einer α, β-ungesättigten Monocarbonsäure und $15-65$ Gew.-% von deren Estern mit einem einwertigen gesättigten Alkohol von $1-8$ Kohlenstoffatomen als Comonomere [122]. Ganz oder teilweise an die Stelle der α, β-ungesättigten Monocarbonsäuren sollen auch deren Amide (z. B. Methacrylsäureamid) bzw. deren Derivate (z. B. Methylolmethacrylsäureamid) treten können [123]. Weiterhin sollen durch Mischen der Acrylnitril-Copolymeren mit einem Butadien-Copolymeren die Hitze- und Lösungsmittelbeständigkeit sowie Haftfestigkeit noch gesteigert werden können, indem das Bindemittel über die Doppelbindungen des konjugierten Diolefins beim Einbrennen vernetzt [124]. Durch Zusatz von $5-20$ Gew.-% Harnstoff-, Melamin-, bevorzugt aber Phenol-Formaldehyd-Harzen, werden die Wärmebeständigkeit, Härte und Lösungsmittelfestigkeit verbessert. Die noch wasserlösliche Phenolharzkomponente im Ansatz bedingt vielfach eine verringerte Lagerstabilität durch das Weiterreagieren des Vorkondensats. Durch die Verwendung einer Phenolharzdispersion sollen diese Schwierigkeiten behoben werden können [125]. Zur Verbesserung von Wärmebeständigkeit, Härte und Lösungsmittelfestigkeit ist weiter vorgeschlagen worden, eine Vernetzungskomponente, wie Glyzidylmethacrylat oder Allylglyzidyläther, einzupolymerisieren [126]. Die hohe Einfriertemperatur der genannten Acrylnitril-Polymerisate erfordert zur Filmbildung aus den Latexteilchen Trocknungs- bzw. Einbrenntemperaturen von weit über 300 °C. Dennoch ist es wegen der kurzen Verweilzeiten im Trocknungskanal vorteilhaft, $3-15\%$ Lösungsmittel, wie z. B. Dimethylformamid, Cyclohexanon, Tetramethylensulfon, Diäthylenglykol u. ä., zur Verbesserung der Filmbildung zuzusetzen. Damit der Metalldraht vollständig benetzt wird, ist gegebenenfalls ein Zusatz von oberflächenaktiven Substanzen und Verdickungsmitteln zum Drahtlack notwendig. Kunststoff-Dispersionen, die in Gegenwart von alkalischer Schellacklösung polymerisiert sind, sollen eine besonders gute Haftfestigkeit auf der Drahtoberfläche aufweisen [127].

Das Auftragen des wäßrigen Drahtlackes erfolgt im Tauchbad. Der Überschuß wird mit Filzstreifen oder besonders konstruierten Düsen entfernt. Getrocknet und eingebrannt wird in horizontalen oder vertikalen Trockenkanälen in Zeiten, die unterhalb einer Minute liegen. Die Kanaltemperatur wird auf Temperaturen zwischen 300°C und 400°C eingestellt. Die Anlagen laufen je nach Länge des Trocknungskanals mit einer Geschwindigkeit von 5—40 m/min. Dickere Drähte erfordern entweder längere Trocknungskanäle oder Herabsetzen der Geschwindigkeit. Mit steigendem Drahtumfang muß der Lackauftrag erhöht werden. Die Schichtdicken sind für dünnere und dickere Drähte in der DIN 46 435 festgelegt.

Die technologischen Eigenschaften der Überzüge (Bleistifthärte, Erweichungstemperatur des Lackes, die elektrischen Werte, Lösungsmittelfestigkeit und Alterungsbeständigkeit bei erhöhter Temperatur) können nach DIN 46 453 geprüft werden.

Als *Einbrennlacke* zum Schutz von Automobilkarosserien und Haushaltsgeräten konnten sich Kunststoff-Dispersionen trotz umfangreicher Patentliteratur [128] über vernetzbare Acrylester- oder Styrol-Polymerisate und zunächst recht optimistischer Prognosen bisher nicht durchsetzen. Hierfür werden in organischen Lösungsmitteln oder in Wasser gelöste Bindemittelsysteme vorgezogen. Kunststoff-Dispersionen haben zwar den Vorteil der Nichtbrennbarkeit und der Verwendbarkeit von Wasser als Verdünnungsmittel wie die wasserlöslichen Lacke auch und gegenüber diesen noch den zusätzlichen Vorzug, daß sie bei hohem Feststoffgehalt niedrigviskos sind. Demgegenüber sind aber verfahrenstechnische Nachteile ausschlaggebend dafür, daß Kunststoff-Dispersionen keine Bedeutung bei der Einbrennlackierung erlangt haben [129]. Die Badstabilität ist wegen der Koagulationsgefahr durch Einschleppen und Anreichern von Elektrolyten geringer als bei in Wasser gelösten Bindemittelsystemen. Die Filmbildung erfordert eine gewisse Verformbarkeit („Plastizität") der Kunststoffteilchen, der eingebrannte Lack dagegen gute mechanische Widerstandsfähigkeit, zwei Eigenschaften, die sich praktisch bisher auch bei sorgfältiger Auswahl der Rohstoffe und Einbrennbedingungen nicht in ausreichendem Maße für die hohen Anforderungen erreichen ließen, die an eine Grundierung oder einen Decklack gestellt werden. Da die flüchtige Phase im Polymerisat nicht löslich ist, erhöht sich nach der Filmbildung in der Endphase des Trocknens auch die Gefahr, daß im Lackfilm Blasen oder Krater entstehen. Außerdem ist hoher Glanz mit den gelösten Bindemittelsystemen leichter zu erzielen als mit Kunststoff-Dispersionen. Dagegen stellen die an anderen Stellen oft geäußerten Nachteile, nämlich schwierigere Dispergierung der Pigmente, Hautbildung, verstärktes Schäumen, schlechte Frostbeständigkeit und Zusetzen von Sprühdüsen, keine unüberwindlichen Probleme dar.

Ebenso wie als Drahtlacke eignen sich Kunststoff-Dispersionen auch als *Korrosionsschutzanstriche* für Metalle. Korrosionsschutzanstriche auf Eisen werden als *Rostschutzanstriche* bezeichnet. Über Metallanstriche mit Kunststoff-Dispersionen liegen sowohl Berichte über langjährige Bewitterungsprüfungen als auch Erfahrungen aus der Praxis vor. Danach werden Rostschutzanstriche nicht nur als Zwischen- und Deckschichten auf den üblichen Rostschutzgrundierungen [130] oder auf verzinktem Eisen [131], sondern auch in direkter Anwendung auf Eisen selbst [132] aufgetragen. In der Praxis hat sich ihre Verwendung besonders für den Rostschutz von Eisenteilen und -flächen eingeführt, bei denen der Anstrich bereits in den Herstellungswerkstätten der Eisenfabrikate erfolgt, da dort die beste Gewähr für die erforderliche gründliche Vorreinigung des Metallsubstrats und die besten Verarbeitungsvoraussetzungen herrschen.

Genauso wie für den Rostschutz von Eisen haben sich Kunststoff-Dispersionen auch zum Korrosionsschutz von Zink bewährt. Im Zuge der Rationalisierung der Anstrichtechnik ist z. B. ein Gesamtanstrich einer Gebäudefassade interessant, ohne daß Dachrinne oder Regenröhre ausgespart werden. Bei entsprechender Zusammensetzung des Latex haben sich hierbei keine Unterschiede bezüglich der Haftfestigkeit zwischen Acrylester-, Vinylester- und Styrol-Polymerisaten gezeigt. Es sind auch Versuche im Gange, die Leitplanken an Straßen und Autobahnen sowie verzinkte Leitungsmasten der Eisenbahn durch Anstriche auf der Grundlage von Kunststoff-Dispersionen zu schützen.

Für die Qualität eines Korrosionsschutzanstriches auf der Grundlage von Kunststoff-Dispersionen ist ein entscheidender Faktor, daß das Anstrichmittel einen dichten Überzug bildet. Von Einfluß dürften auch die Wasserfestigkeit des Polymerisates und dessen Haftfestigkeit am Metall sein. Diese Eigenschaften können aber nicht mangelndes Filmbildevermögen des Bindemittels ausgleichen, das zu Poren im Anstrichfilm führt. Von H. DISSELHOFF [133] wurde diskutiert, ob evtl. in einem Polymerisat vorhandene Carboxylgruppen das Eisen passivieren. Zweifellos spielt auch der Rezeptaufbau eine wesentliche Rolle für die Korrosionsschutzwirkung des Anstriches. Bestimmte Polymerisate des Styrols, der Acrylester und der Vinylester sind die am meisten verwendeten Bindemittel. Vinylidenchlorid-Copolymere haben sich zum Oberflächenschutz von Metallbehältern und -teilen gegen stark aggressive Flüssigkeiten und Gase, wie Chromsäure, galvanische Badgemische aus Salpeter-, Salz- und Flußsäure, konzentrierte Säuren und Laugen, nitrose Gase u. a., in vielfältiger Anwendung (z. B. Chrombäder, Beizbäder, Lagerbehälter für Säuren und Laugen, Lager- und Gärtanks in der Getränkeindustrie, Abgaskamine) bewährt [134].

Als Pigmente zur Grundierung kommen hauptsächlich Mennige, Zinkchromat, Barium-Kalium-Chromat, Bariummetaborat, Eisenoxidrot oder Zinkpulver in Frage, während die Deckanstriche mit Titandioxid (Rutil), Eisenoxiden und den üblichen Füllstoffen, wie Talkum, Mikrodolomit, Glimmer u. a. pigmentiert werden. Nach M. KÜHN [135] kann auch das Hexacyanoferrat des Benzidins in Grundanstrichen verwendet werden. Es bildet mit Sulfationen in Wasser unlösliches Benzidinsulfat und setzt sich mit Fe^{III}-Ionen zum unlöslichen Berliner Blau um. Die Wahl des Pigments muß auf die Art der Kunststoff-Dispersion und des metallischen Untergrundes abgestimmt sein. Bleimennige z. B. kann unter Umständen die Korrosion sogar fördern, wenn der Anstrich nicht auf Eisen, sondern auf Aluminium oder Magnesium erfolgt. Die PVK (s. 3.2) richtet sich nach der gewählten Pigmentmischung und der Art des Bindemittels. Sie ist bei Grundanstrichen mit 30—45% etwas höher als bei den Deckanstrichen. Wegen des erforderlichen porenfreien Films liegt die PVK bei diesen meist zwischen 20 und 30%; keinesfalls aber wird eine PVK von 35% überschritten. Ein Zusatz von Korrosionsinhibitoren, wie m-Nitrobenzoesäure, Natriumnitrit, Phosphaten und Harnstoffderivaten, trägt zur Rostschutzwirkung bei. Dimethylsulfoxid soll diese noch erhöhen. Mittel- und höhersiedende Lösungsmittel und gegebenenfalls ausgewählte Weichmacher verbessern die Filmbildung. Die Anstrichfilme aus Vinylidenchlorid-Copolymeren zum Oberflächenschutz gegen aggressive Medien sind unpigmentiert.

Vor dem Schutzanstrich muß das Metall sorgfältig gereinigt und entfettet werden. Die Walzhaut und vor allen Dingen lose sitzender Rost sind restlos zu entfernen. Die sichersten Entrostungsverfahren sind nach wie vor das Sandstrahlen oder Beizen. Maschinelles Entrosten oder sogar Entrosten durch Bürsten mit der Hand oder Entrosten mit chemischen Mitteln sind als Reinigungsmethoden umstritten [136], für Kunststoff-Dispersionen aber abzulehnen.

Mindestens für die Grundierung wird das Streichen mit dem Pinsel als sicherste Anstrichmethode empfohlen und dem Spritzen oder Tauchen vorgezogen. Die Gesamtdicke des Anstrichs, in mehreren Schichten in möglichst kurzer Folge aufgetragen, hängt von den atmosphärischen Bedingungen ab, denen der Anstrich ausgesetzt ist. Eine Mindestdicke von 150 µ ist aber in jedem Fall empfehlenswert. Für aggressive Industrieluft können Schichtdicken bis 250 µ erforderlich sein. Bei der Verarbeitung zeigen sich wesentliche Vorteile gegenüber Rostschutzfarben auf Basis von Ölfarben und Alkydharzlacken. Die Polymerisatdispersionen trocknen schneller als diese und lassen sich leicht überstreichen. Außerdem stellt eine nasse oder feuchte, sonst aber saubere und metallisch blanke Oberfläche keine besonderen Probleme. Die Trocknungszeit hängt natürlich stark von der relativen Luftfeuchtigkeit ab. Sie kann sich bei Werten über 85 % so verlängern, daß Änderungen des Anstrichrezepts notwendig werden, um einwandfreie Anstriche zu bekommen.

Die Widerstandsfähigkeit gegen Unterrostung gehört zu den wichtigsten Eigenschaften, die an Rostschutzanstrichen geprüft werden. Als Prüfbedingungen sind in der DIN 50 017 ein Schwitzwasser-Wechselklima und in DIN 50 018 (Kesternich-Test) zusätzlich eine Schwefeldioxid-Kohlendioxid-Atmosphäre vorgeschrieben. Die Beurteilung der Unterrostung ist in der DIN 53 210 festgelegt. Danach wird der Prozentsatz der durch Rost bedeckten Fläche abgeschätzt. Zur Prüfung der Dehnbarkeit der Anstrichfilme auf Metall können der Dornbiegeversuch (DIN 53 152) und die Tiefung nach ERICHSEN mit optischer Beurteilung (DIN 53 156) herangezogen werden. Mit der Gitterschnittmethode nach DIN 53 151 kann die Haftfestigkeit der Anstriche auf Metall bestimmt werden.

U. ZORLL [137] unterwirft die Aussagekraft von Haftfestigkeitsbestimmungen einer kritischen Bewertung. Die Streuungen der Meßwerte führt er auf den von Prüfstück zu Prüfstück schwankenden Unterschied zwischen der geometrischen Fläche des Lackfilms und der tatsächlichen Kontaktfläche des Lackfilms mit dem rauhen Untergrund zurück. Eine interessante Arbeit über den Haftmechanismus von Substanzen auf Metall ist von J. S. LONG, M. SCHWARTZ und V. X. CHIANG [138] erschienen. Mit Hilfe von Tritium-haltigem Wasser stellten sie fest, daß weder mit Lösungsmitteln noch durch 2 stündiges Erhitzen auf 400°C im Vakuum, sondern erst bei 700°C unter den gleichen Bedingungen das Wasser von einer Metalloberfläche vollständig entfernt werden kann. Sie schließen daraus, daß die Adhäsion an Metalloberflächen über Wasserstoffbrücken erfolgen muß.

Flammhemmende Anstriche (s. 3.3) auf Metall [139] haben den Zweck, die Weiterleitung der Hitze zu unterbinden und durch Ausbilden einer wärmeisolierenden Schutzschicht das Durchglühen von Eisenteilen und Eisenkonstruktionen zu verhindern, da die statische Festigkeit des Metalls bei großer Hitzeeinwirkung beträchtlich abnimmt. Besondere Bedeutung kommt diesen Anstrichen bei der Innenausstattung im Schiffsbau zu. Von Vorteil sind, gegebenenfalls mit Weichmachern und Harzen versetzte, chlorhaltige Bindemittel, die mit den üblichen flammhemmenden Zusätzen, vor allem Antimontrioxid, kombiniert sind.

3.5 Schutzanstriche für Zement enthaltende Bauteile

Eine *Oberflächenbehandlung von Betonböden oder -flächen sowie von Zement-estrichen* soll das Eindringen von Wasser, Öl oder Benzin verhindern, das Stauben oder Mehlen der Zementfeinschicht unterbinden, eine leichtere Reinigung ermöglichen und gegebenenfalls die Fläche farblich gestalten [140–147]. Letzteres gilt in besonderem Maße für Sichtbetonflächen. Durch einen Anstrich kann ein Estrich oder Beton gegen korrodierende Salze, Säuren oder aggressive Gase geschützt werden. Zur Feuchtigkeitsabdichtung von Bauwerken und Behältern komplizierter Gestalt sind Isolieranstrichmittel sicherer zu verarbeiten als Folien oder Dichtungspappen [142]. Anstrichmittel auf Grundlage wäßriger Kunststoff-Dispersionen haben außerdem bei der Isolierung von schlecht belüftbaren Behältern Verarbeitungsvorteile gegenüber Lacken, die in organischen Lösungsmitteln gelöst sind.

Als Beschichtungsmaterial werden Acrylester-, Styrol-, Vinylpropionat-, Vinylacetat-, Vinylchlorid- und Vinylidenchlorid-Copolymere [147] verwendet. Styrol-Butadien-Copolymerisate werden gegebenenfalls mit trocknenden Ölen und Alkydharzen kombiniert [141, 144]. Sie alle werden mit oder ohne Füllstoffe sowie unter Zusatz der notwendigen Verarbeitungshilfsstoffe, wie Weichmacher, Konservierungs-, Verdickungs-, Netz- und Entschäumungsmittel, verarbeitet. Zur Verbesserung der Filmbildung ist manchmal auch der Zusatz einer geringen Menge eines Lösungsmittels für das Polymerisat vorteilhaft. Das Polymerisat selbst muß entsprechend den Anforderungen an den Schutzanstrich zusammengesetzt sein, wobei auf einwandfreies Filmbildevermögen der Kunststoff-Dispersion, auf eine klebfreie Oberfläche und gute Abriebfestigkeit des fertigen Anstrichs ganz allgemein Wert gelegt wird. Die Wasserdurchlässigkeit von Schutzanstrichen ist im allgemeinen abhängig von der chemischen Konstitution und Molekülstruktur des Bindemittels, der Geometrie und Verteilung der Pigment- und Füllstoffteilchen und der Auftragstechnik. Bei Latexüberzügen wird die wasserdämmende Wirkung vorwiegend durch die Mikrostruktur des getrockneten Films und die wasserlöslichen und in Wasser quellbaren Zusatzstoffe im Latex bestimmt und nur in geringerem Maße durch den Polymerentyp [148]. Mineralölfestigkeit eines Überzugs läßt sich nur mit bestimmten Copolymerisat-Zusammensetzungen erzielen. Filme aus Styrol-Butadien-Latices z. B. sind in Mineralöl fast ausnahmslos stark quellbar.

Ein wichtiger Faktor für die Haltbarkeit des Schutzanstrichs ist auch die Oberflächenbeschaffenheit des Untergrundes. Eine zu glatte Oberfläche wird zur Verbesserung der Haftfestigkeit zweckmäßigerweise mechanisch durch Sandstrahlen oder durch Anätzen mit verdünnter Säure (z. B. Salzsäure, Salzsäure/Zinkchlorid oder Phosphorsäure/Zinkchlorid) bzw. Magnesiumsilicofluorid (Fluatieren) aufgerauht. Der auf diese Weise behandelte Untergrund muß anschließend gut mit Wasser gespült werden, um den Zementstein nicht durchgreifend zu schädigen. Nachteilig wirkt sich auf die Haftfestigkeit des Schutzanstriches auch eine an der Oberfläche sitzende Zementschlämme aus. Sie muß entfernt werden, wenn es nicht gelingt, sie durch einen Voranstrich mit einem Lack oder einer verdünnten, sehr feinteiligen Kunststoff-Dispersion ausreichend zu verfestigen. Aber selbst mit einem Voranstrich zur Verbesserung der Haftfestigkeit wird der Schutzanstrich in der Regel abgedrückt, wenn von innen her hydrostatischer Druck einwirkt. In diesem Fall werden Teile der obersten Schichten des Untergrunds mit dem Anstrich abgehoben. Neuere Erfahrungen lassen eine Lösung dieses Problems dadurch erwarten, daß im Anstrich eine gewisse Menge Zement mitverwendet wird. Bei Betonanstrichen können Rückstände von Schalungsölen und -wachsen auf der Betonoberfläche Schwierigkeiten verursachen.

Ihre Hauptanwendungsgebiete finden die beschriebenen Schutzanstriche in Kellern, Speichern oder ganz allgemein in Lagerräumen, in Fabrikationshallen und Werkstätten sowie in Garagen, auf Balkon- oder Terrassenflächen, zur Isolierung von Lagerbehältern und Bauwerken. Ein spezielles Anwendungsverfahren ist das Aufbringen eines Voranstrichs auf Basis von Kunststoff-Dispersionen, bevor ein Isolieranstrich mit heißem Bitumen ausgeführt wird [147, 149]. Der Voranstrich soll dabei die durch losen Staub oder Sandteilchen bedingte Trennwirkung für Bitumen aufheben. Außerdem soll er als Voranstrich für Fugenfüllmassen aus Bitumen die Haftfestigkeit erhöhen und verhindern, daß durch Entweichen der Feuchtigkeit aus der Betonoberfläche beim Einfüllen des heißen Bitumens die Bitumenmasse von der Fugenwandung abgedrückt wird.

Mit der Zunahme der Ölfeuerung in der Beheizungstechnik hat ein *Schutzanstrich der Innenwände von Auffangwannen und Auffangräumen für Heizöl* besondere Bedeutung erhalten. Ein solcher Anstrich muß natürlich undurchlässig für Heizöl sein. Er muß außerdem so dehnbar sein, daß später entstehende Risse im Beton überbrückt werden können, und auch ausreichend abriebfest, daß er begangen werden kann. Die Beschichtung muß auf dem Betonuntergrund gut haften. Die Haftfestigkeit darf durch Feuchtigkeit oder Wasser nicht beeinträchtigt werden. Schließlich dürfen die Eigenschaften des Polymerisats durch Alterung nicht nachteilig verändert werden.

Diese Anforderungen bedingen einen sorgfältig abgestimmten Mehrschichtenaufbau des Anstrichs. Auf eine flexible Grundschicht von 150−200 g/m² kommt eine abriebfeste Laufschicht von 600−800 g/m². In vielen Fällen ist ein Voranstrich mit verdünnter Kunststoff-Dispersion zweckmäßig, vor allem wenn ein sehr saugfähiger Betonuntergrund vorliegt. Als Bindemittel haben sich Acrylester- und Vinylpropionat-Copolymere besonders bewährt. Die Verwendung von Vinylacetat-Polymerisaten ist problematisch, wenn der Betonuntergrund feucht werden kann und damit die Gefahr einer Verseifung des Polymerisats besteht. Werden zur Erhöhung der Flexibilität des Polymerisatfilms Weichmacher eingesetzt, müssen diese gegen Heizöl beständig sein. Der stark dehnbare Grundanstrich enthält meistens keine oder nur eine geringe Menge Füllstoffe. Dagegen ist die obere Schicht verhältnismäßig stark gefüllt, etwa im Verhältnis von 2 Gewichtsteilen Füllstoffe auf 1 Gewichtsteil Polymerisat, um die notwendige Trittfestigkeit zu erzielen. Hierfür gebräuchliche Füllstoffe sind Bariumsulfat, Quarzsand, Quarzmehl, Talkum, Kaolin sowie Titandioxid, Eisenoxid, Chromoxid und andere Pigmente.

Die Beschichtungen für Ölwannen sind in der BRD zulassungspflichtig. Sie werden nach Vorschriften geprüft, die vom Prüfausschuß für gewässersichernde Gegenstände des Länder-Sachverständigenausschusses (LSA) für neue Baustoffe und Bauarten beim Senator für Bau- und Wohnungswesen, Berlin, im Oktober 1963 festgelegt wurden. Danach wird die Beschichtung auf eine 28 Tage alte Betonplatte aufgebracht, und auf einer Biegeprüfmaschine werden nach einer von W. TEEPE [150] ausgearbeiteten Methode Risse bis 0,2 mm Breite im Beton erzeugt. Nach der Entlastung soll die bleibende Rißbreite 0,1 mm betragen. Zur Prüfung werden über den Rißstellen mit Heizöl gefüllte Zylinder aufgekittet. Man läßt das Heizöl nun 28 Tage mit einem Druck von 1 kg/cm² bei einer Lagerungstemperatur von 0°C auf die Platte einwirken. Die Zulassung erhält nur eine Beschichtung, bei der unter diesen Bedingungen kein Öl in den Beton eingedrungen ist. Nach einer Lagerung der Platten von 2 Jahren in feuchtem Sand wird die Prüfung wiederholt, wobei neue Risse erzeugt werden.

Ein Anstrich auf *Asbestzement* [149] soll Ausblühungserscheinungen unterbinden und dem gestrichenen Gegenstand ein dekoratives Aussehen verleihen. Er muß daher ein dichtes Filmgefüge aufweisen, das auch nicht durch Luftblaseneinschlüsse durchbrochen ist. Sonst kann Wasser durch die poröse Schicht verhältnismäßig leicht in das Innere des Asbestzements eindringen und von dort lösliche Salze an die Oberfläche transportieren. Andererseits soll der Anstrich durchlässig für Kohlendioxid und Wasserdampf sein; für Kohlendioxid, um die „Carbonatisierung" nicht zu verzögern, und für Wasserdampf, um ein Verwerfen oder gar Reißen der Platten zu vermeiden.

Für Anstriche auf Asbestzement [151] muß das Bindemittel sehr verseifungsbeständig sein, da der Zementgehalt im Asbestzement und deshalb auch die Alkalinität weitaus größer ist als in normalem Beton. Der Zementanteil im Asbestzement kann bis zu 90% betragen, während im Beton im allgemeinen ca. 15% Zement enthalten sind. Im Asbestzement können daher noch sehr lange nach der Herstellung verhältnismäßig große Mengen Calciumhydroxid nachgewiesen werden. Da außerdem Asbestzement sehr porös ist, kann, im Wechsel von Durchfeuchten und Austrocknen an der freien Atmosphäre, Calciumhydroxid an die Oberfläche wandern. Dort wird es mit dem Kohlendioxid der Luft zu Calciumcarbonat umgesetzt. Die dadurch entstehenden „Ausblühungen" stören als weißliche, stellenweise auftretende Flecken das einheitliche Flächenbild einer Asbestzementoberfläche und täuschen oft eine Zerstörung des Anstrichs vor. Durch Dampfhärtung im Autoklaven wird zwar der Calciumhydroxid-Gehalt im Zement herabgesetzt, indem jener mit zugesetztem Quarz zu Calciumsilikaten reagiert, doch wird dieser Prozeß nur für die Herstellung bestimmter Asbestzementformteile durchgeführt [145]. Auch unter normalen Witterungsbedingungen wird das Calciumhydroxid im Asbestzement in zunehmendem Maße von außen nach innen „carbonatisiert" — wie die Reaktion von Calciumhydroxid zu Calciumcarbonat von Zementtechnologen bezeichnet wird —, so daß die Neigung zum „Ausblühen" immer mehr nachläßt und schließlich ganz aufhört.

Bei Asbestzement-Wellplatten wird ein Anstrich meistens im Herstellungswerk auf frisch hergestellte Asbestzementformteile aufgebracht, deren Oberfläche daher einen hohen Grad von Alkalität aufweist. Aber auch bei längere Zeit nach der Herstellung ausgeführten Verschönerungsanstrichen auf flachen Asbestzementplatten ist durch Feuchtigkeitsaufnahme der Platten mit einer Diffusion von alkalisch wirkenden Substanzen aus dem Inneren an die Oberfläche zu rechnen, wodurch der Anstrich mit einem stark alkalischen Anstrichuntergrund in Berührung steht. Daher scheiden verseifungsanfällige Polyvinylester als *Bindemittel* aus, nicht aber Vinylestercopolymerisate mit sterisch gehinderten Monomeren, die eine relativ gute Verseifungsbeständigkeit aufweisen. Noch größere Sicherheit in der Bewitterungsfestigkeit auf dem stark alkalischen Asbestzement liefern nicht oder nur sehr schwer verseifbare Styrol-Copolymere, die als Comonomere Butadien oder Derivate der Acrylsäure enthalten, sowie Methylmethacrylat-Copolymere und sterisch gehinderte Acrylat-Copolymere, die ebenfalls einen hohen Grad von Verseifungsbeständigkeit aufweisen. Maßgebend für die zu erzielende Qualität des Anstrichfilms ist aber auch der kolloidchemische Aufbau der Kunststoff-Dispersion, durch den zusammen mit der entsprechenden Pigmentierung und der Auswahl der Hilfsstoffe Porenfreiheit gewährleistet sein muß. Bei der Pigmentierung mit Talkum, Schwerspat, Titandioxid (Rutil) u. a. sowie farbigen Mineralpigmenten wird eine PVK (s. 3.2) von ca. 30% im allgemeinen nicht überschritten. Wichtige Bestandteile des Anstrichrezepts können auch mit Calcium-Ionen zu unlöslichen Verbindungen reagierende Salze, wie z. B. Bicarbonate, Phosphate oder Fluoride, und wasserabweisende Substanzen, wie z. B. Fettsäurederivate und Silikone, sein. Phenyl-, Alkyl- oder Alkylphenyl-Silikone sollen in direkter Berührung mit einer Calcium-Ionen enthaltenden Schicht erst dann wasserabweisend wirken, wenn die Oberfläche des Asbestzements mit einem Film aus einer Poly-(meth-)acryl-Dispersion abgedeckt ist [152]. Bei der Zusammenstellung des Rezepts muß auch berücksichtigt werden, daß die Formteile oft unmittelbar nach der Trocknung des Anstrichs im Wärmekanal in noch warmem Zustand gestapelt werden. Der Anstrichfilm muß also auch bei größerer Belastung und Temperaturen bis zu 60°C blockbeständig sein, d. h. die Oberfläche des Anstrichs darf nach der Lagerung beim Abheben der Platten vom Stapel nicht beschädigt werden. Bei Methylmethacrylat-Polymeren soll das Blocken des Anstrichs von Schindeln, die im Autoklavenverfahren hergestellt werden, dadurch verhindert werden können, daß nur bis zu 15% Comonomere und höchstens 2% hydrophile Monomere einpolymerisiert werden. Zur Filmbildung muß dann ein organisches Lösungsmittel mit einem Siedepunkt zwischen 150 und 250°C zugesetzt werden [153]. Eine andere Möglichkeit, das Kleben der Anstriche von Asbestzementplatten zu verhindern, besteht darin, vernetzbare Polymerisate zu verwenden, wie es beispielsweise für Carboxylgruppen enthaltende Methylmethacrylat-Polymere beschrieben ist, die mit Oxiden, Hydroxiden oder basischen Salzen von mehrwertigen Metallen vernetzt werden [154].

Die Beschichtungsmasse wird vorwiegend im Gieß- oder Spritzverfahren auf die im allgemeinen mit Mineralpigmenten durchgefärbten Asbestzementformteile aufgebracht und in Trockenkanälen oder -kammern getrocknet. Bei einem besonderen Verfahren [155] liegt zwischen der relativ flexiblen, tragenden Asbestzementschicht und dem Schutzanstrich eine farbige Streuschicht aus Asbestzement und Pigment, die durch Pressen mit dem Untergrund haftfest verbunden wurde. Sie bildet nach Abwittern des Schutzanstriches die eigentliche, farbgestaltende Außenfläche des Asbestzements.

Betondachsteine sind sehr dünnwandige Bauteile aus einem Spezialbeton mit hohem Zementgehalt und relativ feinem Zuschlagmaterial aus Quarzsand. In Konkurrenz zu Tonziegeln hat ihre Produktion als Material zur Dacheindeckung in den vergangenen Jahren eine bemerkenswerte Aufwärtsentwicklung erlebt [156]. Ein Anstrich aus Kunststoff-Dispersionen mit Füllstoffen und Pigmenten bringt für sie ähnliche Vorteile, wie sie sich für Asbestzementplatten ergeben, da durch einen dichten, schützenden Überzug Ausblühungen vermieden werden können. Außerdem ist die Gefahr von Frostbrüchen durch eingedrungenes Wasser geringer. Der Anstrich wird bereits einen Tag nach der Herstellung aufgebracht. Das Auftragsgewicht beträgt ca. 100 g/m² trocken. Wegen der großen Alkalinität des Frischbetons spielt wie bei der Auswahl der Anstrichbindemittel für Asbestzement die Verseifungsbeständigkeit eine große Rolle, weshalb auch die gleichen Polymerisate (s. S. 72) Verwendung finden.

4 Kunststoff-Dispersionen als Zusatz für Zementmörtel

Mischungen von Latices mit Zement und Zuschlagstoffen sind schon sehr früh beschrieben worden [1, 2]. Die Zielsetzung dieser Arbeiten war, mit dem hydraulisch erhärtenden Zement das Wasser des Naturkautschuklatex oder von synthetischen Kautschuklatices zu binden. Der große Kunststoffanteil in der Mischung aus Zement, Sand, Splitt, Asbestfasern usw. führte zu stark plastischen Massen. Dennoch dachte man bereits an Anwendungen wie Überzüge auf Betonflächen, Unterbauten von Betonstraßen, Behälterauskleidungen, Plattenmaterial, Fugendichtungsmassen für den Straßenbau.

Untersuchungen über die Eigenschaften von Zementmörteln mit geringen Kunststoffzusätzen sind erst nach dem zweiten Weltkrieg bekanntgeworden [3, 4, 5]. Sie befaßten sich zunächst ausschließlich mit Polyvinylacetat-Dispersionen, die in Deutschland etwa 1950 erstmals für dieses neue Anwendungsgebiet eingesetzt wurden. Die anwendungstechnischen Erfahrungen, die man in der Folgezeit sammelte, sind in zahlreichen Veröffentlichungen niedergelegt [6—11]. Sie bestätigten die vorangegangenen Laborergebnisse und zeigten die Vorteile eines Kunststoffzusatzes: leichtere Verarbeitbarkeit durch Veränderung der Fließeigenschaften des Zementmörtels, besseres Wasserrückhaltevermögen und dadurch eine Verringerung der Rißanfälligkeit von Estrichflächen, Ansteigen der Biegezugfestigkeit, verbesserte Hafteigenschaften auf Altbetonflächen und kürzere Sperrfristen für Estrichbeläge.

Nachteilig wirkte sich in vielen Fällen die Wasserempfindlichkeit der bis dahin allein verwendeten Polyvinylacetat-Dispersionen aus, wodurch es hauptsächlich bei Anwendung im Freien zu Fehlschlägen kam. Es setzten daher recht bald Untersuchungen an anderen Polymerisatsystemen ein. Dies geht sowohl aus den Veröffentlichungen der Fach- als auch der Patentliteratur hervor.

Von O. Z. TYLER und R. S. DRAKE [12] wurde über ein Vinylchlorid-Copolymerisat berichtet, mit dem bei Wasserlagerung die Festigkeit der gelagerten Mörtelprismen nicht so stark abfällt wie mit Polyvinylacetat-Dispersionen. R. PETRI prüfte nach DIN 1164, aber mit reduziertem Wasserzementfaktor[1], Normenprismen, denen in steigenden Mengen mehrere Vinylacetat-Polymerisate mit und ohne Weichmacher, Vinylacetat- und Vinylpropionat-Copolymerisate bzw. je ein Styrol-Butadien-, Vinylidenchlorid- oder Methylmethacrylat-Copolymerisat zugesetzt waren [13]. Ein wesentlicher Teil der Arbeit betraf die Prüfung der Biegezugfestigkeiten bei verschiedenen Kunststoff-Zement-Faktoren (K/Z)[2] nach Klima- (65% RF; 20°C) sowie Wasserlagerung, um dadurch einen Hinweis über

---

[1] Erklärung s. Fußnote S. 78

[2] K/Z = Kunststoffgewicht (trocken)/Zementgewicht.

die zu erwartenden Eigenschaften des Zementmörtels mit Kunststoffzusatz unter dem Einfluß von Wasser (Abb. 11 u. 12) zu erhalten. Am günstigsten in der Gesamtbeurteilung liegt eines der Vinylpropionat-Copolymeren. Wie Abb. 11 und 12 weiterhin zeigen, werden die mechanischen Festigkeitseigenschaften der Zementmörtel durch die verwendeten Vinylester-Polymerisate recht unterschiedlich beeinflußt. Damit bestätigt sich die Erfahrung, daß aus den Meßergebnissen an einem bestimmten Polymerisat nicht auf die mit anderen Polymerisaten des gleichen Polymerisattyps zu erwartenden technologischen Eigenschaften eines Zementmörtels

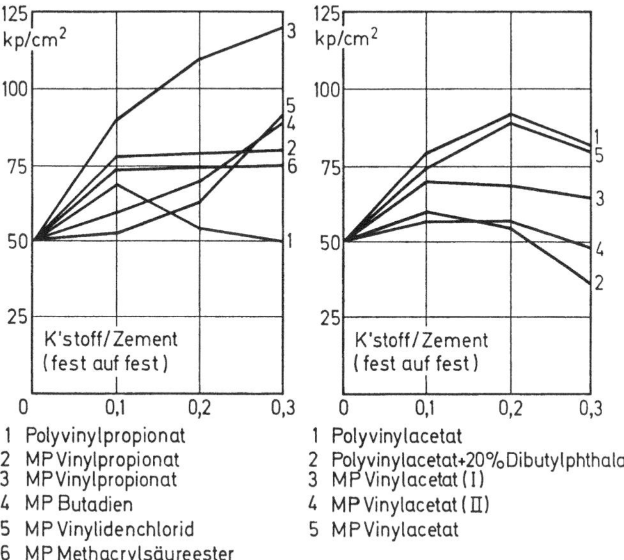

Abb. 11. Biegezugfestigkeit nach 27 Tagen Lagerung bei 65% relativer Luftfeuchtigkeit und 20° C

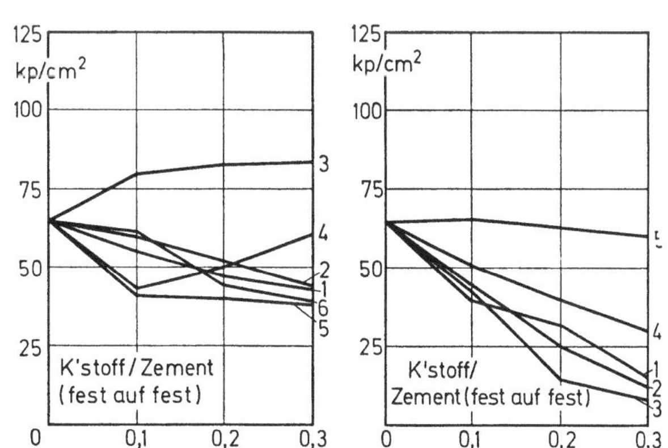

Abb. 12. Biegezugfestigkeit nach 27 Tagen Lagerung unter Wasser

Abb. 11 und 12. Biegezugfestigkeiten einiger Kunststoff-Zement-Mischungen. 1 Polyvinylpropionat, 2 und 3 Vinylpropionat-Copolymerisate, 4 Butadien-Copolymerisat, 5 Vinylidenchlorid-Copolymerisat, 6 Methacrylsäureester-Copolymerisat, 7 Polyvinylacetat, 8 Polyvinylacetat + 20% Dibutylphthalat, 9, 10 und 11 Vinylacetat-Copolymerisate. [Nach: PETRI, R.: Kunststoffe 53, 421 (1963)]

geschlossen werden kann. Auf die Bedeutung der Verseifungsbeständigkeit der Polymerisate wurde ebenfalls eingegangen, da der pH-Wert eines nassen Zementmörtels bei ca. 13 liegt. Mit Hilfe eines Kurztestes beurteilte PETRI die Alkalifestigkeit der Polymeren. Dabei wurde die vorher neutralisierte Kunststoff-Dispersion mit einer bestimmten Menge $n/10$-Natronlauge versetzt und nach 48 stündiger Lagerung bei 60°C mit $n/10$-Salzsäure zurücktitriert. Der Verbrauch an Salzsäure wurde als Maß für die Verseifungsbeständigkeit gewertet. Langzeitversuche bei Raum- [14] und Kurzzeitversuche bei erhöhter Temperatur [15] mit Calciumhydroxid als verseifendem Medium bekräftigen die in Tab. 4 wiedergegebenen Ergebnisse. G. H.

Tabelle 4. *Verseifungsbeständigkeit von Kunststoff-Dispersionen.* [Nach: R. PETRI: Kunststoffe **53**, 423 (1963)]

Zusammensetzung	Verbrauch $cm^3 \frac{n}{10}$ HCl	Zusammensetzung	Verbrauch $cm^3 \frac{n}{10}$ HCl
Polyvinylpropionat	3,0	Polyvinylacetat	0
MP Vinylpropionat	2,5	Polyvinylacetat + 20% Dibutylphthalat	0,5
MP Vinylpropionat	28,0	MP Vinylacetat	3,5
MP Butadien	46,5	MP Vinylacetat	8,0
MP Methacrylsäure-Ester	38,0	MP Vinylacetat	5,0

BENZ [15] stellte die bessere Wasserbeständigkeit eines Vinylpropionat-Vinylchlorid-Copolymerisates gegenüber der eines Polyvinylacetats im Zementmörtel heraus. Mit Styrol-Butadien-Copolymerisaten modifizierte Zementmörtel wurden von Y. OHAMA, H. IBE, H. MINE und K. KATO [16] im Hinblick darauf untersucht, wie die mechanischen Eigenschaften des Mörtels vom Monomerenverhältnis im Polymerisat abhängen. Aus den Prüfungen ergab sich, daß die Festigkeitseigenschaften des Zementmörtels mehr durch die Änderung des Styrolanteils im Copolymerisat beeinflußt wurden als durch die K/Z-Werte. Sowohl die Biegezug- als auch die Druckfestigkeit steigt zwischen Styrolanteilen von 60—70 Gew.-% im Copolymerisat stark an. Ein Hinweis auf einen bestehenden Zusammenhang zwischen den Festigkeitseigenschaften des Zementmörtels und den Einfriertemperaturen der zugesetzten Polymerisate findet sich bereits in der Arbeit von R. PETRI [13]. Von G. OLAVI [17] wurden die Biegezug- und Druckfestigkeit von Mörtelprismen, die verschiedene Vinylacetat-, Vinylpropionat-, Styrol-Butadien- und Acrylester-Polymere als Zusätze enthielten, nach Trocken- und Naßlagerung geprüft. Desgleichen wurden verklebte Prismen aus Normenmörtel untersucht. Die Verbindung zweier Prismenhälften wurde nach den Anweisungen der Lieferanten der Reparaturmörtel durchgeführt. Bei der Auswertung der Prüfergebnisse hebt G. OLAVI die besseren Festigkeitseigenschaften von Mörteln unter Feuchtigkeitseinfluß heraus, wenn bei der Herstellung der Prismen Vinylpropionat- und nicht Vinylacetat-Polymere zugesetzt wurden. Gut beurteilt wurden in dieser Beziehung auch Styrol-Butadien-Polymere, während ein ebenfalls geprüftes Acrylester-Polymerisat bei der Wasserlagerung schlechte Festigkeitswerte brachte.

Die Patentliteratur befaßt sich fast ausnahmslos mit Polymerisaten, deren Wasserfestigkeit und Hydrolysebeständigkeit gegenüber Polyvinylacetat verbessert sind, wodurch gleichzeitig ein höheres Festigkeitsniveau der damit versetzten Zementmörtel unter Feuchtigkeitseinwirkung angestrebt wird. Vorgeschlagen werden Vinylacetat-Vinyllaurat- [18], Vinylacetat-Vinylchlorid-Acrylester- [19], Acrylester- [20], Styrol-Butadien- [21], Vinylidenchlorid- [22–24] und Vinylpropionat-Vinylchlorid-[25] Copolymerisate.

Nach dem heutigen Stand der Technik sollen als Zusatz für Zementmörtel geeignete Kunststoff-Dispersionen folgende wesentliche Eigenschaften aufweisen. Das Hilfsstoffsystem der Kunststoff-Dispersionen muß mit Zement soweit verträglich sein, daß die Dispersionen beim Mischvorgang nicht koagulieren. Durch einen Zusatz von Kunststoff-Dispersionen wird vor allem eine Erhöhung der Biegezugfestigkeit des Zementmörtels angestrebt, ohne daß die Druckfestigkeit zu stark abfällt. Verflüssigt eine Kunststoff-Dispersion den Mörtelansatz, ist dies als weiterer Vorteil anzusehen, da in einem solchen Fall die Mörtelmischung mit weniger Wasser hergestellt werden kann. Schon allein dadurch wird die mechanische Festigkeit des Zementmörtels verbessert. Durch Wassereinwirkung darf die Festigkeit der mit Kunststoff versetzten Mörtel nicht allzu stark abfallen. Außerdem müssen die Polymerisate weitgehend gegen die verseifende Wirkung der Zementbestandteile beständig sein. Das Wasserrückhaltevermögen der Kunststoff-Dispersionen soll groß genug sein, damit die Mörtelmischung gut verarbeitbar ist und das Feuchthalten der Mörteloberfläche gegebenenfalls abgekürzt werden kann. Ein wichtiges Kriterium für die Eignung einer Kunststoff-Dispersion ist ihr Vermögen, die Haftfestigkeit des Frischmörtels auf bereits abgebundenem Beton zu erhöhen.

Die *Wirkungsweise der Kunststoffzusätze im Zementmörtel* ist noch nicht in allen Einzelheiten geklärt, obwohl frühzeitig darüber Überlegungen angestellt wurden. Diese sind aber experimentell nicht ausreichend belegt. Während J. M. GEIST u. a. [3] den Kunststoffzusatz für eine plastische Kittsubstanz des Zement-Zuschlagstoff-Systems hält, nimmt K. STREHLE [4] an, daß die Latexteilchen zusammen mit einer Wasserhülle zunächst die einzelnen Teilchen des Zementklinkers und des Zuschlagstoffes vollständig umgeben. Erst nach Verdunsten der wäßrigen Phase, die den Kunststoffpartikeln anliegt, soll dann die isolierte Phasenumwandlung des Zementklinkerteilchens über die Grenzen seines eigenen Bereichs hinaus in die Nachbarbereiche übergreifen können und zu einer „kristallinen Verklammerung" führen, die dem Mörtelgefüge seine Festigkeit verleiht. K. STREHLE will damit vor allem erklären, warum der Mörtel noch nicht seine volle Festigkeit erreicht hat, solange er noch nicht ausgetrocknet ist. Der Festigkeitsverlust, der vor allem bei abgebundenen Mörteln mit Polyvinylacetat-Zusatz nach Wasserlagerung festgestellt wurde, müßte dann auf teilweise Sprengung des kristallinen Gefüges durch Quellung des eingelagerten Kunststoffes zurückgeführt werden. N. SIROTKINA [26, 27] und Mitarb. beobachteten den Hydratationsverlauf von Zement in Anwesenheit eines synthetischen Kautschuklatex und einer Polyvinylacetat-Dispersion. Dabei wurde Wasser im Überschuß zugegeben. Während reiner Zementklinker, wie D. L. KATZ [28] berichtet, sich nach 18 Tagen zum großen Teil in miteinander verfilzte Kristallnadeln, -fasern und -blättchen umgewandelt hat, beobachtete N. L. SIROTKINA nach 28 Tagen bei Zusatz von Polyvinylacetat keine

Kristallnadeln, sondern nur Blättchen und bei Zusatz von synthetischem Kautschuklatex überhaupt noch keine Kristallformen. Außerdem waren die Kautschuklatexteilchen bereits nach 24 Std vollständig auf dem Zementkorn adsorbiert und verlangsamten die Hydratation. Diese Versuche deuten auf eine Beeinflussung der Hydratationsgeschwindigkeit des Zements und auf einen tiefergehenden Eingriff in dessen morphologische Phasenumwandlung durch den zugesetzten Kunststoff hin. Mit der Frage des Abbindens von Zement in Anwesenheit von Kunststoff-Dispersionen befaßte sich auch H. B. WAGNER [29] in seinen Arbeiten, die Anfang grundlegender Untersuchungen über den Mechanismus sein sollen, der die physikalischen und chemischen Eigenschaften von Zementmörteln mit Kunststoffzusatz verändert. Mit Hilfe verschiedener Methoden bestimmte er die Zeit, die bis zur Fixierung der einzelnen Kunststoffpartikel im abbindenden Mörtelgemisch vergeht. H. B. WAGNER fand, daß diese Zeit für die untersuchten Kunststoff-Dispersionen unterschiedlich war. Weiterhin geht aus seinen Untersuchungen hervor, daß einige Kunststoff-Dispersionen die Bildung des Zementgels aus dem Zementkorn verzögern, andere diese beschleunigen. Durch Herauslösen der mineralischen Bestandteile aus einer glatten Mörteloberfläche mit Salz- und Flußsäure machte er unter dem Licht- und E-Mikroskop die Verteilung des Kunststoffs innerhalb der Mörtelstruktur sichtbar.

Faßt man die bisher vorliegenden Erkenntnisse zusammen, so ergibt sich, daß der qualitative Einfluß von Kunststoff-Dispersionen auf die Festigkeitsentwicklung von Zementmörteln auf einem komplexen Mechanismus beruht. Das im Latexteilchen vorliegende Polymerisat wirkt hauptsächlich durch seine physikalischen Eigenschaften auf das mechanische Verhalten des Zementmörtelgefüges. Die chemische Konstitution des Polymerisats und das in der Dispersion verwendete Hilfsstoffsystem können außerdem den Abbau der Kristallphasen des Zementklinkers und den Aufbau der neuen Phasen im Zementmörtel und damit dessen Festigkeitsentwicklung beeinflussen.

Beim *Ansetzen der Mörtelmischungen* ist darauf zu achten, daß der in der Kunststoff-Dispersion enthaltene Wasseranteil bei der Berechnung des Wasserzementfaktors (W/Z)[1] berücksichtigt wird. Beim Mischen des Mörtelansatzes muß vermieden werden, daß große Mengen Luft eingeschlagen werden, denn mit steigendem Luftporengehalt fallen die Festigkeitswerte eines abgebundenen Mörtels ab. Eine zu starker Schaumbildung neigende Kunststoff-Dispersion führt meistens zu hohen Luftporengehalten im Mörtel. Aus dem gleichen Grund sind Zwangsmischer den früher allerorts üblichen Freifallmischern vorzuziehen.

Zunächst werden Zement und Zuschlagstoffe vorgemischt. Anschließend setzt man entweder einen Teil des Anmachwassers zu, bevor man die unverdünnte Kunststoff-Dispersion langsam einfließen läßt, oder man verdünnt den Latex zuvor mit einem Teil oder der ganzen Menge Anmachwasser. Hält man etwas von der berechneten Menge Anmachwasser zurück, kann man noch bis zuletzt die Konsistenz des Mörtels regulieren und außerdem die im Ansatzgefäß verbliebenen Reste der Kunststoff-Dispersion in die Mischung hineinspülen. Lange Mischzeiten nach der Zugabe der Kunststoff-Dispersion führen erfahrungsgemäß zu Entmischungserscheinungen und Ansteigen des Luftporengehaltes, was wiederum

---

[1] *W/Z* = Gewicht Wasser/Gewicht Zement.

einen Festigkeitsabfall des Mörtels nach sich zieht. Die Kornzusammensetzung der Zuschlagstoffe ist ebenfalls für die Güte des Mörtels verantwortlich. Die Sieblinie soll nach DIN 1045 im guten Bereich liegen. Mit sehr harten Zuschlagstoffen bei hohem K/Z-Wert des Mörtels können Hartbetonestriche mit sehr großer Biegezugfestigkeit hergestellt werden.

Der Betonuntergrund muß vor dem Auftragen des Mörtels sauber und fest sein. Sind Öl-, Wachs- oder Fettflecken vorhanden, müssen diese mit entsprechenden Reinigungsmitteln entfernt werden. In schwierigen Fällen ist Abschlagen der Flächen oder Sandstrahlen anzuraten. Dies trifft auch für einen absandenden oder mürben Untergrund zu. Das Einschlämmen mit verdünnter Kunststoff-Dispersion ist als technisch überholt anzusehen. Durch eine solche Arbeitsweise kommt es bei späterer Wassereinwirkung vielfach zu einem Absprengen der Mörtelschichten. Es ist daher ratsam, mit einer Mischung aus Zement, Kunststoff-Dispersion und Wasser vorzuschlämmen, zu der gegebenenfalls noch feinkörniger Sand beigegeben wird.

Die *Verarbeitung* der Mörtel mit Kunststoffzusatz geschieht in der üblichen Weise. Bei großflächigen Estricharbeiten ist die Verdichtung des Mörtels mit Rüttelgeräten empfehlenswert. Wird maschinell verdichtet, so ist darauf zu achten, daß die plastische Mischung nicht vom Untergrund abgehoben wird, da sonst der Estrich hohl zu liegen kommt. Das Feuchthalten des Zementmörtels erfolgt wie gewöhnlich durch feuchte Matten, feuchten Sand, Besprengen mit Wasser oder Abdecken durch Zelte. Es kann je nach den örtlichen Verhältnissen und der zu erwartenden Beanspruchung abgekürzt werden. Anstelle der genannten Maßnahmen kann man die Mörtelfläche auch mit Kunststoff-Dispersionen überstreichen, um den Mörtel vor zu schnellem Austrocknen zu schützen. Die gebildete Filmschicht läßt man nach dem Abbinden des Zements abwittern, oder sie wird mit der Zeit mechanisch abgerieben. Ein wieder abzuziehender Überzug aus Kunststoff-Dispersionen [30] soll besonders bei Sichtbetonflächen den Vorzug haben, seine volle Schutzwirkung bis zum Ende des Abbindens des Zements zu behalten, um dann zum gewünschten Zeitpunkt leicht entfernt werden zu können. Außerdem ist auf diese Weise das Aussehen der Fläche nicht durch abwitternde Filmreste verunziert.

Die *Anwendung* von Kunststoff-Dispersionen in Zementmörteln und ganz allgemein als Zusatz zu hydraulisch erhärtenden Bindemitteln erstreckt sich hauptsächlich auf Estricharbeiten, Ausbesserung von Estrichflächen, Treppen, Sichtbetonflächen und Betonfertigteilen, Herstellen von Schiffsdeckbelägen, Haftbrücken für Verputz auf altem Beton, Ausgleichsmassen unter Fußbodenbelägen, Abdichten von Bohrlöchern, Ansetzen von Abzweigungen an Betonrohren, Anformen von Wassernasen usw. an Betonformlingen. Mit weichen Polymerisaten bestimmter Zusammensetzung können trittschalldämmende Estriche hergestellt werden, ohne daß diese schwimmend verlegt werden müssen.

Als Zusatz zu Konstruktionsbeton werden Kunststoff-Dispersionen bisher nicht verwendet. Hierfür fehlen zur Zeit noch ausreichende technische Unterlagen und vor allem genügend lange Erfahrungen über die Eigenschaften der Kombination von Kunststoff-Dispersionen mit stahlarmiertem Beton. In diesem Zusammenhang interessierende Untersuchungen, ob beim Zusatz von Kunststoff-Dispersionen verstärkte Korrosion der Stahlarmierungen im Beton zu erwarten ist,

wurden von R. PETRI veröffentlicht [*31*]. Die Prüfungen wurden mit einer Beton-
elektrode und nach DIN 50906 durchgeführt. Die Untersuchungsergebnisse lassen
erkennen, daß ein Zusatz von Kunststoff-Dispersionen zu stahlarmiertem Beton
grundsätzlich nicht zur Korrosion der Stahlbewehrung führen muß, eine solche
aber je nach verwendetem Produkt eintreten kann. Sie machen außerdem wiederum
deutlich, daß zwar die Zusammensetzung des Polymerisats von wesentlichem Einfluß für das Verhalten von Kunststoff-Dispersionen in Zementmörtel oder Beton
ist, aber die Bedeutung der Polymerisationshilfsstoffe keinesfalls unterschätzt
werden darf.

5 Spachtelmassen

Nach den Richtlinien der Fachgemeinschaft „Kunststoff-Spachtelböden" sind
Kunststoffspachtelbeläge kunststoffgebundene, nach dem Spachtelverfahren hergestellte Fußbodenbeläge. Die Mindeststärke des Belags muß 2 mm betragen. In
der oberen, mindestens 1 mm starken Nutzschicht darf der Kunststoff-Festgehalt,
ein eventueller Weichmacherzusatz eingerechnet, 35 Gew.-% nicht unterschreiten.
Schichten unter 2 mm sind als Gehschichten, Überzüge oder Anstriche zu bezeichnen.

Von einem Spachtelfußboden erwartet man vor allem einen ausgezeichneten
Abriebwiderstand, eine große Eindruckfestigkeit, eine möglichst geringe Wärmeleitfähigkeit, Rißfreiheit und eine geringe Wasseraufnahme. Für bestimmte Anwen-
dungsfälle – z. B. im Hochbau – ist außerdem gute Trittschalldämmung erwünscht, während für Industrieanwendungen auch Beständigkeit gegen bestimmte
Chemikalien gefordert sein kann. Entsprechende Güterichtlinien und Prüfbestim-
mungen sind von der erwähnten Fachgemeinschaft festgelegt worden.

Ein wesentlicher Unterschied des Spachtelfußbodens zu anderen Fußboden-
belagsarten besteht darin, daß er fugenlos verlegt und an den Wänden mit einer
Einkehlung hochgezogen werden kann. Dadurch ist ein solcher Boden leicht zu
reinigen und zu pflegen.

Die *Hauptbestandteile der Fußbodenspachtelmasse* sind: Bindemittel, Füllstoffe
und Pigmente. Grundsätzlich eignen sich die – seit einiger Zeit ebenfalls verwendeten – chemisch härtenden, ungesättigten Polyester-, Polyurethan- und Epoxid-
harze und eine Vielzahl von Polymerisaten unterschiedlicher Zusammensetzung.
Die Polymerisate werden hauptsächlich als Latices angewendet. Diese müssen bei
Raumtemperatur, evtl. unter Zusatz von Weichmachern, filmbildend sein. Außerdem müssen die Kunststoff-Dispersionen eine große Menge Füllstoffe aufnehmen
können, ohne instabil zu werden. Von den Polymerisaten werden ein großes Bindevermögen für Füllstoffe, eine nicht zu große Plastizität, besonders im Hinblick auf
den hohen Bindemittelanteil in der Nutzschicht, eine große Wasserfestigkeit und
eine gute Chemikalienbeständigkeit erwartet. Für die Wasserfestigkeit spielt allerdings nicht allein der Polymerisataufbau eine Rolle, sondern auch die zur Herstellung der Latices verwendeten Hilfsstoffe. Das Hilfsstoffsystem im Latex ist auch
mitentscheidend für dessen Füllstoffverträglichkeit. Als Bindemittel für Fuß-

bodenspachtelmassen sind solche Kunststoff-Dispersionen auf Basis von Polyvinyl-acetat und von Copolymeren des Vinylacetats, Vinylpropionats, Vinylchlorids und Styrols sowie synthetische Kautschuklatices bzw. Mischungen dieser Polymerisat-typen geeignet, die nach den angeführten Eigenschaftsmerkmalen ausgewählt wurden.

Als anorganische Füllstoffe werden Schwerspat, Kaolin, Kreide, Talkum, Quarzmehl, Quarzsand, Schiefermehl, Asbestmehl, Asbestfasern, Hochofen-schlacke, Bimskies, Granitstaub u. a. m. herangezogen. Auch organische Materia-lien, wie gemahlener Gummi, Korkmehl, Textilfasern, Holzmehl, werden verwen-det. Die Füllstoffe sind durch Art, Korngröße und Oberflächenstruktur mitbestim-mend für die Eigenschaften des Belags.

Die Bunteinfärbung der Spachtelmassen erfolgt meistens mit anorganischen Pigmenten, wie z. B. Chromoxidgrün und Eisenoxidrot. Bei einer Verwendung von organischen Pigmenten sind diese zweckmäßigerweise auf Verträglichkeit mit der betreffenden Kunststoff-Dispersion zu prüfen.

Obwohl ein Spachtelbelag, um Rißbildung zu vermeiden und schnelleres Durch-trocknen zu gewährleisten, in mehreren Arbeitsgängen, meistens 4—6, aufgebracht wird, unterscheidet man dennoch nur zwischen 3 Schichten. Die *Unterschicht* über-nimmt die Aufgabe der Schall- und Wärmedämmung und enthält daher grob-teilige, harte Füllstoffe neben dämmend wirkenden Füllstoffen, wie Korkmehl, Bimskies, Asbestmehl. Ein Zusatz von faserigen Füllstoffen hilft, die Rißbildung zu vermeiden. Der Bindemittelgehalt von ca. 10 % ist im Vergleich zu dem der anderen Schichten gering. Ein Zusatz von Zement verbessert die Wasser- und Druckfestigkeit. In der *Zwischenschicht* ist der Bindemittelanteil erhöht, und gleichzeitig sind feinteilige Füllstoffe vorhanden. Diese Belagsschicht ist daher fester und schützt, druckausgleichend, die relativ weiche Unterschicht. Die *Nutz-schicht* enthält den bereits genannten hohen Kunststoffgehalt von mindestens 35 Gew.-% und außerdem sehr feinteilige, harte Füllstoffe, wie z. B. Quarzmehl, wegen der erforderlichen Abriebfestigkeit und Glätte. Ein Zusatz von Talkum und Schiefermehl begünstigt ebenfalls die Glätte der Oberfläche.

Die Spachtelmasse wird in Mischmaschinen (z. B. Schnellmischern, Knetern) hergestellt. Die Füllstoffe werden vor dem Zusammengeben mit dem Bindemittel, zweckmäßigerweise unter Zusatz von Dispergiermitteln, ausreichend mit Wasser benetzt, damit der Kunststofflatex nicht durch plötzlichen Wasserentzug koagu-liert. Beim Mischen ist darauf zu achten, daß keine Luft eingeschlagen wird, da dadurch die Härte und Dichtigkeit des Belags herabgesetzt werden. Die Massen für die Deckschichten müssen sehr homogen sein. Daher werden sie nach dem eigentlichen Mischvorgang noch abgerieben und anschließend gesiebt.

Der Untergrund muß frei von Staub, Öl, Kalkspritzern und Wachs sein. Was-serempfindliche Böden, wie z. B. ein Magnesitestrich, und solche, bei denen Wasser von der Unterseite aufsteigen kann, sind mit einem Isolierstrich abzusiegeln; da-durch wird einerseits einer Blasenbildung und andererseits einem Ausblühen von Salzen aus dem Untergrund vorgebeugt. Besondere Vorsicht wegen späterer Riß-bildung ist bei Holzböden wegen der Dimensionsänderungen des Holzes unter Feuchtigkeitseinwirkung geboten.

Das Trocknen der einzelnen verlegten Schichten hängt von der im Raum herr-schenden Temperatur und Luftfeuchtigkeit ab. Im allgemeinen rechnet man mit einer Trocknungszeit bis zu 24 Std pro Schicht. Wegen der Glätte werden vor allem die oberen Schichten nach dem Auftrocknen geschliffen. Die Deckschichten können auch in sehr geringen Schichtstärken mit einer Spritzpistole aufgebracht werden, wodurch ein Schleifen der Deckschichten entbehrlich werden kann. Für höhere Ansprüche an die Chemikalienfestigkeit des Belags wird dieser abschließend vielfach mit einem Versiegelungsmittel nachbehandelt. Gewöhnlich ist der Spachtelbelag 3—4 Tage nach dem letzten Auftrag begehbar. Seine endgültigen Eigenschaften erreicht er aber erst nach Wochen oder Monaten, wenn er vollständig durchgetrocknet ist. Die Reinigung und Pflege können mit den üblichen Fußbodenpflegemitteln erfolgen.

Ein Spachtelfußboden zeigt seine Vorteile hauptsächlich bei einer *Anwendung in Krankenhäusern, Schulen, Büroräumen, Empfangshallen, Versammlungsräumen und Industrieräumen.*

6 Kunststoff-Dispersionen als Grundlage für Klebstoffe

Beim Beschreiben der Anwendung von Kunststoff-Dispersionen als Klebstoffe wurde, soweit wie möglich, der in der Vornorm DIN 16921 vorgeschlagenen Begriffsbestimmung entsprochen. Darin ist ein *Klebstoff* der Oberbegriff für einen nicht-metallischen Werkstoff, der Körper durch Oberflächenhaftung und innere Festigkeit verbinden kann, ohne daß sich das Gefüge der Körper wesentlich ändert. Es wird unterschieden zwischen dem *Leim* als einem in Wasser löslichen Klebstoff, der *Leimlösung* als einem in Wasser gelösten Klebstoff und dem *Kleister*, einem wäßrigen Quellungsprodukt, das schon in geringer Grundstoffkonzentration eine schmalzartige, kurz abreißende, nicht fadenziehende Masse bildet. Unter einer *Klebdispersion* wird ein zum Kleben bestimmter, in Wasser dispergierter, organischer Grundstoff verstanden und analog dazu unter einem *Kleblack* eine zum Kleben bestimmte Lösung von organischen Grundstoffen in flüchtigen organischen Lösungsmitteln. Als *Schmelzklebstoff* wird ein bei Raumtemperatur fester Klebstoff bezeichnet, der vorübergehend geschmolzen wird, um Oberflächenhaftung zu erzielen. Die Definition der *Klebkitte*, die keine oder nur wenig flüchtige Lösungsmittel enthalten sollen, grenzt sich gegen Dichtungsmassen dadurch ab, daß bei jenen im Gegensatz zu diesen besondere Anforderungen an die Haftfestigkeit auf irgendwelchen Untergründen gestellt werden. Wie auch E. PLATH feststellt, sind die Grenzen zwischen Klebkitten und Dichtungskitten (Dichtungsmassen) nicht sehr scharf. Beide wurden daher in einem der folgenden Abschnitte gemeinsam behandelt.

In der DIN 16920 sind Richtlinien für die Einteilung der Klebstoffe einmal nach stofflichen und andererseits nach verarbeitungstechnischen Gesichtspunkten niedergelegt. H. LUCKE [1] stellt dieser Klassifizierung eine genauere Kennzeichnung eines Klebstoffs zur Diskussion gegenüber, bei welcher durch Indices die charakteristischen Merkmale (z. B. Grundstoff, Additive, Anwendungsform, Verarbeitungstemperatur, thermisches Verhalten, Verwendung) in einem Ausdruck kombiniert sind.

Dem Grundgedanken dieses Buches gemäß befassen sich die folgenden Abschnitte ausschließlich mit Klebdispersionen. Zusammenfassende Literatur unter Einbeziehung von Leimen, Kleblacken, Schmelzklebstoffen usw. steht ausreichend zur Verfügung [2]. Auf sie sei auch wegen genormter oder allgemeiner Prüfvorschriften für Klebstoffe und Klebverbindungen hingewiesen. Die Gliederung der Anwendungen von Klebdispersionen wurde in erster Linie auf die lange bekannten Substrate, wie Papier, Holz, Textilien, bezogen. Ein Bruch in dieser Systematik ließ sich jedoch nicht vermeiden, wenn z. B. die Beschreibung der Anwendung als Haftklebemassen und die des wichtigen Gebietes der Bauklebstoffe nicht an Übersichtlichkeit hätte verlieren sollen.

6.1 Klebstoffe für die Papierverarbeitung

6.1.1 Kleben und Kaschieren von Papier

Die Verpackungsindustrie ist der Hauptabnehmer von Klebstoffen, die Papier, beschichtetes Papier bzw. Karton mit sich selbst oder mit anderen Substraten, hauptsächlich Kunststoff- und Metallfolien, kleben bzw. kaschieren, um Tüten, Beutel, Säcke, Behälter aus Karton, Faltschachteln, Wickeldosen u. a. herzustellen, Sichtfenster in Verpackungen einzukleben oder Dosen, Flaschen und flexible Verpackungen zu etikettieren. Die maschinelle Naßetikettierung steht dabei in Konkurrenz zur Etikettierung mit gummierten Papieretiketten sowie den selbstklebenden (s. 6.7), heißklebenden (s. 6.8) und heißsiegelnden (s. 7.3) Etiketten, ähnlich wie das Kleben zu dem Heißsiegeln. Kunststoff-Dispersionen dienen aber nicht nur zur Herstellung von Verpackungsklebern. Schutzkaschierungen von Landkarten [3] und Glanzfolienkaschierungen von Prospekten, Plakaten, Buchund Broschüreneinbanddecken werden ebenfalls mit Klebdispersionen durchgeführt. In der Zigarettenindustrie werden damit die Filtereinsätze geklebt. Mit Spezialklebstoffen kann die Kaschierung von PVC-Folien, unter gleichzeitigem Verformen im Vakuum, auf Formteile aus Pappe, Karton, Kunststoffen und Hartschaumstoffen zur Herstellung von Koffern, Etuis, Verkleidungen von Fahrzeuginneneinrichtungen u. a. erfolgen [4]. Dabei werden an den Kleber bezüglich der Wärmestandfestigkeit, Weichmacherbeständigkeit und der Fähigkeit, durch die Rückstellkraft der Folie erzeugte Spannungen aufzunehmen, hohe Anforderungen gestellt.

Ein großer Teil der reinen Papierkleber wird trotz der zunehmenden Bedeutung der Kunststoff-Dispersionen für dieses Anwendungsgebiet auch heute noch aus den pflanzlichen und tierischen Leimen, vor allem aus den Stärke- und Dextrin-Sorten, gefolgt von denen aus Cellulosederivaten, den Glutin- und Kaseinleimen, sowie Wasserglas hergestellt.

Papier ist verhältnismäßig einfach zu verkleben. Seine Saugfähigkeit fördert und seine Oberflächenrauhigkeit erleichtert die Verankerung des Klebstoff-Films. Durch den hohen Feststoffgehalt bei gleichzeitig niedrigem Fließwiderstand gestatten aber Klebdispersionen, die Arbeitsgeschwindigkeit beträchtlich zu erhöhen; Kunststoff-beschichtete Papiere, gestrichene Papiere und Kartons, Kunststoff-Folien und gewachste bzw. paraffinierte Papiere einwandfrei zu verkleben, wurde sogar erst durch die Verwendung von Kunststoff-Dispersionen als Klebstoffgrundlage möglich. Für eine feste Klebverbindung von mit Polyäthylen beschichteten Papieren (Schicht gegen Schicht) ist eine Vorbehandlung mit chemischen oder physikalischen Methoden notwendig, da sonst nur Haftverklebungen erzielt werden können. Die Vorbehandlung kann auch bereits vom Papierveredler vorgenommen werden, wobei dieser sofort anschließend einen Überzug aus hydrophilen Bindemitteln, wozu auch Kunststoff-Dispersionen zu zählen sind, und Pigmenten auf die Polyolefinfläche bringt [5], so daß sich diese späterhin ohne Schwierigkeiten verkleben läßt.

Ausreichende Festigkeit der Klebnaht ist natürlich die Grundvoraussetzung für die Eignung einer Kunststoff-Dispersion bzw. des daraus gefertigten Klebers. Darüber hinaus sind nach W. BARTUSCH [6] noch folgende Gesichtspunkte zur Beurteilung eines Klebstoffs in der Verpackungsindustrie maßgebend: Abbindegeschwindigkeit, rheologisches Verhalten beim maschinellen Auftragen, Eigenschaften der Klebstoffe, wie z. B. Kälte-, Wärme- und Naßfestigkeit, und Wirtschaftlichkeit des Verfahrens. Auf die Bedeutung einer flexiblen Klebfuge bei Film- und Folienkaschierungen auf Papier weist B. KOWALD [7] hin. Die Klebstoffschicht muß in der Lage sein, Spannungen vom Angriffsort ableiten zu können, da sonst die Größe der spezifischen Krafteinwirkung die Adhäsion des Klebfilms am Substrat oder seine Kohäsion an dieser Stelle in den meisten Fällen übertrifft, und die Klebfuge dann nach dem Prinzip eines Reißverschlusses leicht aufgeht. Wie unterschiedlich sich in dieser Beziehung Klebstoffe verhalten können, zeigt B. KOWALD am Beispiel dreier Klebstoffe des gleichen Polymerisattyps, die wohl die gleiche Scherfestigkeit (s. 6.7), aber beträchtlich sich unterscheidende Schälfestigkeiten (s. 6.7) aufweisen (Tab. 5).

Tabelle 5. *Schäl- und Scherfestigkeiten dreier Klebdispersionen des gleichen Polymerisattyps*

Klebstoff	1	2	3
Schälfestigkeit (kp/cm)	3	2	0,5
Scherfestigkeit (kp/cm²)	5	5	5

Als Grundlage für reine Papierklebstoffe sind Polyvinylacetat-Dispersionen am weitesten verbreitet. Polyvinylpropionat-Dispersionen als Ausgangsbasis für Maschinenkleber haben den Vorzug, weiche Filme mit gutem Klebvermögen auch ohne Zusatz von Weichmacher zu bilden. Der überwiegende Teil der Polyvinylester-Dispersionen für Klebstoffzwecke ist mit Schutzkolloiden hergestellt, deren Art und Menge das verarbeitungstechnische Verhalten und die Eigenschaften des Klebfilms maßgeblich beeinflussen können. Viel diskutiert, aber bis heute noch nicht in wesentlichem Umfang in die Tat umgesetzt, ist die Verwendung von Polyvinylacetat-Dispersionen oder die anderer Copolymerisat-Dispersionen in der Wellpappeproduktion zur Verklebung der Decke mit der Welle. Dabei kann auch beim Stein-Hall-Verfahren (Kombination von aufgeschlossener Stärke und nicht-aufgeschlossenem Stärkepulver) durch die zusätzlich zum Stärkepulver verwendete Kunststoff-Dispersion die Klebstoffkonzentration und damit die Maschinengeschwindigkeit nochmals gesteigert werden, wodurch die höheren Rohstoffkosten ausgeglichen oder gar überkompensiert werden können [8]. Ein zu großer Anteil eines flexiblen Polymerisats im Kleber, besonders bei höheren Klebstoffaufträgen, kann bei starker Belastung allerdings dazu führen, daß die Welle wegen zu geringer Steifheit der Klebschicht zusammenbricht [9].

Zur Kaschierung von Papier mit schwieriger zu verklebenden Substraten, wie z. B. Kunststoff- und Metallfolien, werden als Ausgangsbasis für Klebdispersionen Acrylester-, Vinylpropionat-Copolymere sowie Copolymere des Vinylacetats mit Acryl- und Maleinestern und neuerdings auch mit Äthylen, Butadien-Acrylnitril-Copolymere und weniger häufig Butadien-Styrol-Copolymere herangezogen. Die Eigenschaften entsprechend ausgewählter Produkte dieser Polymerisattypen müssen auf die spezifischen Anforderungen abgestimmt sein, die die Substratoberfläche an den Klebfilm stellt. Bei der Laminierung von Weich-PVC-Folie ist beispielsweise auf die Weichmacherfestigkeit der Polymerisate besonderer Wert zu legen, da sonst die Klebverbindung durch Weichmacherwanderung beträchtlich an Festigkeit verlieren kann. Eine vollständige Weichmacherbeständigkeit des Klebstoffilms ist jedoch nicht erwünscht, damit aus der Folie austretender Weichmacher mit der Zeit nicht eine Trennschicht bildet, die zur Delaminierung führt. Aluminiumfolie wird nach wie vor am meisten mit Stärke kaschiert, wodurch die Kaschierung allerdings sehr wasserempfindlich ist. Mit Vinylacetat-, Styrol- und Butadien-Polymerisaten sowie auch mit Latices aus Poly-2-chlor-1,3-butadien [10] können wasserbeständigere Kaschierungen von Aluminiumfolie mit Papier erhalten werden, die im allgemeinen mit Kasein oder gegebenenfalls auch mit klebrigmachenden Zusätzen modifiziert sind. Für Folienkombinationen, z. B. papierkaschierte Aluminiumfolie, deren Papierseite noch heißsiegelbar gemacht werden soll, muß bei der Auswahl des Kaschiermittels in Betracht gezogen werden, daß die Kaschierung unter Heißsiegelbedingungen nicht aufgehen oder Blasen werfen darf.

Vor dem Einsatz als Klebstoffe werden Kunststoff-Dispersionen fast immer durch Zusätze der Verarbeitungsmethode und den Anforderungen der zu verklebenden Flächen angepaßt. Wie notwendig das ist, zeigen die Klebprobleme, die ein auf den ersten Blick so einfaches Substrat wie ein gestrichener Karton aufwerfen kann. E. F. HUDSON [11] berichtete hierzu über die Abhängigkeit der Verklebungssicherheit von der Klebstoffbasis einerseits und vom Bindemittelgehalt und von der Art des Bindemittels in mit Clay pigmentierten Kartonstrichen andererseits. Darüber hinaus spielt auch die Bindemittelverteilung eine Rolle, worauf E. J. HEISER und D. W. CULLEN [12] hingewiesen haben.

Durch die Art und die Menge eines Füllstoffes (Kreide, Clay, Bentonit, Silicagel) können das Fließverhalten, das Anziehvermögen[1] und die Filmfestigkeit reguliert werden. Das Zugeben eines Lösungsmittels beeinflußt das Fließverhalten und Anziehvermögen ebenfalls, kann aber auch noch die Haftfestigkeit auf Kunststoff-Flächen verbessern. Bei gewachsten Papieren ist der Zusatz eines Lösungsmittels (Chlorkohlenwasserstoffe bzw. aromatische Kohlenwasserstoffe), das Wachse bzw. Paraffine mindestens anlösen kann, sogar unerläßlich [13]. In Analogie zum Stein-Hall-Verfahren für die Wellpappeverklebung ist vorgeschlagen worden, das Anziehvermögen durch Einrühren von quellbaren Kunststoffpulvern [14] oder nicht

---

[1] Darunter wird, ganz allgemein ausgedrückt, die Geschwindigkeit verstanden, mit der sich eine Klebverbindung nach dem Auftragen des Klebstoffs verfestigt.

gelatinierter Stärke [15] zu erhöhen. Auch durch Zusatz von Harzen – in Kombination mit Netz- und Lösungsmitteln – kann je nach Art der Zusatzstoffe die Abbindegeschwindigkeit erhöht oder aber die offene Zeit der Klebstoffschicht verlängert werden. Die offene Zeit, d. h. die Zeit, die man mit dem Zusammenführen der Substrate nach dem Aufbringen des Klebstoffs warten kann, ohne daß die Festigkeit der Klebverbindung beeinträchtigt wird, wird auch durch Feuchthaltemittel (Glykole, Glyzerin, Sorbit, Harnstoff usw.) beeinflußt. Zu große Mengen schädigen das Haftvermögen sowie die Wasserfestigkeit und vermindern das Anziehvermögen.

Mischungen mit Stärke und Dextrin können sowohl als Verbilligung der Klebdispersion als auch als Verbesserung der Pflanzenleime bezüglich deren Anziehvermögen, Wasserfestigkeit und Filmflexibilität betrachtet werden. Zur Kombination mit Dextrinsorten, die mit Borax aufgeschlossen wurden, werden Kunststoff-Dispersionen bevorzugt, die entweder mit einem Celluloseäther oder Dextrin als Schutzkolloid polymerisiert wurden. Polyvinylalkohol enthaltende Kunststoff-Dispersionen dagegen sind gegen Borsalze empfindlich. Es besteht daher die Gefahr, daß nach einiger Laufzeit im Verpackungsautomaten der Fließwiderstand des Gemisches mit Dextrin stark ansteigt und der Kleberansatz schließlich koaguliert.

Die *wissenschaftliche Bearbeitung der Klebtechnik* bei Packstoffen erfordert bei der großen Zahl der Einflußgrößen einen erheblichen Arbeits- und Zeitaufwand. Die bisherigen Forschungsarbeiten befaßten sich zwar vorwiegend mit gelösten Klebstoffsystemen, doch lassen sich bisher gewonnene Erkenntnisse auch auf Klebdispersionen übertragen. W. BARTUSCH [16] hat die bisherigen Vorstellungen über den Einfluß der Fugendicke auf die Festigkeit von Klebstellen zusammengefaßt und anhand von Versuchen eine empirische Beziehung zwischen der Fugendicke und der maximalen Zerreiß-, Scher- oder Spaltfestigkeit der Klebstelle aufgestellt. Die Tatsache, daß oberhalb einer bestimmten Fugendicke die Festigkeitswerte wieder abfallen, führt er darauf zurück, daß sich während des Abbindens im Klebfilm, und da besonders in den Randzonen, Spannungen ausbilden, die das mechanische Festigkeitsniveau der Klebverbindung beeinträchtigen. Für die Beurteilung einer Klebfuge ist also nicht nur die Dicke, sondern die Gesamtabmessung der Verklebung entscheidend. Die Filmdicke beim Walzenauftrag, vor allem deren Unterschied an Rändern und Walzenmitte, wird von den Strömungsverhältnissen mitbeeinflußt, die sich durch die Form der Auftragswanne einstellen [17].

In einer grundsätzlichen Überlegung über den Ablauf des Klebvorganges auf einer Walzenauftragsmaschine analysiert W. BARTUSCH [18] auch die rheologischen Probleme, die sich in den drei Phasen: Klebstoffübertrag, Heranführen der Gegenfläche und Anpressen des Klebstoffauftrags ergeben. Eine zuverlässige Vorausberechnung des Klebstoffauftrags erscheint danach nahezu unmöglich, da die Adhäsion des Klebstoffs an der Walze sowie am Packstoff und der Fließwiderstand Einflußgrößen sind, die selbst wieder mehrfach und in teilweise entgegengesetztem Sinn von den Maschinenbedingungen abhängen. Das Auflegen der Gegenfläche auf die Klebschicht wiederum findet in einem Stadium statt, in dem die durch die Scherbeanspruchung im Auftragssystem abgebaute Struktur sich wieder erholt, d. h. der Fließwiderstand fortwährend ansteigt. Die zum Heranführen sowie Anpressen der Gegenfläche benötigte Zeit ist im Zusammenwirken mit dem sich ändernden Fließwiderstand des Klebstoffs also mitentscheidend für die Größe der

Kontaktfläche zwischen Klebstoff und Substrat und damit indirekt auch für die Güte der Verklebung. Durch den Anpreßdruck wird außerdem noch die für die Klebstellenfestigkeit wichtige Endfilmdicke korrigiert.

Schließlich ist die Abbindegeschwindigkeit in der trocknenden Klebfuge ein bedeutsames Kriterium für die Maschinentauglichkeit eines Klebstoffs. Ob die Rückstellkräfte des Packstoffs die feuchte Klebstelle wieder aufreißen können, hängt im wesentlichen von der Abbindegeschwindigkeit ab, die wiederum von der Konzentrationsabhängigkeit des Fließwiderstandes beeinflußt wird. W. BARTUSCH [19] hat beim Studium des Trocknungsverhaltens von Dextrinklebstoffen zwischen Papieren festgestellt, daß die Abbindegeschwindigkeit durch Herabsetzen des Fließwiderstandes, Verwendung von glatten Papieren und größeren Anpreßdruck erhöht wird. Dies entspricht genau den Erfahrungen, die auch mit Klebdispersionen gemacht wurden und auch erklärlich sind, da bei den dispergierten Kunststoffpartikelchen zunächst ein Teil der flüssigen Phase in das Papier eindringen muß, ehe ein bindender Kontakt zwischen Kleber und Substrat stattfinden kann. Zu der Auffassung, daß ein geringer Fließwiderstand das Anziehvermögen erhöht, kommt auch J. J. BIKERMANN [20] durch mathematische Behandlung des Eindringens von flüssigen Klebstoffen in ein faseriges Substrat. Er geht dabei vom Hagen-Poiseuilleschen Gesetz aus. Allerdings muß er vereinfachend voraussetzen, daß der Klebstoff eine Newtonsche Flüssigkeit ist, die Schwerkraft vernachlässigt werden kann und das Papier von regelmäßigen, engen Poren mit parallelen Wandungen durchsetzt ist.

Verfahrenstechnisch unterscheidet man zwischen *Trocken- und Naßkaschierung*. Die Naßkaschierung entspricht dem üblichen Verklebungsvorgang, bei dem die zu laminierende Bahn sofort nach dem Auftragen des Klebstoffs oder nach einer gewissen Ablüftungszeit angedrückt wird. Die Trockenkaschierung ist dem Heißsiegeln ähnlich, aber mit dem Unterschied, daß bei ihr die die beiden Substrate verbindende Filmschicht bei Raumtemperatur nicht klebfrei ist. Das Zusammenführen der Bahnen erfolgt in diesem Fall nach dem Trocknen der Klebstoffschicht und unter Ausnutzung der durch die Trocknungswärme vorhandenen Plastizität des Kaschiermittels zum Kaschieren. Die Trockenkaschierung ist vor allem dann von Bedeutung, wenn beide Substrate wenig oder gar nicht wasserdurchlässig sind. Es gilt als Regel, daß die Klebdispersion auf die weniger saugfähige und schwieriger zu benetzende Fläche aufgetragen wird, wenn dem nicht verfahrens- oder maschinentechnische Schwierigkeiten entgegenstehen.

Bei der *maschinellen Verarbeitung* von Klebdispersionen ist es vorteilhaft, gekapselte Anleimvorrichtungen zu verwenden. Die konfektionierten Klebstoffe enthalten häufig flüchtige Lösungsmittel, deren vorzeitiges Verdunsten die Klebeigenschaften empfindlich beeinträchtigen kann. Hautbildung wird auf diese Weise auch vermieden. Außerdem besteht nicht die Gefahr, daß sich der Fließwiderstand der Klebmasse während der Laufzeit der Maschine stark erhöht, besonders dann, wenn die Klebdispersion gerade im kritischen Konzentrationsbereich liegt, in dem der Fließwiderstand sich sehr stark mit dem Feststoffgehalt ändert. Wichtige Gesichtspunkte für eine zweckmäßige Durchführung maschineller Packstoffverklebungen hat B. KOWALD [21] zusammengestellt, wobei gleichzeitig auf Fehlermöglichkeiten hingewiesen wurde. Die wesentlichen Merkmale sind: Geringe Verweilzeiten des Klebstoffs in relativ kleinen, geschlossenen Antragssystemen, durch deren Formgebung tote Strömungszonen und ein ungleichmäßiges Strömungsbild (schwankende Auftragsmengen) vermieden werden sollen. Das Auftragswerk darf keiner indirekten Erwärmung von der Trocknungszone her ausgesetzt sein. Dünne Kunststoff-Folien müssen unter möglichst geringer Zugbeanspruchung, also in kurzen Abständen mit angetriebenen Walzen unterstützt, durch die Kaschieranlage geführt werden.

Die *Prüfung* von Klebdispersionen zur Papierverklebung richtet ihr Hauptaugenmerk auf die rheologischen Eigenschaften (wegen des Laufverhaltens auf der Maschine) und auf die erzielbaren Endfestigkeiten. Viskositätsprüfungen an Maschinenklebern leiden darunter, daß bisher die Scherkräfte unbekannt und auch

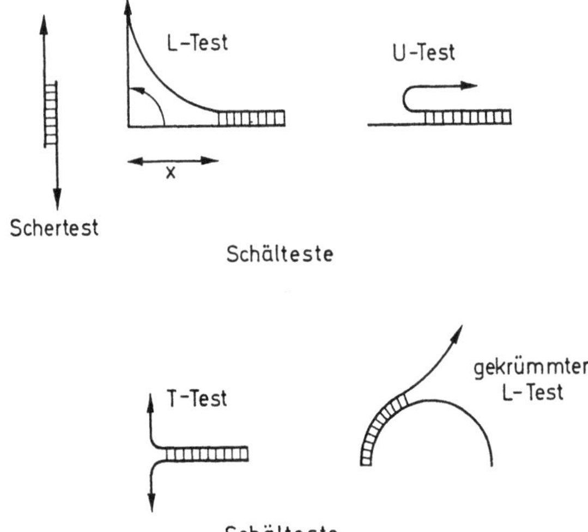

Abb. 13. Schemaskizze für Schäl- und Schertest zur Bestimmung der Nahtfestigkeit von Klebverbindungen. [Bezeichnungen für Schältest nach: CHANG, F. S. C.: Trans. Soc. Rheol. **4**, 75 (1960)]

nur schwierig zu ermitteln sind, die auf den Klebstoff im Antragssystem einwirken [6]. R. C. RHEINHART und R. W. MYERS [22] haben mittels eines selbstgebauten Kapillarviskosimeters, das Schergeschwindigkeitsgefälle bis 300 000 sec^{-1} erreichen ließ, befriedigende Übereinstimmung zwischen den gemessenen rheologischen Eigenschaften und dem tatsächlichen Verhalten der geprüften Polyvinylacetat-Dispersionen auf Anleimmaschinen gefunden. Sie bestätigten ihre Befunde durch Untersuchungen der Abbindegeschwindigkeit in Abhängigkeit von der Filmbildung, die in Beziehung zu den Viskositätsmessungen im Labor gesetzt wurden.

Die bei einer Prüfung der Nahtfestigkeit von Klebstellen angewendeten Schäl- und Scherteste (Abb. 13) sind nach W. BARTUSCH [23] nur als Gebrauchsteste zu werten, da der Einfluß der Spannungsverteilung über die Klebstelle hinweg und der Einfluß der Packstoffeigenschaften (z. B. Biegesteifigkeit) zu berücksichtigen sind. Beide aber sind noch weitgehend unbekannt. Die Klebstelle soll zur Prüfung deshalb möglichst so getrocknet werden, daß keine Spannungen im Klebfilm entstehen. Man erreicht dies am besten entweder durch langsames Trocknen, damit Spannungen sofort relaxieren können, oder durch Nachtempern bei höherer Temperatur. Außerdem herrscht im allgemeinen eine Diskrepanz zwischen der Beanspruchungsdauer bei der Prüfung und in der Praxis, die zwischen den Extremen einer Stoßbeanspruchung beim Fall und dem langsamen Kriechen einer unter Spannung stehenden Klebstelle liegen kann. Für flexible Verpackungen wird zur Gebrauchswertprüfung am häufigsten der Schältest durchgeführt, da wegen der geringen Biegesteifigkeit der Substrate reproduzierbare Werte nur schwierig zu erhalten sind. W. KROESCHELL und K. PETERSON [24] berichten über ein speziell entwickeltes Gerät, das die Verklebbarkeit von Karton durch Messen der Schälfestigkeit eines aufgeklebten Papier- bzw. flexiblen Kartonstreifens bestimmen läßt. W. BARTUSCH [16] beschreibt ein Interpolationsverfahren, mit dem eine größere Anzahl von Messungen ausgewertet werden kann, die zur Bestimmung der optimalen Auftragsmenge für das Festigkeitsmaximum einer Klebverbindung durchgeführt werden müssen. Von H. KLINGELHÖFFER [25] wurde die Papierchromatographie zum Studium einzelner Phasen des Verklebungsvorganges benutzt.

6.1.2 Klebstoffe für das Buchbinden

Bereits in den ersten Patenten [26] von E. LUMBECK sind die Vorteile genannt, die die Verwendung von bestimmten wäßrigen Kunststoff-Dispersionen durch deren flexible Filme beim „fadenlosen" Buchbinden bringt. Der Ausdruck „fadenloses Buchbinden" schließt aber die Drahtheftung nicht aus, weshalb sich für die Bindeverfahren mit Klebstoffen in der Fachliteratur die genauere Begriffsbezeichnung „Klebebindung" einzuführen beginnt [27].

Das Wesentliche des Verfahrens besteht darin, daß ohne vorherige Fadenheftung die Rücken von Einzelblättern oder Buchbögen mit einem Spezialkleber zu einem Block vereinigt werden.

Die *Vorteile des Klebebindens* liegen vor allem in der bedeutend rationelleren Arbeitsweise, die eine durchgreifende Automatisierung der Buchbindetechnik gestattet, wodurch bis dahin unerreichbare Produktionsgeschwindigkeiten erzielt werden. Hochleistungsmaschinen sollen bis zu 9000 Exemplare pro Stunde binden können [28]. Außerdem lassen sich die klebgebundenen Bücher und Zeitschriften vollkommen flach öffnen. Die Einzelblätter leisten im ganzen Buchblock den gleichen Widerstand gegen Zugbeanspruchung, wohingegen die Festigkeit der Einbindung beim Fadenheften je nach Lage des beanspruchten Blattes unterschiedlich ist.

Die verschiedenartigen Papiersorten und Arbeitsverfahren verlangen, daß die Klebstoffe auf die dadurch bedingten *Anforderungen* abgestimmt sind. Saugfähige Papiere, bei denen die Faserstruktur freiliegt, sind einfach zu verkleben. Stark geleimte Papiere dagegen und besonders Kunstdruckpapiere erfordern gut haftende Klebstoffe, deren Film dennoch eine große Kohäsion aufweist. Die Flexibilität des Klebfilms muß unter Umständen auch bei tiefen Temperaturen gewährleistet sein. Der Klebfilm darf keinesfalls mit der Zeit verspröden. Für Formular- und Blocksätze muß der Klebstoff entsprechend weich eingestellt sein, daß die Blätter sich mühelos abtrennen lassen.

Die *Klebdispersionen für das Buchbinden* sind vorwiegend auf der Grundlage von äußerlich weichgemachten Vinylacetat-Polymerisaten aufgebaut. Wegen ihrer

besonders guten Filmflexibilität bei tiefen Temperaturen dienen außer Natur-
kautschuklatices auch Butadien-Acrylnitril- und Butadien-Styrol-Copolymere als
Ausgangsbasis, die wegen der geringeren Teilchendurchmesser besser als der Naturkautschuklatex in das Papier einzudringen vermögen. Sie werden meist mit Kasein
abgemischt, das für die notwendige Festigkeit des Klebfilms sorgt, während der
Latex dessen Geschmeidigkeit und Wasserfestigkeit bedingt. Das Kasein spielt in
diesem Fall auch die Rolle, die das Schutzkolloid bei den Polyvinylester-Dispersionen spielt, und ist ein wesentlicher Faktor für das begrenzte, aber notwendige
Eindringen der Klebsubstanz in das Papier. Synth. Kautschuklatices finden aber
häufig auch als Zusatz zu Polyvinylester-Dispersionen Verwendung. Eine Konfektionierung der Grunddispersionen ist unumgänglich, da nur auf diese Weise den
verschiedenen Erfordernissen nach Haftvermögen (Harzzusätze), Benetzung (Netzmittel), Verlängerung der offenen Zeit des Klebers (wasserlösliche Kolloide), Be-
schleunigung der Abbindezeit (Lösungsmittel, wasserlösliche Polymerisate) und
nach bestimmter Viskositätseinstellung Rechnung getragen werden kann.

Bei dem ursprünglichen „Lumbeck-Verfahren" wird nach dem Klebstoffauftrag das Stützgewebe heiß aufgebügelt, wobei der Klebfilm erweicht und die Haft-
verbindung herstellt. In dieser Form wird die Klebebindung bei den modernen
automatischen Verfahren, aber auch im handwerklichen Betrieb praktisch nicht
mehr ausgeführt. Die Verwendung von Klebdispersionen hat das nachträgliche
Aufpressen der Stützgewebe unter Temperatureinwirkung überflüssig gemacht,
indem diese auf die noch feuchte Klebstoffschicht gelegt werden. Das beim handwerklichen Binden noch vielfach ausgeübte Fächern der Bögen, das ein Umgreifen
des Klebstoffes erlaubt und damit die Verklebungsfläche vergrößert, führt bei den
maschinellen Verfahren zur Leistungsminderung. Dagegen werden durch Beschnei-
den der Rücken, Aufrauhen, Einritzen oder Perforieren oder eine Kombination
solcher Maßnahmen, besonders bei schwieriger zu verklebenden Papieren, die
Papierfasern freigelegt. Gleichzeitig wird dadurch für den Klebstoff eine größere
Angriffsfläche geschaffen. Über die verschiedenen Methoden der maschinellen
Klebebindung [27], wie z. B. die Rückenbeschnitt- und Fräsmethode, die Fächer-
methode, die kombinierte Fräsfächermethode, die Flexstabilklebebindung, die
Perfobindung, die Ratio-Bindung, über die auf dem Markt angebotenen Klebe-
bindeautomaten [29] — mit Angabe der darauf zu verarbeitenden Klebsysteme und
der maximalen mechanischen Arbeitsgeschwindigkeit — sowie über das handwerk-
liche Klebebinden mit praktischen Hinweisen [30] sind in der Fachliteratur zusammenfassende Darstellungen erschienen.

Die maschinelle Klebebindung hat sich vor allem für Großauflagen eingeführt·
Ihre *Anwendung* erstreckt sich daher bevorzugt auf das Binden von Broschüren,
Taschenbüchern, Telefonbüchern, Katalogen, Kalendern, Formularsätzen, Notiz-
blöcken u. a. Bei der Fertigung von Schulheften geht man sogar bereits von der
unbedruckten Papierrolle aus und verarbeitet diese auf einer automatischen Anlage in einem Durchlauf bis zu den verpackungsfertigen Heften [31]. Daneben hat
aber die Klebebindung auch durchaus im handwerklichen Betrieb ihre Bedeutung,
nicht zuletzt bei der Ausbesserung beschädigter Bücher.

Trotz der wichtigen Stellung, die Klebdispersionen für das Buchbinden ein-
nehmen, darf nicht vergessen werden, daß ihnen mit den Schmelzklebern in den

letzten Jahren eine ernsthafte Konkurrenz erwachsen ist, wenn auch deren Verarbeitung noch nicht problemlos ist.

In der Buchbinderei werden Klebdispersionen aber nicht nur zum Klebebinden verwendet, sondern auch zur Kaschierung von Kunststoff-Folien als Einbanddecken für Bücher und Photoalben und zur Ganzfolienkaschierung von Taschenbüchern, worauf bereits im Abschnitt 6.1.1 hingewiesen wurde.

6.2 Baukleber

6.2.1 Fußbodenbeläge

Fußbodenbeläge werden sowohl mit Kleblacken als auch mit Klebdispersionen verklebt, und zwar werden die zuletztgenannten vornehmlich zum Verkleben von PVC-Belägen und -Fliesen, Teppichauslegeware, Holz- und Korkparkett herangezogen. Klebdispersionen haben den Vorteil, nicht brennbar zu sein.

Die Ausgangsbasis der *Klebdispersionen für Fußbodenbeläge* sind vor allem Vinylester- (Vinylacetat-, Vinylpropionat-), Acrylester- und Butadien-Styrol-Polymerisate. Bei der Verklebung textiler Auslegeware und auf Jutefilz gestrichener PVC-Beläge treten im allgemeinen keine besonderen Probleme auf. Bei PVC-Belägen mit Filzunterlage muß allerdings berücksichtigt werden, daß der Filz keine Isolierschicht gegen Weichmacherwanderung ist, bei großen Weichmachergehalten im Gehbelag der Kleber also entsprechend weichmacherfest sein muß. Ein Korkbelag macht einen stark gefüllten Kleber notwendig, um die Unebenheiten der rauhen Unterseite auszugleichen. Zur Parkettverklebung mit Klebdispersionen darf der Wassergehalt im Kleber nicht zu groß sein, da sonst das Holz aus dem Kleber zu viel Wasser aufnimmt und der Parkettbelag dadurch hochgehen kann [32]. Polyvinylester- und Polyacrylester-Dispersionen sind für die Naßverklebung von PVC-Belägen grundsätzlich dann geeignet, wenn die Polymerisate beständig gegen Weichmacher sind (s. 6.1.1). In der Patentliteratur sind auch einige spezielle Acrylester-Polymerisate für dieses Anwendungsgebiet beschrieben [33]. Butadien-Styrol-Polymerisate, die in Klebdispersionen noch mit Harzen als Klebrigmacher konfektioniert sein können [34], sind nur für PVC-Platten und Beläge mit sehr geringem Weichmachergehalt geeignet; auch vor der Verwendung von Vinylacetat- und Vinylpropionat-Homopolymerisaten sollte geprüft werden, ob die im Bodenbelag enthaltenen Weichmacher nicht die Festigkeit der Klebschicht nachteilig beeinflussen. Bestimmte kalt vernetzende Acrylester-Copolymere gewinnen in letzter Zeit als „einseitige" Bodenbelagskleber für PVC-Platten und -Bahnen an Bedeutung. Der Belag kann auf die abgetrocknete Kleberschicht aufgelegt und einige Zeit danach noch in seiner Lage korrigiert werden. Es handelt sich zunächst um eine Haftklebung, die aber innerhalb kurzer Zeit an Festigkeit zunimmt.

Keramische Platten lassen sich in einer dünnen Schicht („Dünnbett-Verfahren") eines Zementmörtels verlegen, dessen Klebkraft durch Zusätze von weichen Acrylester- oder Butadien-Copolymeren erhöht wurde.

Ohne *Zusätze* fehlen einer Kunststoff-Dispersion die spezifischen Klebeigenschaften, die zur Verklebung der verschiedenartigen Fußbodenbeläge notwendig sind. Füllstoffe, wie Kreide, Clay, Quarzsand und Schwerspat, verstrammen den

Klebfilm. Lösungsmittel, Harze und Verdickungsmittel dienen auch in Klebdispersionen für die Verlegung eines Fußbodenbelages dazu, z. B. die Verankerung auf der Fläche des Belags zu erhöhen sowie das Fließverhalten, die Abbindezeit und die Klebrigkeit zu regulieren.

Wie bei allen Klebstoffarbeiten ist der Zustand der zu verklebenden Flächen, hier der des Unterbodens, besonders wichtig. Ein hydraulisch abbindender Estrich als Unterboden muß vor dem Verlegen so weit getrocknet sein, wie seiner Gleichgewichtsfeuchtigkeit entspricht. Zu deren Erreichen sind je nach Estrichart (Zement-, Gips-, Anhydrit-, Magnesitestrich) verschieden lange Trockenzeiten erforderlich. Vor dem Verlegen soll daher die Bodenfeuchtigkeit mit Geräten bzw. Maßnahmen kontrolliert werden, durch die nicht nur die Feuchtigkeit an der Oberfläche, sondern auch noch in etwas tieferen Schichten angezeigt wird. Blasenbildung unter dem Bodenbelag oder dessen vollständiges Abheben ist fast immer auf eine nicht ausreichende Isolierung oder auf einen zu großen Wassergehalt des Unterbodens zurückzuführen. Die Estrichfläche soll außerdem eben sein, andernfalls zusätzlich eine Ausgleichsmasse aufgebracht werden muß. Sie darf keine Risse enthalten, nicht stauben, nicht absanden und muß genügend fest sein. Die sehr saugfähigen Gips- oder Anhydrit-Estriche werden zweckmäßigerweise mit einer Grundierung vorbehandelt, die die starke Penetration des Klebers verhindert. Das Problem des Unterbodens ist von W. Hart [35] ausführlich behandelt worden. Über die Ursachen von Fehlverlegungen unter Berücksichtigung der Faktoren: Bodenbelag, Klebstoff, Untergrund, Verleger und klimatische Einflüsse, berichtet auch H. G. Tempel [36].

Das Auftragen der Klebmassen erfolgt meistens mit gezahnten Spachteln. Bei einem nur einseitigen Auftrag auf den Untergrund ist grundsätzlich auch Aufspritzen möglich. Die Dicke bzw. das Gewicht der aufzubringenden Klebstoffschicht richtet sich sehr nach der Rauhigkeit des Untergrunds und der verschiedenartigen Beschaffenheit der einzelnen Bodenbeläge. Aus den gleichen Überlegungen heraus, wie sie von W. Bartusch (s. S. 86) bei Packstoffen angestellt wurden, muß es auch bei der Verklebung von Bodenbelägen bezüglich der Festigkeit eine optimale Dicke der Klebfuge geben.

6.2.2 Isoliermaterialien

Als Isoliermaterialien dienen in der Bauindustrie hauptsächlich Hart-Schaumstoffe, vorwiegend aus Polystyrol, obwohl die nachfolgenden Ausführungen auch für die anderen Hartschaumstoffe aus PVC, Polyurethan und Phenolharz sowie für Weichfaserdämmplatten Gültigkeit haben. Werden sie verklebt, an Decke oder Wand, kommen Klebdispersionen vor allem bei saugfähigen Untergründen zur Anwendung, bei nicht saugfähigen Flächen dagegen nur, wenn ihre Filme die Eigenschaften von Haftklebern besitzen. Bei der Verarbeitung von Polystyrol-Schaumplatten zur Kühlhausisolierung werden fast ausschließlich Bitumenkleber eingesetzt, weil diese gleichzeitig die notwendige Dampfsperre bilden.

Zur Herstellung der *Klebdispersionen* werden hauptsächlich Polymerisatdispersionen des Vinylacetats, Vinylpropionats und synthetische Kautschuklatices in Betracht gezogen. Durch Zusatz von Füllstoffen können mit den Klebern auch kleine Unebenheiten im Untergrund ausgeglichen werden. Oft wird auch einer

Klebdispersion vor der Verarbeitung Zement und Sand zur Verstärkung des Klebstoff-Films zugegeben. In diesem Fall wirken sich weiche Acrylester-Polymere als Klebstoffkomponente besonders vorteilhaft auf die Klebfähigkeit des Klebmörtels aus. Um schnelles Haften der Platten oder Bahnen zu erreichen, ist ein Zusatz von Gips günstig. Wenn die Gegenlage zum Schaumstoff nicht saugfähig ist, kommen nur solche Kunststoff-Dispersionen in Frage, deren Filme die Eigenschaften eines Haftklebers besitzen. Diese Bedingung erfüllen vor allem weiche Acrylester-Polymerisate, in deren Dispersionen zur Steigerung der Oberflächenklebrigkeit z. B. noch Lösungen von Harzen oder von klebrigen Polyvinyläthern einemulgiert werden können. Die Verklebung schwerentflammbarer Schaumstoffe derart, daß der gesamte Komplex nach der Verklebung noch den Anforderungen an die Schwerentflammbarkeit genügt, stellt Probleme, die nur mit bestimmten Polymerisaten unter Zugabe besonderer Zusätze zu lösen sind. Zu beachten ist, daß die Verklebungen mit Klebdispersionen wohl als feuchtigkeitsbeständig, aber nicht als wasserfest eingestuft werden können.

Der *Untergrund,* verputzte Wände oder Decken sowie unverputztes Mauerwerk oder Betonflächen, darf nicht zu stark saugfähig sein, sonst kann die Filmbildung durch zu schnellen Wasserentzug aus der Klebdispersion gestört werden. Bei Zement enthaltenden Klebern würde dann außerdem das zum hydraulischen Abbinden erforderliche Wasser fehlen. Der Feuchtigkeitsgehalt des Untergrundes sollte ein gewisses Maß nicht überschreiten, damit das Wasser aus der Klebdispersion absorbiert werden kann. Die zu verklebenden Flächen müssen glatt, weitgehend eben und staubfrei sein. Auf einem wenig festen oder gar absandenden Putzmörtel kann keine dauerhafte Verklebung erzielt werden.

Die *Arbeitsweise bei der Verklebung* richtet sich sowohl nach der Art des Untergrunds als auch nach der Beschaffenheit (Schaumstoffart, Dicke, Gewicht, Oberflächenglätte) der Isoliermaterialien. Verständlicherweise wird die größte Haftfestigkeit bei vollflächigem Kleberauftrag, gegebenenfalls auf beiden Seiten, erzielt. Nochmaliges Andrucken nach einiger Zeit verbessert erfahrungsgemäß die Verklebungsfestigkeit. Ein vollflächiger Kleberauftrag auf beiden Seiten wird auf schwierigen Untergründen und, wegen des auf die Klebfuge einwirkenden Gewichts, bei Platten oder Bahnen bevorzugt, die nachträglich noch verputzt werden sollen. Ansonsten genügt oft ein einseitiges Bestreichen des Schaumstoffs bzw. der Gegenlage oder ein punkt-, streifenförmiges bzw. ein Auftragen des Klebers an den Rändern und in den Diagonalen. Bei sehr glatten Schaumstoffoberflächen ist es zweckmäßig, die Platten mit einer Kunststoff-Dispersion enthaltenden Zementschlämme vorzustreichen, ehe man nach deren Abbinden mit dem eigentlichen Verkleben beginnt. Auf nicht saugenden Flächen muß aus den erwähnten Haftklebedispersionen erst das Wasser weitgehend verdunsten, bevor man die Schaumstoffplatten andrücken kann. Über die Verklebung von Hartschaumplatten hat D. BALKOWSKI ausführlich berichtet [*37*].

6.2.3 Klebstoffe für Tapeten

Beim Aufkleben von normalen Papiertapeten haben wasserlösliche Celluloseäther (Methylcellulose, Carboxymethylcellulose) die Stärke- oder Mehlkleister verdrängt. Kunststoff-Dispersionen werden zur Herstellung von Tapetenklebstoffen nur herangezogen, wenn der Klebfilm wasserfester gemacht werden soll. Bei Lincrusta- [*38*] und Holztapeten z. B. ist der Feuchtigkeitstransport durch die Tapete verlangsamt. Deshalb werden für diese Spezialtapeten den wasserlöslichen Stärkekleistern oft Kunststoff-Dispersionen zugegeben, um die Klebstoffschicht weniger anfällig gegen die in Neubauten meistens noch vorhandene Putzfeuchtigkeit zu machen. Besonders wichtig ist die Wasserbeständigkeit des Klebstoff-Films für das Tapezieren von Rauhfasertapeten, da diese nochmals mit wäßrigen Anstrichmitteln überstrichen werden [*39*]. Für die genannten Zwecke reichen die Eigenschaften normaler Polyvinylester-Dispersionen aus. Für das Ankleben von Tapeten aus PVC dagegen, die nicht zur Vereinfachung des Tapezierens mit Papier oder Gewebe kaschiert sind, wird zusätzlich zur Wasserfestigkeit noch spezifisches Haften auf weichgemachtem PVC verlangt. Als Klebstoffe kommen daher hierfür nur solche auf der Basis entsprechender Acrylester- und Vinylester-Copolymerisat-Dispersionen in Frage. Vom Polymerisat wird in diesem Fall eine gewisse Beständigkeit gegen Weichmacher vorausgesetzt. Zusätze von wasserlöslichen Kolloiden (Celluloseäther, wasserlösliche Polymerisate) dienen hier nur zur Verlängerung der offenen Zeit des Klebstoffs und nicht als eigentliche Klebstoffgrundlage. Die Zusatzmenge richtet sich nach der Saugfähigkeit des Mauerwerks. Kleine Anteile von organischen Lösungsmitteln, z. B. Äthyl- oder Butylacetat, verbessern die Haftfestigkeit des Klebfilms auf der PVC-Folie.

6.2.4 Wandplatten und Wandkacheln

Es gibt eine ganze Reihe von Wandbelägen — selbst ohne Berücksichtigung der Tapeten (s. 6.2.3) —, die mit speziellen Klebdispersionen verlegt werden können. Hierzu gehören die dichten Hartfaserplatten, die nur wenige Millimeter dick sind. Sie sind auf einer Seite entweder vorgestrichen, um später lackiert werden zu können, bzw. bereits fertig lackiert oder mit einer PVC-Folie bzw. mit einem Melaminharz-getränkten Spezialpapier kaschiert. Hinzu kommen die verschiedenen Arten keramischer Kacheln, Mosaik sowie Kunststoffkacheln und PVC-Asbestplatten. Manchmal werden auch Sperrholzplatten und Spanplatten als Wandverkleidung aufgebracht [*40*]. Sie erhalten anschließend noch einen dekorativen Überzug. Auch Gipsplatten dienen ihrerseits wieder als Unterlage für einen dekorativen Oberflächenbelag oder eine entsprechende Beschichtung.

Die für diese Verlegearbeiten geeigneten *Klebdispersionen* werden meistens in einer spachtelbaren Konsistenz verarbeitet. Die Grunddispersionen müssen daher in den meisten Fällen zu pastenartigen Massen konfektioniert werden. Als Klebstoffbasis dienen hauptsächlich Copolymerisate des Vinylacetats oder Vinylpropionats, Acrylester-Copolymere mit besonders starker Oberflächenklebrigkeit sowie, vorwiegend in den USA, Butadien-Copolymere und Polymerisate des 2-Chlor-1,3-butadiens. Ein Zusatz von Füllstoffen, wie Quarz- oder feiner Flußsand, Kreide, Schwerspat, Kaolin u. a., wirkt sich auf die rheologischen Eigenschaften des Klebers aus und kann die Festigkeit des Klebstoff-Films verbessern. Durch Bentonit oder sehr feinteilige Kieselsäure wird vielfach das Anziehvermögen des Klebstoffs erhöht. Wasserlösliche Verdickungsmittel setzen nicht nur den Fließwiderstand bis zur spachtelbaren Konsistenz herauf, sondern beeinflussen auch das Fließverhalten und das Wasserrückhaltevermögen bzw. die offene Zeit der Kleb-

dispersion. Vor einer Anwendung in Feucht- (Küche, Toilette) oder gar Naß-
räumen (Badezimmer, Duschen) muß durch entsprechende Versuche geklärt sein,
ob der Klebstoffspachtel in der vorliegenden Zusammensetzung die zu erwartenden
Beanspruchungen auf die Dauer aushält. Durch Zusätze von Phenolharzen soll die
Wasserfestigkeit von Klebdispersionen beachtlich verbessert werden können [41].
Aber auch bei einer Verlegung in anderen Räumen wird von der Klebfuge verlangt,
daß sie Spannungen aufnehmen kann, die sich aus den durch die wechselnde Temperatur und Feuchtigkeit hervorgerufenen Dimensionsschwankungen des Untergrunds ergeben. Außerdem darf durch in die Klebfuge eingedrungene Feuchtigkeit
die Klebfestigkeit nicht beeinträchtigt werden. Wenn auf Beton verlegt wird, der
feucht werden kann, sollte das Polymerisat verseifungsbeständig sein.

Die genannten Wandbeläge werden meistens auf Putz (Zement-, Kalkzement-,
Gips- oder Kalkputz) als *Untergrund* verlegt. Es können in besonderen Fällen aber
auch z. B. Gipsplatten, Holzplatten oder Asbestzement als Klebfläche vorliegen.
Ganz allgemein gilt, daß der Untergrund trocken, eben und frei von Rissen sein
muß. Er darf nicht sanden. Farbreste, aber auch ein noch ganzflächig vorhandener
Farbanstrich, müssen entfernt werden, wenn sie nicht mehr fest auf dem Putz haften. Ansonsten sollen sie aber zumindest aufgerauht werden. Bei einem sehr saugfähigen Untergrund ist es zweckmäßig, dessen Porosität durch einen Vorstrich
herabzusetzen. Oft wird auch mittels eines Isolierstrichs verhindert, daß Feuchtigkeit auf die Klebfuge einwirken kann. Materialien, deren Dimensionen sich im
wechselnden Klima stark ändern, also Holz, Gipsplatten, Hartfaserplatten, werden
auch an den freiliegenden Kanten gegen das Eindringen von Wasserdampf isoliert.
Zum Ausbessern von Löchern und Rissen sowie zum Korrigieren der Unebenheiten
sind besondere Wand- bzw. Holzspachtelmassen gebräuchlich.

Keramische Kacheln wurden früher fast ausschließlich mit einem Zementmörtel
auf Wand- oder Bodenflächen aufgebracht. Seit einigen Jahren jedoch wird dem
Zementmörtel vielfach eine Kunststoff-Dispersion der bereits genannten Art zugesetzt [42]. Dadurch erhöht sich dessen Klebkraft und auch das Wasserrückhaltevermögen, was bei den meistens saugfähigen Flächen zum vollständigen Abbinden
des Zements nur von Vorteil ist. Die Klebfuge wird außerdem flexibler, wodurch
sich in ihr die durch Klimaschwankungen, durch Setzungserscheinungen und durch
schwingende Bauteile erzeugten Spannungen besser als in einem reinen Zementmörtel ausgleichen können. Während noch vor einiger Zeit die Kacheln auf den
unbearbeiteten Untergrund verlegt, also in den dick aufgetragenen Mörtelbrei eingedrückt wurden, setzt sich heutzutage immer mehr das Dünnbettverfahren durch.
Dabei wird auf die verputze Wand oder ausgeglichene Bodenfläche nur ein dünnes
Mörtelbett aufgebracht. Dieses setzt natürlich voraus, daß der Putz bzw. die Ausgleichsmasse eine glatte Oberfläche hat und im Lot steht. Außer in modifizierten
Zementmörteln werden Kunststoff-Dispersionen, nur mit Füllstoffen und anderen
Zusätzen konfektioniert, auch ohne Zement als Kachelkleber verarbeitet.

Kunststoffkacheln, meistens aus Polystyrol, werden bevorzugt mit Klebdispersionen ohne Zement verklebt. Der Kleber wird diagonal oder in Streifen auf die
Wandfläche und evtl. zusätzlich auf die Kacheln aufgetragen. Durch entsprechende
Wahl der Füllstoffe und sonstigen Zusätze wird die Klebdispersion schnell an-
fassend gemacht. Bei sehr saugfähigem Untergrund wird dieser zweckmäßig vorgestrichen.

Spezielle Klebdispersionen mit guter Haftfestigkeit auf einer PVC-Oberfläche eignen sich auch für das Verlegen von *Vinylasbest-Platten* [43]. Der Kleber wird mit einem gezahnten Spachtel auf Putz, Gips-, Sperrholz- oder Spanplatten aufgebracht. Da bei diesem Wandbelag die Haftfestigkeit schwieriger zu erreichen ist, muß besonders darauf geachtet werden, daß die Platten satt in der Klebschicht sitzen und sorgfältig angerieben oder angeklopft werden.

Wandplatten, wie *Hartfaser-, Sperrholz-* und *Gipsplatten* [44], stellen wegen des durch die größeren Abmessungen bedingten größeren Gewichtes erhöhte Anforderungen an die Kohäsion und Haftfestigkeit des Klebers; dennoch haben sich auch bei ihrer Verlegung Klebdispersionen eingeführt, weil die Nichtbrennbarkeit des flüssigen Klebers und die leichte Reinigungsmöglichkeit der Geräte mit Wasser auch hier gern genutzte Vorteile sind. Da das Gewicht der Platten die Klebkraft der anfangs noch flüssigen Kleberschicht meist übersteigt, läßt man den Kleber vor dem Andrücken der Platten an die Wand vielfach noch eine gewisse Zeit ablüften. Trotzdem müssen die Platten nach dem Ankleben meistens noch abgestützt werden, bis die Klebfuge sich verfestigt hat.

6.3 Kleben bei der Lederverarbeitung

Bei der Herstellung von Schuhen eignen sich Klebdispersionen hauptsächlich zur Schaftverklebung und zum Kaschieren von Futterstoffen auf das Oberleder sowie zum Einkleben von Hinterkappen und Deckbrandsohlen. Durch Aufkaschieren von Weich-PVC-Folien auf Spaltleder mittels Kaschiermitteln aus Kunststoff-Dispersionen kann künstliches Lackleder erzeugt werden [44a]. Bei der Fertigung von Täschnerwaren werden wäßrige Kunststoff-Dispersionen ebenfalls zu Klebarbeiten und zu Kaschierzwecken herangezogen.

Die *Grundlage der Klebdispersionen für das Verkleben oder Kaschieren von Leder* auf die unterschiedlichen Unterlagen sind Polyvinylester (Homo- und Copolymere von Vinylacetat und Vinylpropionat) und Acrylester- sowie auch Butadien- und Vinylchlorid-Copolymere. Der zuletztgenannte Polymerisattyp hat sich besonders für das Kaschieren von Spaltleder mit Weich-PVC-Folien bewährt. Als Sohlenkleber können Klebdispersionen nicht eingesetzt werden, da hierfür ihre Wasserempfindlichkeit zu groß ist. Mit Latices aus 2-Chlor-1,3-butadien soll es allerdings unter bestimmten Bedingungen möglich sein, die Direktvulkanisation einer Gummisohle gegen den Schaft eines Schuhes durchzuführen [45]. Vielfach werden Polyacryl- und Polyvinylester-Dispersionen als Mischkomponente für Naturkautschuklatex eingesetzt, um dessen Klebeigenschaften zu verbessern. Zusatzmengen von weniger als 30%, berechnet auf Latex, zeigen im allgemeinen noch keinen positiven Effekt.

Die Verwendung von wäßrigen Klebdispersionen hat gegenüber der von Kleblacken einige Vorteile. Klebdispersionen enthalten höchstens geringe Mengen Lösungsmittel. Das Polymerisat ist in der Dispersion in diskreten Teilchen mit verhältnismäßig großem Teilchendurchmesser verteilt. Außerdem ist der Feststoffgehalt einer Klebdispersion wesentlich größer als der eines Klebelackes. Es besteht deshalb kaum die Gefahr, daß infolge Durchschlagen des Klebers das Leder oder dessen Zurichtung verfärbt wird. Beim Einkleben von Hinterkappen ergibt sich außerdem durch die Art des Klebers eine zusätzliche Versteifung, die

bei der Verwendung von Klebern auf Basis Natur- oder Synthesekautschuk
fehlt.

Von Polymerisaten, die als Kleber für Schuhwerk geeignet sein sollen, wird eine
gewisse Wärmestandfestigkeit (Fußwärme u. a.) vorausgesetzt. Sie sollen auch
gegen Fußschweiß beständig sein. Kommt die Klebstoff-Fuge bei der Schuh- oder
Täschnerwarenfertigung mit Weich-PVC in Berührung, muß sie gegen Weichmacher beständig sein. Schwierigkeiten kann das Leder beim Verkleben durch zu
hohen Fettgehalt oder die Art des Fettes machen. Durch einen Isolierstrich mit
einem synthetischen Kautschuklatex soll verhindert werden können [46], daß die in
Kleblacken enthaltenen Lösungsmittel Fettungsmittel an die Lederoberfläche
ziehen.

Zur *Verarbeitung* werden die Grunddispersionen mit Stärke, Cellulosederivaten,
Polyacrylaten, Füllstoffen, Netzmitteln und gegebenenfalls geringen Mengen organischer Lösungsmittel konfektioniert, um die Anforderungen erfüllen zu können,
die das zu verklebende Ledermaterial und der Arbeitsprozeß stellen. Es gilt als
zweckmäßig, das Leder vor dem Auftragen der Klebdispersion etwas aufzu-
rauhen. Bei den unterschiedlichen Verarbeitungsvorgängen muß unter Umständen,
z. B. beim Kaschieren, auf die Temperaturempfindlichkeit des Leders geachtet
werden.

6.4 Klebstoffe für die Textilverarbeitung

6.4.1 Kleben von Textilien

Zum Verbinden zweier Textilien oder zum Befestigen eines textilen Artikels
auf einer andersgearteten Unterlage ist das Nähen immer noch die am häufigsten
ausgeübte Technik. An seine Stelle tritt das Kleben vor allem dann, wenn ein
Nähvorgang sich als technisch undurchführbar erweist, der Klebvorgang rationeller ist, oder das Nähen schwerwiegende Nachteile für die Gebrauchseigenschaften des vernähten Artikels mit sich bringt. Im Zuge zunehmender Rationalisierung
der Textilverarbeitung zeichnet sich aber eine wachsende Bedeutung der Verkle-
bungstechnik ab. Zum mindesten deuten entsprechende Forschungsarbeiten diese
Entwicklung an.

Der Einsatz von Klebdispersionen zur Verklebung von Textilien erstreckt sich
z. Z. auf ganz bestimmte Anwendungsgebiete. Beim Herstellen von *Polsterungen*
werden Textilien und Kunstleder mit Naturkautschuklatex oder mit synthetischen
Kautschukdispersionen auf Latex-Schaumpolster aufgeklebt. Im Gegensatz zu
Kleblacken auf gleicher Grundlage ist bei ihrer Verwendung nicht zu befürchten,
daß der Klebstoff auf die Gewebeoberseite durchschlägt und sich dort als verfärbte
Flecken abzeichnet. Das *Einkleben von Futterstoffen in Schuhwerk* mit Polyvinylester-Dispersionen wurde bereits an anderer Stelle (s. 6.3) erwähnt. Mit Klebdispersionen auf dieser Grundlage lassen sich auch *Textilien auf Holz und Glas*
befestigen. Die hierzu gegebenenfalls notwendige Konfektionierung der Kunststoff-
Dispersionen erfolgt in der üblichen Weise mit Verdickungs-, Netz- und Entschäumungsmitteln sowie Füllstoffen.

Eine wichtige Stellung kommt den Klebdispersionen für das *Verbinden von
Textilien mit Gummi* bei der Herstellung von Reifen für die Automobilindustrie
zu. Der früher verwendete Reifencord aus Baumwolle gibt durch die aus der

Fadenoberfläche herausragenden Faserenden eine mechanische, einwandfrei feste Verbindung mit der Kautschukmischung. Mit der Einführung der synthetischen Kautschukarten in die Reifenindustrie mußten wegen deren thermischen Verhaltens die Ausmaße der Karkasse verringert werden. Dies machte wiederum Fasern mit höherer mechanischer Festigkeit als bisher erforderlich. Auf den glatten Fasern des Viskosereyons und in verstärktem Maße noch auf Polyamid- und Polyesterfasern haftet der aufvulkanisierte Reifenkautschuk aber nur, wenn das Reifencordgewebe mit einer Haftmischung präpariert ist.

Nach dem heutigen Stand der Technik wird ausgezeichnete Haftfestigkeit der Karkassenmischung auf Reyon- und Polyamidcord mit einem Gemisch eines Latex aus einem Butadien-Styrol-Vinylpyridin-Copolymeren und einem Resorcin-Formaldehyd-Harz erzielt [47, 48]. Für Reyoncord kann der Anteil des Terpolymeren, in Kombination mit Naturkautschuklatex oder einem Butadien-Styrol-Copolymeren mit weniger als 30% Styrol im Copolymerisat, auf 20% des Gesamtkautschukgewichtes reduziert werden. Es wurde auch ein Verfahren geschützt, das zur Imprägnierung des Reifencords nur mit Butadien-Styrol-Latices und nicht mit Vinylpyridin-Terpolymeren arbeitet und bei dem das Resorcin-Formaldehyd-Harz durch ein wasserlösliches oder wasserdispergierbares Epoxidharz ersetzt ist [49]. In der Praxis dürfte diese Methode kaum Anwendung gefunden haben, zumindest aber von untergeordneter Bedeutung geblieben sein. Von einem Butadien-Copolymeren mit einem ungesättigten Keton [50] (z. B. Isopropenylketon, Methylvinylketon) wird angegeben, daß es in Mischung mit einem Resorcin-Formaldehyd-Harz im Gegensatz zum Gemisch mit einem Vinylpyridin-Copolymeren auch bei sehr tiefen Temperaturen noch flexibel bleibt. Die Einfriertemperatur (Torsionsmodulmessung) eines Butadien-Methylvinylketon-Copolymeren lag unterhalb − 60°C. Sie war damit ca. 15°C tiefer als die eines handelsüblichen Butadien-Styrol-Vinylpyridin-Terpolymeren. L. D. Loan [51] berichtet über vergleichende Versuche, bei denen im ternären Gemisch aus Butadien-Styrol-Latex, Vinylpyridin-Butadien-Styrol-Latex und Resorcin-Formaldehyd-Harz das Butadien-Terpolymerisat durch einen Naturkautschuklatex ausgetauscht wurde, auf den Methylmethacrylat oder Methacrylnitril aufgepfropft worden war. Nach den bisher vorliegenden Ergebnissen mit Reyoncord im statischen Test soll die Adhäsion der Mischungen, die die Pfropfpolymerisate enthalten, besser und außerdem weniger empfindlich gegen erhöhte Temperatur beim Vulkanisieren der Karkassenmischung sein.

Eine gute Verankerung der Kautschukmasse auf Polyestercord zu erreichen, ist dagegen weitaus schwieriger. Aus diesem Grund hat sich Polyestercord trotz der interessanten Festigkeitseigenschaften der Polyesterfasern noch nicht richtig durchsetzen können. Bisher ist man mit wäßrigen Systemen von Haftmittelmischungen noch auf Zweibadimprägnierungen des Cords angewiesen. Nach E. Pieper [52] werden im ersten Bad entweder ein verkapptes Isocyanat oder Mischungen aus einem verkappten Isocyanat und einem Epoxid, einem Vinylpyridin-Latex und einem Epoxid bzw. einem Vinylchlorid-Polymeren und einem Polyamidharz [53] eingesetzt, dem in zweiter Stufe eine Imprägnierung mit einem Vinylpyridinlatex in Kombination mit einem Resorcin-Formaldehyd-Harz oder anderen Zusätzen folgt; auch die Kombination eines ternären Vinylpyridin-Polymeren mit einem Diepoxid [54] und die einer Suspension eines Diepoxids mit Caprolactam

[*55*] wird als Imprägniermischung im ersten Behandlungsbad vorgeschlagen. Ein Einbadverfahren für Polyestercord [*56*] stützt sich auf ein Reaktionsprodukt aus Resorcin, Triallylcyanurat und Formaldehyd, das der Mischung aus einem Vinylpyridin-Latex und einem Resorcin-Formaldehyd-Harz zugegeben wird. Eine Vereinfachung der Polyestercordvorbehandlung stellt auch ein Verfahren dar, bei dem als Haftverbesserungsmittel Epoxidverbindungen (Resorcindiglycidyläther, Pyrogalloltriglycidyläther, Diglycidyläther niederer aliphatischer Dialkohole) zusammen mit einem Amin (Hexamethylendiamin, Piperazin u. a.) zur gleichen Zeit wie die Faserpräparation aufgebracht werden [*57*]; die spätere Imprägnierung mit einem Vinylpyridin-Latex/Resorcinharz-Gemisch bleibt unverändert. B. H. DAIMLER [*58*] berichtet über Testergebnisse mit Polyestercord, der mit vorpräparierten Fasern hergestellt wurde.

Über den Einfluß, den Änderungen in der Zusammensetzung und den physikalischen Daten der Imprägniermischung auf die Haftfestigkeit an Cordgewebe und Gummi ausüben, liegen ausführliche Untersuchungen vor. Die Hauptfaktoren, die für die einzelnen Fasern wiederum bei unterschiedlichen Bedingungen optimale Ergebnisse bringen [*59*], sind: das Molverhältnis von Resorcin zu Formaldehyd, die Reaktionsbedingungen bei der Herstellung des Harzes, der pH-Wert der Harzlösung, die Art des synthetischen Latex und dessen Mischungsverhältnis mit dem Harz, die als Katalysator bei der Harzherstellung zugesetzte Menge von Natriumhydroxid, Ammoniak, Aminen oder deren Mischungen sowie der Feststoffgehalt der Imprägniermischung. So werden bei Reyoncord mit einem Molverhältnis von 1:1,5—2,0 Resorcin zu Formaldehyd die besten Haftfestigkeitswerte erhalten, wohingegen diese für Nyloncord bei einem Molverhältnis von 1:2,0—3,0 liegen. Man erklärt sich diesen Sachverhalt mit einem zusätzlichen Formaldehydverbrauch durch die Amidgruppen des Polyamids. Die Herstellung des Resorcinharz-Vorkondensates muß unter genau kontrollierten Bedingungen erfolgen. Nach kurzer „Reifezeit" von wenigen Stunden wird es dem Syntheselatex zugesetzt. Diese Mischung wiederum bleibt vor der Verarbeitung erneut eine bestimmte Zeit, mindestens einen Tag, stehen. Der Zusatzmenge von Resorcin-Formaldehydharz zum Latex ist nach oben eine Grenze gesetzt, oberhalb der keine Verbesserung der Haftfestigkeit erkennbar ist; es hat sich sogar gezeigt, daß ein Harzüberschuß das Reifencordgewebe so sehr versteift, daß die Gebrauchseigenschaften des Reifens dadurch geschädigt werden. Im gleichen Sinn wirkt sich auch ein zu hoher Gewichtsauftrag der Imprägniermischung auf das Cordgewebe aus. Außer dem Vorbehandlungsmittel beeinflussen natürlich auch die Zusammensetzung der Reifenkautschukmischung und die Verfahrensbedingungen die Haftfestigkeit des Reifencords an der Reifenkautschukmischung.

Das Auftragen der die Haftfestigkeit vermittelnden Schicht auf das Cordgewebe erfolgt meistens in Imprägnierungsanlagen [*60*], an die sich gleich der Gummikalander anschließt, um das imprägnierte Gewebe mit der Gummischicht zu belegen. Nyloncord wird vor dem Imprägnieren oder rationeller während der nachfolgenden Trocknung noch einem Streckprozeß unterworfen, um die Dehnbarkeit der Polyamidfäden im Gebrauch herabzusetzen. Der Feststoffgehalt der Imprägniermischung und das Auftragsgewicht auf dem Cordgewebe können nicht unabhängig von anderen Einflußgrößen auf die Haftfestigkeit (s. oben) verändert werden. Die Konzentration der Festbestandteile liegt meistens zwischen 10 und

7*

20 Gew.-% und ist für Polyamidcord immer etwas höher als für Reyoncord. Analog verhält es sich mit den Auftragsgewichten, die aber 10 Gew.-% nicht überschreiten.

Die Prüfung der Haftfestigkeit des Reifencords erfolgt nach statischen oder dynamischen Prüfungsmethoden. Bei dem am häufigsten durchgeführten statischen Test, dem sog. H-Test, wird ein mit Haftmischung präparierter Einzelfaden in zwei Gummistreifen eingebettet. Nach der Vulkanisation wird die zum Herausziehen des Fadens notwendige Kraft gemessen. Der Name dieser Prüfmethode ist aus der Form des Prüflings abgeleitet, bei dem der Faden die Verbindungslinie zwischen den beiden Gummistreifen bildet wie der Querstrich im H. Die dynamischen Testmethoden versuchen, die tatsächliche Beanspruchung der Reifenkarkasse im Gebrauch nachzuahmen, und prüfen anschließend die verbliebene Haftfestigkeit des Cordgewebes am Reifengummi. Über die einzelnen Prüfmethoden sind verschiedene kritische Veröffentlichungen erschienen [61]. Eine eindeutige Beziehung zwischen den Ergebnissen im Labortest und den in der Praxis beobachteten Adhäsionsfehlern wird mehrfach bezweifelt. Die Laborteste dienen daher hauptsächlich zur Vorprüfung. Die dabei ausgewählten Systeme aus Reifencord, Haftvermittler und Kautschukmischung werden dann im Praxistest mit Kraftfahrzeugen unter kontrollierten Bedingungen endgültig beurteilt.

Außer für Reifencord hat das Verbinden von Textilien mit Gummi noch Bedeutung für die Herstellung von *Förderbändern, Treibriemen und Leitungs- bzw. Feuerlöschschläuchen.* Zur Haftverbesserung kommen auch hier die für die Reifencordimprägnierung genannten Latex-Harz-Mischungen in Frage. Besonders für Leitungsschläuche und Förderbänder werden auch Nitrilkautschuk, Butylkautschuk und andere synthetische Kautschukarten eingesetzt. Zur Haftvermittlung wurden entsprechende Imprägniermischungen ausgearbeitet. Zur Verklebung von Nitrilkautschuk auf Polyamidfasern wird z. B. die Mischung eines Butadien-Acrylnitril-Latex mit einem Resorcinharz vorgeschlagen [62]; für die Verbindung von Polyesterfasern mit Butylkautschuk und chlorsulfoniertem Polyäthylen soll sich nach einer ersten Behandlung mit einer Polyisocyanatlösung eine Mischung von Poly-2-chlor-1,3-butadien-Latex mit einem Resorcin-Formaldehyd-Vorkondensat besonders eignen [63].

6.4.2 Kaschieren von Textilien

Die Kaschierung von Textilbahnen mit flexiblen Schaumstoffen und die Kaschierung von Textilbahnen miteinander sind die zwei wichtigsten Kaschierprozesse, die in der Textilindustrie durchgeführt werden. Für die Herstellung von Wärmeschutzkleidung werden Textilien außerdem auch mit Aluminiumfolien kaschiert, die zur besseren Verankerung des Kaschierklebers durch ein spezielles Verfahren auf einer Seite aufgerauht sind. Aber auch die Kombination von Kunststoff-Folien, besonders von Weich-PVC-Folien, mit Textilien kann zu Erzeugnissen mit interessanten Eigenschaften führen; so werden z. B. durch Kaschieren von Weich-PVC-Folien auf Flanellstoffe abwaschbare Tischdecken und durch Kaschieren auf Gewirke aus Baumwolle auch Kunstleder gefertigt. Da das Aufbügeln von Aufbügelstoffen als Trockenkaschierprozeß aufgefaßt werden kann, soll die Herstellung der heißsiegelbaren Textilbeschichtungen ebenfalls hier behandelt werden.

Für die *Textil-Schaumstoff-Kaschierung* werden als flexible Schaumstoff-Komponente z. Z. überwiegend Polyurethan-Schaumstoffe verwendet. Die drei bedeutendsten Verfahren zur Herstellung dieser Textilartikel sind:

a) die Flammkaschierung,
b) das Kaschieren mit Klebdispersionen,
c) das Kaschieren mit Kleblacken.

Hinzu kommt noch die Möglichkeit, den Schaum direkt auf der Textilbahn zu erzeugen. Von diesen Verfahren interessiert im Rahmen dieses Buches nur das Kaschierverfahren, das sich der Klebdispersionen als Kaschiermittel bedient, wenn auch die Mehrzahl der folgenden Ausführungen, die über die grundsätzlichen Anforderungen an Gewebe, Schaumstoff und Verfahrenstechnik gemacht werden, ebenfalls für die anderen Verfahren gültig sind.

Aus mit Polyurethan-Schaumstoffen kaschierten Textilien werden z. B. Sportjacken, Skianzüge, Jagdbekleidung, Regenmäntel aus Wolljersey, Schlafsäcke, Textilien für die Schuhindustrie (Sohlen-, Fersen- und Gelenkpolster und Einlegesohlen), Miederwaren, Schulterpolster, Möbelbezugsstoffe, Wandbekleidungen, Autopolster, Steppartikel, Badematten, Teppichläufer, Heizdecken, Täschnerwaren u. a. m. hergestellt. Die Kaschierung auf die Rückseite von Nadelflorteppichen macht insofern Schwierigkeiten, als Schaumstoffbahnen in den für Teppiche üblichen Breiten noch nicht erhältlich sind und das Kleben Stoß an Stoß technisch noch nicht befriedigend gelöst ist [*64*].

Die Vorteile der Kombination von Textilien mit Polyurethanschaumstoffen liegen hauptsächlich im großen Wärmeisolationsvermögen, der guten Formbeständigkeit und der großen Luftdurchlässigkeit. Außerdem kann leichten Geweben und Gewirken, die für sich allein zu lappig sind und keinen guten Faltenwurf haben, ein voller Griff vermittelt werden. Damit die kaschierten Textilartikel gebrauchstüchtig sind, muß der Schaum einwandfrei auf dem textilen Substrat haften, die Ware dimensionsstabil sein, der Griff für den vorgesehenen Zweck befriedigen und die Kaschierung — wenn erforderlich — auch genügend wasch- und trockenreinigungsbeständig sein. Die erzielten Gebrauchseigenschaften hängen dabei nicht nur von der Klebdispersion ab, sondern auch in starkem Maße von dem verwendeten Gewebe, der Beschaffenheit des Polyurethanschaums und von der Verfahrenstechnik beim Kaschieren.

Durch die Auswahl der Gewebeart und -struktur wird der Griff von vornherein stark beeinflußt. Die Verwendung zu leichter Gewebe und Gewirke kann die Ursache dafür sein, daß die Tragfähigkeit des hergestellten Artikels und seine Dimensionsstabilität schlecht sind. Die Textilien müssen vor der Kaschierung nötigenfalls krumpffrei gemacht werden. Griffvariatoren und Schlichten auf Basis von Stärke sollen entfernt werden, da sie die Haftfestigkeit des Kaschiermittels beeinträchtigen. Sehr ungünstig wirkt sich in dieser Beziehung auch eine vorherige Hydrophobierung des Gewebes aus, die deshalb zweckmäßig erst nach der Kaschierung durchgeführt wird. Dagegen übt eine Knitterfreiausrüstung nach den bisherigen Erfahrungen keinen nachteiligen Einfluß auf die Festigkeit der Verbindung zwischen Schaum und Gewebe aus. Nicht stark gezwirnte Fäden lassen die Klebdispersion tiefer in die Faserbündel eindringen, wodurch die Kaschierfestigkeit erhöht wird.

Bei den Polyurethanschaumstoffen wird je nach den zur Herstellung verwendeten Grundstoffen zwischen Polyester- und Polyätherschaumstoff unterschieden. Die mechanische Festigkeit eines Polyesterschaums ist größer als die eines Polyätherschaumstoffs; auch ist seine Quellbarkeit in organischen Lösungsmitteln, besonders in Chlorkohlenwasserstoffen, geringer. Wenn es für das kaschierte Material auf Wärmeisolationsvermögen ankommt, sollte die Schaumstoffbahn 1,5—2,0 mm dick sein. Messungen des Wärmedurchgangs an schaumstoffkaschierten Textilien ergaben [65], daß Polyurethanschaum einen ca. 30% und ein Schaumstoff-Gewebe-Laminat einen ca. 22% größeren Wärmedurchgangswiderstand hat als ein Gewebe gleicher Dicke, woran eine Variation der Schaumstoffdichte im unteren Dichtebereich nur wenig ändert. Wird ohne Rücksicht auf Wärmerückhaltevermögen vor allem Wert auf den textilen Griff und den Faltenwurf der Ware gelegt, sollten Folien mit einer Dicke von 0,8—1,0 mm den Vorzug erhalten. Die Hersteller von Schaumstoff-Folien sind heute in der Lage, Folien mit einer Stärke herunter bis zu 1 mm herzustellen. Darunterliegende Stärken müssen durch Abbrennen einer etwa 1,5 mm dicken Schaumstoffbahn auf die gewünschte Stärke während der Flammkaschierung erzeugt werden. Dünne Schaumstoffschichten werden auch bei Sandwichkaschierungen benötigt, da sonst erfahrungsgemäß der Griff der mit Schaumstoff kaschierten beiden Textilbahnen zu steif wird. Außer der Schichtdicke bestimmen noch die Porenzahl und das Porenvolumen den Griff des kaschierten Materials. Während für Bekleidungszwecke meistens Schäume mit 28—32 kg/m³ eingesetzt werden, sind für technische Artikel die Schäume im allgemeinen schwerer (ca. 45 kg/m³) und die Bahnen auch dicker (4—6 mm).

Von der Klebdispersion wird verlangt, daß sie vor und während der Verarbeitung auf der Kaschieranlage stabil ist. Nach dem Zusammenführen der Schaumstoff- und Textilbahn soll sie aber möglichst schnell „brechen", um ein zu tiefes Eindringen in das Gewebe und die Schaumporen unter dem Druck der Preßwalzen zu vermeiden. Großer Wert wird aus diesem Grund auch auf ihre rheologischen Eigenschaften gelegt.

Der Klebfilm darf den Griff der Kaschierung nicht in unerwünschter Weise verändern. Diese Forderung ist von einem Polymerisat, das wegen der Reinigungsmöglichkeit des kaschierten Materials auch noch wenig quellbar in Chlorkohlenwasserstoffen und Wasser sein soll, sehr schwer zu erfüllen, da normalerweise mit abnehmender Härte eines Polymerisatfilms, also bei geringeren zwischenmolekularen Kräften, die Quellbarkeit in flüssigen Medien zunimmt.

Die Ausgangsbasis für die entsprechenden Klebdispersionen sind Vinylacetat-Homo- und -Copolymer-Dispersionen, wenn erforderlich mit Weichmacherzusatz, hochpolymere Dispersionen des Vinylpropionats und der Acrylester sowie von Butadien-Styrol- und Butadien-Acrylnitril-Copolymeren, wenn die Copolymerisatzusammensetzung so gewählt ist, daß flexible und gut haftende Klebfilme entstehen. Für trockenreinigungsfeste Kaschierungen allerdings werden vernetzbare oder selbst-vernetzende Acrylester-Copolymerisate vorgezogen, von denen auch nur solche bestimmter Zusammensetzung gute Haftfestigkeit bei der gleichzeitig geforderten großen Filmweichheit geben. Die Kunststoff-Dispersionen werden mit Verdickungsmitteln, Netzmitteln und Schutzkolloiden auf die zur Kaschierung günstigen Eigenschaften bezüglich Fließverhalten, Stabilität und Anziehvermögen („offene Zeit" des Klebers) eingestellt. Manchmal werden auch noch Methylolverbindungen des Harnstoffs oder Melamins zugegeben, um die Quellbarkeit der Polyacrylesterfilme weiter herabzusetzen.

Einen wichtigen Einfluß auf die Qualität des kaschierten Artikels üben auch die beim Kaschiervorgang herrschenden Bedingungen aus. Mit Klebdispersionen wird fast ausschließlich naß kaschiert, d. h. Schaumstoff- und Textilbahn werden zusammengepreßt, solange die Klebstoffschicht noch nicht vollständig getrocknet ist. Dringt dabei der Klebstoff zu stark in das Gewebe oder den Schaumstoff ein, wird nicht nur die Luftdurchlässigkeit vermindert, sondern auch der Griff der Ware härter. Bei geringem Klebstoffauftrag kann sogar die Haftfestigkeit darunter leiden. Wegen der besseren Luftdurchlässigkeit wird im allgemeinen die Klebdispersion mit einer Walze und nicht mit einer Rakel auf die Schaumstoffoberfläche aufgetragen, so daß nur die Zellstege der Schaumstoffporen mit Klebstoff benetzt werden. Dadurch entsteht ein unterbrochener, luftdurchlässiger Klebfilm. Muß aus irgendwelchen Gründen die Klebdispersion auf die Gewebeseite aufgetragen werden, wird am besten eine Walze mit sehr feinem Punktraster im Auftragswerk verwendet. Rasterform und -tiefe müssen aber auf die Eigenschaften einer Klebdispersion abgestimmt sein, die sich in der Rheologie grundsätzlich von Kleblacken unterscheidet. Zweckmäßig ist es oft, je nach Anzugsvermögen bzw. Stabilität der Klebdispersion unter Druckbelastung, vor der Kaschierstation eine Trokkenstrecke vorzuschalten. Diese Maßnahme kann dazu beitragen, daß der Klebstoff beim nachfolgenden Kaschieren mehr an der Oberfläche des Gewebes bleibt, da durch das Vortrocknen der Fließwiderstand der Klebdispersion erhöht wird. Zur Verbesserung der Luftdurchlässigkeit ist auch ein Verfahren vorgeschlagen worden, die Klebdispersion vor der Kaschierung mechanisch oder durch Treibmittel zu verschäumen [66]. Um ein zu tiefes Eindringen des Kaschiermittels in die beiden Substrate zu vermeiden, darf der Walzendruck der Kaschierwalzen nicht zu hoch sein. Die Walzen werden daher zweckmäßig auf eine bestimmte Spaltbreite eingestellt.

Gewebe mit offener Webstruktur und rauher Oberfläche benötigen zur Verklebung mit dem Schaumstoff weniger Kleberauftrag als dichte und glatte Gewebe, insbesondere wenn sie aus Synthesefasern hergestellt sind. Im allgemeinen bewegen sich die Auftragsgewichte zwischen 50 – 80 g/m² Naßauftrag. Die Arbeitsgeschwindigkeit wird mit 2 – 15 m/min angegeben. Wichtig ist auch, daß die Schaumstoff-Folie weitgehend spannungsfrei geführt wird, bzw. daß während des Kaschiervorganges keine Spannungsunterschiede zwischen der Textil- und Schaumstoffbahn entstehen, sonst liegen die kaschierten Bahnen nach der Herstellung nicht glatt. Demgegenüber wird beim „Chemstitch"-Verfahren [67] der Kaschierkleber nach der Rouleaux- oder Filmdruckmethode in einer beliebigen Musterung auf die gespannte Schaumstoffbahn gebracht, wodurch nach Wegnahme der Spannung am Ende des Kaschierprozesses Cloqué-Effekte erzielt werden. Die Trocknungskapazität der Kaschieranlage und die einer gegebenenfalls separaten Kondensationseinrichtung müssen groß genug ausgelegt sein, falls vernetzbare Polymerisate verarbeitet werden sollen, anderenfalls die geforderten Echtheitseigenschaften nicht erreicht werden.

Das Kaschieren im Übertragungsverfahren [68] mit Klebdispersionen ist je nach der Art des silikonisierten Trägerbandes mehr oder minder schwierig. Das Band muß von der wäßrigen Klebdispersion in gleichmäßiger, dünner Schicht benetzt werden. Nach dem Trocknen muß dann trotz evtl. Netzmittelzusätze ein Film mit genügender Oberflächenklebrigkeit auf Schaumstoff oder Textil übertragen werden können.

In der Fachliteratur wurde in den letzten Jahren mehrfach über die Schaumstoffkaschierung referiert [69]. Noch ehe die Schaumstoffkaschierung allgemeine wirtschaftliche Bedeutung erlangte, wurde Patentschutz für die Kaschierung eines Polyurethanschaumstoffs mit der Rückseite eines Polgewebes beansprucht [70].

Zur *Textil-Textil-Kaschierung* kommen im wesentlichen Kaschiermittel gleicher Art wie zur Schaumstoffkaschierung in Frage. Es werden kaschierte Gewebe zur Verarbeitung in Schuhwerk (Sportschuhe, Pantoffel- und Schuhfutterstoffe) hergestellt; auch die Fertigung von Schmirgelbändern aus Leinen schließt einen Kaschierprozeß ein. Sie alle müssen wasserfest und geschmeidig — auch bei tiefen Temperaturen — sein. Butadien-Styrol-Copolymere, Vinylacetat-Polymere mit Weichmacherzusatz, Vinylpropionat-Polymere und weiche Acrylester-Copolymere werden als Ausgangsbasis für solche Kaschierkleber am häufigsten verwendet. Sind die Gewebe sehr saugfähig, wird zunächst mit einem gefüllten Vorstrich grundiert und auf diesen erst das Kaschiermittel aufgetragen. Damit Gewebe auch nach der Kaschierung gut luftdurchlässig sind, ist ein Verfahren vorgeschlagen worden [71], bei dem das Kaschiermittel in Schaumform auf einen Latexschaum aufgetragen wird, der vorher auf dem einen Gewebe gebildet wurde. Die Naßkaschierung wird allgemein bevorzugt, da nach diesem Verfahren die Haftfestigkeit größer wird. Die Kaschiermittel werden mit den in der Textilindustrie üblichen Rakelsystemen (s. 10.5) auf eine oder vielfach sogar beide Seiten des Gewebes aufgebracht. Nach Durchlaufen der Kaschierstation wird vorwiegend auf Trockenzylindern getrocknet.

Durch Kaschieren von Jutegeweben auf die Rückseite von Teppichen, besonders von Auslegeware, wird deren Dimensionsstabilität erhöht. Gleichzeitig wird die Kunststoffschicht, die bei Nadelflorteppichen die Noppen im Grundgewebe verankert, vor Abrieb geschützt. Für hochwertige Teppiche werden außer Naturkautschuklatex und synthetischen Kautschukdispersionen auch Polyacrylesterdispersionen als Grundlage für die Kaschiermittel herangezogen.

Neue Anregungen erhielt die Textil-Textil-Kaschierung zur Herstellung von Bekleidungsstoffen durch die Schaumstofflaminierung, indem nun auch leichte Oberstoffe oder Wirkwaren mit einem leichten Gewebe oder Gewirke als Futterstoff kaschiert werden. Dadurch, daß vorbereitende Arbeitsgänge beim Zuschneiden entfallen können und das Futter nicht mehr eingenäht zu werden braucht, wird auf diese Weise die Konfektionsarbeit rationalisiert [72]. Der Faltenwurf der leichten Oberstoffe wird durch die Kaschierung ebenfalls beachtlich verbessert. Um die Luftdurchlässigkeit der Gewebe zu erhalten, mußte die in der Textilindustrie zum Beschichten und Kaschieren weit verbreitete Rakeltechnik verlassen werden. Stattdessen wird das Kaschiermittel in unterbrochener, regelmäßiger Musterung (z. B. punktförmig oder in Streifen) aufgebracht. Am bekanntesten wurde das sog. „Coin"-Verfahren [73], obwohl gleichartige Entwicklungen bereits vorher oder gleichzeitig abliefen [74]. Die Klebdispersionen für diese Kaschierungen müssen die gleichen Eigenschaften aufweisen wie die für Schaumstoff-Textil-Kaschierungen: auf das Kaschierverfahren abgestimmtes rheologisches Verhalten und mechanische Stabilität, keine nachteilige Beeinflussung des textilen Griffs und trotzdem große Kaschierfestigkeit, auch während der mechanischen Beanspruchung in der Wäsche oder Trockenreinigung. Zusätzlich darf der Film aber bei den Trocknungsbedingungen während des Kaschierprozesses und unter Belichtung nicht vergilben, da die Klebschicht bei sehr leichten Obergeweben durchscheinen kann. Wegen der genannten Anforderungen dienen als Grundlage für die Kaschiermittel vor allem besonders ausgewählte, selbstvernetzende Acrylester-Copolymere mit sorgfältig auf dieses Kaschierverfahren abgestimmten Eigenschaften. Wie bei einer Schaumstoff-Textil-Kaschierung wird die Kaschierfestigkeit nachteilig beeinflußt, wenn die verwendeten Gewebe mit Stärke und Hydrophobiermitteln ausgerüstet wurden. Die Trockenreinigungsfestigkeit hängt sehr davon ab, ob die zur Vernetzung der Polymerisate notwendigen Temperaturen erreicht werden, die bei Zugabe eines Säurespenders, wie z. B. Maleinsäure, Ammonsalze anorganischer oder organischer Säuren, Chrom-III-Salze, Fluoborsäure, im allgemeinen mindestens 120°C während 3 min betragen sollen.

Eine Trockenkaschierung, d. h. das Zusammenführen der beiden zu kaschierenden Substrate erst nach dem Trocknen des Kaschiermittels und deren Vereinigung unter Einwirkung von Wärme und Druck, wird zur Herstellung von Bahnenmaterial in der Textilindustrie selten ausgeübt. Das Prinzip der Trockenkaschierung wird dagegen bei den sog. *Aufbügelstoffen* [75] angewendet, die die Konfektionierarbeiten mit Textilien rationalisieren helfen, indem an die Stelle des Einnähens das Aufbügeln von Hand oder das Kaschieren in Dampfbügelpressen bzw. elektrisch beheizten Pressen tritt. Aufbügelstoffe werden als Einlagen in Oberbekleidungsstoffen, Hemden, Blusen, als Textiletiketten sowie als Verstärkung von Umschlägen, Taschen, Patten, Knopfleisten, Kragen, Revers und Schlitzen verwendet. Die Heißsiegelausrüstung wird auf Gewebe oder Vliesstoffe aufgetragen.

Die weitaus größte Bedeutung als Heißsiegelmaterial haben thermoplastische Pulver aus Polyäthylen und neuerdings auch aus Polyamiden, da sie als teilkristalline Kunststoffe unter Normalbedingungen klebfrei, bei erhöhter Temperatur aber unter geringem Druck leicht fließend sind. Unter den üblichen Verarbeitungsbedingungen ausreichend klebende Filme aus Kunststoff-Dispersionen auf der Grundlage von Vinylacetat-, Vinylpropionat-, Vinylchlorid- und Acrylester-Polymerisaten sind dagegen auch bei Raumtemperatur nicht vollkommen klebfrei. Ihnen müssen daher Wachse oder Paraffine zugesetzt werden. Beständigkeit gegen Trockenreinigung kann mit den genannten Vinyl- und Acrylester-Polymeren nicht erzielt werden, wohl aber Waschfestigkeit. Durch Vernetzung trockenreinigungsfest werdende Polymerisate sind andererseits nicht verwendbar, da sie nach erfolgter Vernetzung zum Aufbügeln nicht mehr genügend thermoplastisch sind bzw. die meist nur 5—15 sec dauernde Einbügelzeit bei 100—150°C zur Vernetzung nicht ausreicht.

Die wäßrigen Aufbügelmassen werden mit den in der Textilindustrie gebräuchlichen Beschichtungsmethoden: Sprühen, Rakeln, Pflatschen und Auftragen mit Druckwalzen, auf das textile Trägermaterial gebracht. Vorher werden sie durch Zusätze (Verdickungsmittel, Netzmittel, kleine Mengen Füllstoffe) dem Auftragsverfahren und der späteren Verarbeitung angepaßt. Brauchbare Heißsiegelausrüstungen dürfen unter den bereits genannten Bügelbedingungen, bei denen außerdem Drücke von nur 75—150 p/cm² beim Aufbügeln auf Oberstoffe, von 1,5 bis

2,5 kp/cm² hingegen beim Einsiegeln in Hemdenkragen angewendet werden, nicht auf die Außenseite des Textilartikels durchschlagen. Sind in den Kunststoff-Dispersionen von der Herstellung her bereits Weichmacher vorhanden oder werden solche bei der späteren Konfektionierung zugesetzt, muß darauf geachtet werden, daß sie auf gefärbte oder bedruckte Textilien nur dann aufgebügelt werden, wenn die Farbstoffe weichmacherfest sind. Wird ein nur zeitweiliges Haften als ausreichend betrachtet, genügen Trennfestigkeitswerte von 50—100 p/5 cm; ansonsten sollen diese zwischen 1 und 5 kp/5 cm betragen.

Bei der *Kaschierung von Textilien mit Kunststoff-Folien* beschränkt sich das Interesse z. Z. hauptsächlich auf die Verwendung von Weich-PVC-Folien. Damit sind aber bereits die Eigenschaftsmerkmale der hierfür verwendbaren Kaschierkleber gekennzeichnet. Sie unterscheiden sich kaum von denen, die von Kaschierklebern für Weich-PVC auf Papier (s. 6.1.1) und Holz (s. 6.6) verlangt werden: gute Adhäsion sowohl an PVC-Oberflächen als auch an hydrophilen Textilfasern, weitgehende Weichmacherbeständigkeit und gutes Laufverhalten auf den Verarbeitungsmaschinen. In den USA haben offenbar Vinylchlorid-Copolymerisat-Dispersionen die größte Bedeutung als Kaschierklebergrundlage. Diese werden zur Verbesserung der Flexibilität mit Butadien-Copolymerisaten, der gestellten Anforderungen wegen vor allem mit Butadien-Acrylnitril-Copolymeren, gemischt [76]. In Europa jedoch stellen Acrylester-Copolymere mit ihren spezifischen Adhäsionseigenschaften und entsprechende Copolymerisate der Vinylester einen großen Teil der Kleber für die Kaschierung von Kunststoff-Folien mit Textilien. Die Verwendung eines wäßrigen Kaschierklebers hat gegenüber der von Klebern in organischen Lösungsmitteln die ausschlaggebenden Vorteile, daß durch die wäßrige Phase des Klebers die Haftfestigkeit auf hydrophilen Fasern begünstigt wird, Brandgefahr bei der Verarbeitung ausgeschlossen ist, und große Mengen die Folie evtl. angreifende Lösungsmittel fehlen. Die Grenze ihrer Anwendung liegt dort, wo die Kaschierkleberschicht wiederholter, länger dauernder oder fortwährender Einwirkung von sehr hoher Luftfeuchtigkeit oder Wasserdampf ausgesetzt ist.

Wie bei den bisher angeführten Textilkaschierungen ist die Naßkaschierung das allgemein gebräuchliche Kaschierverfahren. Bei geeigneter Verfahrensausführung läßt es sich durch Trockenkaschierung erreichen, daß der Griff des kaschierten Materials nicht durch zu starkes Eindringen des Kaschiermittels in die textile Oberflächenschicht zu steif wird. Das Auftragsgewicht des Kaschiermittels muß sich nach der Beschaffenheit des Gewebes richten. Bei nur einseitigem Kleberauftrag erfolgt dieser im allgemeinen auf die schwieriger zu benetzende Fläche, also auf die Folie.

6.5 Beflockungskleber

Die Beflockung einer Unterlage gleich welcher Art verfolgt den Zweck, diese mit einem festhaftenden Belag aus Faserstaub, Einzelfasern oder pulverförmigem Material zu überziehen, um dadurch ein wildleder-, velour-, samt- oder plüschartiges Aussehen und einen entsprechenden Griff oder einen bestimmten dekorativen Effekt zu erzeugen. Flockdrucke auf Geweben waren bereits im Mittelalter bekannt, wie H. VOGLER [77] in seiner Veröffentlichung über die historische Entwicklung der Beflockung berichtet. Aber erst durch die Weiterentwicklung der elektrostatischen Beflockungsmethoden, die Fortschritte bei der Herstellung synthetischer Fasern und nicht zuletzt bei der Entwicklung von Flockklebern hat sich das Beflocken mit Textilfasern in den vergangenen Jahren voll entfaltet [*78*].

Aus der Textilindustrie kommen als beflockte Artikel z. B. Wildlederimitationen, Möbelbezugs-, Gardinen-, Dekorations- und gemusterte Bekleidungsstoffe sowie Hutstumpen, Garne, Band- und Gürtelmaterialien. Nach einigen Rückschlägen ist inzwischen auch die Herstellung von Bodenbelägen und Automatten durch Beflocken zur technischen Reife entwickelt worden [*79, 80*]. Sehr ausführlich schildert J. MÜLLER [*81*] die verbesserten Verfahrenstechniken zur Herstellung von beflockten Fußbodenbelägen. In der Automobilindustrie werden beflockte Gewebe zur Auskleidung von Handschuhkästen und Kofferräumen benutzt [*80*], und M. J. NICOULIN [*82*] weist auf eine Vielzahl von weiteren Anwendungsmöglichkeiten für beflockte Artikel auf diesem Sektor hin. Schon lange bekannt sind die Samtimitationen für Geschenkpackungen und beflockte Täschnerwaren (z. B. Etuis, Handtaschen). Pelzimitationen und Velourtapeten sind weitere Beispiele von Erzeugnissen der Beflockungstechnik.

Im Prinzip kann jede *Unterlage* beflockt werden, auf der sich eine Klebschicht so verankern läßt, daß sie bei den jeweiligen Beanspruchungen im Gebrauch nicht die Haftfestigkeit verliert. Voraussetzung ist natürlich, daß diese Klebschicht auch ein gutes Klebmittel für die Faserflocken ist. Auf den Beflockungssubstraten vorhandene Hydrophobierungsmittel und Schlichten auf der Grundlage von Stärke müssen von Geweben ebenso entfernt werden wie von Kunststoffoberflächen Trennmittel, die nach dem Verarbeitungsprozeß noch darauf haften geblieben sind. Nur wenn diese Trennmittel von dem verwendeten Flockkleber aufgenommen werden, kann der Reinigungsprozeß unterbleiben. Früher wurden fast ausschließlich Textilien, Papier, Pappe, Holz, Leder und Glas beflockt. In immer stärkerem Maße jedoch werden seit einiger Zeit auch Schaumstoffe aus Polystyrol, Polyurethan und Weich-PVC sowie Kunststoff-Folien, Kunststoff-Platten und Kunststoff-Formteile als Beflockungssubstrate gewählt. J. MÜLLER hat eine ausführliche Zusammenstellung der Verwendungsmöglichkeiten beflockter Kunststoffe veröffentlicht [*83*].

Die Qualität einer Beflockung wird
   a) von der verfahrenstechnischen Durchführung der Beflockung,
   b) von der Art und Stabilität der Flocke und
   c) von den Eigenschaften des Flockklebers
entscheidend beeinflußt.

Das am längsten bekannte *Verfahren* ist das Aufstreuen oder Aufsieben der Flocken auf die noch feuchte Klebschicht. Nach dem Trocknen werden die im Kleber nicht oder nicht fest genug verankerten Flocken durch Abklopfen, Absaugen oder Abbürsten wieder entfernt. Bei dieser Arbeitsweise treffen die Flocken unter verschiedenen Winkeln zur horizontal geführten Unterlage auf die Klebschicht auf. Eine Oberfläche mit samtartigem Effekt oder gleichmäßigem Flor läßt sich daher nicht erzielen. Eine Verbesserung in dieser Beziehung wird dadurch erzielt, daß die zu beflockende Bahn durch unter ihr umlaufende Vierkantbalken stoßartig bewegt wird. Als Vorteil gegenüber den anderen Beflockungsmethoden wird allgemein angeführt, daß die Flocke tiefer und damit fester im Klebbett verankert wird. Andere Verfahren versuchen, mit Hilfe eines gerichteten Luftstroms die Flocke senkrecht zur Unterlage auszurichten und sie zusätzlich noch mit größerer Energie in den Kleber einzudrücken [84]. Hierzu wurden Spritzpistolen in verschiedenartigen Ausführungen entwickelt. In einer gänzlich von allen anderen abweichenden Beflockungstechnik werden die auf gleiche Länge geschnittenen Fasern in einem Führungskanal parallel gerichtet und zusammengepreßt. In diesem Zustand werden sie der Klebschicht von unten her zugeführt und die Flocken in diese mit Hilfe einer endlos umlaufenden Gegenbahn eingedrückt [85]. Dieses Verfahren soll sich dadurch auszeichnen, daß es unabhängig von der Faserart und der Faserlänge ist und dichte Faserflore erzeugt werden können.

Sehr große Bedeutung hat z. Z. die elektrostatische Beflockung. Die Grundlagen dazu wurden schon relativ früh erarbeitet [86]. Darauf aufbauend entwickelten sich die modernen Beflockungsmaschinen, die nach dem elektrostatischen Prinzip arbeiten. Dieses besteht darin, daß die Flocken am positiven Pol eines hochgespannten elektrischen Kondensatorfeldes aufgeladen werden und mit der ihnen dadurch verliehenen Energie auf die negative Elektrode zufliegen, die gut geerdet sein muß. Während ihres Fluges richten sich die Einzelflocken entlang der Feldlinien aus und schießen auf diese Weise senkrecht in die Klebschicht ein, die sich in geringem Abstand oberhalb des negativen Pols auf einem entsprechenden Substrat befindet. Die Verankerung der Flocken kann durch Schlagwalzen unterhalb der Gewebebahn erhöht werden [78]. Die Fasern, die nicht oder zu wenig haftend im Kleber eingebettet sind, fliegen, da sie umgeladen sind, zur Ausgangselektrode zurück. Bei stark isolierenden Substraten, wie z. B. Kunststoffen, müssen die Flocken über die Klebschicht entladen werden. Über die physikalischen Grundlagen und die Grundzüge der elektrostatischen Beflockungstechnik sowohl für Textilien [87] als auch für Kunststoffe [88] liegen in der Fachliteratur mehrere Veröffentlichungen vor.

Die elektrostatischen Beflockungsanlagen sind auf Spannungen zwischen 20000 und 150000 Volt ausgelegt. Sie arbeiten aber im allgemeinen mit Spannungen nicht über 60000 Volt. Darüber hinaus steht die Mehrleistung in keinem Verhältnis zum Aufwand, da der Luftwiderstand der Flocken mit dem Quadrat ihrer Geschwindigkeit ansteigt [89]. Die Arbeitsgeschwindigkeit geht bei vollflächiger Beflockung kaum über 5 m/min hinaus, soll aber bei geringerer Flockendichte bis zu 30 m/min gesteigert werden können. Mit dem elektrostatischen Beflockungsverfahren können in Abhängigkeit von der Faserlänge, dem Fasertiter und der Bahngeschwindigkeit sehr große Flockdichten erzielt werden, die nach S. M. Suchecki [90] bis an 50000 Fasern pro Quadratzentimeter herankommen. Sehr wichtig für den reibungslosen Ablauf einer elektrostatischen Beflockung ist es, daß der Arbeitsraum und auch der Lagerraum für das Grundgewebe und die Faserflocken klimatisiert sind [81, 91].

In der Hauptsache dienen Viskosereyon, Polyamidfasern und Baumwolle als Ausgangsbasis für ein *Beflockungsmaterial*. Der Anteil der Baumwolle in der BRD ist dabei geringer als in den USA. Wegen ihres Glanzes eignen sich Flocken aus Acetatreyon besonders für die Fertigung von Pelzimitationen. Mit Polyesterfasern beflockte Gummileisten sollen sich als Führungsschienen der Fensterscheiben in Kraftfahrzeugen gut bewährt haben [80]. In der Zukunft ist sicher noch mit dem Einsatz weiterer Flockentypen aus synthetischen Fasern zu rechnen [92]. Die

Beflockungstechnik ist aber nicht auf die Verwendung textiler Fasern beschränkt. Es werden auch Metallpulver, Glimmer, Lederstaub u. a. auf Gewebe und andere Substrate aufgestreut. Die Flocken kommen entweder als Mahlstaub oder in bestimmter Schnittlänge zur Anwendung. Aus Baumwolle und Wolle können nur durch Mahlen Flocken erhalten werden. Viskose-, Acetatreyon und vollsynthetische Fasern dagegen werden je nach Faserart auf Schnittlängen bis zu 12 mm verarbeitet. Bei der elektrostatischen Beflockung wird es allerdings mit zunehmender Faserlänge immer schwieriger, einen dichten Faserflor zu erzeugen. Je länger die Faser ist, um so stärker ist das elektrische Kraftfeld, das sich nach der Aufladung um die Fasern bildet. Daher stoßen sich längere Fasern gegenseitig stärker ab als kürzere. Faserlängen über 6 mm werden deshalb nur in bestimmten Fällen (z. B. Pelzimitationen) eingesetzt. Mahlstaub bzw. sehr kurze Fasern mit feinem Titer erzeugen auf dem gewählten Untergrund eine wildlederartige Oberfläche. Durch Beflocken mit längeren Fasern dagegen bildet sich auf dem Substrat ein dichter Faserflor aus. Grobtitrige Polyamidfasern (10—60 den) werden zur Herstellung von Flockteppichen herangezogen, wozu Flocken aus Viskosereyon wegen ihrer nicht genügenden Knick- und nicht ausreichenden Naßfestigkeit ungeeignet sind. Für das elektrostatische Beflockungsverfahren ist die gleichmäßige Schnittlänge der Fasern Voraussetzung, ein Problem, das bei Polyamidfasern erst in den letzten Jahren zur Zufriedenheit gelöst werden konnte. Einer besonderen Entwicklung bedurfte hierzu die Schneidtechnik [93], auch um das Zusammenkleben der Faserenden durch Heißlaufen der Messer zu vermeiden. Um einen reibungslosen Ablauf einer elektrostatischen Beflockung zu gestatten, muß die Oberfläche der Flocken genügend elektrisch leitfähig sein, wofür der Feuchtigkeitsgehalt der Flocke eine Rolle spielt. Dieser soll bei Cellulosefasern zwischen 10—15% liegen. Bei vollsynthetischen Fasern mit geringerer Feuchtigkeitsaufnahme ist dagegen eine Oberflächenpräparation unerläßlich, die bereits vom Faserhersteller vor dem Schneiden durchgeführt wird. Eine solche Oberflächenschicht besteht im allgemeinen aus einer Kombination bestimmter Netzmittel, anorganischer bzw. organischer Salze und evtl. antistatisch wirkender Substanzen [94].

Als *Flockkleber* werden hauptsächlich Alkydharze in Kleblacken und Klebdispersionen verwendet. Die wäßrigen Klebsysteme haben bei der Verarbeitung den Vorteil, nicht brennbar zu sein. Bei ihrer Entwicklung sind in den vergangenen Jahren durch die Verwendung vernetzbarer oder selbst-vernetzender Acrylester-Polymerisate besonders große Fortschritte erzielt worden. Wenn die Anforderungen an die Beständigkeit der Klebschicht gegen organische Lösungsmittel nicht zu hoch sind, werden aber nach wie vor Klebdispersionen auf der Grundlage von Vinylacetat-Homo- und -Copolymeren mit Acryl- und Maleinestern, Vinylpropionat-Polymeren und Copolymeren des Vinylchlorids sowie nicht-vernetzbaren Acryle-ter-Polymerisaten verwendet. Eine Verbesserung der Wasch- und Trockenreinigungsbeständigkeit soll bei den zuletzt genannten Polymerisaten noch erzielt werden können, wenn in dem Flockkleberansatz zusätzlich Aminoplastvorkondensate oder Mischungen aus einer ammoniakalischen Lösung eines Acrylester-Copolymeren und Hexamethylolmelaminmethyläther mit einem Äthylacrylat-Copolymeren [95] kombiniert sind. Gute Abriebfestigkeit der Beflockungen im trockenen Zustand kann durch entsprechende Zusammensetzung der Polymerisate verhältnismäßig leicht eingestellt werden. Die meisten Butadien-Styrol-Copolymeren quellen zu stark in den zum Reinigen verwendeten Lösungsmitteln, zeichnen sich sonst aber durch die große Flexibilität ihrer Filme und gute Wasserfestigkeit aus. Ihre Eignung muß aber, wie bei der Verwendung als Bindemittel im Textildruck, im Hinblick auf etwaige Vergilbung unter dem Einfluß von Licht und Wärme und ganz allgemein auf Alterungserscheinungen für jeden Anwendungsfall besonders geprüft werden. Für Butadien-Acrylnitril-Polymerisate gilt das gleiche; es lassen sich aber mit ihnen auch relativ gut lösungsmittelfeste Klebschichten herstellen, wenn der Acrylnitril-Anteil im Polymerisat hoch genug ist. Dieser kann aber wiederum von Nachteil sein, wenn es auf einen geschmeidigen Griff des beflockten Materials ankommt. Griffeigenschaften spielen naturgemäß bei starren Beflockungsunterlagen keine Rolle. Um so mehr wird darauf aber beim Beflocken von flexiblen Substraten geachtet, insbesondere da man berücksichtigen muß, daß die Klebschicht für das Beflocken im Vergleich zur Farbschicht beim Textildruck noch etwas dicker ist.

Da von vielen beflockten Textilien gleichzeitig sehr gute Trocken- und Naßreibechtheit sowie Beständigkeit gegen Waschen und Chemischreinigen erwartet wird, werden an die dafür verwendeten Flockkleber sehr hohe Anforderungen gestellt, weshalb hierfür in der Hauptsache vernetzbare oder selbst-vernetzende Acrylester als Klebstoffgrundlage herangezogen werden. Die Polymerisate sind in ihrer Zusammensetzung denen ähnlich, die als Bindemittel für den Textildruck und zur Herstellung von Textilverbundstoffen sowie als Kaschierkleber für die Schaumstoffkaschierung auf Textilien geeignet sind. Beflockungen auf Weich-PVC wiederum sind nur abriebfest, wenn der Klebfilm sich auf der Kunststoffoberfläche gut verankert und durch etwaige Weichmacherwanderung aus der Folie oder durch Feuchtigkeitsaufnahme in seiner Haftfestigkeit nicht beeinträchtigt wird. Homopolymerisate des Vinylacetats scheiden hierfür als Klebstoffgrundlage wegen zu geringen Haftvermögens aus, und auch bei Vinylpropionat- und Butadien-Copolymeren ist zu prüfen, ob sie unter Gebrauchsbedingungen die Flocken genügend fest fixieren können. Durch anteilmäßige Verwendung nicht wandernder Weichmacher läßt sich die Haftfestigkeit des Klebfilms auch durch die Zusammensetzung des Weich-PVC-Materials beeinflussen. Schwieriger ist das Problem der Beflockung von Oberflächen aus Polyäthylen. Zum mindesten für dekorative Zwecke ist hier die Haftfestigkeit von solchen Klebern ausreichend, die auf eine Polyolefinoberfläche abgestimmt sind.

Die Flockkleber werden für eine vollflächige Beflockung auf Bahnenware mit den zur Textilbeschichtung üblichen *Auftragseinrichtungen* verarbeitet, d. h. sie werden entweder aufgerakelt oder aufgepflatscht. Für Dessinbeflockungen wird der Kleber mit den für den Textildruck gebräuchlichen Maschinen, den Film- und Rouleauxdruckmaschinen aufgebracht. Geringe Abänderungen müssen insofern gemacht werden, als beim Filmdruck durch eine etwas offenere Schablonengaze und nicht so starkes Lackieren der Schablonen sowie beim Rouleauxdruck durch tieferes Gravieren der Zylinder ein ausreichend dicker Klebstoffauftrag garantiert sein muß. Auch Zylinderanlagen, die nach Art des Siebdruckverfahrens arbeiten, werden eingesetzt. Dieses eignet sich auch zur Dessinbeflockung von Kunststoff-Formkörpern. Im allgemeinen kann der Flockkleber aber auch handwerklich durch Streichen, Spritzen oder Tauchen aufgebracht werden.

Die als Grundlage für Flockkleber verwendeten Kunststoff-Dispersionen müssen auf das zur Anwendung kommende Auftragssystem, die Beflockungsunterlage und das -verfahren abgestimmt werden. Ein Zusatz von Lösungsmitteln [96] kann die Haftfestigkeit der Klebdispersion auf Kunststoffoberflächen, aber auch auf Fasern, die eine Ölpräparation erhalten haben [97], verbessern. Verdickungsmittel, wie z. B. wäßrige Polyacrylat-Lösungen, Celluloseäther (Methyl-, Carboxymethyl-, Hydroxyäthylcellulose) und Alginate sollen den Fließwiderstand des Klebers erhöhen, um zu verhindern, daß die Klebstoffmasse zu weit in das Gewebe eindringt. Bei einem Eindringen des Klebers in das Gewebe besteht die Gefahr, daß der Griff des beflockten Textils versteift wird. Aus dem gleichen Grund kann die Flockkleberschicht an der Oberfläche des Gewebes zu dünn werden, um darin die Faserflocken zu verankern. Ein gleichmäßiges Aussehen der beflockten Fläche setzt eine ebene Klebstoffschicht voraus. Auf sehr offenen und rauhen Geweben bzw. anderen rauhen Unterlagen wird daher erforderlichenfalls ein glättender Vorstrich mit einem möglichst weichen Polymerisat gemacht. Außerdem kann durch einen weichen Vorstrich verhindert werden, daß der textile Griff sich verschlechtert. Der Fließwiderstand der Flockklebermasse ist aber nicht nur bestimmend für die Eindringtiefe in saugfähige Substrate, er darf zum Zeitpunkt des Einschießens der Flocken nicht so hoch sein, daß der Kleber dem Eindringen der Flocken zu großen Widerstand entgegensetzt. Einen großen Einfluß darauf übt die offene Zeit des Klebers aus. Diese muß lang genug sein, damit der Fließwiderstand zwischen dem Zeitpunkt des Klebstoffauftrags und dem Moment des Auftreffens der Flocken auf das Klebbett nicht zu weit angestiegen ist. Vor allen Dingen darf sich keine Haut auf der Klebstoffoberfläche bilden.

Die Dicke der Klebstoffschicht wird nach der Länge der Fasern, der Oberflächenbeschaffenheit der Unterlage und den zu erwartenden Anforderungen im Gebrauch ausgerichtet. Werden die Flocken zu wenig im Flockkleber eingebettet, wird die Haftfestigkeit herabgesetzt; ein zu starker Klebstoffauftrag verhärtet nicht nur den Griff eines beflockten Gewebes, sondern auch den Faserflor jedes beflockten Gegenstandes. Eine Methode zur Bestimmung des Klebstoffauftragsgewichtes durch Auflösen der Fasern in konzentrierter Schwefelsäure wurde von V. L. MOSER und D. G. STRONG ausgearbeitet [97a]. Bei der Verwendung farbiger Flocken wird im allgemeinen auch der Flockkleber mit einem entsprechenden Farbstoff eingefärbt, damit ein einheitliches Farbbild gewährleistet ist.

Vielfach sind einer Klebdispersion Methylolverbindungen von Harnstoff oder dessen Derivaten bzw. von Melamin zugesetzt. Sie sollen bei besonders hohen Ansprüchen an die Lösungsmittelbeständigkeit die Quellbarkeit des Klebfilms noch weiter vermindern. Ihr Zusatz bewirkt aber gleichzeitig eine geringe Zunahme der Filmhärte, die sich auf den Griff des beflockten Gegenstandes nachteilig auswirken kann. Die Vernetzung der Methylolverbindungen wird von den gleichen Vernetzungskatalysatoren (Ammon- oder Metallsalze starker anorganischer oder organischer Säuren bzw. die freien Säuren selbst) beschleunigt, die auch für die selbst-vernetzenden Acrylester-Polymerisate eingesetzt werden. Zur vollständigen Vernetzung bzw. zum Erreichen der optimalen Filmeigenschaften sind die von den Herstellern der Flockkleber angegebenen Zeiten und Temperaturen unbedingt einzuhalten, wobei manchmal Mißverständnisse darüber bestehen, ob mit der genannten Temperatur die Lufttemperatur in der Trocknungsvorrichtung oder die im

Klebfilm zu erreichende gemeint ist. Bei der Beflockung von Kunststoffen ist der Höhe der Temperatur für das Trocknen des Klebers und für eine Vernetzungsreaktion im Klebfilm durch die Erweichungstemperatur des Kunststoffs eine Grenze gesetzt. Bei Folienbahnen kann hier ausreichende Kühlung auf der Unterseite der Folie und Strahlungswärme auf der Schichtseite die Schwierigkeiten überwinden helfen. Im Normalfall finden die in der Textil-, Papier-, Leder- und Kunststoffindustrie üblichen Trocknungseinrichtungen Verwendung.

6.6 Kleben von Holz

Der größere Anteil der Klebstoffe zum Kleben von Holz entfällt zwar auf Harnstoff-, Melamin- und Phenol-Formaldehydharze, jedoch hat sich die Verwendung von Klebdispersionen — wegen ihres Aussehens in der holzverarbeitenden Industrie auch Weißleime genannt — in den zurückliegenden Jahren immer mehr ausgebreitet und somit auch die früher gern eingesetzten Glutin- und Kaseinleime verdrängt, da ihre Verarbeitung nicht zu übersehende Vorteile bietet. Sie benötigen zum Abbinden weder höhere Temperaturen noch den Zusatz eines Härters und sind daher stets gebrauchsfertig, einfach zu verarbeiten, lange lagerstabil und haben keine begrenzte Topfzeit. Die Klebfuge ist flexibler als die aus Duroplasten und vermag daher Spannungen auszugleichen. Durch die größere Plastizität ist auch der Verschleiß der Werkzeuge bei der Weiterverarbeitung geringer, vorausgesetzt, daß die Klebdispersionen nicht zu sehr mit Füllstoffen versetzt sind. Da mindestens ein Teil des Emulgiermittelsystems im getrockneten Klebfilm zurückbleibt, sind die Verklebungen allerdings noch quellbar in Wasser und somit nicht vollständig „wasserfest". Erfahrungsgemäß widerstehen sie aber einer wiederholten, kurzzeitigen Einwirkung von hoher Luftfeuchtigkeit oder Wasser, wenn nicht gleichzeitig noch tropische Temperaturen herrschen. Im Gegensatz zu Glutinleimen haben sie nach dem Wiederaustrocknen nicht beträchtlich an Festigkeit eingebüßt.

Als *Grundmaterial für Weißleime* zum Verleimen von Holz und zum Aufleimen dekorativer Schichtpreßstofftafeln werden hauptsächlich Homopolymerisate des Vinylacetats verarbeitet. Dabei werden die grobdispersen, als Schutzkolloid hauptsächlich Polyvinylalkohol enthaltenden Dispersionen wegen der oft grobporigen und saugfähigen Schnittfläche des Holzes bevorzugt. Klebdispersionen aus Vinylacetat- oder Acrylester-Copolymeren werden vor allem zum Aufkaschieren einer Kunststoff-Folie oder -Platte auf die Oberfläche des Holzes oder Holzwerkstoffes herangezogen. Die einzelnen Holzarten haben sehr verschiedene Eigenschaften, die sich auch auf die Anforderungen auswirken, die an die zu verwendenden Klebdispersionen gestellt werden. Man unterscheidet z. B. zwischen Hart- und Weichhölzern. Beide können — je nach Holzart und Wachstum — wieder mehr oder weniger saugfähig sein. Naturharze, extrahierbare Gerbstoffe oder Öle und synthetische Harze, mit denen das Holz zum Schutz gegen Bakterien und Insekten oder zur Verringerung der Wasseraufnahme imprägniert wurde, können ebenfalls die Qualität der Verklebung beeinflussen.

Von einem Weißleim wird erwartet, daß er einerseits bei Temperaturen um $+5\,^\circ\text{C}$ einen zusammenhängenden Film bildet; andererseits aber muß die Klebfuge eine gewisse Wärmestandfestigkeit aufzuweisen haben, da z. B. in einer Schaufensterauslage und im Gebrauch ein Möbelstück (Standort in der Nähe eines Heizkörpers) einer starken Wärmestrahlung ausgesetzt sein kann. Die Kunststoff-Dispersionen müssen daher durch *Zusätze* den unterschiedlichen Anforderungen angepaßt werden. So können organische Lösungsmittel, je nach ihrer Art, als temporärer Weichmacher die Filmbildetemperatur herabsetzen oder das Anziehvermögen, bzw. insgesamt das Abbinden beschleunigen, ohne daß über längere Zeit die Wärmestandfestigkeit des Films leidet. Durch Füllstoffe (Leichtspat usw.) wird die Wärmestandfestigkeit verbessert. Meistens werden auch geringe Mengen Kreide zugesetzt, um die in Polyvinylacetat-Dispersionen vorhandene freie Säure zu neutralisieren. Der Zusatz von Schutzkolloiden (Polyvinylalkohol, Celluloseäther, Polyacrylate u. a.) bewirkt eine Veränderung des Fließverhaltens der Klebdispersion und regelt gleichzeitig deren offene Zeit. Wenige Prozente Weichmacher in einem Polyvinylacetat-Film erhöhen dessen Flexibilität, wobei die Menge sich nach dem Geliervermögen des Weichmachers richten muß. Ein Überschuß an Weichmacher setzt sowohl ganz allgemein die Verklebungsfestigkeit [98] als auch insbesondere die Wärmestandfestigkeit herab. Der Flexibilität der Klebfuge bzw. ihrem Arbeitsaufnahmevermögen kommt bei dem Werkstoff Holz besondere Bedeutung zu, da dieser durch Wasseraufnahme bzw. -abgabe entsprechend der Zu- oder Abnahme der Luftfeuchtigkeit in der Umgebung quillt oder schrumpft. Die dadurch hervorgerufene Dimensionsänderung des Holzes ist radial zur Holzfaserrichtung am stärksten und in der Längsrichtung am geringsten, während die tangentiale Dimensionsänderung eine Mittelstellung einnimmt.

Die *Verarbeitung* der Klebdispersionen kann mit einem gezahnten Spachtel, einem Pinsel, einer Handwalze oder auf Anleimmaschinen erfolgen. Die Feuchtigkeit des Holzes spielt insofern eine Rolle, als zu nasses Holz das Abbinden verzögert und evtl. auch die Entwicklung maximaler Festigkeit verhindert, wohingegen zu trockenes Holz durch zu schnelles Aufsaugen der flüssigen Phase der Klebdispersion die Filmbildung stört. Zweckmäßig ist im allgemeinen eine Holzfeuchtigkeit von 7—12 Gew.-%. Saubere, staubfreie Holzflächen erleichtern die Verklebung. Die Auftragsmenge ist von der Auftragsmethode, dem Fließwiderstand der Klebdispersion, der Beschaffenheit und der Art des Holzes abhängig. Der Weißleim soll auf jeden Fall dünn und gleichmäßig aufgetragen werden. Die mit Klebstoff bestrichenen Flächen müssen nicht sofort verpreßt werden; je nach der offenen Zeit des Leimes kann man damit eine längere oder kürzere Zeit warten. Die Klebdispersion muß beim Preßvorgang aber noch so fließfähig sein, daß sie die Holzfläche vollständig benetzen kann. Das richtige Einhalten der offenen Zeit ist für die Qualität der Verleimung sehr wesentlich. Der Preßdruck, unter dem die zu verklebenden Stücke Minuten oder auch mehrere Stunden nach dem Zusammenfügen gehalten werden, richtet sich hauptsächlich nach der Holz- und Verleimungsart. Er wird bei Weichholz niedriger gehalten als bei Hartholz und bewegt sich daher zwischen 1 und 12 kp/cm². Klebdispersionen werden normalerweise kalt verarbeitet. Wärmezufuhr in einer Presse (Furnierverleimungen) oder Hochfrequenztrocknung sind jedoch ohne weiteres möglich.

Beim Aufleimen von Schichtpreßstoffplatten beträgt die Auftragsmenge des Weißleims im allgemeinen 130—180 g/m² (Naßgewicht). Der Preßdruck wird niedrig gehalten (1—4 kp/cm²), da sich sonst auch geringe Unebenheiten der Unterlage auf die Dekoroberfläche durchdrücken können. Ist die Oberfläche des Trägermaterials sehr ungleichmäßig sowie zu saugfähig, kann durch ein Sperrfurnier Abhilfe geschaffen werden.

Die *Anwendung* der Weißleime auf der Grundlage von Polyvinylacetat bei der Holzverarbeitung ist sehr vielfältig. Bei der Montageleimung zur Herstellung von Wohnmöbeln haben sie sich in Zapfen-, Dübel- und Zinkenverleimung gut bewährt; es ist mit ihnen aber auch eine Vollholzfugenverleimung möglich. Nach Untersuchungen von W. CLAD [99] entwickeln auch dicke Klebfugen aus Polyvinylacetat-Weißleimen trotz ihres hohen Schwindmaßes durch Wasserverlust noch große Trockenverleimungsfestigkeit; sie sind weniger fugenempfindlich, sogar in ungefülltem Zustand, als Phenol- und Harnstoff-Formaldehydharzleime. Ein weiteres Anwendungsgebiet ist die Verleimung der Mittellagen von Tischlerplatten. Sie können bei der Fertigung von Türen und Fenstern in der Bauschreinerei dann eingesetzt werden, wenn diese so konstruiert sind, daß keine Wasserrinnen und Wassertaschen entstehen können. Die Durchführung einer Fugenverleimung von Deckfurnieren mit Weißleimen führt häufig zu Schwierigkeiten, da Polyvinylacetat in den zum Überlackieren der Furniere mit Polyester- oder Cellulosenitratlacken gebräuchlichen Lösungsmitteln quellbar ist. Dringt Lösungsmittel in die Fugen ein, können sich Blasen oder, nach dem Schleifen des Lackes, durch Entquellen des Klebfilms Einfallstellen an den Fugen bilden. Zum Anleimen von Furnierkanten oder Streifen aus Schichtstoffplatten werden Weißleime in Kantenanleimmaschinen dagegen mit gutem Erfolg verarbeitet. Die Oberflächenveredlung von Holz- (z. B. Tischlerplatten), Span- oder Hartfaserplatten durch Aufleimen dekorativer Schichtpreßstofftafeln wird als Naßverklebung ebenfalls mit Polyvinylacetat-Weißleimen durchgeführt [100]. Müssen die Schichtstoffe Rundungen angepaßt werden, versagen Verklebungen mit einem Weißleim meistens, da die dann immer unter Spannung stehende Klebfuge auf die Dauer nachgibt. In diesem Fall ist die Verwendung eines Kontaktklebers auf der Grundlage von Poly-2-chlor-1,3-butadien zweckmäßiger. Für die Kaschierung von Holz mit PVC-Folien und -Platten, wie sie in der Möbelindustrie vielfach durchgeführt wird, sind Klebdispersionen aus Homopolymerisaten des Vinylacetats ebenfalls nicht geeignet. Copolymere der Acrylsäureester und Copolymere des Vinylacetats mit Acrylsäure- oder Maleinsäureestern, neuerdings auch mit Äthylen, bringen nach entsprechender Modifizierung mit Füllstoffen und gegebenenfalls Naturharzen wesentlich besser haftende Verklebungen, die beim Versuch der Trennung sogar meistens zu Holzausriß führen [101]. Von der Herstellung evtl. noch vorhandene Öl- oder Wachsreste auf der Folienoberfläche müssen mit Lösungsmitteln (z. B. Benzin) abgewaschen werden. Zur Verklebung einer größere Mengen Weichmacher enthaltenden PVC-Folie mit Holz oder Holzwerkstoffen wird von den Filmen der Klebdispersionen eine ausreichende Beständigkeit gegen Weichmacher verlangt. In der Fachliteratur ist auch die Plastifizierung von Aminoplastleimen durch Zusatz von Polyvinylacetat-Dispersionen auf Grund von Laboruntersuchungen beschrieben worden [102]. Sie wird in der Praxis aber kaum angewendet. Bewährt hat sich für das Verleimen schwer verleimbarer Hölzer, insbesondere von Birkenfurnieren, ein Zusatz von 20—30 % Polyvinylacetat zum Harnstoffharzleim.

Genormte *Vorschriften zur Prüfung von Holzleimen* sind bei E. und L. PLATH [103] zusammengestellt. Im Schrifttum wird darüber hinaus an vielen Stellen über Prüfergebnisse von Holzverleimungen mit Polyvinylacetat-Leimen berichtet. Es handelt sich dabei in den meisten Fällen um Sonderprüfungen. Im allgemeinen werden Leimprüfungen am zweckmäßigsten nach den DIN-Vorschriften 53251 bis 53258 durchgeführt.

6.7 Durch Einwirken von Druck haftende Klebmassen

Eine Sonderstellung unter den Klebstoffen nehmen die druckhaftenden Klebmittel insofern ein, als sie für die Herstellung von Klebebändern, Klebefolien und Selbstklebeetiketten ein in sich geschlossenes Anwendungsgebiet beanspruchen. Andererseits finden sie aber immer dann Verwendung, wenn eine Festverklebung nicht möglich, nicht verlangt bzw. gar unerwünscht ist oder flüssigkeitsdichte Substrate zu verbinden sind, die ein anderes Klebverfahren (z. B. eine Naßverklebung) nicht gestatten. Ihr Anwendungsbereich erstreckt sich daher praktisch über alle bisher angeführten Verklebungsprobleme. Einer einheitlichen Betrachtung wegen ist es aber zweckmäßig, diese auch Haftkleber genannten Klebmittel in einem besonderen Abschnitt zu behandeln, wobei sich diese Ausführungen natürlich auf Klebmassen auf der Grundlage von Kunststoff-Dispersionen beschränken.

Haftkleber zeichnen sich dadurch aus, daß sie nach Verdunsten der flüssigen Phase einen Film mit einer mehr oder weniger großen Oberflächenklebrigkeit bilden. Die Verklebung erfolgt durch Anpressen der Klebfläche auf das zu klebende Teil unter leichtem Druck. Haftkleber bedürfen keiner Aktivierung durch Wasser oder Lösungsmittel wie die gummierten Papiere, durch Wärme allein wie die Heißklebepapiere (s. 6.8) oder durch Wärme und Druck wie die Heißsiegelpapiere (s. 7.3).

Als Ausgangsmaterial für Haftklebermassen sind an erster Stelle Naturkautschuk, Polyisobutylen, Polyvinyläther und neuerdings auch synthetische Kautschuksorten zu nennen, die hauptsächlich als Lösungen in organischen Lösungsmitteln zur Verwendung gelangen. Die Bedeutung der Kunststoff-Dispersionen für diesen Klebstofftyp wächst jedoch ständig. Vor allem sind es Polymerisate aus Acrylestern [104] mit 4 oder mehr C-Atomen in der Alkoholkomponente, die als Grundlage zum Herstellen von Haftklebern dienen. Vinylester-Copolymere spielen diesen gegenüber eine untergeordnete Rolle, da mit ihnen die optimalen Eigenschaften einer Haftklebermasse nur sehr schwer zu erzielen sind. Wesentliche, die Qualität eines Haftklebers bestimmende Merkmale sind Oberflächenklebrigkeit (Adhäsion) und Filmfestigkeit (Kohäsion). Jene muß die erwünschte Adhäsion am Substrat bringen; diese muß groß genug sein, daß an der Klebfuge angreifende Kräfte im Anwendungsfall keine Spaltung im Klebfilm hervorrufen können. Je nach dem Verhältnis von Oberflächenklebrigkeit zu Filmfestigkeit erhält man schwierig zu trennende Verklebungen mit verhältnismäßig großer Verklebungsfestigkeit oder Klebschichten, die sich nach einer Verklebung wieder rückstandfrei vom Untergrund ablösen lassen. Da Oberflächenklebrigkeit und Filmfestigkeit eines Polymerisates keine voneinander unabhängigen Größen sind, können sie nur innerhalb gewisser Grenzen variiert werden, wenn die Eignung des Polymerisats als Haftklebergrundlage nicht verlorengehen soll. Die jeweils erforderlichen Eigenschaften einer druckhaftenden Klebmasse werden daher meistens durch Mischen verschiedenartiger Produkte mit unterschiedlicher Oberflächenklebrigkeit und Filmfestigkeit eingestellt. Dies geschieht nicht allein durch die Kombination zweier oder mehrerer Polymerdispersionen, sondern auch durch Einemulgieren von Harzlösungen oder von Lösungen von Polyvinyläthern sowie auch durch Zusatz von Weichmachern, wodurch die Oberflächenklebrigkeit des Haftklebers erhöht wird, andererseits aber die Filmfestigkeit und damit die Wärmestandfestigkeit der Klebschicht je nach Art des verwendeten Harzes mehr oder weniger nachläßt. Die Wärmestandfestigkeit, ein Kriterium für die Eignung von Haftklebemassen zu manchen Anwendungszwecken (z. B. Lackierabdeckbändern, Elektroisolierbändern), ist eine Eigenschaft, in der die normalen Acrylester-Polymerisate dem Naturkautschuk und synthetischen Kautschukarten unterlegen sind. Bei vernetzbaren Acrylester-Copolymerisaten [105] ist die Wärmestandfestigkeit jedoch so weit verbessert, daß solche Polymere zur Herstellung von Isolierbändern bereits verwendet werden. Durch einen Zusatz von organischen Peroxiden zu den Acrylester-Polymeren vor dem Auftragen auf einen Klebebandträger soll die für Lackierabdeckbänder schädliche Quellbarkeit der Klebschicht in organischen Lösungsmitteln verringert werden können [106]. Polyacrylester können auch zur Verbesserung der Alterungsbeständigkeit von Haftklebern aus synthetischen Kautschuken (Butadien-Styrol- bzw. Butadien-Acrylnitril-Polymerisaten) diesen zugesetzt werden [107], ebenso wie bei Mischungen aus Naturkautschuk und Polyisobutylen einerseits die gute Alterungsbeständigkeit des Polyisobutylens und andererseits die höhere Wärmestandfestigkeit des Naturkautschuks genutzt wird. Ein Zusatz von Netzmitteln kann in den Fällen notwendig werden, in denen ein Substrat sich nur schwer benetzen läßt. Der Fließwiderstand wird erforderlichenfalls mit Verdickungsmitteln reguliert. Da Netzmittel und Verdickungsmittel aber die Oberflächenklebrigkeit des Haftklebers beeinträchtigen können, ist ihre Menge im Kleberansatz so gering wie möglich zu halten. Von einer Verwendung von Füllstoffen in Haftklebern wird kaum Gebrauch gemacht, da dadurch die meistens gewünschte Durchsichtigkeit der Klebschicht verlorengeht und außerdem die Oberflächenklebrigkeit verringert wird. Bei Haftklebermassen für den Bausektor, z. B. zur Verlegung von Fußbodenbelägen (s. 6.2.1), kann ein Zusatz von Füllstoffen allerdings erwünscht sein, um der Klebschicht füllende Eigenschaften zum Ausgleichen von Unebenheiten im Untergrund zu verleihen und die Kohäsion des Klebfilms etwas zu erhöhen. Falls die Haftklebemassen nicht beim Verklebungsvorgang selbst zur Anwendung kommen, wie z. B. beim Verkleben von Polystyrolschaumstoff-Platten auf nicht saugfähigem Untergrund, werden sie auf eine dafür vorgesehene Unterlage mit der für Kunststoff-Dispersionen üblichen Auftragstechnik (Rakel-, Walzen- und Filmgießmaschinen) maschinell aufgetragen. Die Auftragsmenge richtet sich hauptsächlich nach der Glätte des Substrats. Bei Filmen und Folien beträgt sie meistens zwischen 20—80 g/m². Die auf diese Weise erhaltenen Artikel sind Klebebänder, Klebefolien und andere selbstklebende Erzeugnisse (Etiketten, selbstklebende Fußbodenplatten u. a.).

Als *Substrate* sind außer den vielfältigen Papier- und Gewebesorten (gekreppte Natronkraftpapiere, Kunststoff-imprägnierte Papiere, mit Gittergeweben oder gerichteten Fasergelegen aus Synthese- oder Glasfasern verstärkte Papiere, Leinen, Synthesefasergewebe u. a. m.) die unterschiedlichen Arten von Kunststoff-Folien aus Hart- und Weich-PVC, Polyäthylen, Zellglas, Celluloseacetat, Polyterephthalat u. a., Kunststoffschäume sowie Metallfolien aus Aluminium und Kupfer in Gebrauch. Ihre Auswahl richtet sich nach dem jeweiligen Anwendungszweck der

Klebebänder oder -folien. Polyterephthalat-Folien dienen bevorzugt als Grundlage für Elektroisolierbänder; solche aus Polyäthylen und PVC eignen sich zu Abdichtungszwecken. Neuerdings finden auch in vermehrtem Umfang Vliesstoffe für medizinische Klebebänder und -folien Verwendung, da sie wegen ihrer besseren Luftdurchlässigkeit geringeren Anlaß zur Hautreizung geben [108]. Für Entdröhnungszwecke werden auch Metallfolien als Trägermaterial für Haftklebermassen verwendet.

Auf hydrophilen Substraten wie Zellglas oder weichmacherhaltigen Kunststoff-Folien als Trägermaterial für Klebebänder oder Klebefolien kann es schwierig sein, die Klebmasse zum Haften zu bringen. Eine schlecht haftende Kleberschicht kann beim Abrollen des Klebebandes auf die Rückseite des Klebebandträgers umspulen. In einem solchen Fall muß das Trägermaterial mit einem Primer beschichtet werden. In der diesbezüglichen Patentliteratur sind auch Primer auf der Grundlage oder unter anteilmäßiger Verwendung von Kunststoff-Dispersionen genannt [109]. Für Isolierbänder mit Schaumstoffen als Klebebandträger kann eine Vorbeschichtung auch allein den Zweck haben zu verhindern, daß die Klebstoffschicht in die Schaumstoffporen gedrückt und dadurch die Rückstellkraft des Bandes vermindert wird [110].

Vielfach wird die Klebschicht mit einer geprägten Kunststoff-Folie oder einem mit Silikonen imprägnierten Papier abgedeckt. Manchmal wird auch auf der Rückseite des Trägermaterials eine klebstoffabweisende Beschichtung aufgetragen. Wegen der Empfindlichkeit einer Haftkleberschicht gegen Oberflächenverunreinigungen, die die Adhäsion herabsetzen, können nur bestimmte Silikone verwendet werden, die außerdem sehr sorgfältig verarbeitet sein müssen.

Unter den vielseitigen *Anwendungsgebieten* der Haftkleber, besonders in Form von Klebebändern oder -folien, haben sich Kleber auf der Grundlage von Kunststoff-Dispersionen für bestimmte Zwecke gut bewährt. Anwendungsbeispiele sind Klebebänder zu Abdichtungs- und Isolierzwecken, Verpackungsklebebänder, in zunehmendem Maße auch medizinische Klebebänder und -folien, Klebefolien zum Schutze von Landkarten, selbstklebende Entdröhnungspappen und -filze und mit Haftklebermassen beschichtete Fußbodenplatten.

Vom "Pressure Sensitive Tape Council" (Glenvies, Ill., USA) sind *Methoden zur Prüfung von druckhaftenden Klebebändern* herausgegeben worden. Einige davon, die Methode zur Prüfung der Schäl- und Scherfestigkeit (s. Abb. 13) von Verklebungen mit Klebebändern und die zur Ermittlung des Anfaßvermögens, wurden auch von C. W. BEMMELS [111] referiert. Zur Prüfung der Oberflächenklebrigkeit bzw. des Anfaßvermögens von Klebebändern erscheint die Schlaufenmethode sehr zweckmäßig, bei der ein Stück des Klebebandes, zur Schlaufe gelegt, mit der Schichtseite an eine saubere und polierte Stahlplatte herangeführt, ohne Einwirkung von Druck in Kontakt gebracht und unter Messen der dazu notwendigen Kraft unmittelbar danach wieder abgezogen wird. Bei der Prüfung der Schälfestigkeit von Haftklebemassen auf flexiblen Trägermaterialien ist zu beachten, daß die Meßwerte, abgesehen vom Abzugswinkel und der Dicke der Klebschicht bzw. des Substrats, auch von den elastischen Eigenschaften des Substrats abhängen. F. L. EGAN und D. SATAS [112] weisen allerdings darauf hin, daß die bisher dazu vorliegenden theoretischen Überlegungen nicht vollständig mit den experimentell gewonnenen Daten übereinstimmen.

Für selbstklebende Isolierbänder, mit Kunststoff-Folien oder Gewebe als Trägermaterialien, sind in der DIN 40633 Typenbeschreibungen, Anforderungen und Prüfvorschriften zusammengefaßt.

6.8 Durch Einwirkung von Wärme haftende Klebemassen

Die Oberfläche eines mit einer Heißklebemasse beschichteten Trägermaterials ist unter Normalbedingungen soweit klebfrei, daß beschichtete Bahnen ohne Verkleben aufgerollt oder Zuschnitte gestapelt werden können. Durch Erwärmen auf Temperaturen > 70°C nehmen solche Beschichtungen aber den Charakter einer Haftklebemasse an, und der Träger kann nun unter Anwendung von relativ geringem Druck haftfest mit einer Unterlage verbunden werden.

Im Prinzip ist eine Heißklebemasse aus einem oder dem Gemisch mehrerer Polymerisate und einem oder mehreren kristallinen Weichmachern zusammengesetzt [113]. Diese müssen unterhalb der Aktivierungstemperatur in den Polymerisaten unlöslich sein. Sie liegen dann in kristallinem Zustand separat neben den Polymerisatteilchen vor und leisten dadurch einen wesentlichen Beitrag zum blockfreien Verhalten der Beschichtung. Oberhalb der Aktivierungstemperatur schmelzen diese kristallinen Weichmacher und solvatisieren das Polymere und machen es auf diese Weise weich und klebrig. Der klebrige Zustand der Beschichtung bleibt im Gegensatz zu dem einer Haftklebermasse nicht auf die Dauer erhalten. In der abgekühlten Klebfuge kristallisiert der Weichmacher nach einiger Zeit wieder aus. Die einmal erzielte gute Haftfestigkeit wird auf den meisten Unterlagen dadurch aber nicht beeinträchtigt.

Die Auswahl der *Polymerisate* für Heißklebemassen richtet sich aber nicht nur nach ihrer Weichmacherverträglichkeit; auch ihre Filmfestigkeit muß im Zustand der Plastifizierung durch die Weichmacher groß genug sein, daß die Verklebungsfestigkeit den Beanspruchungen unter Praxisbedingungen entspricht. Als geeignet erwiesen haben sich bestimmte Homo- und Copolymerisate [114] des Vinylacetats, Vinylchlorids, Styrols, Butadiens und der Acrylester. In den meisten Fällen werden die Filmeigenschaften der Heißklebemassen durch Mischen verschiedener Polymerisatdispersionen eingestellt.

Weichmacher werden im allgemeinen als wäßrige Dispersion in die Polymerdispersion eingearbeitet. Die Weichmacherdispersion muß sehr feinteilig und stabil sein, da der Verteilungsgrad des Weichmachers dessen Wirksamkeit in der Beschichtung wesentlich beeinflußt. Die Art und die Menge des eingesetzten Weichmachers sind mitbestimmend für die Aktivierungstemperatur, die Zeitdauer des aktivierten Zustands und die Verklebungsfestigkeit. Der am häufigsten verwendete kristalline Weichmacher ist Dicyclohexylphthalat. Es sind aber auch andere feste Weichmacher als geeignet vorgeschlagen worden, wie z. B. Diphenylphthalat, Tri-(p-tert.-butylphenyl)-phosphat, Cyclohexyl-p-toluolsulfonamid, Acetanilid, 1,2-Bis-(2-biphenyloxy)-äthan, 1,2-Bis(4-tert.-butyl-2-chlor-phenoxy)-äthan. Umsetzungsprodukte von flüssigen Aminen (Dodecylamin, Benzylamin, 2-Amino-2-äthyl-1,3-propandiol, Dihydroabietylamin) mit Kohlendioxid geben dieses bei Temperaturen zwischen 100°C und 200°C wieder ab, und die Amine sollen dann als Weichmacher wirken [115]. Der feste Weichmacher wird in Mengen von 50—400 %, berechnet auf Polymerisat, zugegeben. Es wird aber fast ausschließlich ein beträchtlicher Überschuß an Weichmacher angewendet. Ist die Polymerisatdispersion nicht filmbildend, wird meistens ein gelatinierender Weichmacher zusätzlich verwendet. Man kann in einem solchen Fall die Polymerisatteilchen auch mit Hilfe einer filmbildenden Kunststoff-Dispersion auf dem Trägermaterial fixieren. Die Eigenschaften einer Haftklebermasse, vor allem Oberflächenklebrigkeit und Filmfestigkeit, lassen sich auch durch Füllstoffe, Wachse und Harze verändern.

Als *Trägermaterialien* kommen Papier, imprägnierte Papiervliese, Gewebe, Kunststoff- und Metallfolien in Frage; hauptsächlich jedoch werden Druckpapiere zur Beschichtung herangezogen, da die Etikettierung das derzeitig größte Anwendungsgebiet der Heißklebemassen ist.

Die *Beschichtung* erfolgt mit den für eine Papierbeschichtung (s. 7.3) üblichen Auftrags- und Egalisierungsmethoden. Bei der Trocknung ist vor allem darauf zu achten, daß die Temperatur nicht über die Aktivierungstemperatur der Beschichtung ansteigt. Ein sehr großer Überschuß an Weichmacher setzt zwangsläufig die Filmfestigkeit des aktivierten Klebfilms herab. Andererseits wirkt sich die erhöhte Menge festen Weichmachers auch günstig auf die Blockfestigkeit des Heißklebepapiers aus. Die Gefahr des „Blockens", d. h. eines Verklebens der beschichteten Trägermaterialien im aufgewickelten oder gestapelten Zustand, ist bei frisch aufgerollten Papieren direkt nach der Beschichtung besonders groß. Ein Blocken kann aber als Zeiteffekt auch während der anschließenden Lagerung von Heißklebepapieren eintreten, wenn diese der Einwirkung höherer Temperaturen und höherer Luftfeuchtigkeiten ausgesetzt sind. Temperaturen von 15°C bis 20°C und relative Luftfeuchtigkeiten von 50 % bis 55 % sollten daher bei der Lagerung nicht überschritten werden.

Größere Sicherheit gegen ein Verblocken der Heißklebeerzeugnisse kann durch Herabsetzen der Weichmachermenge in der Masse und zusätzliches Aufstauben des Weichmacherpulvers auf die noch feuchte Oberfläche der Beschichtung [116] erreicht werden. Die Kristallisation des Weichmachers nach der Beschichtung durch Bürsten zu beschleunigen, ist schwierig und nicht in jedem Fall erfolgreich [117]. Bei einer anderen Methode wird die Oberfläche der Beschichtung mit einem Lösungsmittel für den Weichmacher angefeuchtet [118]. Dadurch soll ein Teil des Weichmachers an die Oberfläche gezogen werden und dort beim Verdunsten des Lösungsmittels schnell auskristallisieren. Die Abkühlungszeit der Beschichtung soll nach diesem Verfahren wesentlich verkürzt werden können.

Die *Anwendung* der Heißklebematerialien erstreckt sich vornehmlich auf die Trockenetikettierung. Die Aktivierung der Klebschicht erfolgt durch Kontaktwärme, Heißluft oder IR-Strahlungswärme. Bei manchen Rezepten ist ein Abfall der Klebkraft bei längerer Aktivierungszeit festgestellt worden [119]. Aufgeklebt werden die aktivierten Etiketten oft einfach mittels Handdruck oder einem Bügeleisen. Es sind inzwischen aber auch entsprechende Automaten bzw. Streifenspender entwickelt worden, die als Zweistufenmaschinen arbeiten (getrennte Anwendung von Temperatur und Druck). Als Druckstation lassen sich auch vorhandene Heißsiegeleinrichtungen verwenden, wobei die Temperaturquelle ausgeschaltet bleibt. Die besonderen Verklebungseigenschaften der Heißklebematerialien erlaubt die Etikettierung wärme- und druckempfindlicher Gegenstände sowie zahlreicher Kunststoffe, die nur schwierig beklebbar sind. Bei der Brotverpackung sind Heißklebepapiere zur Verschlußetikettierung geeignet. Neben der Auszeichnung von Lebensmittelverpackungen haben sie sich auch bei Rationalisierungsmaßnahmen im Bürowesen bewährt.

Heißklebematerialien haften nach der Rekristallisation des Weichmachers dauerhaft auf Glas, Holz, PVC, Zellglas, Metallen (Zink, Aluminium, Zinn, Kupfer, Weißblech), Celluloseacetatfolien, gestrichenen Papieren, Kautschukhydrochlorid, Polymethacrylat und Polyterephthalat. Schwierigkeiten bereitet manchmal noch, über lange Zeiten eine Haftfestigkeit auf Polyolefinoberflächen zu erzielen; für die in Selbstbedienungsläden üblichen Umschlagzeiten der Waren von einigen Monaten soll die Haftfestigkeit jedoch auch auf Polyäthylen ausreichend sein.

6.9 Verschiedene Klebstoffanwendungen für Kunststoff-Dispersionen

Aus Korkschrot verschiedener Korngrößen werden mit Hilfe von *Korkbindemitteln* Platten, Tafeln, Folien und Rundstäbe gefertigt, die zum Teil wiederum als Ausgangsmaterialien für Einlagen, Kronenkorken, Dichtungsringe u. a. dienen oder mit Papier, Kunststoff- bzw. Aluminiumfolien kaschiert werden. Um ein dichtes Gefüge zu erreichen, werden zweckmäßigerweise grobe und mittlere Körnungen gemischt. Korkschleifmehl kann nur in geringen Mengen zugesetzt werden, da sein Bindemittelbedarf zu groß ist und bei zu großen Bindemittelmengen die charakteristischen Eigenschaften eines Formteils aus Kork verlorengehen. Als Bindemittel werden Gelatine, tierische Leime, Kunststoff-Dispersionen, Naturkautschuklatex, Phenol- oder Harnstoff-Formaldehyd-Harze verwendet. Gelatine und tierischen Leimen wird Glyzerin oder ein anderer mehrwertiger Alkohol zur Weichmachung und zum Wasserfestmachen Formaldehyd abspaltende Mittel, wie Hexamethylentetramin oder Paraformaldehyd, zugesetzt, wenn zur Aushärtung mit Wärme gearbeitet werden kann. Durch die Vernetzung wird aber zwangsläufig die Flexibilität der Bindemittel verringert, was durch erhöhten Glyzerinzusatz nicht ausgeglichen werden kann. Eine Erhöhung der Flexibilität kann aber durch Zugabe von Polymerdispersionen aus vernetzbaren und nicht-vernetzbaren Acrylester- und Vinylesterpolymeren erzielt werden. Am besten sind solche Polymerdispersionen geeignet, die gleichzeitig weiche und feste Filme bilden.

Die gesamte Bindemittelmenge beträgt meist zwischen 10 und 20 Gew.-%, berechnet auf Korkschrot. Der Polymerisatanteil im Bindemittel soll dabei mindestens 20 % betragen. Bei der Herstellung des Korkschrot-Bindemittel-Ansatzes wird der Korkschrot zunächst mit der Naturstofflösung im Mischer bedüst, die bereits den Weichmacher enthält. Anschließend wird die Kunststoff-Dispersion eingemischt und als letztes die Härterlösung zugegeben. Bei der Verarbeitung zu Korkstäben in der Strangpresse erhöht ein geringer Zusatz von Paraffin oder Paraffinöl die Gleitwirkung. Zur Strangverarbeitung muß der Ansatz vorgetrocknet werden, damit bei der Preßtemperatur von ca. 120°C ein Überschuß von Feuchtigkeit nicht zu Verarbeitungsstörungen führt. Der fertige Strang wird geschnitten und die Oberfläche der Einzelstücke geschliffen. Dabei müssen diese unter Umständen angefeuchtet werden, um ein Schmieren der Oberfläche zu vermeiden. Bei der Plattenherstellung richten sich Preßtemperatur und -zeit wegen der geringen Wärmeleitfähigkeit des Korks hauptsächlich nach der Plattendicke. Durch den Preßdruck, meistens zwischen 50 und 70 kp/cm², wird das spezifische Gewicht der Platte eingestellt. Mit Kunststoff-Dispersionen als einzigem Bindemittel können auch sehr flexible Korkplatten hergestellt werden.

Außer aus Korkschrot können auch aus Holzabfällen, Sägespänen, Textilabfällen, Flachs u. a. m. mit Kunststoff-Dispersionen als Bindemittel die verschiedenartigsten Formkörper hergestellt werden. Hierzu wird eine Polymerdispersion im allgemeinen durch Sprühen oder Tauchen auf den Ausgangsmaterialien fein verteilt und die Mischung während oder nach dem Trocknungsvorgang durch Pressen in der gewünschten Form verfestigt.

Ein weiteres Anwendungsgebiet für Kunststoff-Dispersionen ist die Herstellung von *Fugenmassen* zum Ausfüllen von Scheinfugen im Mauerwerk und zum Verfugen von Betonfertigteilen im Montagebau [*119a*]. Hauptsächlich sind es Vinylester-Copolymerisate, die in Kombination mit ausgewählten Füllstoffen (Quarzsand, Quarzmehl, Asbestfasern, Kreide u. a.) hierfür eingesetzt werden. Neuerdings sind auch Fugenmassen auf der Basis von wäßrigen Dispersionen verseifungsbeständiger und witterungsfester Acrylestercopolymerisate entwickelt worden.

Eine Mörtelfugenmasse aus Kunststoff-Dispersionen haftet gut auch in dünnen Fugen, wie sie bei der heutzutage größeren Maßgenauigkeit von Leichtblocksteinen entstehen. Ihre leichte Verstreichbarkeit wirkt sich bei der mehr und mehr rationalisierten, schnellen Bauweise vorteilhaft aus.

Mit Holzmehl, Leichtspat und in der Farbe entsprechendem Pigment versetzte Polyvinylacetat-Dispersionen eignen sich auch als Holzkitte zum Ausbessern von Rissen und sonstigen Holzfehlern sowie zum Ausfüllen von Astlöchern.

Zur *Verklebung von Kunststoffen* miteinander werden Klebdispersionen kaum eingesetzt, da in diesem Fall meistens wasserundurchlässige Formteile zu verkleben sind. Das Wasser der Dispersion kann deshalb nur sehr langsam aus der Klebfuge verdunsten, wodurch die Verklebung eine nur geringe Anfangsfestigkeit aufweist und erst nach längerer Zeit die Endfestigkeit erreicht wird. Jedoch können Haftklebermassen auf der Grundlage von Kunststoff-Dispersionen jederzeit verwendet werden, wenn die damit erzielte Verklebungsfestigkeit ausreicht; denn die Anwendung von Kunststoff-Dispersionen scheitert in den meisten Fällen an der Verfahrenstechnik und nicht etwa grundsätzlich an schlechter Haftfestigkeit der Klebfilme. Diese ist auf den meisten Kunststoffarten durchaus gut, wie die zahlreichen Anwendungsbeispiele zeigen, bei denen Kunststoffe, wie z. B. Hartschaumstoffe aus Polystyrol, glasfaserverstärkte Polyester (GFK), PVC-Folien, Polymethacrylsäureester u. a., auf saugfähige Untergründe mit Hilfe wäßriger Klebsysteme geklebt werden. Die Vorbereitung der Kunststoffoberfläche ist auch bei der Verwendung von Klebdispersionen wichtig. Die dafür geeigneten Verfahren, wie z. B. Reinigen mit entsprechenden Lösungsmitteln und gegebenenfalls Aufrauhen, sind dieselben wie für Kleber auf anderer Grundlage [*120*]. Das gleiche gilt für Vorbehandlungsmethoden zur Verbesserung der Haftfestigkeit [*121*].

7 Kunststoff-Dispersionen als Hilfsmittel bei der Papierherstellung und -verarbeitung

7.1 Kunststoff-Dispersionen als Zusatz zur Papiermasse und als Leimungsmittel

In Analogie zu einigen anderen Fällen hat auch der *Zusatz von Polymerdispersionen zur Papiermasse* das Vorbild in einer gleichartigen Anwendung von Naturkautschuklatex. Schon um 1920 wurde der Zusatz von Kautschukdispersionen zum

Papierbrei im Holländer patentiert [*1*]. Heute verwendet man Papiere und Pappen mit Kunststoffzusatz als Brandsohlenmaterial (Lederpappe), Kofferpappe, Dichtungen, Filtermaterial (z. B. Filtersäcke und -tüten für Staubsauger), Filzpappe für Fußbodenbeläge, Schleifmittelsubstrate u. a.

Das Verfahren, Kunststoff der Papiermasse bereits im Naßteil der Papiermaschine zuzugeben, hat bei kleinen Zusatzmengen gegenüber dem Imprägnierverfahren den Vorteil, daß durch das Ausfällen mit Koagulationsmitteln eine Wanderung der Dispersionsteilchen beim Trocknen verhindert wird. Soll nämlich der Kunststoffgehalt eines imprägnierten Papieres gering sein, muß die zum Imprägnieren der Papierbahn verwendete Kunststoff-Dispersion auf einen sehr geringen Feststoffgehalt eingestellt werden. Eine Wanderung der Latexteilchen während des Trocknungsvorganges, als deren Folge sich das Polymerisat an der Oberfläche des Papieres anreichert, läßt sich in diesem Fall nur sehr schwer vermeiden. Beim Massezusatz hängt die Verteilung des Polymerisates im Papier sehr davon ab, ob die Kunststoff-Dispersion ohne Bildung gröberer Aggregate gefällt worden ist.

Ein Kunststoffzusatz zum Papier verfolgt mehrere Zwecke. Fast immer sollen die Zerreiß- und Spaltfestigkeit des Papiers, gegebenenfalls auch bei einer Naßbeanspruchung, erhöht werden. Unter Umständen ist auch eine Verdichtung des Papiergefüges erwünscht, je nach Anwendungszweck in mehr oder weniger hohem Maße (z. B. zur Herstellung von Luft- und Staubfiltern, Dichtungen). Ziel eines Massezusatzes kann außerdem die Verbesserung der Einreißfestigkeit, der Dehnbarkeit oder der Falzbeständigkeit des Papieres sein.

Die Eigenschaften von Papieren mit Kunststoffzusatz werden durch die eingesetzten Polymerisatmengen, die Polymerisatzusammensetzung (von besonderer Bedeutung sind funktionelle Gruppen in Monomeren), den Polymerisationsgrad, die Teilchengröße und die Art der Emulgiermittel in der Dispersion als wesentliche Faktoren beeinflußt.

Die größte Bedeutung als Zusatz zur Papiermasse im Holländer haben bisher Butadien-Acrylnitril-Copolymerisate und 2-Chlor-1,3-butadien-(Chloropren-)Polymerisate, in geringem Maße auch Butadien-Styrol-Copolymerisate gewonnen. Die Reißfestigkeit wird hauptsächlich vom Gewichtsanteil der Polymerisate im Papier bestimmt. Die Einreißfestigkeit wird bei den angeführten Polymeren noch vom Acrylnitrilgehalt im Polymerisat bzw. dem Kristallisationsgrad des Poly-2-chlor-1,3-butadiens beeinflußt. Keine oder nur geringe Kristallisation, zusammen mit einem kleinen Elastizitätsmodul und entsprechend niedrigem Polymerisationsgrad sind die Kriterien für ein 2-Chlor-1,3-butadien-Polymerisat, die bei einem nicht zu geringen Kunststoffanteil im Papier zu hoher Einreißfestigkeit führen [*2*]. Copolymerisate des 2-Chlor-1,3-butadiens mit Acrylnitril [*3*] zeichnen sich ebenso wie Butadien-Acrylnitril-Copolymere mit hohem Acrylnitrilgehalt durch sehr gute Mineralölfestigkeit aus.

Über die Verwendung von Polyvinylacetat-Dispersionen als Massezusatz ist bisher wenig bekannt geworden; auch lassen sich diese meist Schutzkolloid-haltigen Dispersionen mit den gebräuchlichen Fällungsmitteln nur schwer gleichmäßig auf die Fasern fällen. Über Laboruntersuchungen mit Vinylacetat-Copolymeren berichtet R. S. DRAKE [*4*]. Ionogene Emulgiermittel enthaltende Dispersionen schneiden danach besser ab als solche, die mit Schutzkolloiden hergestellt wurden, ein weiterer Beweis für die Wichtigkeit einer gleichmäßigen Verteilung des Polymerisates beim Fällen. R. P. Barber, R. L. Bharagava, R. W. Reiter und V. Stannett [5] verglichen die Zug-, Berstdruck- und Einreißfestigkeit von im Labor hergestellten Papierblättern, in die die gleiche Menge einer Polyvinylacetat-Dispersion einmal über den Holländer, zum anderen auf dem Weg der Imprägnierung eingebracht worden war. Bei geringen Kunststoffzusätzen (ca. 4 Gew.-% auf Fasern) wurden keine Unterschiede zwischen den beiden Methoden gefunden, während bei größerem Kunststoffgehalt im Papier der Zusatz zur Papiermasse bessere Naßfestigkeitswerte zeigte. Die Autoren führen dies darauf zurück, daß nach dem Massezusatz ein Teil der Faser-Faser-Bindungen durch Faser-Kunststoff-Bindungen ersetzt ist, während nach der Imprägnierung nach wie vor die wasserempfindliche Faser-Faser-Bindung vorherrscht. Ganz allgemein bringen aber Vinylacetat-Polymere bezüglich der Einreißfestigkeit nicht die gleichen günstigen Ergebnisse wie die zuvorgenannten Elastomeren, die eine wesentlich tiefer liegende Einfriertemperatur als Polyvinylacetat aufzuweisen haben. Durch Zusatz von Polyvinylacetat-Dispersionen zum Faserbrei lassen sich jedoch Reiß- und Biegefestigkeit sowie Klang und Härte von Karton, Hartpappen und Hartplatten verbessern [6]. Die Eigenschaften des thermoplastischen Polymerisats kommen aber erst durch Nachpressen der Pappen oder Platten unter Wärmeeinwirkung voll zur Geltung.

Einen Übergang zwischen einer mit Kunststoff verstärkten Faserplatte und einer mit Fasern verstärkten Kunststoffplatte stellen faserige Flächengebilde dar, denen bei der Herstellung in der Papiermasse Kunststoffmengen um 50 % des Gesamtgewichts zugegeben werden. Wandverkleidungsplatten sollen auf diese Weise nach speziellen Verfahren hergestellt werden können, bei denen sich kationische Polychloropren-Dispersionen und anionische Polyvinylacetat-Dispersionen gegenseitig ausfällen [7] oder Polystyrol-, Polyvinylacetat- oder PVC-Dispersionen mit Polyäthylenimin und gegebenenfalls einer hochmolekularen Polycarbonsäure auf den Fasern niedergeschlagen werden [8]. Prinzipiell erscheinen auch Polyvinylchlorid-Dispersionen, gegebenenfalls in Mischung mit Butadien-Acrylnitril-Latices [9], für solche Anwendungen geeignet. In allen Fällen müssen die Platten einer Nachbehandlung unter gleichzeitiger Einwirkung von Wärme und Druck unterzogen werden.

Der Zusatz von Polyacrylester-Dispersionen im Holländer hat bis heute noch zu keiner weitverbreiteten industriellen Anwendung geführt, obwohl verschiedene Veröffentlichungen [10], u. a. auch über den Einfluß der Teilchengrößenverteilung in einer Polyäthylacrylat-Dispersion [11] auf die Papiereigenschaften, vorliegen. In einer neueren Arbeit berichten H. C. Adams, T. J. Drennen und L. E. Kelley [12] über ein Verfahren, bei dem zunächst die Cellulosefasern durch ein niedermolekulares, kationisches Polymerisat umgeladen werden, wodurch ein kontrolliertes Auffällen einer nicht-ionischen oder anionischen Polyacrylester-Dispersion möglich gemacht wird. Die Verwendung von Polyacrylester- oder Polyvinylpropionat-Dispersionen in Filzpappen für Fußbodenbeläge ist wenigstens in Europa bisher aus kalkulatorischen Gründen im Vergleich zu den herkömmlichen, bituminierten Filzpappen gescheitert.

Die Arbeitsweise muß genau auf den jeweils verwendeten Latex abgestimmt sein. Der Feststoffgehalt der Faseraufschlämmung beträgt mindestens 2—4 %. Vor der Zugabe der Polymerdispersion wird die wäßrige Papiermasse auf den für das Fällen günstigsten pH-Wert eingestellt. Ein Zusatz von Dispergiermitteln unterstützt eine feine, gleichmäßige Fällung. Gegebenenfalls werden auch Alterungsschutzmittel (bei Butadien- bzw. Chloropren-Polymerisaten) und Zinkoxid (bei Chloropren-Polymerisaten bzw. bei carboxylierten Butadien-Polymerisaten) zugegeben. Die Kunststoff-Dispersion wird in verdünnter Form zugesetzt und anschließend meistens mit verdünnter Aluminiumsulfatlösung gefällt. Für Polychloroprenlatices wird als Fällmittel auch Magnesiumchlorid empfohlen, wenn die Fällung mit Aluminiumsulfat zu langsam verläuft [2]. Soll der Kunststoffzusatz mehr als 5 Gew.-%, berechnet auf das Fasergewicht, betragen, ist anstatt der Fällung mit Aluminiumsulfat eine Vorbehandlung der Fasern mit einem kationaktiven Melaminharz vorgeschlagen worden, das als Fällungsmittel für die anschließend in die Papiermasse eingerührte, anionische Kunststoff-Dispersion wirkt [13]. Durch diese Verfahrensweise soll sich eine vollständige Ausfällung und gleichmäßige Verteilung der relativ großen Kunststoffmengen auf den Fasern erreichen lassen. Aus ähnlichem Grund hat man auch schon versucht, die Cellulosefasern dadurch umzuladen, daß man vor der Zugabe des anionischen, synthetischen Kautschuklatex die wasserunlöslichen Hydroxide von mehrwertigen Metallsalzen (z.B. Aluminiumhydroxid) auf die Faser auffällte [14]. Erfahrungsgemäß kann es aber auch bei Vorlegen des Fällungsmittels zu einer Aggregatbildung der Kunststoffteilchen kommen, falls das Fällungsmittel in zu großen Mengen eingesetzt wird. Dagegen hat sich im Versuch bewährt, daß — wie bei der Faserlederproduktion — bei dem Ausfällen der Kunststoff-Dispersion durch nachträglichen Alaunzusatz ein anionogenes Dispergiermittel zugegen ist mit dem Ziel, eine weitgehend aggregatfreie Fällung der Kunststoffteilchen zu erreichen. Wird der Alaun sorgfältig dosiert und zur Vervollständigung des Fällvorganges zuletzt noch ein kationisches Fixiermittel (z. B. Polyäthylenimin, Melamin- oder kationisches Harnstoffharz) eingesetzt, sind die Ergebnisse noch günstiger. Für das Fällen von Kunststoff-Dispersionen, die mit Schutzkolloiden stabilisiert sind, eignen sich besonders Polyäthylenimine als Koagulationsmittel. In einem speziellen Verfahren wird der Papierstoff vor und während der Koagulation des Latex heftig mit Luft durchgewirbelt, wodurch sich Faser- und Kunststoffaggregation besser vermeiden lassen sollen als bei einem Rührprozeß [15]. Grundsätzlich soll die Mahlung der Fasern beendet sein, bevor der Latex zugesetzt wird. Es besteht sonst die Gefahr, daß durch die Fortsetzung des Mahlvorganges die Latexteilchen wieder aggregieren bzw. teilweise wieder von den Fasern abgeschert werden.

Durch eine Temperaturnachbehandlung der fertigen Papiere können vielfach die mechanischen Eigenschaften noch weiter verbessert werden. Dieser experimentelle Befund läßt sich wahrscheinlich eher durch eine Steigerung der Adhäsionskräfte zwischen den Fasern und dem Polymerisat erklären als durch eine chemische Reaktion zwischen den beiden Partnern. Es ist anzunehmen, daß durch eine Temperaturerhöhung über die Trocknungstemperatur hinaus thermoplastisches Fließen des Polymerisats einsetzt, was die Berührungsfläche der Fasern mit den Latexteilchen vergrößert.

Zusammen mit Cellulosefasern oder an deren Stelle werden auch andere Fasern, wie z. B. Asbestfasern, für Spezialpapiere verwendet.

Eine interessante, neue Anwendung für Kunststoff-Dispersionen wurde in den letzten Jahren bei der *Papierleimung* gefunden, für die bis dahin fast ausschließlich Kolophonium verwendet wurde. Kationaktive Acrylester-Copolymerisate [4] mit am Stickstoffatom quaternisierten N-Vinyl-aromatischen Verbindungen [16] oder mit anderen quartären Ammoniumsalzen Stickstoff-enthaltender Monomerer [17] haben gegenüber einem Harzleim den Vorteil, gegen die Einwirkung von Alkalien unempfindlich zu sein. Die Leimung eines Streichrohpapiers wird daher auch durch Beschichtung mit einer alkalischen Streichfarbe (Kasein als Bindemittel) nicht beeinträchtigt.

In einer ausführlichen Arbeit befaßte sich I. REINBOLD [18] mit den Unterschieden im Leimungsverfahren bei Anwendung der genannten kationaktiven Acrylester-Polymerisate bzw. der bekannten Harzleime sowie mit den Einflußgrößen Faserart, Füllstoffe, pH-Wert, Elektrolyte und Trocknungsbedingungen. Bei der *Masseleimung* zeigte sich der günstigste Leimungseffekt bei gebleichten Fasern. Da die Dispersionsteilchen positiv geladen sind, erübrigt sich eine Zugabe fällender oder fixierender Hilfsmittel (z. B. Aluminiumsulfat).

Besondere Vorteile bieten diese Polymerisate aber in Kombination mit Stärke für die *Oberflächenleimung*, die meist in der Leimpresse durchgeführt wird. Zusätzlich zur erzielten Leimung wird auch noch die Rupffestigkeit der Papiere erhöht, so daß sich diese Art der Leimung besonders zur Herstellung von Druckpapieren eignet. Eine vorherige Harzleimung in der Masse wirkt sich wegen Verringerung der Saugfähigkeit des Papiers ungünstig auf den Effekt der Oberflächenleimung aus. Wenn auch bisher derartige Leimungsmittel nicht bekannt waren, die mittels Oberflächenpräparation einen ausreichenden Leimungseffekt erzeugen, so hat es doch nicht den Anschein, daß durch diese neue Leimungstechnik Kolophonium als Leimungsmittel seine Bedeutung verliert. Durch eine Leimung mit Kunststoff-Dispersionen können jedoch Papiere mit besonderen Eigenschaften hergestellt werden, und zwar auf einem Weg, der für die Zukunft noch weitere Möglichkeiten offen läßt.

7.2 Druckpapier und -karton

Zweck des Streichens von Papier oder Karton mit pigmentierten Streichmassen ist es, die Faserstruktur der Papieroberfläche mehr oder weniger abzudecken, um eine bessere Bedruckbarkeit des Papiers zu erzielen und gegenüber dem ungestrichenen Papier den Weißgrad und unter Umständen auch den Glanz zu erhöhen.

Bis vor einigen Jahren gab es nur die mit 20–35 g/m² je Seite gestrichenen Kunstdruckpapiere und die mit etwa der gleichen Menge einseitig gestrichenen Chromopapiere. Mit den nach neueren Streichverfahren gestrichenen Papieren mit geringen Auftragsgewichten (5–15 g/m²) ist eine neue Art gestrichener Papiere hinzugekommen, die in der Qualität zwischen den Kunstdrucksorten nach klassischer Definition und den nicht-gestrichenen Druckpapieren liegt. Sie findet hauptsächlich für Illustrationsdruckpapiere Interesse.

Eine Papierstreichmasse setzt sich zusammen aus:
a) einem oder mehreren Weißpigmenten,
b) einem oder mehreren Bindemitteln,
c) Hilfsmitteln,
d) Wasser.

Je nach Feststoffgehalt unterscheidet man zwischen niedrigkonzentrierten (35–50 Gew.-%) und hochkonzentrierten (50–65 Gew.-%) Streichfarben. Der Pigmentanteil im fertigen Strich beträgt im allgemeinen mindestens 80 Gew.-%.

Die Pigmentvolumenkonzentration liegt meistens zwischen 70 und 90%. Man bewegt sich also beim Papierstreichen oberhalb der kritischen Pigmentvolumenkonzentration (s. 3.2).

Art und Menge der Einzelkomponenten beeinflussen sowohl die Verarbeitbarkeit des Streichansatzes als auch die Eigenschaften des Papierstrichs.

Ein wesentlicher Faktor für das störungsfreie Verarbeiten einer Streichmasse ist deren Scherstabilität, an die besonders bei den Streichverfahren mit Walzenegalisierung hohe Anforderungen gestellt sind, da sich sonst die Walzen sehr bald mit Streichfarbenresten belegen. Große Bedeutung hat auch das Fließverhalten, das auf das Streichverfahren, die Streichgeschwindigkeit, das Trägerpapier und das gewünschte Auftragsgewicht abgestimmt sein muß. Vor allem für Walzenstreichverfahren und ganz allgemein bei hochkonzentrierten Streichfarben ist eine gewisse Strukturviskosität erwünscht, d. h. der Fließwiderstand soll mit steigender Scherbeanspruchung abnehmen. N. MILLMANN [19] berichtet über Faktoren, die das Fließverhalten von Streichfarben bestimmen. Er geht nicht auf den Einfluß des Kunststoffbinders selbst ein, um so mehr aber auf die Bedeutung der Teilchengröße und Verteilung der Pigmente sowie die der verschiedenen Zusätze, wie Dispergier- und Netzmittel. Allerdings ist es immer noch ein Problem, das rheologische Verhalten der Streichmassen auf einer Walzenstreichanlage im Labor durch Viskositätsmessungen zu erfassen, um z. B. Aufklärung über einen Zusammenhang zwischen dem Auftreten des sog. „Orangenschaleneffekts", einer bestimmten Oberflächenmusterung des Strichs, und dem Fließverhalten der Streichfarbe zu bekommen [20]. Wenn man das in einem Rheometer geprüfte Fließverhalten einer Streichmasse mit einem Oberflächeneffekt des Strichs in direkte Beziehung setzt, wird allerdings nicht berücksichtigt, daß durch das Eindringen des Wassers in das Papier das Fließverhalten der Streichmasse während des Streichvorganges laufend verändert wird. In der Praxis spielt daher die Zeit eine große Rolle, die der Streichmasse bleibt, um die Streichmarkierungen durch Verlaufen auszugleichen, bevor der Festgehalt und damit der Fließwiderstand durch Wasserverlust so weit angestiegen ist, daß ein Verfließen der Strichoberfläche nicht mehr möglich ist. Das Wasserrückhaltevermögen einer Streichmasse ist also ebenfalls eine wesentliche Einflußgröße für das Auftreten von Streichmarkierungen. Interessant sind diesbezüglich auch die theoretischen Betrachtungen von R. R. MYERS [21] über die Filmtrennung im Walzenspalt einer Beschichtungsanlage, der als Ursprungsort dieses Musterungseffektes angesehen wird. A. HARSVELDT [22] hat vorher schon folgende Voraussetzungen als bestimmend dafür angesehen, daß der Orangenschaleneffekt vermieden werden kann:

a) Die Naßfilmdicke muß vor der Trennung dünn sein ($\leq 7\ \mu$).

b) Die Fließgrenze der Streichmasse muß in der sich spaltenden Schicht niedrig liegen.

c) Der Walzendurchmesser muß klein sein, damit der Spaltungswinkel groß ist und der Film sich ohne Einschnürungen trennt.

A. HARSVELDT vertritt auf Grund von überschlagsmäßigen Berechnungen ebenfalls wie W. R. WILLETS die Auffassung, daß in den derzeit vorhandenen Geräten zur Viskositätsmessung die rheologischen Gegebenheiten in einer Streichmaschine nicht nachgeahmt werden können, da in den Meßapparaturen die tatsächlichen Schergeschwindigkeitsgefälle nicht erreicht werden.

Schließlich ist ein einflußreicher Faktor für die Verarbeitung das Wasserrückhaltevermögen [23] einer Streichmasse, sobald diese auf das Papier aufgetragen wurde, da von ihm die zur Verfügung stehende Zeit für die Egalisierung des Striches bzw. die Egalisierungsmöglichkeit grundsätzlich abhängt. Wenn F. L. SCHUKKER und J. C. RICE [24] über eine Verminderung des Orangenschaleneffektes berichten, wenn durch Mischung der Kunststoff-Dispersion mit einem wasserlöslichen Bindemittel das Wasserrückhaltevermögen der Streichfarbe erhöht wird, so ist darin ein Zusammenhang mit der Forderung von A. HARSVELDT [22] zu erkennen, daß die Fließgrenze der Streichmasse bei Walzenstreichverfahren in der sich spaltenden Schicht niedrig liegen muß.

Von dem Strich wird verlangt, daß er sich einwandfrei bedrucken läßt. Nun stellen aber die Druckverfahren, wovon die gebräuchlichsten der Buch-, Tief- und Offsetdruck sind, sehr unterschiedliche Anforderungen an die Strichqualität. Man kann daher nicht allgemein von einer guten Bedruckbarkeit eines Papiers sprechen, sondern muß diese zusammen mit dem Druckverfahren definieren. In einer neueren Arbeit haben A. H. NADELMANN und G. H. BALDAUF [25] eine Zusammenstellung der für die einzelnen Druckverfahren wesentlichen Einflußgrößen des Papierstrichs gebracht, auf die bei dem Aufbau des Streichrezeptes geachtet werden muß. Für eine gute Druckwiedergabe sind die Grundvoraussetzungen: glatte Strichoberfläche mit hohem Weißgrad und großer Opazität, dem Druckverfahren angepaßte, gleichmäßige Druckfarbenaufnahme, Dimensionsstabilität und Rupffestigkeit. Unter dem „Rupfen" eines gestrichenen Papiers versteht man ein stellenweises oder vollständiges Abheben des Striches vom Papier während des Druckvorganges, wobei unter Umständen mit dem Strich auch Papierfasern oder ganze Papierteile herausgerissen werden können. Es wird hervorgerufen durch kurzzeitig senkrecht zur Papieroberfläche einwirkende Zugkräfte der Druckfarbe im Augenblick der Trennung der Druckform von der Papieroberfläche. Der Druckprozeß beeinflußt das „Rupfen" des Papiers vor allem über den Fließwiderstand der Druckfarbe und die Geschwindigkeit, mit der das Papier und die Übertragungsvorrichtung für die Druckfarbe wieder getrennt werden, mit anderen Worten also über die Druckgeschwindigkeit. Diese soll aus Gründen der Wirtschaftlichkeit natürlich möglichst groß sein. In die Rupffestigkeit eines Papiers, den Widerstand also, den das gestrichene Papier der Rupfbeanspruchung durch den Druckvorgang entgegensetzt, geht sowohl die Pigmentbindung durch das Bindemittel, die Verankerung der pigmentierten Schicht im Papier als auch die Papierfestigkeit selbst ein.

Für den Offsetdruck ist auch die Wasserbeständigkeit des Striches wegen der ständigen Befeuchtung durch das Wischwasser wichtig. Wasserbeständigkeit und Rupffestigkeit sind dagegen für den Tiefdruck von geringerer Bedeutung. Um so mehr sind hier jedoch Glätte und Kompressibilität mit ausschlaggebend für eine gute Druckqualität. Ein gestrichenes Papier darf auch nicht stauben, d. h. es dürfen sich beim Falzen oder Kalandrieren keine Pigmentteilchen aus der Beschichtung lösen, da sich sonst z. B. der Raster einer Tiefdruckwalze zusetzen kann oder Druckstellen im Papier bilden.

Es bedarf einer genauen Kenntnis, wie sich die einzelnen Komponenten einer Streichfarbe hinsichtlich der geschilderten Anforderungen sowohl auf die Verarbeitbarkeit als auch auf die Strichqualität auswirken, um eine Streichmasse mit optimalen Eigenschaften zusammenzusetzen, wobei zusätzlich noch die Gegebenheiten des Rohpapiers und Streichverfahrens berücksichtigt werden müssen.

Von außerordentlich großem Einfluß auf den Ausfall des Striches ist bereits das *Rohpapier*. 80% aller Schwierigkeiten beim Streichen (Abrisse, Oberflächenfehler, Kalanderschwierigkeiten) werden nach M. JUDT [26] durch Fehler im Rohpapier verursacht, und R. A. DIEHM gibt in einem zusammenfassenden Referat [27] über das Streichen die Meinung von Streichfachleuten wieder, daß die Beschichtung nicht besser sein kann als das Substrat, das durch sie abgedeckt wird. Gleichmäßigkeit in Quer- und Längsrichtung, in Dicke und Gewicht, in der Feuchtigkeitsverteilung, der Glätte, der Benetzbarkeit und in der Porosität sind wesentliche Kennzeichen für ein gutes Streichrohpapier. Nach M. JUDT muß das Trägerpapier auf den Strich eingestellt sein und nicht umgekehrt. In einer anderen Veröffentlichung geht er auch auf den Einfluß des Papiersubstrates auf die Zweiseitigkeit gestrichener Papiere, d. h. auf unterschiedliche Eigenschaften der Filz- und der Siebseite der Papiere, und auf die Maßnahmen ein, um diese so gering wie möglich zu halten [28].

H. VOSS [29] berichtet über die Verwendung von chemischen Hilfsmitteln bei der Herstellung von Streichrohpapieren. Mit einer Oberflächenpräparation aus Stärke und kationaktiven Polyacrylester-Dispersionen geleimte Papiere (s. 7.1) zeichnen sich durch gute Streichfarbenaufnahme aus. Die so gestrichenen Papiere zeigen außerdem verringerte Zweiseitigkeit und sind sehr gut rupffest. Auf die Vorteile einer Verwendung von Retentionsmitteln wird durch Ergebnisse aus einer Betriebsanfertigung von ungeleimtem, holzhaltigem Streichrohpapier für einen Tiefdruckstrich mit dem Schlepprakel hingewiesen. Ein modifiziertes Polyäthylenimin verbesserte die Qualität des Papieres, wobei zusätzlich noch Faser- und Füllstoffe eingespart werden können. Weiterhin berichtet H. VOSS über den Einsatz von Methylolverbindungen des Harnstoffs oder Melamins zur Naßverfestigung, von Paraffindispersionen zur Verbesserung der Flachlage und von Harz- und Schleimbekämpfungsmitteln zur Vermeidung transparenter Stellen des Papiers sowie über Entschäumungsmittel.

Als *Bindemittel* für die Streichpigmente stehen nach dem heutigen Stand der Technik vier Bindemittelgruppen im Vordergrund. Es sind dies auf der einen Seite die wasserlöslichen Stärkesorten und Proteine und auf der anderen Seite die Kunststoff-Dispersionen auf Grundlage von Acrylester- und Styrol-Butadien-Copolymeren. Während in den USA anfänglich zum Streichen als synthetische Bindemittel vor allem die zuletztgenannten Dispersionen herangezogen wurden, waren es in Europa zunächst ausschließlich die Acrylester-Copolymeren, die in Kombination mit dem bis dahin vorwiegend allein verwendeten Kasein einen entscheidenden Fortschritt in der Herstellungstechnik der Druckpapiere brachten. Seit einiger Zeit sind neben Acrylester-Vinylester-Copolymeren auch Acrylester-Styrol-Copolymere im Gebrauch [30].

Mit Kunststoff-Dispersionen lassen sich wegen ihres höheren Feststoffgehaltes und ihres niedrigen Fließwiderstandes Streichmischungen von höherer Konzentration herstellen als mit natürlichen Bindemitteln allein. Da sie gleichzeitig beim Trocknen das Wasser leichter freigeben, kann bei ihrer Verwendung die Produktionskapazität erhöht werden. Andererseits verringert sich mit zunehmendem Anteil Kunststoff-Dispersion in einer Bindemittelmischung das Wasserrückhaltevermögen des Strichs, so daß je nach Streichverfahren unter Umständen wieder bestimmte Mengen hochmolekularer Kolloide, wie Kasein, Alginate, Stärke, Carboxymethylcellulose, hochmolekulare Polyacrylate, zugesetzt werden müssen, um eine einwandfreie Dosierung der Streichfarbe und Egalisierung des Strichs zu gewährleisten.

Die mehr oder weniger ausgeprägte Thermoplastizität der Polymerisatbindemittel gestattet, den durch Satinieren eines gestrichenen Papiers angestrebten höheren Glanz bzw. die größere Glätte auch bei niedrigerem Kalanderdruck zu erzielen, als dies bei Papieren möglich ist, deren Strich ausschließlich mit natürlichen Bindemitteln gebunden ist. Bei der Kombination von Stärke mit Kunststoffbindemittel wird durch dessen größere Flexibilität ein Stauben der Papiere verhindert, das bei der alleinigen Verwendung von Stärke öfters beobachtet wird. Die größere Wasserbeständigkeit der gebräuchlichen Polymerisate verleiht dem Strich auch eine größere, direkt nach dem Streichen vorhandene Wasserfestigkeit, wichtig für einen baldigen Offset-Druck. Sie ist mitentscheidend für die geringere Rollneigung der Papiere und deren größere Dimensionsstabilität bei Feuchtigkeitsschwankungen. Gleichmäßigere und bessere Druckfarbenan- bzw. -aufnahme, gute Halbtonwiedergabe, schärfere Druckbilder sowie größere Rupffestigkeit beim Drucken sind weitere Vorteile, zu denen noch die verbesserte Lackierbarkeit kommt.

Die gerade genannten Eigenschaften lassen sich unter gewissen Einschränkungen, die mehr die Verarbeitbarkeit der Streichmassen als die Druckeigenschaften des Papiers betreffen, mit einer Vielzahl von Kunststoff-Dispersionen erzielen, d. h. mindestens eine der Eigenschaften wird fast immer verbessert. Es bestehen bei den unterschiedlichen Kunststofftypen aber beträchtliche Unterschiede im Ausmaß der Verbesserung, wobei sich selbst bei gleicher Monomerenzusammensetzung des Polymerisates die Art der Herstellungstechnik und der verwendeten Hilfsstoffe noch erheblich auf die Bindemitteleigenschaften der Kunststoff-Dispersion auswirken können. Eine Kunststoff-Dispersion in der Streichmasse beeinflußt aber oft nicht nur die eine vielleicht gerade angestrebte Eigenschaft, sondern gleichzeitig mehrere für die Laufeigenschaften der Streichmasse auf der Maschine und die Qualität des Papiers ausschlaggebende Faktoren in positiver oder negativer Richtung. Der Rezeptaufbau einer Streichmasse stellt daher meistens einen Kompromiß dar. Es wäre wünschenswert, aus dem physikalischen und chemischen Aufbau einer Kunststoff-Dispersion oder wenigstens aus Labormessungen an damit gefertigten Streichmassen schon vorher auf deren Verhalten bei einem bestimmten Streichverfahren oder auf qualitative Eigenschaften des gestrichenen Papiers schließen zu können. Leider stehen diesem Wunsche große meßtechnische Schwierigkeiten entgegen. Aus der Erfahrung und auf Grund spezieller Untersuchungen sind aber einige Zusammenhänge bekannt.

Mit abnehmender Teilchengröße der Latices sollte deren Pigmentbindevermögen stetig zunehmen. Bei der Prüfung eines unter Verwendung von Kunststoffen gestrichenen Papieres mit dem IGT-Bedruckbarkeitsprüfgerät [31, 32] macht sich die größere Rupffestigkeit eines Papieres allerdings erst bemerkbar, wenn Latices mit Teilchendurchmessern von etwa 0,1 μ mit solchen von etwa 1 μ verglichen werden. Dies kommt wohl daher, daß — wie bereits erwähnt — in das Ergebnis des Rupftestes nicht nur die Pigmentbindung, sondern auch die Papierfestigkeit und die

Verankerung des Strichs im Papier eingeht. Außerdem besteht unter Umständen durch Sekundärreaktionen beim Herstellen des Streichansatzes, wie z. B. Aggregation der Polymerisatteilchen und Pigmente, keine direkte Beziehung mehr zwischen der an der Kunststoff-Dispersion ursprünglich gemessenen Teilchengröße und den dann tatsächlich vorliegenden Verhältnissen. Ein Zusammenhang ist dagegen zwischen der zur Automatisierung der Streichfarbenherstellung notwendigen zeitlichen Konstanz des pH-Wertes einer Streichmasse und der Polymerisatzusammensetzung des Bindemittels zu erkennen. Mit Polymerisaten, die große Anteile Vinylester niedriger, geradkettiger Fettsäuren (z. B. Vinylacetat) enthalten, ist die Forderung kaum zu erfüllen, bei gleichzeitiger Verwendung von Kasein alkalisch eingestellte Streichmassen pH-wert- und viskositätsstabil zu halten. Die Verseifungsanfälligkeit dieses Polymerisattyps wirkt sich bei der relativ großen Gesamtoberfläche der Latexteilchen im alkalischen Medium besonders stark aus, wenn auch andererseits feinteilige Dispersionen gegenüber den für Klebstoff- und Anstrichanwendungen üblichen grobteiligen Polyvinylacetat-Dispersionen Vorteile bezüglich des Pigmentbindevermögens bringen [33]. Durch ein entsprechendes Polymerisationsverfahren bei der Herstellung des Kunststoffbindemittels soll eine bessere Konstanz des Fließwiderstandes und des pH-Werts kaseinhaltiger Streichmassen erreichbar sein, selbst wenn das Polymerisat zu über 90% aus verseifbaren Monomeren besteht [34]. Überhaupt ist ein niedriger Fließwiderstand bei gleichzeitig hohem Festgehalt der Streichmassen eine wesentliche Voraussetzung für die Anwendung der modernen Streichverfahren. Darüber hinaus darf der Fließwiderstand auch bis zur vollständigen Aufarbeitung der Streichmasse nicht über einen bestimmten Bereich hinaus ansteigen bzw. – was seltener vorkommt – abfallen. Hier zeigt sich der spezifische Einfluß des Hilfsstoffsystems in der Dispersion und die besondere Wirkung funktioneller Gruppen im Polymerisat, durch die das Verhalten der Latices in den Streichmassen hinsichtlich Fließwiderstand und mechanischer Stabilität mehr beeinflußt werden kann als durch irgendwelche Variationen in der Monomerenzusammensetzung [35]. Styrol-Butadien-Copolymerisat-Dispersionen, wie ganz allgemein relativ hydrophobe Polymerisate, mußten früher wegen ihrer verhältnismäßig geringen mechanischen Stabilität und ziemlich großen Elektrolytempfindlichkeit vor dem Einarbeiten in den Streichansatz mit Kasein stabilisiert werden. Durch Einpolymerisieren hydrophiler Monomerer, wie (Meth-)Acrylsäure, Malein-, Fumar-, Itaconsäure u. a. oder der entsprechenden Amide und Hydroxyalkylester, kann sich diese Maßnahme erübrigen [36]. Dabei ist die Polymerisationstechnik ebenfalls zu beachten [37], da sonst z. B. Verdickungserscheinungen bei pH-Werten oberhalb 7 auftreten können. Um diese Schwierigkeiten zu umgehen, ist die Verwendung von di- oder trimerer Acrylsäure anstatt der monomeren Säuren zusammen mit ungesättigten Carbonsäureamiden vorgeschlagen worden [38]. Ebenso wie die Scherstabilität ist auch die Naßwischfestigkeit direkt nach der Herstellung der gestrichenen Papiere mit hydrophoben Polymerisaten als Bindemittel schwierig zu erreichen, wie für Styrol-Butadien-Copolymere seit langem bekannt ist [39]. Daß sich ein hohes Maß von Naßwischfestigkeit sehr schnell nach dem Streichen einstellt, ist besonders für solche gestrichenen Papiere wichtig, die schon kurze Zeit nach der Fertigung im Offset-Verfahren bedruckt werden sollen. Günstig verhalten sich in dieser Beziehung die hydrophilen Acrylesterpolymeren.

Die Lackierbarkeit eines Druckpapiers mit synthetischen Bindemitteln hängt sowohl von der Zusammensetzung des Polymeren als auch von dessen Anteil im Strich ab. Als Ursache dafür kann unterschiedliche Quellbarkeit der Bindemittelpolymerisate in den Lacklösungsmitteln angesehen werden [40]. Wenn ein Polymerisat z. B. sehr schnell in Alkohol quillt, bedeutet dies für ein mit diesem Polymerisat als Bindemittel gestrichenes Papier, daß in der Strichoberfläche liegende Polymerisatteilchen sofort nach dem Auftragen eines Spritlackes anquellen und dadurch ein zu starkes Wegschlagen des Lackes verhindern. Der Lack wird an der Oberfläche gehalten und gibt einen hervorragenden Glanz. Mit bestimmten Acrylester-Polymerisaten als Bindemittel gestrichene Papiere weisen aus diesem Grund eine bessere Lackierbarkeit mit Lacken auf Lösungsmittelbasis auf als solche mit Butadien enthaltenden Polymerisaten als Bindemittel. Diese dagegen zeigen Vorteile für eine Lackierung mit Leinöllacken.

Eine sehr ausführliche Untersuchung über den Einfluß verschiedener Faktoren bei der Herstellung von Styrol-Butadien-Copolymeren (Styrol-Gehalt, Emulgiermittelart und Emulgiermittelmenge, Initiatorkonzentration, Kettenüberträgerkonzentration, Vernetzungsmittel, Polymerisationstemperatur, -umsatz), sowie den ihrer Teilchengröße auf die Qualität der damit gestrichenen Papiere, liegt von D. A. TABER und R. C. STEIN [41] vor. Bindekraft und Naßabriebfestigkeit durchlaufen in Streichmassen mit Stärke und solchen mit dem Polymeren als einzigem Bindemittel, nicht aber in Kaseinstreichmassen, ein Maximum zwischen 55 und 65 Gew.-% Styrol im Polymerisat. In einer späteren Arbeit aber fanden R. F. AVERY, A. R. SINCLAIR und H. G. GUY [42] für Stärke- und Kaseinstreichfarben bei 50 Gew.-% Styrol im Copolymerisat ein größeres Pigmentbindevermögen als bei der Verwendung von Naturbinder allein, ein Zeichen dafür, daß nicht allein das Monomerenverhältnis, sondern auch das Molekulargewicht des Polymerisats bei der Beurteilung der Bindekraft zu berücksichtigen ist. In die gleiche Richtung deutet auch die Feststellung, daß das Einpolymerisieren von Divinylbenzol als Vernetzungsmittel das Pigmentbindevermögen in zunehmendem Maße verschlechtert und daß eine bestimmte Konzentration eines Kettenüberträgers im Polymerisationsansatz ein Optimum an Bindekraft bei bestimmter Polymerisatzusammensetzung gibt. Der Glanz steigt nach den genannten Untersuchungen mit zunehmendem Styrolgehalt an. Ebenfalls beeinflussen die Polymerisationstemperatur und die Initiatorkonzentration die Stricheigenschaften. Im übrigen wird bestätigt, daß für eine Beurteilung die Kunststoff-Dispersion als Ganzes betrachtet werden muß und nicht allein das Polymere maßgebend ist.

Neben den Acrylester-Copolymeren und Styrol-Butadien-Polymerisaten finden noch andere Polymerisate als Bindemittel für Streichpapiere, wenn auch in geringerem Umfang, Verwendung. Von diesen haben Butadien-Methylmethacrylat-Polymerisate ähnliche Eigenschaften wie die typischen Styrol-Butadien-Polymerisate mit etwa 60 Gew.-% Styrol, wenn sich auch durch den meist höheren Butadienanteil (etwa 70 Gew.-%) gewisse Unterschiede in der Druckfarbenaufnahme ergeben. Den Einfluß dieses Polymerisattyps auf die Eigenschaften gestrichener Papiere hat J. H. WILSON [43] beschrieben. Butadien-Acrylnitril-Polymere, die zur Erhöhung der Hydrophilie des Polymerisates und dadurch verbesserter Scherstabilität der Latices 40—50 Gew.-% Acrylnitril enthalten [44], zeichnen sich durch gute Öl- und Fettbeständigkeit aus. Sie haben aber bisher in Europa praktisch keinen Eingang in die Papierindustrie gefunden und werden offensichtlich auch in den USA nur in Sonderfällen eingesetzt.

In neuerer Zeit sind auch Vinylacetat-Äthylen-Copolymere [45] und, zwar als Latex hergestellte, aber alkalilösliche Acrylester-Polymerisate [46] bekanntgeworden, von denen für die zuletztgenannten ein außerordentlich geringer Bindemittelbedarf in Streichrezepten angegeben wird. Das gleiche wird von Mischungen eines synthetischen Schutzkolloids aus einem alkalilöslichen Acrylester-Polymerisat und einem wasserunlöslichen Acrylester- bzw. Vinylester-Copolymeren [47] behauptet. Es wird auch über einen Styrol-Butadien-Latex berichtet [48], bei dem als einziges Emulgiermittel ein polymerisierbares, kationogenes, nicht quaternäres Salz einer Ammoniumverbindung (z. B. das salzsaure Salz des 2-Aminoäthyl-methacrylats) verwendet wurde. Diese Dispersion geliert in Kontakt mit Alkalien, z. B. gasförmigem Ammoniak. Auf diese Weise soll beim Streichen mit einem solchen Latex als Bindemittel dessen Penetration in leichte oder sehr saugfähige Papiersubstrate vermindert werden können. Außerdem soll eine Naß-in-Naß-Beschichtung möglich sein, da die gelierte Pigmentschicht wenig kratzempfindlich ist. Für alle diese Neuentwicklungen gilt, daß die bisherige industrielle Erfahrung mit diesen Polymeren noch nicht ausreicht, um ihren Wert für die Streichpapierfertigung beurteilen zu können.

Dagegen haben sich als Entwicklung aus jüngerer Zeit Kunststoff-Dispersionen auf der Grundlage von Acrylester-Copolymeren mit hohem Wasserrückhaltevermögen [49] und großer Bindekraft als Bindemittel für Tiefdruckpapiere in der Praxis bereits gut bewährt. Sie entsprechen der Tendenz in der Papierindustrie, im Zuge weiterer Rationalisierung mit Naturbinder(Kasein, Stärke usw.)-freien Streichmassen zu arbeiten. Vor allem aber lassen sich durch den reduzierten Bindemittelgehalt mit ihnen Tiefdruckpapiere herstellen, die als Vorzug ein entsprechend gutes Absorptionsvermögen für Tiefdruckfarben bei großer Opazität, Glätte und hohem Glanz des Striches aufweisen und insgesamt eine ausgezeichnete Druckwiedergabe bei Illustrationspapieren gestatten.

Die am häufigsten verwendeten *Weißpigmente* für die Papierstreicherei sind die Clay-(Kaolin-)Sorten. Außer ihnen sind noch Calciumcarbonat, Satinweiß, Blancfix und Titandioxid als Pigmente von Bedeutung. Eine Zusammenstellung der wichtigsten Eigenschaften der Streichpigmente enthält die Tab. 6. Von diesen Pigmenten werden nur die Clay-Sorten für sich allein im Strich eingesetzt, während — von Ausnahmefällen abgesehen (s. 7.6) — alle anderen zusammen mit Clay verarbeitet werden. Die anteilmäßige Verwendung der genannten Pigmente erhöht den Weißgrad des Striches gegenüber einem reinen Claystrich. Außerdem können dadurch einige besondere Effekte erzielt werden. So verbessern sowohl Calciumcarbonat als auch Satinweiß die Saugfähigkeit und damit die Druckfarbenabsorption des Striches. Während aber mit wachsendem Anteil Satinweiß, auch Glanzweiß genannt, im Pigmentgemisch der Glanz des Striches zunimmt, erhält man bei höheren Zusätzen von Calciumcarbonat oder Titandioxid matte Striche. Die Verwendung von Titandioxid im Strich bewirkt eine besonders gute Opazität. Wegen einer detaillierten Beschreibung der Eigenschaften und der Herstellung der Pigmente muß auf die entsprechende Fachliteratur verwiesen werden [50].

Einen wesentlichen Einfluß auf das rheologische Verhalten der Streichmasse und die Eigenschaften des Strichs übt die Teilchengröße der Pigmente aus. Die

Tabelle 6. *Zusammenstellung einiger Eigenschaften von Streichpigmenten*

Pigment	Zusammen-setzung	Weiß-grad (in %) trocken	Brechungs-index	Spez. Gewicht	Teilchen-größe (μ)	Ungefährer Bindemittel-bedarf in Gew.-T. auf 100 Gew.-T. Pigment
Chinaclay	Aluminium-silicat	85—90	1,55	2,6	<2	12—17
Calciumcarbonat (natürliches)	enthält Magne-siumoxid und -carbonat	90—96	1,66—1,49	2,7	0,1—1	20—30
(gefälltes)		98—100	1,66—1,49	2,7	0,1—0,35	20—30
Satinweiß	Calciumsulfo-aluminat	—	—	1,5	—	35—55
Titandioxid						
(Rutil)	—	97—98	2,75	4,2	0,2—0,5	12—13
(Anatas)	—	96—98	2,55	3,9	0,2—0,5	12—13
Blancfix	Bariumsulfat (Teig mit 20—25% Wasser)	98	1,65	4,4	<2	etwa 14

feingeschlämmten Kaolinsorten haben meistens eine Teilchengröße von weniger als 2 μ, das gefällte Calciumcarbonat liegt im durchschnittlichen Teilchendurchmesser sogar noch etwas darunter. Durch sehr feinteilige Pigmente, deren Durchmesser etwa der Hälfte der Wellenlänge des eingestrahlten Lichtes entspricht, also etwa 0,1 μ ist, nehmen der Glanz, die Opazität sowie der Weißgrad des Striches zu; auch die Druckfarbenaufnahme ist gleichmäßiger. Gleichzeitig sinkt aber wegen ihres ver-mehrten Bindemittelbedarfs die Druckfarbenaufnahme. Die Opazität nimmt ebenfalls wieder bis zu einem gewissen Grad ab. Der Glanz dagegen wird weiter verbessert [51]. Durch die unterschiedliche Teilchengröße, -form und durch Aggre-gieren beeinflussen die Pigmente auch das Verhalten der Streichfarbe auf der Streich-anlage und die Bedruckbarkeit des damit gestrichenen Papieres, und zwar indirekt durch die Menge des Bindemittels, die sie zum Verankern auf der Papieroberfläche benötigen. Der Bindemittelbedarf steht aber nicht in einer geradlinigen Beziehung zur Teilchengröße und spezifischen Oberfläche der Pigmente, sondern er ist vom Porenvolumen des Strichs zwischen den Pigmentteilchen abhängig. Damit besteht, wie bereits erwähnt, ein Zusammenhang zu der in der Anstrichtechnik als Maßgröße für den Bindemittelbedarf gebräuchlichen kritischen Pigmentvolumenkonzentra-tion (KPVK). Nur kommt man für Papierstreichmassen im allgemeinen bereits mit 21—24 % der der KPVK entsprechenden Bindemittelmenge aus, wohingegen man bei einer Anstrichfarbe in der Pigmentierung kaum über die KPVK hinausgeht.

Mehr noch als die natürlichen sind die synthetischen Bindemittel für Streichpa-piere als selbständige Individuen zu betrachten, deren Pigmentbindevermögen in Pigmentstrichen nicht allein durch die chemische Konstitution, sondern zu einem wesentlichen Teil auch durch die physikalischen Eigenschaften des Poly-merisates bestimmt ist. Hinzu kommt noch der Einfluß des Hilfsstoffsystems der Dispersion, das über die Verarbeitungstechnologie und durch evtl. Wechselwir-kungen mit den Pigmenten sich ebenfalls auf die Pigmentbindung im Strich auswirken kann. Ein genauer Vergleich des Bindemittelbedarfs unterschiedlicher Bindemittel für bestimmte Pigmente kann daher bei der Vielzahl der möglichen Einflußgrößen streng genommen nur für die jeweils geprüften Bindemittel und Pigmente gelten. Eine verallgemeinernde Übertragung der Ergebnisse, die man mit einem bestimmten Bindemittel erhalten hat, auf die ganze Bindemittelklasse, der das Bindemittel angehört, ist also mindestens sehr fragwürdig.

Der Zusatz von *Hilfsmitteln* [52] beim Ansetzen der Streichfarbe erfolgt mit unterschiedlichen Absichten, die sich auch in der Bezeichnung dieser Produkte ausdrücken. Fast unumgänglich ist die Verwendung von *Dispergiermitteln*, wie Natriumhexametaphosphat, niedermolekulare Polyacrylate u. a., zum Auflösen von Pigmentaggregaten. Die Menge, die im allgemeinen unterhalb eines Gewichtsprozentes liegt, richtet sich nach der Art des Pigmentes und danach, ob oder wieviel eines solchen Mittels evtl. bereits vom Pigmenthersteller zugesetzt wurde. Für jedes Pigment bzw. jede Pigmentmischung gibt es eine optimale Zusatzmenge eines bestimmten Dispergiermittels. Diese wird im allgemeinen durch Messungen des Fließwiderstandes von Pigmentaufschlämmungen bestimmt, die mit unterschiedlichen Mengen des Dispergiermittels versetzt sind. Die größte Dispergierwirkung wird durch ein Minimum des Fließwiderstandes angezeigt.

Viskositätsregulatoren, wie Dicyandiamid, Harnstoff u. a., zeigen ihre größte Wirkung bei Streichfarben mit Naturbindern. Sind Kunststoff-Dispersionen in der Streichfarbe vorhanden, spielt deren Einfluß auf das Fließverhalten der Streichfarbe meistens die dominierende Rolle. M. R. LEIBOWITZ, E. H. WOLFE, M. LANDBERGE und B. WEBSTER haben mit niedermolekularem Polyvinylpyrrolidon eine Wirksamkeit in engen Konzentrationsgrenzen für ein Bindemittelgemisch aus Kasein und einem Styrol-Butadien-Latex, allerdings nur bei Clay und nicht bei Kreide, festgestellt [53]. Zu große Mengen wasserlöslicher Zusatzstoffe im Streichansatz bringen aber Nachteile hinsichtlich der Wasserfestigkeit des Strichs. Ein bisweilen notwendiger Bestandteil der Streichmasse ist ein *Entschäumungsmittel*, das andererseits bei unvorsichtiger Dosierung Ursache der gefürchteten Fischaugen sein kann. *Vernetzungsmittel*, wie Formaldehyd, Harnstoff-Formaldehydharze und Glyoxal [54], werden zur Erhöhung der Wasserfestigkeit von Stärke- oder Eiweißprodukten der kalten Streichfarbe erst kurz vor der Verarbeitung zugesetzt, da bei längerem Stehen durch die einsetzende Vernetzungsreaktion zwangsläufig der Fließwiderstand ansteigt. Lösliche und unlösliche Metallseifen (z. B. Natrium- bzw. Calciumstearat), Wachse, Fettsäureester, -amine und -amide dienen im Streichansatz als *Gleitmittel*. Sie reduzieren das Stauben beim Kalandrieren, eine Aufgabe, die in Kunststoff enthaltenden Strichen weitgehend der Polymerisatbinder übernimmt, und erhöhen den Glanz und die Glätte. Außerdem helfen sie beim gleichmäßigen Übertragen der Streichmassen von den Antragswalzen auf das Papier oder den Karton. Weitere Hilfsmittel sind *Konservierungsmittel* und *Nuancierfarbstoffe* sowie *optische Aufheller*. So klar, wie hier der Übersichtlichkeit wegen angeführt, läßt sich die Auswirkung der Hilfsmittel auf die Streichmasse in der Praxis allerdings nicht trennen, da z. B. Gleitmittel oft auch gleichzeitig die Fließeigenschaften der Streichfarbe verändern.

Zur *Herstellung des Streichansatzes* stehen dem Papierstreicher zahlreiche Aufschluß-, Dispergier-, Misch- und Siebvorrichtungen zur Verfügung [55], die auch eine weitgehende Automatisierung der Streichfarbenzubereitung gestatten. Die

Qualität einer Streichfarbe hängt sehr davon ab, wie die Naturbinder aufgeschlossen und die Pigmente dispergiert wurden. Es muß vermieden werden, daß die Streichmasse beim Verarbeiten Schaum enthält, da die Luftblasen beim Trocknungsprozeß aufplatzen und kraterförmige Vertiefungen im Strich hinterlassen können.

Über die zahlreichen *Streichverfahren*, von denen als die wichtigsten das Massey- (Abb. 14) oder Consolidated-, das Kimberley-Clark-Mead- (KCM)- (Abb. 15),

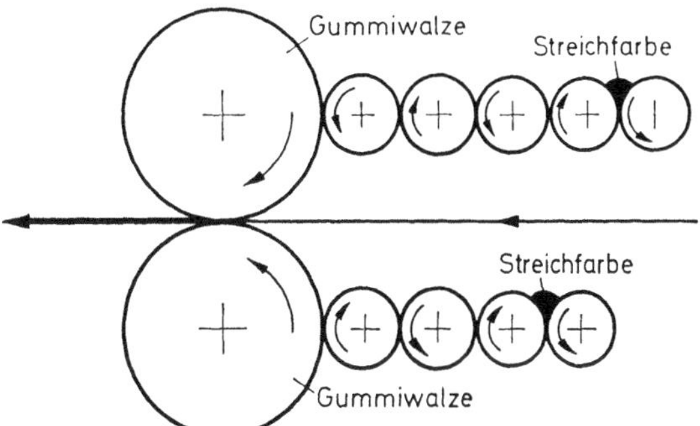

Abb. 14. Massey-(Consolidated-)Verfahren

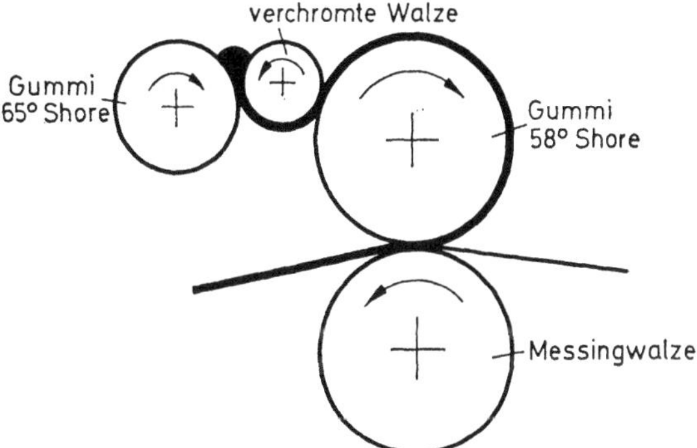

Abb. 15. Kimberley-Clark-Mead-Verfahren

das Champion- (Abb. 16), das Luftbürstenverfahren, die verschiedenen Schleppschaberverfahren (Trailing Blade-Verfahren, Abb. 17 und Abb. 18), das Streichen mit der St. Regis-Anlage, einem abgewandelten Massey-Coater, und das Beschichten mit Leimpressen (Abb. 19) genannt werden sollen, sind ebenso zahlreiche Veröffentlichungen erschienen, die ausführlich die Eigenarten, die Vor- und Nachteile der einzelnen Streichmethoden behandeln [56].

Sie alle erfordern bestimmte rheologische Eigenschaften, auf die die Streichmassen eingestellt sein müssen. Manche der angeführten Verfahren sind für das Streichen innerhalb und außerhalb der Papiermaschine geeignet, wie z. B. die Rakelstreichverfahren, andere wiederum werden bevorzugt in bestimmter Richtung verwendet, so wie das Champion-Verfahren vornehmlich zur Kartonstreicherei und die Leimpresse wegen der nur sehr geringen Auftragsgewichte hauptsächlich zum Vorstreichen dient.

Hochglanzpapiere werden hauptsächlich nach zwei Verfahren erzeugt. Der nasse Strich wird gegen eine Hochglanzfläche gepreßt und getrocknet, oder ein gestrichenes und getrocknetes Papier wird wieder befeuchtet und unter Anpressen an

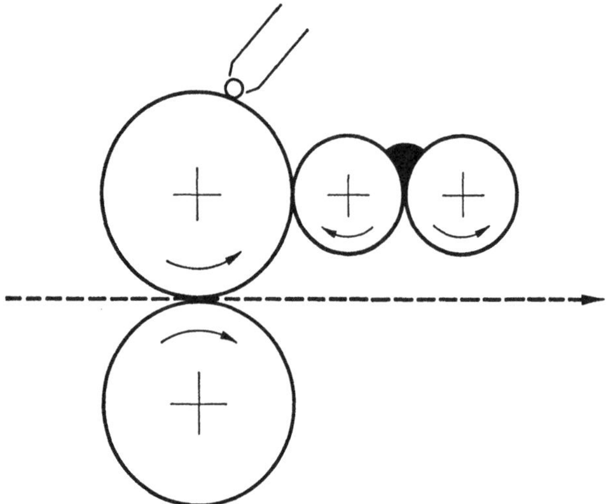

Abb. 16. Champion Gate-Roll-Coater

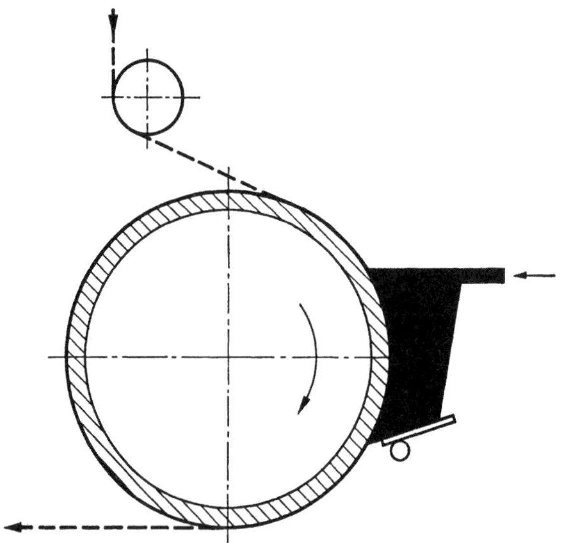

Abb. 17. Flexiblade-Coater

eine verchromte und polierte Walze erneut getrocknet. Diese zwei Verfahren gehen auf ein bereits 1914 erteiltes Patent [57] zurück, dessen praktische Verwertung erst vor 10—15 Jahren durch die Entwicklung der thermoplastischen Bindemittel möglich wurde. Die Probleme, die ein Hochglanzpapier auf Grund der Herstellungsmethode und seiner hochglänzenden Oberfläche für die Bedruckbarkeit bringt, hat H. Toepsch [58] geschildert. Die Glanzfläche muß ganz feine Mikroporen enthalten, damit sich die Druckfarbe genügend im Strich verankern kann. Schließlich werden wegen der Glätte des Strichs große Anforderungen an die Rupffestigkeit des Strichs gestellt, wobei zu berücksichtigen ist, daß ein Erhöhen des Bindemittelgehalts zur Verbesserung der Rupffestigkeit wiederum die Saugfähigkeit des Strichs für die Druckfarbe herabsetzt.

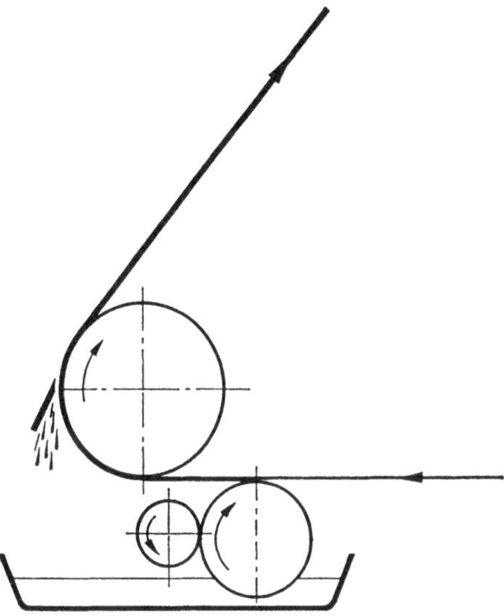

Abb. 18. Inverted-Blade-Anlage (gekoppelt mit Egalisierung)

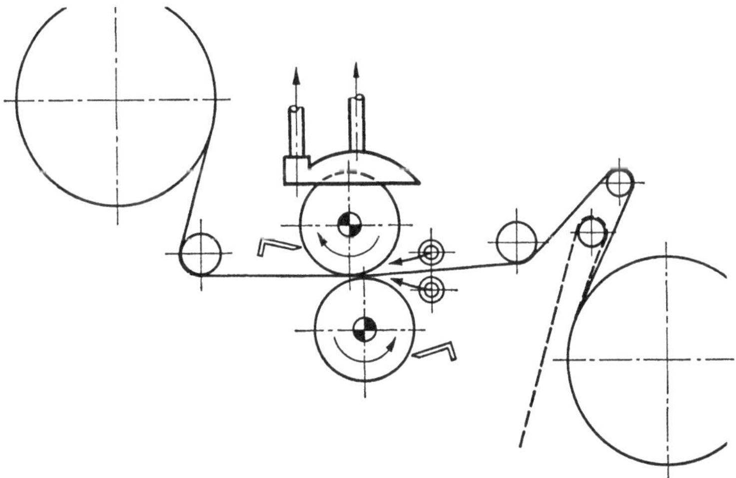

Abb. 19. Leimpresse innerhalb einer Papiermaschine

Wesentliche Unterschiede im Vergleich zu den bisher erwähnten zeigen zwei Streichverfahren jüngeren Datums. Bei dem einen wird die Streichfarbe zunächst auf einem Metallzylinder getrocknet, bevor sie — bevorzugt mit Hilfe einer Klebeschicht — auf das Papier übertragen wird [59]. Vorteile dieses Verfahrens sollen sein, daß es relativ unabhängig vom Rohpapier ist, die Penetration der Beschichtungsmasse ins Papier gering bleibt und durch die Kontakttrocknung die

Druckfläche der eines Hochglanzpapiers gleicht. Das Hauptproblem liegt in der exakten Übertragung des pigmentierten Films. Das zweite Verfahren betrifft keine maschinelle Entwicklung. Hier werden durch Einemulgieren von mit Wasser nicht mischbaren Lösungsmitteln in die Streichmasse beim Trocknen Luftbläschen mit Durchmessern zwischen 0,1 und 1 μ im Strich erzeugt. Als wesentlicher Vorteil dieser sog. "Bubble Coatings" wird die große Opazität und der hohe Weißgrad bei niedrigen Beschichtungsgewichten bezeichnet [60]. Abgesehen vom Problem der Filmfestigkeit scheinen aber auch die Kosten dieses Streichverfahrens, zumindest zur Zeit noch, für die Papierindustrie zu hoch zu liegen [61].

Im vergangen Jahrzehnt haben die Rakelstreichverfahren einen beträchtlichen Aufschwung genommen. Als ihr wesentlicher Vorteil wird herausgestellt, daß sich keine Streichmarkierungen wie bei den Walzenstreichanlagen bilden. Mit Rakelstreichanlagen können sehr hohe Streichgeschwindigkeiten erzielt werden. Sie liegen heute bereits über 1000 m/min. Damit kam auch die Diskussion wieder in Gang, ob man besser innerhalb oder außerhalb der Papiermaschine streichen sollte, nachdem eine Zeitlang die Auffassung bestand, daß das sog. „Maschinenstreichen", d. h. das Streichen innerhalb der Papiermaschine, rationeller sei. Zufolge der hohen Geschwindigkeiten kann es aber durchaus zweckmäßig sein, einen Bladecoater außerhalb der Papiermaschine aufzustellen, besonders dann, wenn ein Rohpapier mit verschiedenen Strichen ausgerüstet werden soll [62]. Andererseits hat es sich in vielen Fällen für Qualitätspapiere mit 20—30 g/m² Strich je Seite als wirtschaftlich erwiesen, zunächst im Maschinenstreichverfahren einen Vorstrich zur Egalisierung der Papieroberfläche zu machen [63]. Immer mehr setzt sich auch durch, verschiedene Streichverfahren für die Herstellung eines gestrichenen Papieres oder Kartons zu kombinieren [64], da sich dadurch die Strichqualität steigern läßt. So wird z. B. mit einem Rakelstrich eine glatte Oberfläche geschaffen, die Voraussetzung ist für eine gute Egalisierung des zweiten Strichs mit der Luftbürste [65].

Nicht zuletzt hat der *Trocknungsvorgang* einen beachtlichen Einfluß auf die Druckqualität des Strichs [65a]. Ein gestrichenes Papier richtig zu trocknen, beruhte bis vor nicht allzu langer Zeit allein auf der langjährigen Erfahrung der Papierstreicher, die nach der Einführung der schnell-trocknenden Kanalverfahren lange bei der Behauptung blieben, daß in der Hänge getrocknetes Papier besser sei. Dies geschah nicht zu Unrecht, denn mit der schnelleren Trocknung kam auch, vor allem bei den damals niedrigkonzentrierten Streichfarben, die Wanderungstendenz der Bindemittel sehr deutlich zum Vorschein, ähnlich der Kunststoffwanderung in imprägnierten Papiervliesen. Daß z. B. die Druckfarbenaufnahme auch von den Streichbedingungen einschließlich des Trocknungsprozesses abhängt, haben E. B. BRADFORD und J. W. VAN DER HOFF durch Oberflächenaufnahmen gestrichener Papiere gezeigt [66]. Bei einem Strich mit guter Druckfarbenaufnahme waren an der Oberfläche vorwiegend Clay-Partikelchen mit wenigen Bindemittelteilchen sichtbar. Ein unter anderen Bedingungen hergestelltes Streichpapier hatte wesentlich mehr Latexteilchen an der Strichoberfläche und dementsprechend auch eine geringere Druckfarbenaufnahme. E. J. HEISER und D. W. CULLEN [67] untersuchten mit Styrol-Butadien-Latices als einzigem Bindemittel in der Streichmasse den Effekt der Trocknungsgeschwindigkeit, der Konzentration der Streichmasse, der Teilchengröße des Latex und der Saugfähigkeit des Substrats auf die Bindemittelverteilung im Strich. Sie kamen zu der Feststellung, daß

a) der Feststoffgehalt der Streichmasse umgekehrt proportional der Wanderungstendenz des Bindemittels ist,

b) die Wanderungsrichtung durch die Trocknungsgeschwindigkeit und Saugfähigkeit des Substrats bestimmt wird,

c) das Ausmaß der Wanderung der Trocknungsgeschwindigkeit proportional ist,

d) die bei den untersuchten Latices geringen Teilchengrößenunterschiede und die verwendeten Substrate ohne Bedeutung waren.

Diese Ergebnisse wurden schließlich in Beziehung zu einzelnen Beschichtungseigenschaften gebracht. Glanz, Druckfarbenaufnahme und Verklebbarkeit nahmen mit zunehmender Konzentration des Bindemittels an der Oberfläche ab. Für die Rupffestigkeit ergab sich kein Zusammenhang. Diese Untersuchungsreihe bestätigt in der gleichen Richtung liegende Angaben von M. H. VAN DER VELDE [68] über Erfahrungen beim Streichen von Papier und Karton mit Luftbürstenanlagen.

Als letztem Arbeitsgang wird das Streichpapier der *Satinage* auf einem Kalander unterworfen. Sie hat das Ziel, z. B. den Glanz und die Glätte weiter zu erhöhen bzw. die Porosität und die Saugfähigkeit unter Umständen noch zu verringern. Die thermoplastischen Kunststoffbindemittel ermöglichen, den Kalanderdruck niedriger zu halten und damit auch Faserbrüche zu vermeiden bzw. Volumen und Opazität zu erhalten. G. HUNGER [69] hat die durch eine Satinage eintretenden Veränderungen der Oberfläche sowohl bei ungestrichenem als auch bei gestrichenem Papier mit fotografischen, licht- und elektronenoptischen Mitteln verfolgt.

Die gestrichenen Papiere sollen so gelagert und transportiert werden, daß sich ihr Feuchtigkeitsgehalt nicht ändert. Vor allem Formatpapiere sind an den Kanten vor Wasserdampfaufnahme durch Verpacken in wasserdampfdichten Papieren oder Folien zu schützen, da sich sonst beim Drucken Falten bilden können [70].

Zur *Prüfung* gestrichener Papiere auf Bedruckbarkeit gibt es eine ganze Reihe von Methoden. Zum Ermitteln der Rupffestigkeit werden Probedruckgeräte, wie der IGT-Bedruckbarkeitsprüfer [32] und der Fogra-Bedruckbarkeitsprüfer [71], herangezogen, denen als Meßprinzip zugrunde liegt, daß das Produkt aus dem Fließwiderstand der Testflüssigkeit und der Druckgeschwindigkeit konstant ist. Beim IGT-Test läuft ein auf einem Kreissegment aufgespannter Probestreifen des gestrichenen Papiers mit zunehmender Geschwindigkeit und bei einem bestimmten Anpreßdruck gegen eine zylinderförmige Druckform ab, auf die vorher eine dosierte Menge einer Testflüssigkeit zu gleichmäßiger Schichtstärke aufgetragen wurde. Die Druckgeschwindigkeit steigert sich von 0 bis maximal 3,5 m/sec. Der Anpreßdruck kann von 0—75 kp/cm variiert werden. Das Fogra-Probedruckgerät ist im Prinzip eine Hochdruckmaschine in verkleinerter Form. Es gestattet, unter zahlenmäßig festgelegten, beliebig einstellbaren Bedingungen mit unterschiedlichen Druckformen zu drucken, die entsprechend dem jeweiligen Prüfungszweck ausgewählt werden können. Durch die Möglichkeit, über ein Gummituch Papier im sog. Abschmierwerk indirekt zu bedrucken, kann auch der Offset-Druck nachgeahmt werden, allerdings ohne Berücksichtigung des Wischwassereinflusses. Die Druckspannung kann von 0 bis maximal 100 kp/cm stufenlos reguliert werden. Die Druckgeschwindigkeit ist während des Druckablaufs konstant und stufenlos von 1—8 m/sec einstellbar. Durch eine geringe Änderung am Gerät kann auch mit ansteigender Geschwindigkeit von 0—3 m/sec gearbeitet werden. Die beiden genannten Probedruckgeräte sind bei einer Verwendung von thermoplastischen Bindemitteln im

Strich auf jeden Fall dem Dennison-Test vorzuziehen. Bei diesem werden Wachs-
stäbe aus Wachsen mit abgestuftem Haftvermögen bzw. unterschiedlicher Klebrigkeit im angeschmolzenen Zustand auf den Strich gedrückt und nach einer Warte-
zeit von 15 min senkrecht zur Papierfläche wieder abgezogen. Beurteilt wird die
Rupffestigkeit des gestrichenen Papiers. Durch den Gebrauch heißer Wachse wird
aber die Oberflächenklebrigkeit thermoplastischer Bindemittel im Strich erhöht,
so daß sich dieser Einfluß zu dem der Klebfähigkeit der viskosen Wachsschmelze
addiert und dadurch die Prüfergebnisse im Vergleich mit nicht thermoplastischen
Bindemitteln verfälscht werden, denn in der Praxis ist mit dem Übertragen der
Druckfarbe keine gleichzeitige Temperatureinwirkung verbunden. E. J. PRIT-
CHARD [72] befaßt sich kritisch mit der Messung der Rupffestigkeit und hält den
Patra-Tackmeter für aussagekräftiger als das IGT-Bedruckbarkeitsprüfgerät. Er
stellte fest, daß auf dem IGT-Tester zur Prüfung benutzte Mineralöle eine höhere
kritische Geschwindigkeit bis zum Rupfen erforderten als Leinöldruckfarben. Nach
ihm kann daher dessen Arbeitsprinzip nicht uneingeschränkt für alle Prüfflüssig-
keiten Gültigkeit haben.

Zur Messung der Druckfarbenaufnahme existieren der Patra-Ölabsorptionstest,
der IGT- und der K- und N-Druckfarbentest, die nach PRITCHARD alle als
empirische Prüfmethoden gewertet werden müssen.

Von E. J. PRITCHARD [72] wird auch die Bendtsen-Methode zur Ermittlung der
Oberflächenrauhigkeit als unzuverlässig erachtet und aufgezeigt, daß mit einem
modifizierten Chapman-Tester eine bessere Klassifizierung der zu prüfenden Papiere erreicht wird. Die Glätteprüfung nach BENDTSEN beruht ebenso wie die nach
BEKK auf der Messung des Luftdurchtrittes durch einen aus der Prüffläche und
einer planen Gegenfläche gebildeten Spalt. Der Chapman-Glättetester gibt die
Oberflächenrauhigkeit eines an einem Prisma anliegenden Papiers optisch unter
den Bedingungen der Totalreflexion wieder. Durch die Unebenheiten im Strich
wird die Totalreflexion des einfallenden Lichtes gestört, wodurch sich ein Bild
der Strichoberfläche mit ihren Erhöhungen und Vertiefungen abzeichnet. Über die
Problematik der Glättemessung und die kritische Bewertung der bekannten Prüfmethoden hatte vorher schon E. BEYER [73] referiert.

Zur genauen Bestimmung des Weißgehaltes werden die Probe und ein Ver-
gleichsstandard (Magnesiumoxid) durch eine Ulbricht-Kugel diffus beleuchtet [32].
Die senkrecht reflektierten Lichtstrahlen werden von zwei in Kompensations-
schaltung arbeitenden Photozellen aufgefangen. Durch entsprechende Einstellung
des Anzeigegerätes wird direkt der Weißgehalt in Prozent gemessen. Mit dem gleichen Gerät kann auch die Transparenz bzw. Opazität eines Papieres gemessen werden, indem einmal das Reflexionsvermögen des Papiers über einer vollkommen
weißen und das andere Mal über einer vollkommen schwarzen Unterlage ermittelt
wird. Der Glanz von gestrichenen Papieren wird mit einem Goniophotometer bestimmt, indem die gerichtete Reflexion von auffallenden Lichtstrahlen unter
einem bestimmten Beleuchtungs- und Beobachtungswinkel — meistens 70° —
gemessen wird. Der Glanz der Prüffläche wird in Prozent des Glanzes einer polier-
ten Schwarzglasplatte als Standard ausgedrückt.

Vom Fogra-Institut wurde ein Prüfgerät zur Messung der Maßhaltigkeit von
Papieren entwickelt [74]. Die Bestimmung des Wasserrückhaltevermögens von
Streichfarben und ihre Eindringtiefe ins Papier wurde in mehreren Arbeiten

behandelt [75], die aber alle in ihrer Aussagekraft problematisch sind, da sie die in einer Streichmaschine tatsächlich vorliegenden Verhältnisse (sehr hohe Scherkräfte, erhöhte Temperatur) nicht erfassen.

Zur Identifizierung der Bindemittel in einem Papierstrich haben W. Boast und S. W. Trosset [76] ein Analysenschema ausgearbeitet. G. Jayme und E. M. Rohmann [77] befaßten sich zum gleichen Zweck mit ultrarotspektroskopischen Untersuchungen an gestrichenen Papieren und bewiesen die Brauchbarkeit dieser analytischen Methode an einem Acrylester-Polymerisat.

7.3 Beschichtung von Papieren und Karton

In diesem Abschnitt soll die Oberflächenveredlung von Papier und Karton behandelt werden, bei der

1. die Kunststoff-Dispersion allein oder nur mit geringen Mengen an Füllstoffen oder Pigmenten eingesetzt und

2. ein geschlossener Filmüberzug angestrebt wird, das Polymerisat also nicht primär die Aufgabe eines Bindemittels zu erfüllen hat.

Damit erhebt sich sogleich die Frage nach den *Anforderungen*, die an derart beschichtete Papiere bzw. Kartons zufolge unterschiedlicher Anwendungszwecke gestellt sein können. Da diese sich für Papier und Karton nicht prinzipiell unterscheiden und auch die Beschichtungsmethoden nicht wesentlich voneinander abweichen, wird im folgenden auf Karton nur hingewiesen, wenn die für Papier gemachten Ausführungen nicht allgemein auch für Karton zutreffen.

Die Beschichtung muß auf dem Papier gut haften. Weiterhin soll sie das Papier wasserdicht machen. Unter Umständen wird verlangt, daß das Polymerisat beständig gegen Säuren, Alkalien, bestimmte organische Lösungsmittel und andere Chemikalien sowie Fette und Öle ist. Die Durchlässigkeit gegen Dämpfe, Gase und Aromen ist ein weiterer Faktor, der die Anwendungsbreite des der Beschichtung zugrunde liegenden Polymerisates bestimmen kann. Der Beschichtungsfilm muß mit sich selbst oder gegen eine andere Oberfläche siegelbar bzw. verklebbar sein, um eine Verpackung rationell und dicht verschließbar machen zu können. Knickbeständigkeit beim Falzen des Papiers oder Rillen des Kartons ist eine der Voraussetzungen dafür, daß die Schutzeigenschaften der Beschichtung auch bei der Weiterverarbeitung zu Verpackungen vollständig erhalten bleiben. Die Beschichtung muß in ausreichendem Maße blockbeständig sein, damit das beschichtete Papier nicht vor der Weiterverarbeitung in der Rolle oder vor dem Füllen eines vorgefertigten Beutels verklebt. Die Blockbeständigkeit einer Beschichtung ist abhängig von der Temperatur und dem spezifischen Flächendruck, bei feuchtigkeitsempfindlichen Polymerisaten auch von der herrschenden Luftfeuchtigkeit. Ein nicht zu unterschätzender Faktor ist der Feuchtigkeitsgehalt in der Beschichtung, auch wenn das Polymerisat selbst nur geringe Mengen Wasser aufnimmt. Für Lebensmittelverpackungen ist es besonders wichtig, daß der Beschichtungsfilm das Füllgut nicht in unzulässiger Weise durch Fremdgeruch oder -geschmack beeinflußt und er physiologisch einwandfrei ist. In manchen Fällen wird von dem Kunststoffüberzug auch verlangt, daß er die Lichtdurchlässigkeit des Papiers bis in den UV-Bereich hinein herabsetzt. Der Glanz des Polymerisatfilms, wobei das Beschichtungsmaterial auch gefärbt sein kann, soll das Papier dekorativ ausstatten. Schließlich sollen die genannten Eigenschaften über den Zeitraum erhalten bleiben, in dem das beschichtete Papier seine ihm zugemessene Funktion auszuüben hat.

Die Qualität einer Beschichtung hängt nun nicht allein von der Art und Menge der auf die Papieroberfläche aufgetragenen Kunststoff-Dispersion ab, sondern wird zu einem wesentlichen Teil auch von der Beschaffenheit des Rohpapiers und den Verfahrensbedingungen beim Beschichtungsvorgang bestimmt. Welchen Einfluß z. B. das verwendete Trägerpapier auf die Wasserdampfdurchlässigkeit (WDD) einer PVDC[1]-Beschichtung haben kann, zeigt Abb. 20.

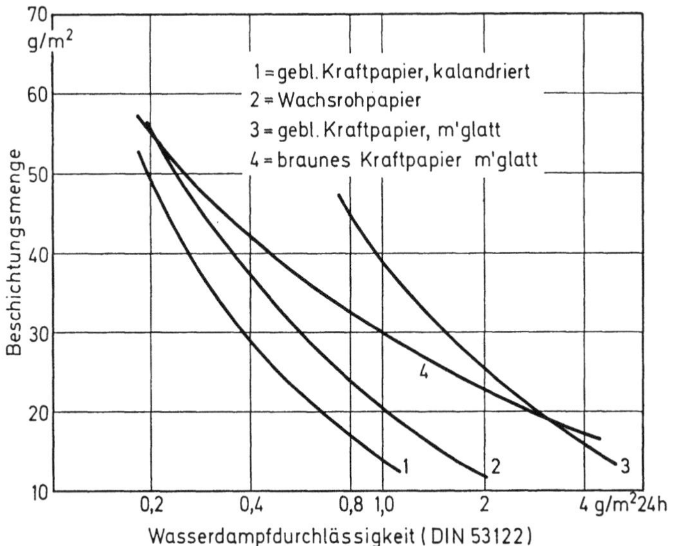

Abb. 20. Wasserdampfdurchlässigkeiten von PVDC-Beschichtungen mit unterschiedlichen Auftragsgewichten auf unterschiedlichen Substraten

Ein *Beschichtungsrohpapier* [78] soll eine glatte Oberfläche haben. Der Mahlgrad und die Leimung eines Papieres sind für die Penetration der Kunststoff-Dispersion in das Papier maßgebend. Durch eine gleichmäßige Leimung wird eine unterschiedliche Saugfähigkeit eines Papieres längs und quer zur Bahn vermieden. Eine sehr schnelle Entwässerung der Kunststoff-Dispersion infolge sehr starker Saugfähigkeit eines Papiers kann den Ablauf der Filmbildung durch frühzeitige Aggregation der Kunststoff-Dispersionsteilchen erheblich stören. Die Folge sind Fehlstellen im Film, die durch nachfolgendes Überbeschichten in weiteren Arbeitsgängen nur schwer zu schließen sind. Wesentlich ist es auch, daß in einem Papier keine Nadellöcher sind und es wolkenfrei gearbeitet ist. Ohne ausreichende Trocken- und Naßfestigkeit läßt sich ein Papier nicht einwandfrei durch die Beschichtungsmaschine führen. Spannungen im Rohpapier sind oft die Ursache für das Welligwerden oder die Rollneigung einer Papierbahn. Über geeignete Maßnahmen, die Fehler im Beschichtungssubstrat vermeiden helfen, berichtet D. BRÜNING [79] in einem Erfahrungsbericht über die Verarbeitung von PVDC-Dispersionen, die wegen der Verwendung für Lebensmittelverpackungen und der damit gestellten hohen Ansprüche an die Schutzwirkung des beschichteten Papiers auch sehr große

---

[1] Abkürzung für Vinylidenchlorid-Copolymerisate.

Anforderungen an das Trägerpapier stellen. Undichtigkeiten in Verpackungen, die flüssige bzw. fettige oder ölige Substanzen aufnehmen sollen, können durch aus der Papieroberfläche herausragende Fasern verursacht sein, da diese meistens der Anlaß zu einer Fehlstelle im Film sind. Es ist daher oft zweckmäßig, bei Karton unter Umständen sogar unumgänglich, durch einen pigmentierten Vorstrich zunächst eine einwandfreie Beschichtungsunterlage zu schaffen, ehe man die eigentliche Sperrschicht aufträgt. Harte Fasern und vor allem grober Holzschliff im Papier bringen die Gefahr mit sich, daß der dünne Beschichtungsfilm beim Falzen des Papiers durchstoßen wird.

Die sehr glatte und ziemlich geschlossene Oberfläche von Pergamin hat den Vorzug, daß — im Vergleich zu einem Papier geringeren Mahlgrades — die gleichen Dichtigkeitseigenschaften mit niedrigeren Auftragsgewichten erzielt werden. Gleichzeitig ist aber die Haftfestigkeit der Beschichtung geringer, wobei Art und Grad der Weichmachung (Glyzerin, Harnstoff) dieses Spezialpapiers eine einflußreiche Rolle spielen können. Noch schwieriger gestaltet sich die Frage der Haftfestigkeit auf Pergament. Die Haftfestigkeit von Filmen aus Kunststoff-Dispersionen auf Pergamin und Pergament im feuchten oder nassen Zustand soll durch Zusatz von 5 % Schellack, berechnet auf Polymerisat, verbessert werden können [80]. Beide, sowohl Pergament als auch Pergamin, neigen sehr stark dazu, in Berührung mit Wasser wellig zu werden. Sie müssen deshalb mit besonderer Sorgfalt im Trocknungskanal einer Beschichtungsmaschine geführt werden oder noch in der Papiermaschine eine Oberflächenleimung (s. 7.1) erhalten haben, die die Wasseraufnahme verzögert.

Aus den spezifischen Eigenschaften der *Beschichtungsmaterialien* auf der Grundlage von Kunststoff-Dispersionen ergibt sich ihre Eignung für bestimmte Anwendungsgebiete beschichteter Papiere. Polyvinylacetat und Copolymere des Vinylacetats mit nur geringen Prozentsätzen an Comonomeren, wie Acrylester, Maleinsäureester und Vinylchlorid, sind gegen Fette und Öle beständig. Ihr Permeationswiderstand gegen Wasserdampf ist dagegen ziemlich gering. Die Möglichkeit, unter ihrer Verwendung hergestellte Beschichtungen bei Temperaturen unterhalb 100° C heißzusiegeln, ist eine ihrer hervorstechendsten Eigenschaften. Styrol-Butadien-Copolymere mit dem üblichen Monomerenverhältnis von 60 : 40 sind als Beschichtungen nicht blockbeständig; Acrylesterpolymere blocken nur dann nicht, wenn sie mit beträchtlichen Mengen von Comonomeren wie Vinylchlorid und Vinylacetat copolymerisiert sind. Acrylester-Polymerisate, die überwiegend aus den relativ hydrophilen Methyl- oder Äthylacrylaten bestehen, sind, ebenso wie Butadien-Acrylnitril-Copolymere mit hohem Acrylnitrilgehalt, gut fett- bzw. ölbeständig. In der Wasserdampfdichtigkeit sind sie aber den Vinylchlorid-Copolymeren deutlich unterlegen. Diese sind außerdem — bei nicht zu großen Mengen Acryl- oder Vinylestern im Copolymerisat — wie Copolymere mit überwiegenden Butadien- und Styrol-Anteilen beständig gegen Säuren und Alkalien, werden auf Grund ihrer Konstitution auch von Fetten und Ölen nicht angegriffen und neigen außerdem nur wenig zum Blocken. Solche Vinylchlorid-Copolymere sind auch bis zu einem gewissen Grad wenig durchlässig für Aromastoffe und Gase und verhalten sich in dieser Beziehung — abgesehen von der Wasserdampfdichtigkeit — besser als Polyolefine. Primärdispersionen von Polyäthylen und Äthylen-Copolymerisaten haben bisher für die Papierbeschichtung keine Bedeutung erlangt. Ihre Eigenschaften sind nicht ohne weiteres von den Polyäthylen-Marken abzuleiten, die über die Schmelze verarbeitet werden. Bis auf die niedrigen Heißsiegeltemperaturen der Vinylacetat-Polymeren sind alle für eine Beschichtung bisher genannten und positiv zu wertenden Eigenschaften in den Vinylidenchlorid-Copolymeren [81] mit Vinylchlorid, Acrylnitril und Acrylestern als wichtigsten Comonomeren vereinigt. Das Reinpolymerisat des Vinylidenchlorids ist anwendungstechnisch nicht verwertbar, da es sich bei der notwendigerweise hohen Verarbeitungstemperatur zersetzen würde. Mit entsprechenden Copolymeren des Vinylidenchlorids (asymmetrisches Dichloräthylen) dagegen lassen sich bei erhöhter Temperatur auf Papier

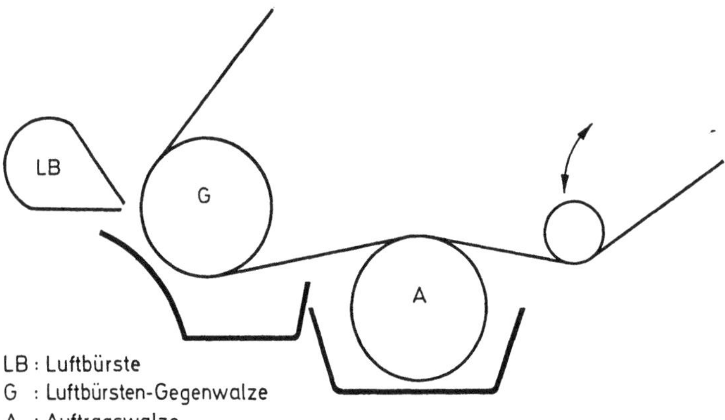

Abb. 21. Auftragsteil einer Luftbürsten-Beschichtungsanlage

Filme erzeugen, die Überzüge aus anderen gebräuchlichen Beschichtungsmaterialien in der Wasserdampf-, Gas- und Aromadichtigkeit weit übertreffen und nur von den Polyolefinen bezüglich der Wasserdampfdichtigkeit nahezu erreicht werden. PVDC, Polyäthylen und Polypropylen erfüllen auch die Bedingungen, die P. W. MORGAN [82] für filmbildende Polymere mit geringer Wasserdampfdurchlässigkeit aufgestellt hat. Nach ihm sollen Polymerisate eine gesättigte oder nahezu gesättigte Kohlenstoffkette mit einem Minimum an Kettenverzweigungen, mit einem hohen Anteil relativ kleiner, hydrophober Substituenten und insgesamt mit einem hohen Grad von Symmetrie aufweisen, d. h. im Polymerisat sollen sich kristalline Bereiche ausbilden können. Darauf, daß kristalline und amorphe Bereiche nebeneinander vorliegen, ist auch die gute Flexibilität und gleichzeitig große Blockbeständigkeit von Beschichtungen aus Vinylidenchlorid-Copolymerisaten zurückzuführen, wenn zu deren Herstellung eine entsprechende Auswahl von Art und Menge der Comonomeren erfolgt ist. Allerdings ist die Siegeltemperatur bei gleicher Druck- und Zeiteinstellung gegenüber den anderen genannten Polymerisaten nach höheren Temperaturen hin verschoben.

In den *Beschichtungsmaschinen* werden Kunststoff-Dispersionen vor allem mit Walzen auf das Papier aufgetragen, da die Beschichtungsmassen für die Papierbeschichtung fast immer zu niedrigviskos sind, um direkt vor die aus der Textilindustrie her bekannten Rakeleinrichtungen gegossen und mit diesen egalisiert werden zu können. Die verschiedenen Schlepprakelverfahren (Abb. 17 und Abb. 18), bei denen die Latices auch direkt aus einem „Sumpf" auf das Papier übertragen werden können, sind wegen der großen Arbeitsgeschwindigkeit zwar interessant, stellen jedoch besonders große Anforderungen an die Scherstabilität der Dispersion. Besonders schonend in dieser Beziehung verhalten sich Beschichtungsmaschinen, die mit einer Tauchwalze ohne weitere Dosier- oder Übertragungswalzen einen geringen Überschuß der Dispersion auf das Papier auftragen und diesen mit einer

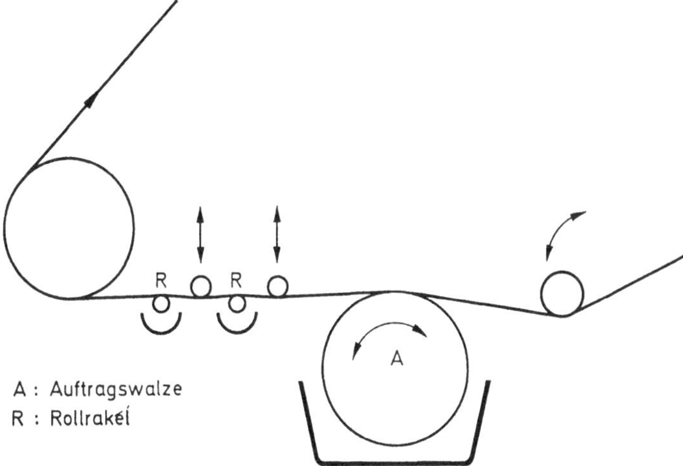

Abb. 22. Auftragsteil einer Beschichtungsanlage mit Rollrakeln

Luftbürste egalisieren (Abb. 21). Dieser Maschinentyp hat sich daher in Europa besonders für das Beschichten mit PVDC-Dispersionen eingeführt, während in den USA auch Maschinentypen benutzt werden, die mit Rollrakeln egalisieren und gleichzeitig den Überschuß der aufgetragenen Kunststoff-Dispersion entfernen

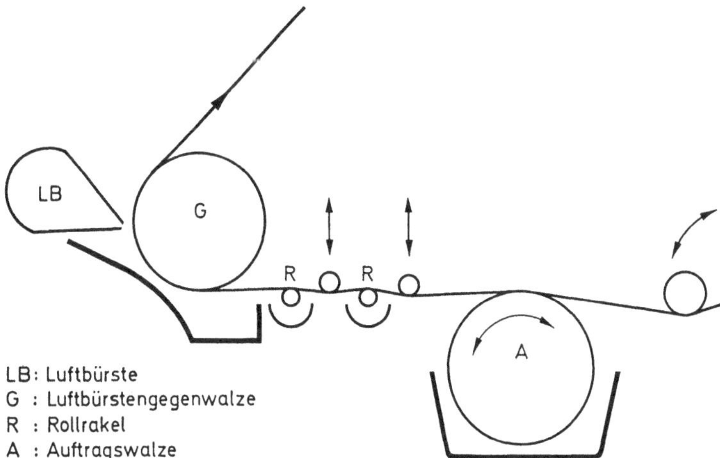

Abb. 23. Auftragsteil einer Luftbürsten-Beschichtungsanlage mit Rollrakel-Vordosierung

(Abb. 22). Das Rollrakelsystem gestattet hohe Maschinengeschwindigkeiten (über 150 m/min), die aber auch mit Luftbürstenanlagen zu erzielen sind, wenn mit Rollrakeln zwischen Auftragswalze und Luftbürste die der letzteren zugeführte Dispersionsmenge vordosiert wird (Abb. 23). Auf diese Weise übernimmt die Luftbürste beim schnellen Lauf der Anlage einzig ihre eigentliche Aufgabe, nämlich die des Egalisierens, und zerstäubt nicht infolge zu großen Luftdrucks beim Abstreifen des Überschusses die flüssige Überzugsmasse. Bei der Verwendung von Rollrakeln als einziger Egalisier- und Dosiervorrichtung sind leicht streifige Beschichtungsoberflächen nicht immer auszuschließen. Reverse-Roll-Coater (Abb. 24) werden für

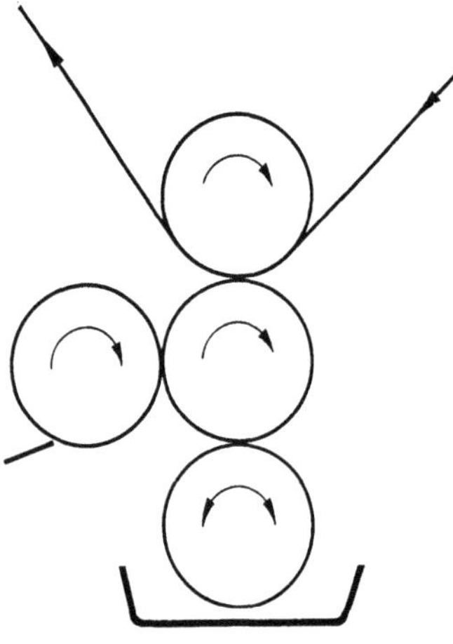

Abb. 24. Reverse-Roll-Coater

wäßrige Systeme weniger eingesetzt. Dagegen verdient das Gießverfahren (Curtain-Coating) einige Aufmerksamkeit, wenn es auch noch nicht sehr häufig angewendet wird. Das Beschichtungsmaterial fließt dabei als frei fallender Vorhang aus einem Gießkopf in den Zwischenraum zweier Transportbänder, die das zu beschichtende Material zu- bzw. wegführen. Der Materialüberschuß wird über eine Auffangwanne wieder in den Gießkopf zurückgepumpt. Dieser kann als Überlaufbehälter oder als Gießkopf mit einem Auslauf über Lippendüsen (Abb. 25) ähnlich der Breitschlitzdüse eines Extruders zur Herstellung von Kunststoff-Folien ausgebildet sein. Das Gießverfahren ermöglicht die Beschichtung von Zuschnitten auch mit relativ niedrigviskosen wäßrigen Beschichtungsmassen und hat sich daher

auch bei der Lederzurichtung (s. 9.2) eingeführt. Das Auftragsgewicht hängt von der Geschwindigkeit des Transportbandes und der aus dem Gießkopf austretenden Dispersionsmenge ab. Mit dem Einfluß der Oberflächenspannung und des Fließwiderstandes von Kunststoff-Dispersionen auf den störungsfreien Fall des Gießvorhangs befaßt sich W. SANDOWSKI [83]. Der Fließwiderstand darf nicht zu gering sein, da sonst die Gefahr einer turbulenten Strömung besteht. P. A. SPENADEL[84] berichtet über Erfahrungen beim Beschichten von Wellpappe mit PVDC-Dispersionen nach dem Gießverfahren. Wie beim Curtain Coater der Gießvorhang durch im Latex ent-

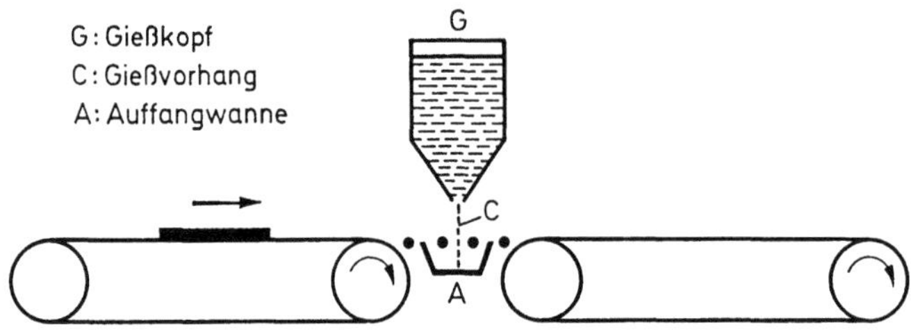

Abb. 25. Gießbeschichtungsanlage

haltene Schaumblasen abreißen kann, sind Luftblasen ganz allgemein die häufigste Ursache für Poren in einer Beschichtung, die bei flüssigkeitsdichten Verpackungen natürlich als schwerwiegende Beschichtungsfehler zu betrachten sind.

Da zur Herstellung von Verpackungspapieren mit PVDC-Dispersionen [84a] größte Sorgfalt erforderlich ist, wird in der Hauptsache auf die Herstellung dieser Papiere in der folgenden kurzen Beschreibung der wesentlichen Teile geeigneter

Beschichtungseinrichtungen Bezug genommen. Im Auftragsteil von Beschichtungsmaschinen wird der Rücklauf der Beschichtungsmasse von Dosier- und Egalisiervorrichtungen getrennt aufgefangen und über Siebe wieder in die Auftragswanne gepumpt [85], um Schmutz, Fasern, Koagulatteilchen und Schaum als Fehlerquellen im Beschichtungsfilm von der Auftragswalze fernzuhalten. Um die Schaumbildung weitgehend zu verhindern, gilt als Regel, eine Kunststoff-Dispersion im Umlaufsystem des Auftragswerkes möglichst nicht frei fallen zu lassen, sondern an den entsprechenden Stellen Leitbleche einzubauen.

Damit eine Kunststoff-Dispersion nicht zu weit in das Papier eindringt und der Flüssigkeitsfi'm möglichst frühzeitig fixiert bzw. in einem zweiten Beschichtungsgang auf der hydrophoben ersten Schicht am Zusammenlaufen („Inselbildung", „Streifenbildung") gehindert wird, setzt nach der Egalisierung sofort die Vortrocknung mit IR-Strahlern ein. Zu hohe Temperatur in dieser Trocknungsphase kann jedoch zur Dampfblasenbildung in der sich bildenden Filmschicht führen und außerdem durch zu schnelle Trocknung den Ablauf der Filmbildung stören (s. 1.5). Über den richtigen Gebrauch der Infrarot-Trocknung und die Auswahl der für die Papierbeschichtung geeigneten IR-Strahler hat W. SCHOCH [86] grundsätzliche Ausführungen gemacht. Danach sind Dunkelstrahler, die im Wellenlängenbereich von 3 µ bis 6 µ emittieren, besonders geeignet, da in diesem Bereich zwei Absorptionsmaxima des Wassers liegen. Der eigentliche Trocknungskanal ist bei modernen Ausführungen in mehrere Sektionen mit eigener Luftzu- und -abführung eingeteilt. Dadurch ist eine variable Trocknungsführung bezüglich der Luft- und Temperatureinstellung möglich. Große Trocknungsleistungen bringt Heißluft, die aus Düsen mit einer Geschwindigkeit von 15—70 m/sec austritt. Zusätzlich können IR-Strahler und elektrische Heizplatten eingebaut sein. Um die Papierbahn glatt und ohne Einrollen der Ränder zu führen, sind die Trockenkanäle meist gekrümmt und außerdem mit Breithaltewalzen ausgestattet. Angetriebene Führungswalzen vermindern die auf das Papier einwirkenden Zugspannungen, besonders bei langen Trockenkanälen. Eine Nachheizzone mit nachfolgender schneller Abkühlung der Polymerisatschicht durch kurzzeitiges Pressen gegen eine hochglanzpolierte, gekühlte Walze verbessert unter Umständen den Glanz der Beschichtung. Nach scharfer Trocknung der Papierbahn im Trockenkanal kann es zweckmäßig sein, diese nicht nur über eine Kühlwalze zu leiten, sondern auch in einer Befeuchtungszone das Papier wieder auf seine Gleichgewichtsfeuchtigkeit zu bringen. Sehr ausführlich wird die Trocknungstechnik von PVDC-Dispersionen durch G. H. ELSCHNIG, K. GÖTZ und F. WITT [86a] beschrieben.

Der Fortschritt in der Beschichtungstechnik hat in den letzten Jahren zu immer höheren Beschichtungsgeschwindigkeiten (bis zu etwa 400 m/min) geführt. Hinzu kam die Entwicklung von Mehrfachbeschichtungsanlagen. Ihr Vorteil ist die gesteigerte Maschinenleistung und außerdem die Möglichkeit, sehr flexible pigmentierte oder nicht-pigmentierte Vorstriche aufzubringen, die normalerweise wegen zu großer Oberflächenklebrigkeit ein Aufrollen des beschichteten Papiers nicht erlauben.

Für die Beschichtung von Hohlkörpern, wie z. B. vorgeformten Bechern, mit Kunststoff-Dispersionen eignen sich Anlagen, die nach dem Flutungsprinzip arbeiten. Die Beschichtungsmenge wird nach dem Prinzip der Zentrifugalabschleuderung reguliert. Sie hängt aber auch von dem Feststoffgehalt des verwendeten Latex

10*

und, bei saugfähigen Substraten und kurzen Einwirkungszeiten der Dispersion auf das Substrat, auch von der Kontaktzeit der Dispersion mit dem Substrat selbst ab. Mit Spritzautomaten lassen sich erfahrungsgemäß keine in gleichem Maße porenfreie Überzüge erzielen, da es schwierig ist, über die gesamte Fläche eine gleichmäßige Filmdicke zu erhalten und außerdem Luftblasen im Film kaum zu vermeiden sind.

Die *Verwendung* von mit Kunststoff-Dispersionen beschichteten Papieren und Kartons erfolgt vor allem in der Verpackungsindustrie und hier wiederum zu einem großen Teil zur Verpackung von Lebensmitteln. PVDC-Dispersionen nehmen dabei gegenüber anderen Polymerisatdispersionen eine bevorzugte Stellung als Beschichtungsmaterial für Frischhalteverpackungen ein, da die daraus gebildeten Filme eine in diesem Maße einmalige Kombination von geringer Wasserdampf- und Gasdurchlässigkeit, Dichtigkeit gegenüber vielen Aromastoffen und Beständigkeit gegenüber Fetten und Ölen aufweisen, verbunden mit der Möglichkeit, durch eine der bekannten Heißsiegelmethoden (Wärme-Kontakt-, Wärme-Impuls- und Hochfrequenzverfahren) das Füllgut in das damit beschichtete Material einzusiegeln. Zahlreiche Veröffentlichungen [87] der vergangenen Jahre beschäftigen sich daher ganz allgemein mit den Eigenschaften und Anwendungen PVDC-beschichteter Papiere und Kartons.

PVDC-beschichtete Trägermaterialien, allein oder in Kombination mit Aluminium- oder Kunststoff-Folien, bilden in zahlreichen Fällen den Haupt- oder einen wesentlichen Bestandteil der gebräuchlichen Verpackungsarten, wie z. B. Einschlagpapiere, Flach-, Seitenfalten- und Klotzbodenbeutel, Innenbeutel für Faltschachteln, Behältnisse aus beschichteten Kartons, Pappdosen mit einer Innenlage aus PVDC-beschichtetem Papier und Pappbecher mit PVDC-Innenbeschichtung. Sie bieten Füllgütern Schutz gegen oxydative und korrosive Einflüsse der Luft, gegen Aufnahme oder Abgabe von Aroma- und Geruchsstoffen sowie gegen ein Austrocknen bzw. Feuchtwerden. Sie eignen sich daher zum Verpacken von Lebensmitteln wie Butter, Margarine, Trockensuppen, Kaffee, Dauerbackwaren, Konfitüren, Kindernährmitteln, Fruchtkonzentraten, Speiseeis, Kartoffel-Chips, Pulvergetränken, Wurst- und Fleischwaren, Gefrier- und Räucherfischen, Zucker, Salz u. a. m., von kosmetischen Artikeln wie Seifen, Waschmitteln, Erfrischungstüchlein u. a. m., von Feinchemikalien und pharmazeutischen Produkten.

Außer für beschichtete Pappdosen zu Verpackungszwecken sind PVDC-Dispersionen auch zur Innenauskleidung von Trinkbechern für Heiß- und Erfrischungsgetränke aus leichten Kartonqualitäten geeignet. Daneben sind auch verschiedentlich PVAc[1]-Dispersionen, mit Zusätzen von Paraffin oder Wachsen zur Verbesserung der Wasserbeständigkeit [88], und Styrol-Copolymere [89] vorgeschlagen worden. Auch hier wie bei den Verpackungsdosen geht es darum, Paraffin durch eine Kunststoffbeschichtung zu ersetzen, da aus einer brüchigen, nicht kratzfesten Paraffinschicht leicht einzelne Stücke herausbrechen. Die beschichteten Trinkbecher stehen allerdings in starker Konkurrenz zu reinen Kunststoffbechern, da für diesen Anwendungszweck keine spezifischen Verpackungseigenschaften erforderlich sind.

Eine der wichtigsten *Eigenschaften* der Sperrschichtmaterialien, wie man die beschichteten Papiere mit hoher Schutzwirkung auch bezeichnen kann, ist die

---

[1] PVAc = Polyvinylacetat

geringe Wasserdampf- bzw. Gasdurchlässigkeit. Wie N. Buchner [90] in einer zusammenfassenden Arbeit dargelegt hat, vollzieht sich der Dampf- bzw. Gastransport durch eine Kunststoff-Folie und damit auch durch eine Kunststoffschicht auf einem Substrat als Lösungsdiffusion und nicht durch Poren. Er gehorcht dabei bestimmten Gesetzmäßigkeiten. So ist die Permeation eines Gases von dessen Löslichkeit in der Kunststoffschicht abhängig. Dies läßt auch Rückschlüsse auf die Durchlässigkeit für Aromastoffe zu, wenn deren chemische Konstitution bekannt ist und auf Grund dessen in Beziehung zu Lösungsmitteln oder Nichtlösern für das der Beschichtung zugrunde liegende Polymerisat gesetzt werden kann, wobei dann aber noch die Molekülgröße des Aromastoffes eine Rolle spielt. Vernetzung, Kristallisation und Molekülorientierungen in der Schicht erniedrigen den Permeationskoeffizienten. Je weniger die Kunststoffschicht durch Wasser gequollen wird, desto unabhängiger ist die Gasdurchlässigkeit von dem Feuchtigkeitsgehalt der umgebenden Luft. Den Wasserdampftransport durch Packmaterialien hat R. Heiss [91] unter dem Gesichtspunkt der Gebrauchseignung einer Verpackung mathematisch behandelt. Danach läßt sich aus der gemessenen Wasserdampfdurchlässigkeit der Verpackung, der Sorptionsisotherme und dem erlaubten Grenzwert der Feuchtigkeitsaufnahme des Füllgutes eine Voraussage über dessen mögliche Lagerzeit machen [92]. Daß für die Haltbarkeit eines hygroskopischen Füllgutes nicht nur die Durchlässigkeit durch die flächigen Teile einer Verpackung, sondern auch deren Siegel- bzw. Klebnähte eine Rolle spielen, darauf hatten H. Corte und W. Schoch [93] schon in einer früheren Arbeit hingewiesen. Zu berücksichtigen ist auch, daß die Permeation temperaturabhängig ist. Sie nimmt mit steigender Temperatur exponentiell zu, wobei die bereits bei Normaltemperatur bestehenden Unterschiede zwischen PVDC und Polyäthylen sich noch mehr zugunsten des erstgenannten vergrößern (Abb. 26).

Geht es nur um eine gewisse, kurzzeitige Fett- oder Ölbeständigkeit der Beschichtungen, können auch noch andere Polymerisate als PVDC und PVC in Frage kommen. Außer Polyvinylacetaten sind hierfür auch bestimmte Styrol-Butadien-, Butadien-Acrylnitril- und Acrylester-Copolymere verwendbar, die aber alle pigmentiert sein müssen, damit sie in der Rolle oder im Stapel nicht blocken [94]. Die blättchenförmigen Clay-Sorten bringen gegenüber der Kreide mit ihrer unregelmäßigen Gestalt der Teilchen den Vorteil einer, wenn auch geringen, zusätzlich dichtenden Wirkung. Zusätze von Polyvinylalkohol, Alginaten, Methylcellulose und anderen wasserlöslichen Schutzkolloiden tragen ebenfalls zur Verbesserung der Öldichtigkeit und Verringerung der Blockgefahr bei. Wichtig ist aber, daß die Gesamtbeschichtung in mehreren dünnen Schichten auf das Substrat gebracht wird. Der Erfahrungsgrundsatz, daß Beschichtungsfilme gleichen Flächengewichts um so dichter sind, in je mehr Einzelaufträgen sie aufgebracht wurden, gilt auch für PVDC-Beschichtungen und verdient besonders für faserige Substrate Beachtung, die flüssigkeitsdicht und öldicht gemacht werden sollen.

Lichtschutz wird durch eine unpigmentierte Beschichtung nicht gewährt. Wird ein solcher für flexible Papierverpackungen verlangt, kann Papier mit Aluminiumfolie kombiniert werden. Der zusätzliche, hohe Permeationswiderstand der nichtkaschierten Folie kann allerdings im Verbund mit Papier durch Riß- und Porenbildung an Falz- und Knickstellen beträchtlich herabgesetzt sein, wie Untersuchungen von W. Schoch [95] zeigten. Außerdem können Gase, Aromastoffe und

Wasserdampf durch die Papierzwischenlage eindringen bzw. entweichen, wenn die Aluminiumfolie die äußere Lage einer Verpackung bildet und die Klebnaht oder Heißsiegelbeschichtung aus einem Material besteht, das im Vergleich zur Aluminiumfolie nur geringe Dichtigkeitseigenschaften hat. Aus den genannten Gründen hat sich daher die Beschichtung der kaschierten Aluminiumfolie auf der Papierseite (wegen einer Beschichtung der Folienseite s. 8) mit PVDC-Dispersionen [95a] als vorteilhaft erwiesen, wodurch dieses Verpackungsmaterial außerdem

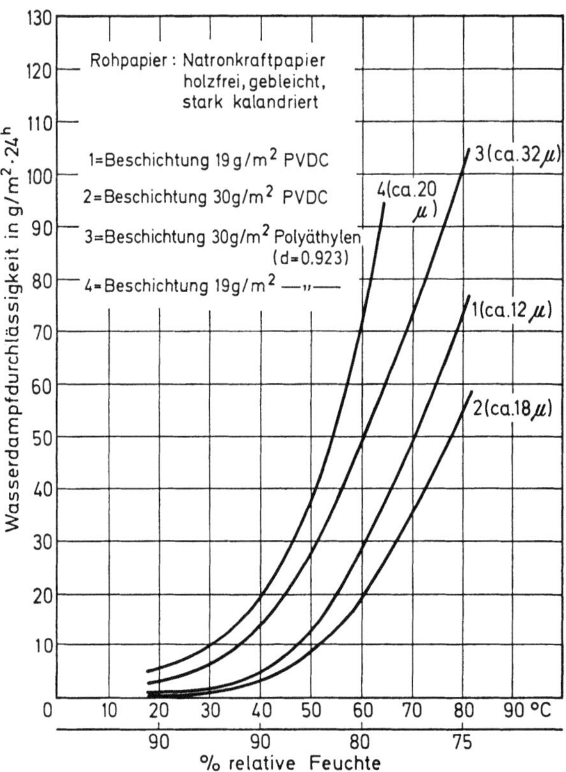

Abb. 26. Temperaturabhängigkeit der Wasserdampfdurchlässigkeit PVDC- und Polyäthylenbeschichteter Papiere

noch heißsiegelbar wird. Allerdings erfordert die Herstellung einer solchen Packstoffkombination eine Vorbeschichtung mit entsprechend wasserdampfdurchlässigen Kunststoff-Dispersionen oder einem PVC-Schutzlack. Mit diesen muß die Papieroberfläche so weit geschlossen werden, daß das Wasser der nachfolgenden PVDC-Beschichtung nicht in großer Menge und sehr tief in das Papier eindringen kann; sonst bilden sich leicht Dampfblasen in der PVDC-Beschichtung, weil die große Wassermenge aus dem Papier durch den sich bildenden, wasserdampfdichten Film nicht mehr abgeführt werden kann und der Wasserdampftransport auf der anderen Seite durch die Folie unmöglich ist. Eine für die meisten Zwecke ausreichende Verringerung der Lichtdurchlässigkeit von PVDC-Beschichtungen läßt sich auch durch Zusätze von Mineral- oder Metallpigmenten erreichen, über deren unterschiedlichen Grad der Wirksamkeit G. ELSCHNIG [96] berichtet.

Danach bewirken selbst relativ große Mengen Titandioxid zwar eine starke Lichtstreuung, aber keine große Extinktion, wohingegen schon geringe Mengen von Chinaclay zusammen mit Ruß oder von Aluminiumpigment den erwünschten Lichtschutz bringen.

Die Beschichtungsmaterialien für Lebensmittelverpackungen oder Gebrauchsgegenstände, die mit Lebensmitteln in Berührung kommen, müssen der Lebensmittelgesetzgebung der einzelnen Länder genügen. In der BRD ist der Zusatz von Fremdstoffen zu Lebensmitteln untersagt. Darunter fallen auch Substanzen, die von einer Verpackung auf Lebensmittel übergehen können. Von diesem Verbot sind technisch unvermeidbare Spuren ausgenommen, deren obere Grenze für die jeweiligen Kunststoffe genau festgelegt ist. Außerdem sind in vielen Ländern die zulässigen Mengen von Polymerisations- und Verarbeitungshilfsmitteln für bestimmte Kunststoffe bekannt gemacht worden. Sie sind für die BRD im Bundesgesundheitsblatt veröffentlicht.

Die *Weiterverarbeitung* beschichteter Papiere zu Verpackungen geschieht über einen Kleb- (s. 6.1.1) oder einen Heißsiegelvorgang. Die Heißsiegeltemperatur hängt sehr von der Zusammensetzung der einzelnen Copolymerisate ab. Bei einer Angabe der Heißsiegeltemperatur ist dabei immer zu berücksichtigen, daß diese für ein bestimmtes Material nur zusammen mit einer bestimmten Siegelzeit und einem bestimmten Siegeldruck definiert ist. Aber auch dann stimmt oft die an dem reinen Polymerisatfilm ermittelte Heißsiegeltemperatur nicht mit der überein, die an einem mit dem gleichen Polymerisat beschichteten Papier bestimmt wurde, oder es unterscheiden sich die Heißsiegeltemperaturen des gleichen Polymerisates auf zwei unterschiedlichen Substraten. Bei den Wärmekontaktverfahren zur Heißsiegelung muß nämlich der gesamte Wärmetransport durch das Trägerpapier erfolgen, so daß dessen Dicke, Kompressibilität und Feuchtigkeitsgehalt ebenso für die an den Siegelbacken einzustellende Temperatur eine Rolle spielen wie die Art, die Dicke und die Oberflächenbeschaffenheit der Filmschicht. Für jedes Beschichtungsmaterial gibt es auch eine optimale Siegeltemperatur, besser einen Siegeltemperaturbereich — unter den gerade genannten Einschränkungen —, unterhalb und oberhalb dem die Siegelnahtfestigkeit abfällt [*97*]. Die Nahtfestigkeit ist auch eine Funktion der Papierfestigkeit, vorausgesetzt, daß die thermoplastischen Polymerisate an den sich berührenden Oberflächenschichten genügend miteinander verschmolzen sind. Bei Trägermaterialien wie Pergamin oder Pergament ist die mechanische Festigkeit der verschmolzenen Kunststoffschicht allerdings oft größer als die Haftfestigkeit des Polymerisates an der Substratgrenzfläche. Die Nahtfestigkeit hängt außerdem von dem Winkel zwischen Beanspruchungsrichtung und Siegelnahtkante ab, wie Untersuchungen von W. SCHOCH und U. STRÖLE [*98*] zeigten. Eine Siegelung Kunststoff gegen Papier ist nur bei leicht fließenden Polymerisaten oberhalb eines bestimmten Auftragsgewichtes ohne weiteres möglich. Mit PVDC-Beschichtungen macht dies Schwierigkeiten, wenn ein Siegelautomat mit maximaler Geschwindigkeit laufen soll.

Wenn technisch möglich, sollten gas- und wasserdampfdichte Verpackungen gesiegelt werden, falls nicht wirtschaftliche Überlegungen dagegen sprechen, da eine Klebnaht meistens um ein Mehrfaches durchlässiger ist als eine Siegelnaht. Werden allerdings zur Heißsiegelung falsch profilierte oder mit den Profilen nicht ineinandergepaßte Siegelbacken verwendet, sind die Siegelbacken im Siegelgerät verkantet angebracht oder an den Kanten nicht abgerundet bzw. wird durch einen zu starken Siegeldruck die Kunststoffschicht beschädigt, so kann auch bei heißgesiegelten Verpackungen deren Schutzwert durch fehlerhafte bzw. geschädigte Siegelnähte vermindert sein [99]. Auch beim Falzen beschichteter Papiere in Verpackungsmaschinen kann durch entsprechende Berücksichtigung der gegenüber reinem Papier veränderten Materialeigenschaften der Gebrauchswert einer Verpackung besser, als es oft der Fall ist, erhalten bleiben, wenn z. B. die Falzrollen in geringem Abstand von der vorgesehenen Falzkante und nicht mit vollem Druck auf ihr laufen. K. GRUHN [100] hat noch eine Anzahl weiterer Fehlermöglichkeiten diskutiert, die bei der Verarbeitung beschichteter Verpackungspapiere vorkommen können.

Das Heißsiegeln hat aber nicht nur Bedeutung für die Herstellung hochwertiger Lebensmittelverpackungen. Es gibt eine ganze Reihe Anwendungen, bei denen beschichtete Papiere oder Kartons nur dem Zweck dienen, einen sauberen, staub- und wasserdichten Verschluß einer Verpackung zu ermöglichen oder einen Gegenstand in Form eines Etiketts zu kennzeichnen.

Das Heißsiegeln ist nur eine der drei bekannten *Versiegelungsarten*, die man nach den ihnen zugrunde liegenden Aktivierungsmechanismen folgendermaßen einteilen kann:

a) Kaltsiegeln: Anwendung von Druck ohne Temperaturerhöhung.

b) Heißsiegeln: Gleichzeitige Anwendung von erhöhter Temperatur und Druck.

c) Heißkleben: Zeitliche Trennung der Anwendung von Wärme und Druck (s. 6.7 und 6.8).

Kaltsiegelpapiere [101] haben eine gewisse Bedeutung für die Verpackung von sehr temperaturempfindlichen Nahrungsmitteln (z. B. Eiscreme, Schokoladenerzeugnissen). Genau genommen sind Kaltsiegelpapiere eine besondere Art von Klebebändern, deren Beschichtung unter der Einwirkung von Druck nur mit arteigenem Material verklebt. Für die Bevorzugung von Kaltsiegelpapieren zum Verpacken temperaturempfindlicher Füllgüter gibt aber nicht die bei Heißsiegelpapieren zum Verschließen der Verpackung notwendige höhere Temperatur den Ausschlag, da die hohe Temperatur bei einem störungsfreien Lauf des Verpackungsautomaten nur sehr kurze Zeit einwirkt; vielmehr wird durch die Verwendung von Kaltsiegelpapieren die Gefahr ausgeschaltet, daß das Verpackungsgut bei einem plötzlichen Maschinenstillstand durch eine länger andauernde Wärmestrahlung geschädigt wird [102]. Fernerhin besteht die Möglichkeit, die Kaltsiegelmasse so einzustellen, daß die Verpackung wiederholt zu öffnen und zu verschließen ist. Aus diesem Grund widersteht der Kaltsiegelverschluß dann aber auch nur relativ geringen Innendrücken und Nahtbeanspruchungen.

Ein wesentlicher Bestandteil einer Kaltsiegelmasse ist Naturkautschuklatex mit seinen spezifischen, auto-adhäsiven Eigenschaften. Zum Erhöhen der gegenseitigen Haftfestigkeit werden vielfach Butadien-Styrol- und Acrylester-Copolymere zugemischt. Durch Vorstriche mit PVDC-Dispersionen [103] können die Papiere auch wasserdampf-, fett- und öldicht gemacht werden.

Für *Heißsiegelpapiere und -etiketten* werden vor allem Polyvinylacetat-Dispersionen verwendet, da sie bereits bei Temperaturen zwischen 80°C und 100°C gesiegelt werden können. Der Widerstand gegen ein Blocken des beschichteten

Materials reicht normalerweise für die Praxis aus. In kritischen Fällen kann durch Beimischen z. B. von Kreide, Äthylcellulose oder acylgruppenfreiem Polyvinylalkohol der Blockpunkt erhöht werden, womit aber gleichzeitig der Bereich der Siegeltemperatur ebenfalls nach oben rückt. Wichtig für das Heißsiegeln ist der Fließwiderstand des Polymerisates, der auch vom Molekulargewicht beeinflußt wird. Durch den geringen Zusatz eines mit dem Polymeren verträglichen, nicht flüchtigen Weichmachers kann die Siegeltemperatur eines Polymerisates deutlich herabgesetzt werden. Bei Vinylchlorid- und Styrol-Copolymeren liegen die Siegeltemperaturen im allgemeinen — ebenso wie bei den mehrfach erwähnten Vinylidenchlorid-Copolymerisaten — über 100°C.

Heißsiegelpapiere und -etiketten gibt es zum Siegeln auf sehr verschiedenen Substraten, wie z. B. Textilien, Papier, Holz, Kunststoffen. Die jeweilige Zusammensetzung der Beschichtung wird auf die durch die Gegenlage bedingten Anforderungen abgestimmt. Für Heißsiegeletiketten werden als Trägerpapiere außer Naturpapieren auch Chromo-, Glacé-, Glanz-, Cambric- und Hochglanzpapiere verwendet. Ein Anwendungsgebiet für heißsiegelbare Polymerisate ist auch die Beschichtung von Karton, der als steife Unterlage für Haut- (Skin-) und Konturen- (Blister-) Verpackungen [104] vorgesehen ist. Da bei der Hautverpackung ein Vakuum angelegt wird, um die vorgewärmte Folie (z. B. PVC-Folie) über den zu verpackenden Gegenstand zu ziehen und damit diesen auf der Unterlage zu fixieren, muß entweder die Beschichtung genügend luftdurchlässig sein oder der beschichtete Karton perforiert werden. Die Beschichtung muß außerdem auf die Siegeltemperatur der Folie abgestimmt sein. Die chlorhaltigen Polymerisate dienen auch zur Beschichtung von Karosseriepappen, die mit der sog. Schweißwatte (s. 10.6) als Zwischenlage im Hochfrequenzfeld gegen Weich-PVC-Folien gesiegelt werden.

Schließlich sind noch die *Ausstattungspapiere* zu erwähnen. Ein typisches Beispiel dafür sind Schrankpapiere, bei denen eine Beschichtung die Papieroberfläche wasser- und abriebfest macht. Früher ein beachtliches Anwendungsgebiet für Kunststoff-Dispersionen, und zwar wegen der Wasserfestigkeit ihrer Filme besonders für PVC- und PVDC-Dispersionen, sind heute fast ausschließlich aus der Schmelze aufgetragene Beschichtungen auf diesem Sektor zu finden. Farbige Beschichtungen für steife Heft- und Notizblockdecken werden auch heute noch auf der Grundlage dieser Latices hergestellt.

Zur *Prüfung* [105] der für ein beschichtetes Papier charakteristischen Eigenschaften: Wasserdampfdurchlässigkeit, Gasdurchlässigkeit, Fett- und Ölbeständigkeit, Aromadichtigkeit, Papierfestigkeit, Heißsiegelbarkeit, Blockfestigkeit gibt es in der BRD nur für die Messung der Wasserdampfdurchlässigkeit (DIN 53 122; 85% relative Luftfeuchtigkeit, 20°C) und der Papierfestigkeit (DIN 53 112) genormte Prüfvorschriften. Die anderen Eigenschaften werden wie in anderen Ländern nach standardisierten (z. B. Tappi-Vorschriften, Patra-Prüfmethoden) oder konventionellen Methoden geprüft. Von N. BUCHNER und G. SCHRICKER [106] wurden die Meßprinzipien für die Gasdurchlässigkeit einer kritischen Betrachtung unterzogen. Sie entwickelten ein Gerät, das die Volumenänderung bei konstantem Druck mißt und nicht nur zur Prüfung von Kunststoff-Folien, sondern auch von beschichteten Papieren geeignet ist. Die Messung der Gasvolumina kann bei einem definierten relativen Feuchtigkeitsgehalt erfolgen.

N. Buchner [107] berichtet über die Messung der Gasdurchlässigkeit von Packungen aus Kunststoffen und Kunststoffkombinationen.

Die Mikroskopie hat sich als wertvolles Hilfsmittel bei der Aufklärung der Ursachen erwiesen, die während des Beschichtungsvorganges, z. B. durch falsche Rohpapierauswahl, oder durch nicht materialgerechte Weiterverarbeitung des beschichteten Papiers zu Fehlstellen im Kunststoffüberzug geführt haben. W. Schoch [108] hat über diese Arbeitsmethodik referiert und durch Untersuchungsbeispiele deren Leistungsfähigkeit bestätigt.

7.4 Tapeten

Die Beschichtung einer Tapete setzt sich aus dem Grundstrich — auch Decker oder Tapetenfond genannt —, dem darüberliegenden Druckdessin und, bei waschfesten Tapeten, meistens noch aus einem Deckstrich zusammen. Bei normalen Leimdrucktapeten, hergestellt mit Bindemitteln tierischer oder pflanzlicher Herkunft, bevorzugt aber mit Stärkeprodukten, kann das Druckbild durch Wischen leicht beschädigt werden, vor allem wenn auf die beanspruchte Stelle gleichzeitig Feuchtigkeit einwirkt. Auch ein Zusatz von Härtungsmitteln, wie z. B. Formalin, Aminoplast-Vorkondensaten oder Glyoxal, verbessert die Wischbeständigkeit nur graduell.

In zunehmendem Maße wurden daher wischfeste oder gar abwaschbare Tapeten verlangt, um Flecken oder Schmutz von der Tapetenoberfläche entfernen zu können. Besonders über den Ausdruck „wischfeste Tapeten" herrscht dabei oft eine unterschiedliche Auffassung. Manche verstehen darunter solche Tapeten, die dem Wischen mit einem trockenen Lappen widerstehen, andere wiederum diejenigen Tapeten, die ein leichtes Abwischen mit einem nassen Schwamm aushalten, ohne daß das Druckbild verwischt wird. Eine abwaschbare Tapete dagegen sollte mit Bürste, Wasser und Reinigungsmittel zu säubern sein.

Wischfeste Tapeten können unter der Verwendung von Kunststoff-Dispersionen nach zwei verschiedenen Verfahren hergestellt werden:

a) Die wasserlöslichen Bindemittel im Fond werden teilweise oder vollständig ausgetauscht. Der weitgehende Ersatz der wasserlöslichen Bestandteile im Druckfarbenbindemittel macht wegen der in der Tapetenindustrie gebräuchlichen Druckvorrichtungen und der dadurch größeren Gefahr einer Hautbildung bei schnell trocknenden Kunststoff-Dispersionen Schwierigkeiten. Deren anteilmäßige Verwendung jedoch verbessert die Wischfestigkeit beträchtlich.

b) Die bedruckte Tapete wird mit einer Kunststoff-Dispersion überzogen, die je nach Wunsch einen matten oder glänzenden, in jedem Fall aber einen wasserfesten Film bildet. Diese Methode ist auch die sicherste, um zu abwaschbaren Tapeten zu gelangen.

Für den *Tapetenfond* werden Polyvinylacetat-Dispersionen, Vinylacetat-Copolymere mit geringen Mengen Vinylchlorid, Acrylsäureester oder Maleinsäureester, Acrylester-Copolymere, Vinylpropionat-Homo- und -Copolymere, aber auch Styrol-Copolymerisate, mit Stärke (Kartoffelstärke, Maisstärke usw.), Kasein oder Cellulosederivaten gemischt. Die härteren Polymerisate enthalten meistens noch einen gewissen Prozentsatz Weichmacher. In einem solchen Fall muß darauf geachtet werden, daß die Druckpigmente nicht im verwendeten Weichmacher löslich sind, da sonst der Farbton der Tapete vollkommen umschlagen kann. Aus Kostengründen werden Kunststoff-Dispersionen als alleiniges Bindemittel nur selten in Betracht gezogen. Bei nur geringen Zusätzen von Kunststoff-Dispersionen muß der wasserlösliche Teil des Bindemittelgemisches mit Formaldehyd, Glyoxal oder Aminoplast-Vorkondensaten gehärtet werden, falls die Tapete nicht noch zusätzlich einen wasserfesten Überzug erhält. Die an sich harten Schichten aus Stärke und Pigment werden durch die notwendige durchgreifende Härtung noch spröder, während der Kunststoffanteil in der Beschichtung plastifizierend wirkt. Der Vorteil der Mitverwendung von Kunststoff-Dispersionen liegt somit nicht allein in der geringeren Wasserempfindlichkeit des Fonds, sondern auch in der größeren Flexibilität der Beschichtung.

Die Kunststoff-Dispersionen müssen sehr gut füllstoffverträglich sein, von den Filmen wird ein großes Pigmentbindevermögen verlangt, da die PVK (s. S. 46) ungefähr 75—80% betragen muß, um im Fond ausreichende Deckkraft zu erzielen. Kreide ist der meistgebrauchte Füllstoff, erst mit Abstand folgen die besser deckenden, aber teureren Clay-Sorten. Titandioxid wird nur zur Nuancierung von Farbpigmenten verwendet. Im Tapetenfond bestehen im allgemeinen 25%, in der Druckfarbe bis zu 50% des Bindemittels aus Kunststoff, wenn die Tapete wischfest sein soll.

Zur Herstellung einer *abwaschbaren Tapete* muß der bedruckte Tapetenfond mit einer Kunststoff-Dispersion überbeschichtet werden, wobei allerdings bei Anwesenheit eines Schutzkolloids in der Kunststoff-Dispersion dieses wegen der erforderlichen Wasserfestigkeit nicht sehr wasserempfindlich sein darf. Die Wasseraufnahme der Filme soll gering sein. Bevorzugte Überzugsmittel sind Vinylchlorid-Mischpolymerisate und Vinylacetat-Vinylchlorid-Polymere; aber auch entsprechende, feinteilige Acrylester- und Styrol-Copolymerisate sind geeignet. Die Filme müssen soweit klebfrei sein, daß die Beschichtungen unter Belastung nicht blocken. Weiterhin wird gute Lichtbeständigkeit verlangt. Aus diesem Grund scheiden die sehr wasserbeständigen und nicht blockenden Beschichtungen aus Vinylidenchlorid-Copolymeren für einen Tapetenüberzug in den meisten Fällen aus. Eine mattierte Beschichtung kann durch geringe Zusatzmengen von feinteiligen Silicapigmenten, Talkum u. a. erzielt werden. Zu große Mengen mattierender Füllstoffe unterbrechen allerdings den Filmzusammenhang so sehr, daß darunter das leichte Entfernen von Flecken leiden kann. Einmischen von Wachs- und Paraffinemulsionen in die Kunststoff-Dispersionen verringert zwar den Glanz, macht aber die Beschichtung wasserabweisend, wenn auch nicht wasserfest. In vielen Fällen kann ein matter Überzug auch durch Mischen zweier oder mehrerer Dispersionen erhalten werden.

Durch die Beschichtung wird der Farbton des Fonds und des Druckes etwas vertieft. Diese Farbänderung hat nichts mit einer Beeinflussung des Pigments durch den Kunststoff zu tun, sondern ergibt sich aus der Änderung der Lichtbrechung durch den Filmüberzug.

Die wisch- oder waschfesten Tapeten können grundsätzlich auf den für die Produktion von Druckpapieren gebräuchlichen Streichanlagen hergestellt werden. Meist werden jedoch die maschinellen Einrichtungen herangezogen, die schon seit langem für die Fertigung der Leimdrucktapeten dienen. Zweckmäßigerweise tauscht man aber die Filztücher zum Übertragen der Beschichtungsmasse durch

Auftragswalzen aus, da sonst die Gefahr besteht, daß die Filztücher bei einem Stillstand der Maschine durch schnelltrocknende Kunststoff-Dispersionen verkrustet werden. Eine gute Egalisierung des Strichs erreicht man in modernen Streichanlagen mittels einer Luftbürste. Getrocknet wird in Hängen oder Trockenkanälen.

7.5 Bunt- und Metallpapiere

Buntpapiere, wie Glacé-, Glanz- und Cambric- bzw. Lederpapiere, sowie Metallpapiere zeichnen sich durch eine besonders dekorative Papieroberfläche aus. Die Arbeitsweise bei der Herstellung ist der bei der Chromopapierfertigung nahezu gleich. Die Streichmassen unterscheiden sich nur durch eine andere Pigmentmischung, durch evtl. geringere Bindemittelmengen und bestimmte Zusätze von Verarbeitungshilfsstoffen. Die Verwendung von Kunststoff-Dispersionen zusammen mit Kasein oder Stärke als Bindemittel verbessert die Wisch- und Wasserfestigkeit sowie die Geschmeidigkeit der Fertigerzeugnisse.

Die Herstellung der *Glacé-Papiere* erfolgt mit Streichanlagen, auf denen der Beschichtung mit rotierenden Bürsten der für diese Papiersorte charakteristische weiche Glanz verliehen wird. Es kommen als Kunststoffbinder weiche Filme bildende Kunststoff-Dispersionen, besonders solche auf Basis von Acrylestern, in Betracht. Die Streichfarbe muß ein gewisses Wasserrückhaltevermögen aufweisen, damit die Beschichtung nicht bereits zu weit getrocknet ist, bis sie unter die Verstreichbürsten gelangt. Da die Pigmentmischung einen beträchtlichen Anteil an Satinweiß enthält, werden an die Stabilität der Kunststoff-Dispersionen gegen Ca-Ionen große Anforderungen gestellt.

Ursprünglich wurden *Glanzpapiere* nur durch Glanzstoßen mit besonderen Glättsteinen auf den ihnen eigenen hohen Glanz gebracht. Durch das stoßende Reiben der Glättsteine auf der Papieroberfläche wird eine beträchtliche Reibungswärme erzeugt. Bei der Verwendung stark thermoplastischer Bindemittel besteht aus diesem Grund die Gefahr, daß die Beschichtung klebrig wird, an den Steinen haftet und aufreißt. Es können daher nur vernetzte Polymerisate oder solche mit hoher Einfriertemperatur dem meistens als Bindemittel verwendeten Kasein zugesetzt werden. Anstatt durch Glanzstoßen wird heute der Glanz der beschichteten Papiere auch mit Hilfe von Friktionskalandern erzeugt. Bei diesem Verfahren plastifizieren die Polymerisate die Beschichtung und unterstützen durch ihr thermoplastisches Verhalten die Glanzgebung beim Durchlaufen des Papieres zwischen den auf Friktion eingestellten Kalanderwalzen.

Für das Aufkleben eines Kunstleders auf eine feste, steife Unterlage ist die Reiß- und Einreißfestigkeit ohne wesentliche Bedeutung. Daher können hierfür anstatt eines Gewebekunstleders auch sog. *Cambric- oder Lederpapiere* verwendet werden. Das sind Papiere oder Papiervliese, die eine gefüllte oder ungefüllte Beschichtung mit entsprechender Prägung tragen. Zur Herstellung werden Kreide, Buntpigmente und etwas Titandioxid (zur Erhöhung der Deckkraft) mit entsprechend weichen, wasserfesten Polymerisaten, wie Acrylester-, Vinylester-, Vinylchlorid- und Styrol-Copolymeren, auf der Papieroberfläche gebunden. Durch einen ungefüllten Deckstrich aus einer wäßrigen Dispersion eines Vinylchlorid-Copolymerisates, besser noch aus einem Cellulosenitratlack bzw. einer Lösung eines Vinylchlorid-Copolymeren in organischen Lösungsmitteln, kann die Wasserfestigkeit der Beschichtung noch erhöht werden. Das Auftragen der Kunststoff-Dispersionen erfolgt zweckmäßigerweise mit Walzen und anschließender Egalisierung mittels einer Luftbürste, das der Kunststoff-Lösungen mit den üblichen Lackiermaschinen.

Bei *Metallpapieren* soll die Beschichtung einen metallähnlichen Glanz auf der Papieroberfläche erzeugen. Inwieweit das angestrebte Ziel erreicht wird, hängt nicht allein von der verwendeten Kunststoff-Dispersion ab, sondern auch von der Herstellung der Metallpigmente. Zusammen mit den Polymerisatbindern werden auch Kasein oder Stärke als Bindemittel verwendet. Von den Polymerisaten wird verlangt, daß sie den metallischen Glanz möglichst nicht beeinträchtigen und ein gutes Pigmentbindevermögen haben. Diese Gesichtspunkte sind bei der Wahl der Bindemittel auch innerhalb der einzelnen Polymerisatklassen zu berücksichtigen.

Höchster metallischer Glanz wird durch Bedampfung von glatten Substraten im Hochvakuum erzielt, wozu sich für die extrem dünnen Metallschichten vor allem glatte Kunststoff-Folien eignen. Auf Papieren kann man die erforderliche glatte Oberfläche durch eine vorherige Beschichtung mit Kunststoff-Dispersionen und evtl. anschließendes Kalandrieren erzeugen. Das beschichtete Papier darf im Hochvakuum keine gasförmigen Bestandteile abspalten oder austreten lassen, die das Hochvakuum verringern. Das Ausgasen soll dadurch vermieden werden können, daß Kunststoff-Dispersionen zur Beschichtung verwendet werden, die erst bei höherer Temperatur einen Film bilden [109]. Die dünne, aufgedampfte Metallschicht ist verständlicherweise empfindlich gegen Abrieb und wird daher meistens durch eine Überlackierung geschützt.

7.6 Spezialpapiere

Die Anwendung von Kunststoff-Dispersionen für Beschichtungen und Imprägnierungen in der Papier- und papierverarbeitenden Industrie beschränkt sich nicht nur auf die Herstellung von Druck- und Verpackungspapieren, Tapeten- und Buntpapieren, sondern erstreckt sich auch auf eine ganze Reihe von Spezialpapieren.

Velourpapiere sind beflockte Papiere, die zu dekorativen Zwecken dienen, z. B. zum Auskleiden bzw. zur Verschönerung der Oberfläche von Verpackungsbehältern. Zur Verankerung der textilen Faserflocken wird das Papier mit einem Flockkleber (s. 6.5) beschichtet. In die noch nasse Beschichtung werden die Fasern entweder mechanisch über Siebe eingerüttelt oder im elektrostatischen Feld eingeschossen [110]. Bei erhöhten Ansprüchen an die Naßabriebbeständigkeit der beflockten Oberfläche werden außer wasserlöslichen Bindemitteln (Kasein, Stärke, Cellulosederivate) Kunststoff-Dispersionen auf Grundlage von Acrylester-, Vinylacetat-, Vinylchlorid- und Styrol-Polymerisaten als Bindemittel verwendet, wenn nicht gar Flockkleber, gelöst in organischen Lösungsmitteln, aufgetragen werden. Die Haftfestigkeit des Polymerisates an den Fasern und die mechanische Festigkeit des Polymerisatfilms dürfen durch Einwirkung von Feuchtigkeit nicht so weit geschwächt werden, daß sich die Fasern von der Beschichtung abreiben lassen.

Velourtapeten werden nach den gleichen Verfahren hergestellt wie Velourpapiere.

Eine weitere Gruppe von Spezialpapieren sind die *lichtempfindlichen Papiere*. Zu ihnen gehören die *Lichtpauspapiere*, bei denen auf einer Seite eine lichtempfindliche Schicht, z. B. aus Diazonium-Salzen, aufgetragen ist. Die Lösungen dieser Salze sollen möglichst wenig und sehr gleichmäßig in die Oberfläche eindringen, um einerseits gut im Papier gebunden zu sein und andererseits ein gleichmäßiges, kontrastreiches Reproduktionsbild bei nicht zu langer Entwicklungszeit zu geben. Ein sehr dünner Vorstrich aus feinteiligen Kunststoff-Dispersionen (mittlere Teilchendurchmesser etwa zwischen 0,1 μ und 1 μ), bevorzugt aber aus feinkörniger Kieselsäure (mittlerer Teilchendurchmesser zwischen 0,01 μ—0,1 μ), meistens wasserlöslichen, natürlichen oder synthetischen Bindemitteln (z. B. Kasein, Methylcellulose, Alginate u. a.), vermittelt der Papieroberfläche die geforderte gleichmäßige und nicht zu große Saugfähigkeit. Als Kunststoffbindemittel werden hauptsächlich Polyvinylester-Dispersionen eingesetzt, die sowohl mit den anderen Komponenten des Streichansatzes verträglich sein müssen, als auch auf die Diazoniumsalzlösung und den Entwicklungsprozeß keinen nachteiligen Einfluß ausüben dürfen. Außer ihrer primären Aufgabe als Bindemittel verringern die Polymerisatteilchen der Dispersionen noch zusätzlich zu den Füllstoffen die Porosität der Papieroberfläche. Seit einiger Zeit arbeitet man auch wie bei der Herstellung von gestrichenen Papieren, um so die Qualität der Lichtpauspapiere weiter zu verbessern. Es wird dabei eine gleichmäßig absorbierende Schicht auf der Papieroberfläche durch Streichen in der Papiermaschine erzeugt, anstatt die Saugfähigkeit der Papieroberfläche durch Ausfüllen der Poren mittels eines dünnen Vorstrichs herabzusetzen.

Bei der Herstellung von *Fotopapieren* können Kunststoff-Dispersionen, vor allem solche auf der Basis von weichen Acrylester- und Styrol-Copolymerisaten, zusammen mit Gelatine in der sog. „Barytage"-Schicht mitverwendet werden, wodurch sich Glanz, Glätte und Geschmeidigkeit dieser sonst hauptsächlich aus Gelatine und Blancfix bestehenden Beschichtungen verbessern lassen. Das Mengenverhältnis der Bindemittelmischung aus Gelatine und Latex sowie die Menge der wegen der Wasserfestigkeit erforderlichen Härtungsmittelzusätze, wie Formaldehyd oder Chromalaun, müssen sorgfältig aufeinander abgestimmt sein, damit die Barytage ausreichend quellfähig ist, um die Fotoemulsionsschicht aus Gelatine und lichtempfindlichen Silbersalzen darauf zum Haften bringen zu können. Die die Kunststoff-Dispersion enthaltende Barytageschicht darf beim Überbeschichten mit der Fotoemulsion keine Schwefelverbindungen freigeben, die mit den Silbersalzen reagieren können, da sonst beim Entwickeln Schleierbildung im Bilduntergrund auftritt.

Auch für die Fertigung von wärmesensiblen *Registrierpapieren* und von *Thermokopierpapieren* sind Kunststoff-Dispersionen unter bestimmten Voraussetzungen geeignet. Bei Registrierpapieren wird z. B. eine opake, aber nicht pigmentierte Beschichtung aus dem Gemisch zweier Kunststoff-Dispersionen mit verschiedenen Teilchendurchmessern und einem geringen Wachszusatz [*111*] unter dem Druck einer mehr als 80°C warmen Nadel transparent und läßt einen andersfarbigen Untergrund durchscheinen. Bei Thermokopierpapieren kann die opake Schicht aus einem Gemisch von Kunststoff-Dispersionen mit Wachsen oder aus dem Gemisch zweier Kunststoff-Dispersionen bestehen, von denen die eine bei Raumtemperatur filmbildend sein muß und die harten Dispersionsteilchen der anderen auf dem

Papier gebunden halten soll [*112*]. Die Brechungsindices der beiden Polymerisate sollen dabei möglichst weit auseinander liegen. Die bedruckten Stellen des zu kopierenden Papiers nehmen mehr Wärme auf als die nicht bedruckte Umgebung und übertragen diese auf die Kopierschicht. Dadurch verfließen die harten mit den weichen Polymerisatteilchen an diesen Stellen zu einem durchsichtigen Film und geben die Farbe des darunter befindlichen Papieres frei.

Es ist zwar mehrfach vorgeschlagen worden, *schwerentflammbare Papiere* durch Imprägnieren mit chlorhaltigen Polymerisaten, wie solchen aus Vinylchlorid oder Vinylidenchlorid, evtl. mit Zusätzen von Antimontrioxid, Chlorparaffinen, Phosphaten u. a. m., herzustellen, doch hat sich ihre Anwendung in der Praxis kaum durchgesetzt. Es ist in der Hauptsache bei der alleinigen Verwendung der üblichen flammhemmenden Zusätze geblieben, wie sie auch von F. OHL [*113*] und H. F. ARLEDTER, S. E. KNOWLES u. J. U. DRUCK [*114*] beschrieben sind. Prüfverfahren und Normvorschriften für schwerentflammbare Papiere und Pappen sind an anderer Stelle [*115*] zusammengefaßt.

Für *Schleifpapiere* können Kunststoff-Dispersionen zur Verbesserung der Flexibilität nur eingesetzt werden, wenn durch Zusatz von Kasein, Leim, Harnstoff-, Melamin- oder Phenol-Formaldehyd-Vorkondensaten die Thermoplastizität ausreichend herabgesetzt werden kann, da sonst die Binderschicht durch die Wärmeentwicklung beim Schleifprozeß zu sehr erweicht und das Schleifkorn zuschmiert bzw. nicht mehr genügend festhält.

7.7 Papier- und Papiervliesimprägnierung

Beim Imprägnieren von Papier wird nicht wie beim Zusatz im Holländer eine bestimmte Menge Kunststoff-Dispersion auf die Fasern aufgefällt, sondern die gebildete Papierbahn mit einer Kunststoff-Dispersion getränkt und der Überschuß durch Abquetschen zwischen Walzen wieder entfernt. Auf diese Weise werden schon seit langer Zeit Kunststoffe in Papiere und Papiervliese eingelagert, die als Substrate für bestimmte Kunstledersorten und Bucheinbände, als Sonnenschutz- und Verdunkelungsrollos, als Trägermaterialien für Klebeband- [*116*] und Schleifmassen, Lederpapiere, Projektionsleinwände, Auskleidungspappen, als Ausgangsmaterial für Motorendichtungen u. a. dienen. Die Imprägnierung mit Kunststoff-Dispersionen verfolgt den gleichen Zweck wie der Zusatz zur Papiermasse. Die Zerreiß-, Einreiß-, Spalt- und evtl. auch Stichausreißfestigkeit sollen erhöht werden. Die Dehnbarkeit des Papieres soll ebenfalls ansteigen. Als Dichtungsmaterial muß das imprägnierte Papier ölbeständig sein. Die durch die Imprägnierung mit Kunststoff-Dispersionen erzielten Eigenschaften dürfen unter Feuchtigkeitseinfluß nicht wieder verlorengehen.

Die Qualität der *Rohpapiere bzw. Rohvliese*, mit einem Gewicht zwischen 60 und 400 g/m², liefert ebenso wie das Bindemittel und die Verfahrenstechnik der Imprägnierung einen wichtigen Beitrag zu den Gesamteigenschaften des Fertigproduktes. Wichtig in diesem Zusammenhang ist vor allem, daß verhältnismäßig lange und weiche Fasern zur Herstellung der Papiere verwendet werden und die Papiere eine gleichmäßige Struktur aufweisen. Das Papier muß naßfest ausgerüstet sein, damit es während der Fabrikation im nassen Zustand nicht unter der Einwirkung des eigenen Gewichts zerreißt. Das Naßverfestigungsmittel darf aber die Saugfähigkeit der Papiere nicht wesentlich herabsetzen. Erfahrungsgemäß sind Polyäthylenimine für sehr saugfähige Papiere besonders geeignet, da durch sie die Absorptionskraft der Papiere nicht beeinträchtigt wird. Auf der Faseroberfläche dürfen natürlich keine Substanzen vorhanden sein, die die Haftfestigkeit des Polymerisats an der Faser vermindern oder den Latex während des Imprägnierungsvorgangs vorzeitig koagulieren. Durch Mitverwendung von grobtitrigen Nylonfäden, die so in das Vlies eingebracht werden, daß sie sich überkreuzen, können die Festigkeitseigenschaften des anschließend imprägnierten Vlieses verbessert werden, wenn durch Temperatur und Druck die Synthesefasern im Vlies in einem Nachbehandlungsprozeß verschweißt werden. Ein solches Vlies ist als Unterlage für Klebebänder vorgeschlagen worden [117].

Als *Imprägnierungsmittel* werden vor allem Acrylester-Polymerisate, Butadien-Acrylnitril- und Butadien-Styrol-Polymerisate sowie Vinylacetat-Homo- und -Copolymere verwendet. In den USA scheinen auch Polymerisate des 2-Chlor-1,3-butadiens einige Bedeutung gewonnen zu haben [118]. In den meisten Polymerisaten für die Papierimprägnierung sind heute Monomere mit funktionellen Gruppen enthalten, und zwar vor allem solche mit Carboxyl- und Amidgruppen. Diese sollen einerseits die Haftfestigkeit der Polymerisate an den Fasern verbessern, andererseits zur Erhöhung der Temperaturbeständigkeit und zur Verringerung des Quellungsvermögens in Wasser und organischen Flüssigkeiten eine Reaktion mit Aminoplast- oder Phenoplast-Vorkondensaten [119] oder anderen Vernetzungsmitteln, wie z. B. maskierten, bifunktionellen Isocyanaten [120], bzw. eine ionische Vernetzung mit mehrwertigen Metalloxiden und -salzen [121] gestatten. Es ist aber nicht immer ganz einfach, durch Zusätze zum Latex den gewünschten Vernetzungsgrad des Polymerisates zu erzielen. So erfordert z. B. die ausreichende Vernetzung von Carboxylgruppen enthaltenden Latices mit Zinkoxid eine größere als die stöchiometrische Menge des Metalloxids. Dadurch kann die Stabilität mancher Latices, vor allem der Butadien-Copolymer-Dispersionen, leiden. Außerdem ist es schwierig, die in Anbetracht der großen Anzahl der Latexteilchen verhältnismäßig geringe Menge des zugesetzten Metalloxids ebenso gleichmäßig wie jene im Papier durch Imprägnierung zu verteilen. Diese Schwierigkeit soll bei der Verwendung eines wasserlöslichen Aluminats nicht bestehen [122].

Die Imprägnierungsmittel dürfen nicht allein nach dem technischen Effekt ausgewählt werden, den sie dem Papier oder Vlies vermitteln, sondern sie müssen auch auf evtl. nachfolgende Beschichtungen oder Ausrüstungen abgestimmt sein. So kommen für Vlieskunstledersorten, die eine Weichmacher enthaltende Beschichtung tragen, nur Acryl- und Vinylester-Copolymerisate in Frage, die kaum Weichmacher aufnehmen. Dadurch wird verhindert, daß die Beschichtung durch Abwandern des Weichmachers in das Substrat rissig und spröde wird. Weiterhin muß die Haftfestigkeit einer nachfolgenden Beschichtung gewährleistet sein, was z. B. bei einer Imprägnierung mit Butadien-Polymeren zu Schwierigkeiten führen kann. Eine Grundbedingung für alle Kunststoff-Dispersionen ist, daß deren Latexteilchen Durchmesser unter 0,3 μ haben, da sie sonst an der Papieroberfläche abfiltriert werden.

Die Festigkeitseigenschaften der imprägnierten Papiere sind sehr stark abhängig vom Kunststoffgehalt im Papier. Die mechanische Festigkeit nimmt im allgemeinen proportional der Kunststoffmenge zu bis zu einer für jedes Polymerisat bestimmten Grenze, ab der die Filmeigenschaften des betreffenden Polymerisates

überwiegen. Die Polymerisatzusammensetzung spielt ebenfalls eine wesentliche
Rolle. Sehr eingehend wurden diese Verhältnisse an bestimmten Acrylester-Polymeren untersucht [123]. Mit zunehmender Steifheit der Polymeren erhöhte sich
die Zerreißfestigkeit der imprägnierten Papiere. Der Einbau funktioneller Gruppen, wie Carboxyl- oder Amidgruppen, bewirkte bei sonst gleicher Zusammensetzung ebenfalls eine Zunahme der Zerreißfestigkeit. Die Einreißfestigkeit durch-
lief dagegen mit zunehmender Steifheit der Polymeren ein Maximum, das auch für
andere Polymerisattypen mit geringen Unterschieden bei Einfriertemperaturen um
—10°C liegt. E. K. Thommen und V. Stannett [124] stellten in einer Untersuchungsreihe fest, daß die Anwesenheit von Emulgatoren in der Kunststoff-Dispersion ganz allgemein die Zugfestigkeit der imprägnierten Papiere, wahrscheinlich durch verringertes Haften der Polymerisatteilchen an der Faser, grundsätzlich
negativ beeinflußt. Während nach E. J. Sweeney [123] die Art des Emulgiermittels keinen Einfluß auf die Festigkeitseigenschaften des imprägnierten Papieres
hat, kommt J. P. McLaughlin [125], allerdings nach nur einem Vergleichsver-
such, zu der Feststellung, daß ein anionogenes Emulgiermittel die Adhäsion des
Polymerisats an der Faser schwächt. Im übrigen kommt er auf Grund von Untersuchungen bei unterschiedlichen Prüfgeschwindigkeiten über die Abhängigkeit der
mechanischen Festigkeit der imprägnierten Papiere von der Einfriertemperatur
des Polymerisates zu den gleichen Ergebnissen wie E. J. Sweeney. Außer von der
Polymerisatzusammensetzung hängt die mechanische Festigkeit des imprägnierten
Papiers auch von dem Polymerisationsgrad des Polymeren ab. Durch diesen wird
die Fließfähigkeit des Polymeren bestimmt, die für dessen Ausbreiten auf der Faser
und dessen Einfließen in die Vertiefungen der rauhen Faseroberfläche während
der Trocknung des imprägnierten Papieres bei den gegebenen Verarbeitungsbedingungen entscheidend ist. Die Größe der Kontaktfläche zwischen Papierfaser und
Polymerisat ist aber von wesentlichem Einfluß auf die mechanische Festigkeit des
imprägnierten Papieres. Auf eine Vergrößerung der Grenzfläche zwischen den
Latexteilchen und den Papierfasern zielt auch eine Temperaturnachbehandlung
des imprägnierten Vlieses nach der Trocknung hin.

Auch für die Spaltfestigkeit der Papiere gibt es wie für die Einreißfestigkeit ein
Optimum der Einfriertemperatur des zur Imprägnierung verwendeten Polymerisats. K. V. Sarkonew, T. C. Lee und V. Stannett [126] haben zu diesem
Problem Untersuchungen mit Butadien-Styrol- und Styrol-Äthylhexylacrylat-
Polymeren sowie einer Polyvinylacetat-Dispersion gemacht. Danach darf das
Polymerisat weder zu hart noch zu weich sein, damit es die Delaminierungsarbeit
aufnehmen kann. Sie bestätigten außerdem die Auffassung von J. R. Dunlap [127],
daß außer Kunststoffmenge und -art sowie Adhäsion des Polymeren an den Fasern
auch die Faseranordnung im Rohvlies ein einflußreicher Faktor für die Delaminierungsresistenz ist.

Einen großen Einfluß auf die Spaltbarkeit hat die Verteilung des Kunststoffs
im Vlies. Die feinen Teilchen in der Kunststoff-Dispersion wandern während der
Trocknung, solange sie noch nicht an der Faser fixiert sind, in Richtung der Oberfläche des Papiers, so daß bei Fehlen geeigneter Gegenmaßnahmen das Innere des
Vlieses an Kunststoff verarmt (s. S. 4).

Die *Imprägnierung* der Papiere oder Vliese wird in den auch für die Textil-
imprägnierung üblichen Apparaturen durchgeführt. Die Kunststoff-Dispersionen

werden hierzu im allgemeinen auf einen Festgehalt zwischen 10 und 30% verdünnt. Direkt nach der Imprägnierung muß die nasse, schwere Bahn besonders
sorgfältig geführt werden, entweder auf einem Trägernetz oder einem Luftpolster,
damit sie nicht unter ihrem eigenen Gewicht reißt. Die Trocknung wird in Trockenkanälen oder bei älteren Einrichtungen auch in Trockenhängen vollzogen. Wegen
der bereits beschriebenen Wanderungstendenz der Kunststoffteilchen muß der
Temperaturführung bei der Trocknung bzw. der Trocknungsmethode selbst besondere Beachtung geschenkt werden.

Bei Abdeckbändern für Lackierarbeiten werden große Anforderungen an die
Dehnbarkeit und Delaminierungsresistenz der imprägnierten Papiere gestellt.
Zur Erhöhung der Spaltfestigkeit, bzw. ganz allgemein der mechanischen Festig-
keitseigenschaften, wird vielfach eine Temperaturnachbehandlung der imprägnierten und bereits getrockneten Papiere durchgeführt, wie es z. B. für bestimmte
Butadien-Acrylnitril-Polymerisate in der Patentliteratur beschrieben ist [128].
Das gleiche soll durch Zusätze von Aminoplast- oder Phenoplast-Vorkondensaten
[120] erreicht werden können, allerdings bei gleichzeitigem, geringem Rückgang
der Einreißfestigkeit und Dehnbarkeit. Wegen ihrer Dehnbarkeit benutzt man bei
Lackierabdeckbändern hauptsächlich gekreppte Papiere als Substrat. Dies hat
manchmal den Nachteil, daß sich durch die dicken Kanten der Bänder keine
saubere Grenzlinie der Lackierung bilden kann. Durch Verdichten einer noch
feuchten, imprägnierten glatten Vliesbahn bei Temperaturen um 100°C soll auch
ohne Kreppung eine größere Dehnbarkeit des Vlieses erzielbar sein und außerdem
die Spaltfestigkeit größer werden [129].

Die *Prüfung* der mechanischen Eigenschaften der imprägnierten Papiere oder
Vliese wird mit den üblichen Festigkeitsprüfgeräten durchgeführt. Zur Messung
der Spaltfestigkeit hat J. R. DUNLAP [127] eine Prüfmethode ausgearbeitet. Dabei
wird die Spaltfestigkeit durch Abschälen zweier auf beiden Seiten des Papiers auf-
gedrückter Textilklebebänder gemessen. Die Meßergebnisse werden dabei durch
die Steifheit des Klebebandes beeinflußt.

7.8 Synthetische Papiere [s. a. 10.6]

Als „synthetische Papiere" werden im allgemeinen Papiere bezeichnet, die einen
wesentlichen Anteil Chemiefasern aus Polyamiden, Polyacrylnitril, Polyterephthalsäureglykolester oder regenerierter Cellulose enthalten. Diese Bezeichnung ist
insofern ungenau, als zur Herstellung der in der Literatur genannten „synthetischen
Papiere" meistens anteilmäßig große Mengen Papier-Zellstoff verwendet werden,
wohingegen der Name erwarten läßt, daß sie überwiegend aus Chemiefasern bestehen. Für solche Erzeugnisse ist daher eine Bezeichnung wie „mit Chemiefasern
verstärkte Papiere" zutreffender, während solche mit höheren Anteilen Chemiefasern unter den Begriff Vliesstoffe einzuordnen sind.

Je größer der Gehalt des Papieres an synthetischen Fasern ist, desto stärker
kommen deren Eigenschaften für das Papier zur Geltung: große Durchreißfestigkeit, geringe Naßdehnung bzw. große Dimensionsstabilität, erhöhte Chemikalienfestigkeit, verbesserte Temperaturstabilität, geringe Wasseraufnahme bzw. große
Hydrophobie. Mitunter verträgt das synthetische Papier beachtliche Zellstoffmengen, ehe die angestrebten Eigenschaften beeinträchtigt werden. T. PLOETZ

zeigte dies am Beispiel der Naßdehnung eines synthetischen Papieres aus Polyacrylnitrilfasern und an der Durchreißfestigkeit eines synthetischen Papieres aus
Nylon-6-Fasern mit steigenden Zellstoffmengen [130]. Die Naßdehnung begann
erst ab 60% Zellstoff-Fasern deutlich größer zu werden und die Durchreißfestigkeit erst ab 80% stark abzufallen.

Die genannten Eigenschaften lassen die Verwendung synthetischer Papiere
für die Herstellung von Banknoten, Bettwäsche für Krankenhäuser, Filter-
papieren, Elektroisolierungen, Schmirgelpapieren, Einlagen für Schleifscheiben,
Dokumentenpapier, Verpackungen, Wegwerfbekleidung, Handtüchern, Vorhängen,
Campingdecken, Landkarten, Lochkarten, naßfesten Werkstattzeichnungen, Ar-
chitektenplänen, Farbbändern, Teebeuteln u. a. aussichtsreich erscheinen [131,132].
Jedoch konnten bisher wegen des zwangsläufig höheren Einstandspreises solcher
Papiere erst einige dieser Möglichkeiten industriell verwertet werden (z. B. Doku-
mentenpapiere, Bettücher für Krankenhäuser, Campingdecken, Landkarten, Weg-
werfbekleidung).

Die *Herstellung synthetischer Papiere* mit wesentlichen Anteilen synthetischer
Fasern auf dem nassen Weg erfordert eine Änderung der herkömmlichen Technik
der Papierfertigung vor allem im Naßteil der Papiermaschine [130]. Wichtig ist
vor allen Dingen, daß der Stoffauflauf je nach Anteil der Chemiefasern auf 0.01 bis
0.1% verdünnt wird und auf dem Sieb der suspendierten Fasermasse das Wasser
nicht zu schnell entzogen wird, andernfalls ein wolkiges, inhomogenes Papier
entsteht. Um diese Forderung zu erfüllen, ist das Sieb in einer solchen Papiermaschine schräg aufsteigend angeordnet, so daß es während der Ablagerung der
Fasern teilweise oder ganz vom Stoffauflauf bedeckt ist.

Die nicht-fibrillierten Synthesefasern verfilzen sich nicht wie der gemahlene
Zellstoff zu einer zumindest im trockenen Zustand festen Papierbahn. Sie müssen
daher durch besondere Maßnahmen gebunden werden. Eine solche kann darin
bestehen, daß die Thermoplastizität auf einem Heißkalander ausgenutzt wird oder
die Fasern durch Anquellen mit entsprechenden Lösungs- oder Weichmachungsmitteln an der Oberfläche klebrig gemacht und anschließend zusammengepreßt
werden. Um einen zu hohen Prozentsatz fibrillierter Cellulosefasern zu vermeiden,
wurden eine Zeitlang nach einem speziellen Fällungsverfahren aus der Lösung
auch unregelmäßig geformte Fasern aus Polyamiden und Polyterephthalsäure-
polyglykolester, sog. Fibrids, hergestellt, die bei niedrigerer Temperatur schmelzen
als die anderen vorhandenen Synthesefasern. Die Herstellung synthetischer Papiere
mit Fibrids konnte sich jedoch nicht durchsetzen. Es bleibt schließlich noch die
Verwendung wäßriger Kunststoff-Dispersionen, wie sie auch zur Erzeugung von
Textilverbundstoffen (s. 10.6) verwendet werden. Das gebildete Papierblatt kann
entweder mit Kunststoff-Dispersionen in dem Trockenteil der Papiermaschine
oder in einem getrennten Arbeitsgang imprägniert werden, oder ein Latex wird im
Holländer [133] nach üblicher Methode auf die Fasern aufgefällt. Der Zusatz eines
Latex zu einer Papiermasse, die sich fast ausschließlich aus Synthesefasern zu-
sammensetzt, ist in technischem und wirtschaftlich vernünftigem Maßstab nur
schwer zu verwirklichen. Ein wesentlicher Grund hierfür ist — abgesehen von der
bereits erwähnten Notwendigkeit, den Stoffauflauf sehr stark zu verdünnen — die
Erfahrungstatsache, daß im frisch gefällten und noch nicht getrockneten Zustand
die Latexteilchen verhältnismäßig leicht wieder von der glatten Faseroberfläche

abgerieben werden können. Dadurch wird das Bindemittel ständig im Umlaufwasser angereichert. Bessere Ergebnisse soll dagegen ein Verfahren bringen, bei dem zunächst auf umgeladene Zellstoff-Fasern anionogene Kunststoff-Dispersionen aufgefällt werden [130]. Durch diese Art der Bindefasern ergibt sich gegenüber der ausschließlichen Bindung durch nachträgliche Imprägnierung mit Kunststoff-Dispersionen noch der Vorteil, daß eine Wanderung des Kunststoffbinders über den Blattquerschnitt hinweg während des Trocknungsvorgangs ausgeschlossen ist.

Synthetische Papiere können auch nach den für Vliesstoffe bekannten Verfahren *auf dem trockenen Wege* hergestellt werden. Die Verfestigung des Papierblatts, zu 100% aus thermoplastischen Synthesefasern bestehend, kann in diesem Fall durch Verpressen beim Durchlaufen eines geheizten Kalanders [134] erfolgen. Wirtschaftlich stellt sich dieses Verfahren aber ungünstiger als die Fertigung synthetischer Papiere auf modifizierten Papiermaschinen. Dagegen dürfte dem Schmelzspinnverfahren (s. 10.6) auch für synthetische Papiere in der Zukunft wachsende Bedeutung zukommen.

Für Druckzwecke erhalten synthetische Papiere die auch für die herkömmlichen Papiere übliche Beschichtung mit einer geeigneten Streichmasse (s. 7.2).

8 Die Beschichtung von Kunststoff- und Aluminiumfolien für Verpackungszwecke

Kunststoff- und Aluminiumfolien als wesentliche Bestandteile einer Verpackung können ebenso wie mit Kunststoffen beschichtete Papiere und Kartons (s. 7.3) dem verpackten Gut in einem Maße Schutz gegen äußere Einflüsse gewähren und es vor dem Verlust wichtiger Eigenschaften bewahren, wie es mit einer Verpackung aus Papier und Karton allein nicht möglich ist. Die Verpackungsindustrie benutzt daher eine große Anzahl von Verpackungen, die entweder vollständig aus Kunststoff- bzw. Aluminiumfolie bestehen oder bei denen diese mit Papier oder Karton kombiniert sind. Dabei ist es in beiden Fällen möglich, daß die Verpackung aus unterschiedlichen Folien, mit und ohne Papier bzw. Karton, schichtweise und in bestimmter Reihenfolge aufgebaut ist. Im folgenden wird nun nicht die Vielzahl der Packstoffkombinationen diskutiert, sondern jeweils auf die Beschichtung einer bestimmten Folie mit Kunststoff-Dispersionen eingegangen, die als fertiges Verpackungsmaterial noch mit anderen Folien, Papier oder Karton laminiert sein kann.

Daß Kunststoff-Folien überhaupt noch eine zusätzliche Beschichtung erhalten oder der Wunsch nach einer solchen Beschichtung besteht, liegt im wesentlichen an drei Eigenschaften, die trotz aller sonstigen Vorzüge einigen Folien fehlen bzw. verbessert werden sollten: der Heißsiegelbarkeit, der Fettdichtigkeit und der geringen Durchlässigkeit gegen bestimmte Gase bzw. Dämpfe. Ob diese Eigenschaften zweckmäßiger durch Beschichtung oder durch Kombination mehrerer Folien erreicht werden, ist im Einzelfall eine Angelegenheit technischer und wirtschaftlicher Überlegungen.

In der folgenden Tab. 7 sind einige Durchlässigkeitswerte für Wasserdampf und Sauerstoff zusammengestellt, die erkennen lassen, wie einzelne unbeschichtete Folientypen zu bewerten sind. Die angegebenen Zahlen geben nur die Größenordnung der Durchlässigkeitswerte wieder. Exakte Angaben können nur für eine Folie bestimmter Herkunft gemacht werden, da die physikalischen Eigenschaften eines Polymerisattyps je nach der Herstellungsweise des Polymerisats sowie der der Folie und je nach den für die Verarbeitung notwendigen Zusätzen in gewissen Grenzen streuen.

Tabelle 7. *Gas- und Wasserdampfdurchlässigkeit von Folien mit Dicken von ca. 100 μ*

Folienart	Durchlässigkeit	
	O_2 (cm³/dm² · 24 h · at) 20° C	H_2O-Dampf (g/m² · 24 h) 85% RF gegen 0% RF; 20° C (DIN 53 122)
Polyäthylen (geringe Dichte)	ca. 15	ca. 0,75
Polypropylen	ca. 6	ca. 0,4
Hart-Polyvinyl-chlorid	ca. 0,3	ca. 2,0
ges. Polyester	ca. 0,15	ca. 1,5
Polyamid-6	ca. 0,25	ca. 10
Polystyrol	ca. 10	ca. 10

Durch Beschichten mit 3—5 g/m² eines Vinylidenchlorid-Copolymeren läßt sich die Sauerstoffdurchlässigkeit auf ca. 0,05 cm³/dm² · 24 h · at und die Wasserdampfdurchlässigkeit ganz allgemein auf Werte ≪1,0 g/m² · 24 h, gemessen nach DIN 53 122 (85% rel. Luftfeuchtigkeit, 20°C), verringern. Die Durchlässigkeit der Folien für Stickstoff ist kleiner und die für Kohlendioxid wesentlich größer als bei Sauerstoff. Diese Werte stehen in einer gewissen Zahlenrelation zueinander.

Die Durchlässigkeitswerte werden sehr von der Qualität der Beschichtung beeinflußt. Zwar haben wäßrige Kunststoff-Dispersionen gegenüber den Lacklösungen den Vorteil, daß die bei der Beschichtung mancher Kunststoff-Folien (Polypropylen, Polyäthylen) mit Lacken beobachtete Lösungsmittelretention nicht auftritt, jedoch bleiben vielfach die Verankerungsprobleme auf den Folien die gleichen oder sind durch das Hilfsstoffsystem in der Kunststoff-Dispersion eher noch größer.

Eine oxydative, reduktive oder elektrische *Vorbehandlung*, vor allem der Polyolefinfolien, ist nach dem heutigen Stand der Technik in vielen Fällen immer noch Voraussetzung für die gute Haftfestigkeit eines Dispersionsfilms. Nicht unbedingt notwendig ist sie für Aluminium- und PVC-Folien. Am meisten gebräuchlich zur Vorbehandlung von Kunststoff-Folien sind das Flammverfahren und die Behandlung im elektrischen Hochspannungsfeld oder durch Corona-Entladungen. Eine Literaturzusammenstellung einer großen Zahl von Vorbehandlungsmethoden, auch der mit oxydierenden Chemikalien, findet sich u. a. bei H. LUCKE [1]. P. BECKER [1a] berichtet über einige Prüfmethoden, mit denen man den Grad der Vorbehandlung ermitteln kann (Randwinkel, Neigungswinkel und Benetzungsspannung).

Nicht immer führt eine Vorbehandlung jedoch zu der erwarteten, verbesserten Haftfestigkeit einer Beschichtung. Die Wirkung einer Vorbehandlung der Kunststoffoberfläche eines mit Polyäthylen beschichteten Papieres z. B. fällt nach Feststellungen von SH. LEEDS [2] im Kontakt mit dem Trägerpapier beim Lagern ab, und zwar in Abhängigkeit von der Art des Trägerpapiers. Auch kann die mechanische Festigkeit der äußeren Schichten einer Polyolefinoberfläche durch zu starke oxydative Vorbehandlung geschwächt werden. Beim Versuch, die Beschichtung von der Folie zu trennen, tritt in einem solchen Fall schon bei verhältnismäßig geringem Kraftaufwand eine Spaltung in den oberen Kunststoffschichten ein, obwohl die angestrebte erhöhte Adhäsion an der Grenzfläche zwischen Beschichtung und Substrat erzielt wurde. Von R. H. NANSEN und H. SCHONHORN [3] wurde eine Vorbehandlungsmethode beschrieben, bei der ein Polymerisatabbau und damit ein Abfall der mechanischen Festigkeit in den oberen Kunststoffschichten ausgeschlossen sein soll. Es wird mit aktivierten Edelgasen gearbeitet. Nach d.n Untersuchungen von NANSEN und SCHONHORN wird dabei durch eine nach einem Radikalmechanismus ablaufende Vernetzungsreaktion sogar eine geringe Festigkeitszunahme der vorbehandelten Schichten erzielt.

Die älteste Verpackungsfolie ist das *Zellglas*, auch regenerierte Cellulosehydratfolie genannt. Seine Durchlässigkeit für trockene Gase ist nur gering. Es kann aber nicht heißgesiegelt werden und bietet keinen Schutz gegen die Permeation von Wasserdampf. Die zur Beseitigung dieser Mängel früher ausschließlich angewendete Beschichtung mit einem Cellulosenitratlack wurde wegen ihrer geringen Knickbeständigkeit zum Teil durch eine solche aus Vinylidenchlorid-Copolymeren ersetzt.

Durch Vorhandensein ungesättigter Carbonsäuren, wie Itaconsäure [4], Acrylsäure [5], in diesem Polymerentyp wird die Haftfestigkeit auf der hydrophilen Zellglasoberfläche verbessert. Obwohl in der Patentliteratur beansprucht wird, daß durch solche Maßnahmen ein Verankerungsmittel überflüssig ist, werden in der Praxis dennoch geeignete Substanzen, vor allem Melamin-Formaldehyd-Harze, in geringer Konzentration dem letzten Weichmacherbad zugesetzt. Auch Polyalkylenimine und deren Derivate wirken als Haftverankerungsmittel [6].

Von gewissen Zusätzen zum Beschichtungsmaterial, wie z. B. natürlichen oder synthetischen Wachsen, und den Eigenschaften des verwendeten Polymerisates hängen die Gleitfähigkeit und Blockfestigkeit der Beschichtung ab. In der Patentliteratur finden sich zu diesem Problem Vorschläge, wie z. B. Einpolymerisieren langkettiger Acrylester [7] oder geringer Mengen von Alkylitaconaten [8] und Mischen von Dispersionen mit Teilchen verschiedenen Durchmessers [9].

Die Wasserdampfdurchlässigkeit, die Flexibilität und die Siegelbarkeit, aber auch die bereits erwähnte Blockfestigkeit und Gleitfähigkeit werden vom Kristallisationsverhalten [10] des Polymerisates beeinflußt. Bis auf das Siegelverhalten und die Flexibilität ist für die genannten Eigenschaften ein möglichst hoher Kristallisationsgrad der Beschichtung günstig, der nur mit Vinylidenchlorid-Copolymeren mit sehr hohem Vinylidenchloridgehalt erreicht wird. Kunststoff-Dispersionen eines solchen Polymerisats sind aber nur kurze Zeit nach ihrer Herstellung filmbildend und müssen während dieses Zeitraumes verarbeitet werden. Einer Beschichtung von regenerierter Cellulosehydratfolie mit Beschichtungsmitteln in wäßriger Phase erwachsen aber auch Schwierigkeiten durch die Eigenschaften des Zellglases. Dieses kann in kurzer Zeit beträchtliche Mengen Wasser aufnehmen und ist im gequollenen Zustand sehr weich und verzugsempfindlich. Das von der Folienbahn bei der Beschichtung aufgenommene Wasser muß wieder entfernt werden, bevor sich während der Trocknung die weitgehend wasserdampfdichten Filme aus dem Vinylidenchlorid-Copolymeren auf beiden Seiten des Substrats gebildet haben. Andernfalls erhält man eine beschichtete Cellulosehydratfolie mit zu großem Feuchtigkeitsgehalt, die zu weich ist, zum Blocken neigt und sich auf den Verpackungsmaschinen nicht verarbeiten läßt. Aus den geschilderten Gründen ist die Beschichtung von Zellglas mit Kunststoff-Dispersionen [11] ein technisch nicht einfach zu lösendes Problem und Gegenstand einiger Patente [12]. Trotz besonderer Beschichtungseinrichtungen kann Zellglas mit Kunststoff-Dispersionen infolge der genannten Schwierigkeiten aber bei weitem nicht mit der gleich großen Geschwindigkeit beschichtet werden wie mit den in organischen Lösungsmitteln gelösten entsprechenden Polymerisaten. Die Beschichtung von Zellglas mit Lösungen von Vinylidenchlorid-Copolymeren hat daher weiter an Bedeutung zugenommen, während sich die Beschichtung mit Kunststoff-Dispersionen bis jetzt nicht in dem vor Jahren einmal erwarteten Maß durchgesetzt hat.

Durch eine Beschichtung von *Polyäthylenfolien* mit Vinylidenchlorid-Copolymeren werden diese fettdicht und weniger durchlässig für Gase. Bei der Beschichtung freitragender Polyäthylenfolien muß besonders darauf geachtet werden, daß sich die temperaturempfindliche Folie im Trocknungskanal nicht verzieht. Es werden daher seit einiger Zeit Maschinenanlagen entwickelt und erprobt, bei denen die Folie während der Trocknung auf gekühlten Zylindern geführt wird. Dieses Problem besteht dagegen nicht bei mit Polyäthylen beschichteten Papieren bzw. ganz allgemein bei Polyäthylenbeschichtungen auf einem beliebigen, relativ temperaturunempfindlichen Substrat, bei denen auf der vorbehandelten und mit einem Haftvermittler versehenen Polyäthylenoberfläche ein dünner Überzug aus einem Vinylidenchlorid-Copolymeren aufgetragen werden soll.

Als Haftvermittler auf der Grundlage einer Kunststoff-Dispersion zwischen Polyäthylen und einem Polymeren mit mehr als 90 Gew.-% Vinylidenchlorid sind in der Patentliteratur Polymerisate beschrieben, wie z. B. Vinylidenchlorid-Acryl-ester-Copolymere mit Vinylidenchloridanteilen unter 80 Gew.-% und einer kleinen Menge α,β-ungesättigter Carbonsäure [13], Butadien-Copolymere [14], Vinylacetat-Copolymere [15], vernetzbare Vinylacetat-Copolymere [16], Styrol-Butadien-Vinylpyridin-Copolymere [16] und deren Gemische [17] sowie Acryl-ester-Copolymere, die Methylol(meth)acrylamid einpolymerisiert enthalten [18]. Mit Vinylidenchlorid-Copolymeren, die außer einem hohen Vinylidenchlorid-gehalt und Acrylestern bzw. Acrylnitril als Comonomeren noch geringe Mengen einer ungesättigten Carbonsäure (z. B. Acryl- oder Maleinsäure) enthalten [19], soll es möglich sein, haftfeste Beschichtungen auf vorbehandelten Polyolefin-oberflächen zu erhalten, ohne daß zusätzlich eine dazwischenliegende Schicht eines Haftvermittlers aufgebracht wurde. Nach den bisher vorliegenden Erfahrungen wird aber auf Polyolefinfolien nur nach einer Vorbehandlung (s. S. 165) und zu-sätzlich einer Vorbeschichtung mit Primern, und zwar nur mit in organischen Lö-sungsmitteln gelösten Lacken, ausreichende Haftfestigkeit erzielt. Gesiegelte Streifen beschichteter Polyolefinfolien ohne bzw. mit Primern auf der Grund-lage von Kunststoff-Dispersionen verlieren die Siegelnahtfestigkeit meistens vollständig, wenn sie mehrere Tage unter tropischen Klimabedingungen gelagert werden. Eine Verbesserung in dieser Hinsicht ist durch eine intensivere Vorbehandlung und besonders darauf abgestimmte Vinylidenchlorid-Polymerisate zu erwarten.

Wichtiger als für Polyäthylen ist eine Beschichtung für *Polypropylenfolien*, da diese oft erst durch biaxiale Reckung verpackungstechnisch wertvolle Eigenschaften erhalten. Die gereckten, unbeschichteten Folien machen aber beim Heißsiegeln Schwierigkeiten, da die Folien durch die bei höherer Temperatur wieder ausgelösten Reckspannungen an den Siegelnähten schrumpfen. Der Wert der Beschichtung beschränkt sich also nicht allein auf eine Verbesserung der Dichtigkeitseigenschaften, sondern soll gleichzeitig oder allein eine technisch einwandfreie Heißsiegelung ermöglichen. Für den zuletzt genannten Fall ist eine Beschichtung der vorbehandelten Folien mit Polyvinylacetat-Dispersionen ausreichend. Auch Äthylen-Äthylacrylat-Copolymere [20] sollen hierfür geeignet sein. Um mit Vinylidenchlorid-Copolymeren eine gute Verankerung auf vorbehandelten Polypropylenoberflächen zu erreichen, wird ein Vorstrich mit einem modifizierten Melamin-Formaldehyd-Harz empfohlen [21]. Kationaktive Emulgiermittel in einer Vinylidenchlorid-Copolymerdispersion sollen damit beschichteten Polypropylenfolien gute antistatische Eigenschaften verleihen [22].

Für die Beschichtung von *Hart-PVC-Folien* mit Vinylidenchlorid-Polymeren, um die Gas- und Wasserdampfdurchlässigkeit herabzusetzen, ist die für Polyolefinfolien übliche Vorbehandlung nicht notwendig, jedoch muß die Folie mit einem Primer-Polymerisat vorbeschichtet werden. In Frage kommen Kunststoff-Dispersionen mit einer Polymerisatzusammensetzung, wie diese auch für Vorstriche auf Polyolefinfolien vorgeschlagen wird. Wenn eine beschichtete PVC-Folie bei der Weiterverarbeitung tiefgezogen werden soll, muß die Filmdicke der Beschichtung groß genug sein, damit diese beim Tiefziehvorgang nicht aufreißt.

Schwieriger als auf PVC-Folien ist die Verankerung einer heißsiegelbaren Vinylidenchlorid-Copolymerisat-Beschichtung auf einer *Folie aus Polyäthylenterephthalat* [23]. Eine Vorbehandlung ist bei diesem Folientyp zweckmäßig, ebenso wie das Auftragen einer Verankerungsschicht, bestehend z. B. aus vernetzbaren Polyacrylester-Dispersionen, Elastomer-Dispersionen [24] oder aus flexiblen Acrylester-Copolymeren in organischen Lösungsmitteln, versetzt mit geringen Mengen eines Isocyanats. Wenn bestimmte Emulgiermittel in den Vinylidenchlorid-Copolymeren vorhanden sind, soll es möglich sein, ohne Vorbehandlung und Verankerungsschicht gut heißsiegelnde und transparente Beschichtungen auf einer orientierten Polyesterfolie zu erhalten [25]. Um eine gereckte Polyesterfolie heißsiegelbar zu machen, genügen auch Beschichtungen aus Vinylacetat- bzw. Vinylchlorid-Copolymeren [26].

Für *Polyamidfolien*, die zwar fettdicht sind, deren Durchlässigkeit gegen Dämpfe und Gase aber durch eine Beschichtung verringert werden kann, gilt bezüglich einer Beschichtung mit Vinylidenchlorid-Polymeren im allgemeinen das gleiche wie für Polyesterfolien. Vinylidenchlorid-Copolymere, die bestimmte funktionelle Gruppen tragende Monomere enthalten, eignen sich nach Vorbehandlung der Polyamidfolie als Haftvermittler für Vinylidenchlorid-Copolymere mit hohen Anteilen von Vinylidenchlorid. Allerdings läßt die Haftfestigkeit der Beschichtung unter tropischen Lagerungsbedingungen nach.

Bei gereckter *Polystyrolfolie* ist eine physikalische oder chemische Vorbehandlung zur Verankerung einer Beschichtung nicht notwendig. Zweckmäßig ist dagegen eine Vorbeschichtung mit Acrylester-Copolymer-Dispersionen, wenn durch eine PVDC-Beschichtung die Diffusionswerte der Folie für Gase und Dämpfe verringert werden sollen. Das Heißsiegeln einer derart beschichteten Folie macht insofern Schwierigkeiten, als die Erweichungstemperatur der Folie tiefer liegt als die der Beschichtung. Als reine Heißsiegelbeschichtung kann ein Film aus einem Styrol-Acrylat-Copolymeren dienen [27].

Aluminiumfolien zeichnen sich durch hervorragenden Lichtschutz und ausgezeichnete Gas- und Wasserdampfdichtigkeit aus. Meistens werden Folien mit Dicken von einigen μ eingesetzt, die manchmal schon von der Herstellung her feine Poren aufweisen. Außerdem ist die mechanische Widerstandsfähigkeit dieser dünnen Folien, besonders bei Knickbeanspruchungen, nur gering. Weiterhin sind Aluminiumfolien nicht heißsiegelbar. Eine Beschichtung erhöht daher ihren Gebrauchswert. Aluminiumfolien sind meistens mit einer heißsiegelbaren Lackschicht aus Vinylchlorid-Copolymeren überzogen. Diese ist gleichzeitig auch ein Haftvermittler für Beschichtungen aus Vinylidenchlorid-Copolymeren [28]. Mit Vinylidenchlorid-Copolymeren, in die Monomere mit funktionellen Gruppen einpolymerisiert sind, ist es möglich, auch ohne Primer Haftfestigkeit auf einer Aluminiumfolie zu erzielen.

Die Probleme der Beschichtung von Kunststoff-Folien sind ganz allgemein auch auf *Kunststoff-Hohlkörper* (Flaschen, Dosen usw.) zu übertragen. Die Entwicklung auf dem maschinentechnischen Gebiet ist jedoch in diesem Fall hinter der Entwicklung entsprechender Beschichtungsmaterialien zurückgeblieben, so daß wohl der Wunsch nach solchen Beschichtungen besteht, die praktische Verwirklichung aber in wirtschaftlich vernünftigem Maßstab noch nicht möglich ist.

Die *Haftfestigkeit der Beschichtung* auf einer Folie wird meistens durch Andrücken eines Klebebandes geprüft, das anschließend wieder abgeschält wird. Dabei ist der Abschälwinkel von großem Einfluß auf die gemessene Kraft, was bei den sowieso geringen Schälkräften die Genauigkeit der Methode sehr einschränkt. J. H. THRONE [29] hat daher einen Prüftest ausgearbeitet, bei dem ein aufgeklebter Prüfkörper im Zugversuch abgerissen wird. Da die Zugspannungen beim Aufreißen einer Verklebung größer sind als Schälkräfte, sollte diese Methode exaktere Werte liefern.

9 Kunststoff-Dispersionen für die Lederverarbeitung

9.1 Lederimprägnierung

Eine Einlagerung von Kunststoffen in das Fasergefüge von Leder kann einmal den Zweck verfolgen, den Abnutzungswiderstand von Sohlenleder und Ledertreibriemen zu erhöhen und die Dichtigkeit gegen Flüssigkeiten und Gase von Leder für Dichtungszwecke zu verbessern. Andererseits kann durch Polymerisate mit entsprechender Weichheit und gutem Bindevermögen, die in die locker strukturierte

Zone zwischen Narbenschicht und Corium eingedrungen sind, die bei minderwertigeren Rohledersorten häufig auftretende „Losnarbigkeit" korrigiert bzw. eine „Narbenverfestigung" bewirkt werden. Außerdem wird dadurch die Kratzfestigkeit merklich verbessert. Die Saugfähigkeit der Haut wird ebenfalls gleichmäßiger, was zu einer glatteren Oberfläche und einer besser gefüllten Zurichtung führt.

Besonders im Hinblick auf eine nachfolgende Zurichtung des Oberleders hat eine vorherige Imprägnierung heute stärkeres Interesse gefunden als noch vor einigen Jahren. Da der Abstand zwischen den Fibrillen des Leders etwa 0,1 μ und zwischen den Fasern etwa 0,5 μ beträgt, ist eine Imprägnierung der Lederoberflächenschichten mit sehr feinteiligen Kunststoff-Dispersionen, zumindest bis zu einer gewissen Tiefe, möglich. J. V. JELISEJEVA [1] nimmt auf Grund von Untersuchungen über die Verankerung der Zurichtung im Leder an, daß bei chromgegerbtem, ungefärbtem Leder die Eindringtiefe von der Stabilität der Kunststoff-Dispersion, gekennzeichnet durch Oberflächenspannung und Elektrolytstabilität, der Teilchengröße, vor allem aber von der Differenz zwischen den Zeta-Potentialen von Lederfasern und Kunststoff-Dispersion abhängt. JELISEJEVA vermutet aber, daß auch bisher nicht bekannte Faktoren berücksichtigt werden müssen.

Versuche von P. J. VAN VLIMMEREN [2] waren erfolglos, durch Imprägnieren mit je einer feinteiligen (Teilchendurchmesser 0,01 μ bis max. 0,2 μ) Kunststoff-Dispersion auf Grundlage von Polystyrol, Polyacrylestern, äußerlich weichgemachtem Polyvinylchlorid und einem Styrol-Butadien-Copolymeren den Abrieb von Sohlenleder zu verringern, obwohl nach 8-stündigem Trommeln in verdünnter Dispersion das Leder zwischen 2 und 8 Gew.-% Kunststoff aufgenommen hatte. Diese Ergebnisse stehen in gewissem Gegensatz zu Feststellungen von anderer Seite [3], nach denen eine Verbesserung des Abnutzungswiderstandes von Sohlenleder wie auch eine Narbenverfestigung von Oberleder erzielt wurde, wenn das Leder nach der Chromgerbung und vor dem Imprägnieren mit feinteiligen Polyacrylester- oder Polyvinylester-Dispersionen mit schwefliger Säure bzw. deren Salzen behandelt wurde. Dies ist wahrscheinlich auf Unterschiede in der Verfahrensweise zurückzuführen.

Von J. A. LOWELL und P. R. BUECHLER ist eine zusammenfassende Arbeit über die Bestimmung der Eindringtiefe von Polymerisaten in Leder durch Anfärbemethoden und radioaktive Markierung erschienen [4].

9.2 Lederzurichtung

Die Lederzurichtung war das erste Anwendungsgebiet für Polyacrylester-Dispersionen [5], und diese waren gleichzeitig auch die ersten Polymerdispersionen, die Eingang in die Lederverarbeitung fanden. Sie setzten sich im Verlauf der folgenden Jahre immer mehr gegen die bis dahin üblichen Stoßglanzappreturen auf der Grundlage von Eiweißbindemitteln oder Schellacklösungen mit Pigmenten bzw. gegen die pigmentierten Nitrocellulosezurichtungen durch. Die Vorteile der biegsamen und geschmeidigen, wenig wasserempfindlichen Kunststoff-Filme gegenüber den mit der Zeit spröde werdenden bisherigen Zurichtungen waren klar ersichtlich. Allerdings erforderte das Arbeiten mit thermoplastischen Polymerisaten eine Umstellung vom Glanzstoßen auf das Bügeln und Warmpressen. Über den langen Entwicklungsweg, ausgehend von den ersten Erprobungen bis zu den modernen Zurichtungsmitteln, hat G. OTTO eine zusammenfassende Darstellung gegeben [6].

Kunststoff-Dispersionen werden in der Lederindustrie hauptsächlich für die *Deckfarbenzurichtung* verwendet. Diese hat den Zweck, das Leder vor äußeren Einflüssen zu schützen und ihm einen ansprechenden Glanz zu verleihen. Vor allem aber soll sie Narbenschäden verdecken oder auf einem sehr grobnarbigen und daher stark geschliffenen Leder eine Art neuen Narben bilden. Außerdem ermöglicht sie es, einem unegal gefärbten Leder ein farblich gleichmäßiges Erscheinungsbild zu geben. Diesen Aufgaben entsprechend wird der pigmentierte Zurichtungsfilm aus den drei Schichten: Grundierung, Mittelschicht (Deckschicht) und Oberschicht (Schlußappretur) aufgebaut, von denen wiederum jede ihre besondere Aufgabe zu erfüllen hat.

Die *Grundierung* muß die durch das Schleifen des Leders rauhe Oberfläche glätten und die haftfeste Verbindung zu den nachfolgenden Schichten herstellen. Von ihr wird gutes Netzvermögen verlangt, ohne daß die gebildete Filmschicht wasserempfindlich sein darf. Ausreichende Flexiblität bei genügender mechanischer Widerstandsfähigkeit ist die Voraussetzung dafür, daß der Film die Biegebeanspruchung bei der Lederverarbeitung und beim Gebrauch des Fertigartikels aushält. Auf die Bedeutung der Grundierung bei der Schleifzurichtung für die Eigenschaften des Fertigleders (Narbenwurf, Oberflächenruhe, Knick- und Durchreibefestigkeit, Aceton- und Heißbügelechtheit, Kratzfestigkeit, Neigung zum Narbenplatzen, Weichheit bzw. Härte des Leders) wurde von K. EITEL ausführlich hingewiesen [7].

Die *Mittelschicht* ist hauptsächlich für ein gleichmäßiges Flächenbild verantwortlich. In ihr muß die Thermoplastizität soweit verringert sein, daß keine Schwierigkeiten beim Heißbügeln entstehen können. Diese Schicht ist auch für die Abriebfestigkeit mitbestimmend.

Die *Oberschicht* schließlich soll den klebfreien, glanzgebenden Abschluß der Zurichtung bilden, die den Griff maßgeblich beeinflußt und die Echtheitseigenschaften noch weiter verbessert.

Im Zusammenwirken müssen die drei genannten Schichten garantieren — wie R. SCHUBERT [8], K. EITEL [9], K. BÄCKER [10] u. a. feststellen —, daß die Lederzurichtung beim Dämpfen nicht aufweicht, da sonst die Gefahr einer Beschädigung beim anschließenden Zwicken und Scheren besteht. Außerdem darf die Zurichtung in ihrer mechanischen Widerstandskraft nicht durch Anquellen geschädigt werden, wenn beim Einlegen von mit Lösungsmittel (Aceton, Toluol, Chlorkohlenwasserstoffe) verformbaren Schuhkappenstoffen (s. 10.5) in den Schuh das Lösungsmittel das Leder durchdringt und mit der an das Leder grenzenden Seite der Zurichtung in Berührung kommt. Weiterhin sollen sich bei der Lederverarbeitung Schmutz, Klebstoffreste und Fingerabdrücke leicht entfernen lassen. Im Gebrauch muß die Zurichtung wasserabstoßend, abriebfest und knick- sowie farbtonbeständig sein. Ferner ist zu bedenken, daß die Zurichtung Temperaturen von $+60°C$ bis $+100°C$ beim Bügeln, solchen von $120°C$ bis $200°C$ bei der Lederverarbeitung und von $-20°C$ bis $+40°C$ im Gebrauch, sogar unter Knickbeanspruchung, ausgesetzt ist. L. WÜRTELE [10a] geht besonders auf das Problem des Schichtenaufbaus einer Lederzurichtung im Hinblick auf eine gute Trocken- und Naßreibechtheit ein. Er weist auf die steigende Bedeutung der Narbenverfestigung durch Imprägnieren mit Kunststofflösungen oder sehr feinteiligen Kunststoff-Dispersionen hin, wodurch die Reibechtheit einer Zurichtung verbessert werden kann, da die Deckschichten auf eine härtere Trägerschicht zu liegen kommen.

Da alle die erwähnten Eigenschaften durch die Art und Menge des verwendeten Bindemittels bestimmt, mindestens aber wesentlich beeinflußt werden, leiten sich aus den angeführten Forderungen zugleich die Bedingungen ab, denen ein zur Lederzurichtung verwendeter Polymerisatbinder genügen muß. Ein wichtiger Bewertungsmaßstab für eine Kunststoff-Dispersion als Zurichtungsbindemittel ist ihre Scherstabilität, da die Zurichtungsmasse bei der Verarbeitung der reibenden Beanspruchung des Plüschbretts und der Scherwirkung in den Düsen der Spritzvorrichtung ausgesetzt ist. Je länger außerdem die Dispersion bei schnellem Wasserentzug stabil bleibt, desto länger ist sie auf dem saugfähigen Leder streichbar und desto tiefer können die Kunststoffpartikel in die Lederoberfläche eindringen, vorausgesetzt, daß sie nicht wegen zu großen Teilchendurchmessers abfiltriert werden. Ist das Benetzungsvermögen der Dispersion oder der Beschichtungsmasse unzureichend, werden anstatt Netzmittel besser Lösungsmittel oder Wachsemulsionen zugesetzt, da oberflächenaktive Substanzen die Wasserempfindlichkeit der Zurichtung erhöhen können.

Für den Einsatz von Kunststoff-Dispersionen in den drei Schichten gibt es verschiedene Möglichkeiten [11]. Bei der am längsten bekannten Verfahrensweise wurde die Grundierung, die den Polymerisatbinder im Gemisch mit Kasein enthält, durch die klassische Nitrocellulose-Zurichtung abgedeckt. Die weitere Entwicklung führte schließlich dazu, daß die abdeckende Nitrocelluloseschicht immer dünner gehalten wurde, bzw. an deren Stelle eine dünne Schicht aus Eiweißbindemitteln (Kasein) trat und auf die weiche Grundierung zunächst eine etwas härtere Zwischenschicht mit einem Gemisch von Polymerisaten und Proteinen als Bindemitteln aufgebracht wurde. Daraus ergab sich als weitere Variation die sog. Plastikzurichtung, bei der in den deckenden Schichten nur mit Polymerisatbindemitteln gearbeitet wird. In der Oberschicht kommen Kunststoff-Dispersionen nur selten zur Anwendung, obwohl ein gewisser Anteil in der Schlußappretur sich günstig auf die Flächenruhe [12] sowie Haftfestigkeit und Flexibilität [13] auswirkt.

Die marktgängigen Kunststoff-Dispersionen als *Bindemittel* für die Lederzurichtung haben im wesentlichen Acrylester, Acrylnitril, Butadien und Styrol als Monomerengrundlage. Mit ihnen lassen sich die spezifischen Erfordernisse der einzelnen Schichten durch entsprechende Homo- oder Copolymerisation erfüllen. Vielfach werden auch für Grundierung und Deckschicht oder sogar in der gleichen Schicht verschiedene Polymerisate eingesetzt. Doch spielen für die Eignung eines Polymerisates als Zurichtungsmittel nicht allein die Hauptmonomeren, sondern auch die in kleinen Anteilen vorhandenen funktionellen Monomeren und der kolloid-chemische Aufbau der Dispersion eine mindestens ebenso große Rolle. Bei Butadien-Acrylnitril-Copolymerisaten [14] mit bis zu 45 % Butadien und evtl. Styrol als drittem Comonomeren befriedigen, z. B. unter der erhöhten Temperatur bei der Weiterverarbeitung des Leders, oft nicht die Acetonbeständigkeit und die mechanische Beanspruchbarkeit. Durch Einpolymerisieren von ungesättigten Carbonsäureamiden sollen die Polymerisateigenschaften in dieser Beziehung verbessert werden können [15]. Eine für die mehr oder weniger thermoplastischen Polymerisate kritische Eigenschaft ist auch die Heißbügelechtheit. Trotz verschiedener Vorschläge in der Patentliteratur — Vernetzung des Polymerisates über einpolymerisierte Methylolverbindungen ungesättigter Carbonsäureamide bzw. der entsprechenden Mannichverbindungen [16], Vernetzen von Carboxylgruppenhaltigen Polymerisaten mit Oxiden, Hydroxiden oder Salzen mehrwertiger Metalle [17], Verwenden eines kristallisierenden Vinylidenchlorid-Acrylester-Copolymerisates [18] — hat sich in der Praxis bis jetzt immer noch die anteilmäßige Mitverwendung von Kasein bzw. ganz allgemein von Proteinen in der Grundierung und Deckschicht als zweckmäßig erwiesen. Bei Anwesenheit von Methylolverbindungen ungesättigter Carbonsäureamide in den Polymerisaten üben diese Verbindungen zusätzlich zu der bestehenden Vernetzungsmöglichkeit auch eine stabilisierende Wirkung ähnlich wie ein Schutzkolloid auf Kunststoff-Dispersionen aus, die einen großen Prozentsatz Carboxylgruppen im Polymerisat enthalten [19]. Die Bedeutung der Flexibilität einer Deckfarbenzurichtung, bzw. der der Polymerbindemittel selbst, für das Trageverhalten von Schuhoberleder bei extremen Witterungsverhältnissen (Kälte und Schnee) ist von W. FISCHER und W. SCHMIDT anhand einer Versuchsreihe dargelegt worden [20]. Butadienpolymerisate mit mindestens 20 Gew.-% Hydroxyalkylestern der (Meth-)Acrylsäure sollen sich wegen der vorhandenen funktionellen Gruppen besonders als Bindemittel für Grundierungen und Deckschichten eignen, die mit Polyurethanlacken überzogen werden [21].

Um Gummisohlen direkt bei der Formung auf den Schuhschaft aufvulkanisieren zu können, muß die Zurichtung vulkanisierbare Bindemittel enthalten, weshalb hierfür hauptsächlich Butadien-Copolymere in Betracht gezogen werden. Das Leder darf allerdings nicht zu stark gefettet sein, da sonst beim Vulkanisieren Fettungsmittel ausschwitzt und die Haftfestigkeit zwischen Sohle und Leder beeinträchtigt. Die Appretur muß in diesem Fall auf den fertigen Schuh aufgebracht werden.

Einen bedeutenden Einfluß auf die Eigenschaften der Zurichtung hat die *Vorbereitung des Leders* [22]. Durch das Schleifen wird z. B. nicht nur das Narbenbild korrigiert, sondern es kann sich auch die Saugfähigkeit des Leders ändern. Auf einem ungenügend oder ungleichmäßig saugfähigen Leder lassen sich kaum eine gute Haftfestigkeit der Grundierung und eine auch im Farbton gleichmäßige Deckung erzielen. Zu großer Saugfähigkeit kann durch Nachgerben und Ölvorgrundierung, aber auch durch Viskositätserhöhung oder Anheben der Bindemittelkonzentration in der Grundierung begegnet werden. Für die Haftfestigkeit und Benetzung der Grundierung ist der Fettgehalt des Leders mitbestimmend. Das Leder wird meistens auf den gleichen Farbton wie die Zurichtung gefärbt, damit bei Verletzung der Zurichtung keine großen Farbunterschiede auftreten.

Die *Grundierung* bildet die dickste Schicht der Zurichtung. In ihr wird der Bindemittelanteil sehr hoch gehalten (im allgem. 1 Gew.Tl. Pigment auf 2 Gew.Tl. Bindemittel). Der erste Auftrag erfolgt bevorzugt mit dem Plüschbrett oder einer vollautomatischen Plüschmaschine in einem Streichvorgang, da hierdurch die Filmschicht besser auf dem Leder verankert wird als bei sofortigem Spritzauftrag. Wegen des zur Knick- und Bruchfestigkeit notwendigen geschmeidigen Grundcharakters der Grundierungsschichten werden hierfür sehr flexible Polymerisate verwendet.

In den dünneren, weil härteren *Deckschichten* ist der Polymerisatanteil, wenn es sich nicht um eine reine Plastikzurichtung handelt, im Bindemittel reduziert. Das Verhältnis Pigment : Bindemittel geht nicht über 1 : 1 hinaus, wenn die üblichen Echtheitseigenschaften garantiert bleiben sollen. Die dünnen Schichten werden vorzugsweise gespritzt, um besser egalisierend zu wirken. Wenn Kasein mitverwendet wird, muß dieses wasserlösliche Bindemittel durch Formaldehyd gehärtet werden, allerdings in gewissen Grenzen, damit einerseits die Zurichtung ausreichend quellfest, naß- und reibecht ist, andererseits aber die Haftfestigkeit der Appreturschicht nicht beeinträchtigt wird.

Als *Oberschicht* der Zurichtung werden entweder Kasein oder Nitrocelluloselacke bzw. neuerdings Nitrocelluloseemulsionen gespritzt.

Der gesamte Aufbau der Zurichtung erfolgt in sehr viel mehr Einzelaufträgen als dem obengeschilderten Grundaufbau in drei Schichten entspricht. Je mehr dünne Schichten mit abgestufter Filmhärte aufeinanderfolgen, um so höher ist im allgemeinen die Qualität der Zurichtung zu bewerten. Die Beschichtungsmenge bei der Deckzurichtung beträgt zwischen 20 und 50 g/m². Soll der Ledercharakter in bestimmtem Maß gewahrt bleiben, werden im allgemeinen nur 12—15 g/m² aufgetragen. Vor allem nach der Grundierung und vor Aufbringen der Schlußappretur wird die Zurichtung warm gebügelt, wodurch jeweils eine geschlossene und glatte Filmoberfläche für die nächste Schicht erreicht wird. Manchmal wird auch nach dem Grundieren nochmals geschliffen („Schleifgrundierung"), wenn ein sehr grobnarbiges Leder vorliegt.

In den letzten Jahren hat sich für die Lederzurichtung maschinell eine Neuerung eingeführt. Die zur Lackierung von Holz seit längerer Zeit bekannten Gießmaschinen erlauben auch bei der Lederzurichtung eine Rationalisierung der Arbeitsweise. Die Beschichtungsmasse fällt kontinuierlich als Vorhang aus einem breiten Düsenspalt zwischen zwei sich bewegende Transportbänder, die das Leder durch den Vorhang schieben. Der in einem Behälter aufgefangene Überschuß des Zurichtungsmittels wird wieder in den Beschichtungskasten zurückgepumpt (s. Abb. 25). Über die Erfahrungen mit Curtain-Coatern ist in der Fachliteratur bereits mehrfach berichtet worden [*23*]. Die Beschichtungsgeschwindigkeit richtet sich nach der Oberflächenbeschaffenheit des Leders. 100 m/min liegen für glatte Leder durchaus im Bereich des Möglichen. Bei zu geringer Geschwindigkeit kann es vorkommen, daß der Vorhang vom Leder nicht mehr durchstoßen wird. Als untere Grenze der Geschwindigkeit gelten erfahrungsgemäß etwa 40 m/min. Die Transportgeschwindigkeit des Leders bestimmt zusammen mit der Durchsatzgeschwindigkeit der Beschichtungsmasse durch den Gießkopf die Auftragsmenge. An die Scherstabilität der verwendeten Kunststoff-Dispersionen sind wegen des Pumpens besondere Anforderungen zu richten. Die Schaumverhütung ist ebenfalls ein wichtiges Problem, da Blasen in der Gießmasse das Abreißen des Beschichtungsvorhanges verursachen können. Von der Viskositätseinstellung der Zurichtungsmasse hängen — abgesehen von der Durchsatzgeschwindigkeit — auch die Vorhangstabilität und der Verlauf der nassen Zurichtung auf der Lederoberfläche ab.

Die Vorteile des Gießverfahrens liegen vornehmlich in der narbenschonenden Arbeitsweise, der Gleichmäßigkeit der Beschichtung, der Arbeitsgeschwindigkeit und der Einsparung von Arbeitskosten. Außerdem ist die Materialausnutzung mit ca. 90 % wesentlich größer als beim Spritzverfahren, bei dem Materialverluste bis zu 85 % festgestellt wurden [*24*]. Mit dem Gießverfahren wird die Deckzurichtung oft in nur zwei Aufträgen der gleichen Zusammensetzung aufgebracht. Durch diese Vereinfachung ist gegenüber dem mehrschichtigen Aufbau der üblichen Zurichtungsmethode unter Umständen eine Qualitätseinbuße in Kauf zu nehmen.

Bei der *Anilinzurichtung* werden Kunststoff-Dispersionen nur in geringem Umfang verwendet. Für diese Zurichtungsart, eine gefärbte, transparente Lederzurichtung auf Vollnarbenleder, sind die Anforderungen an einen Polymerisatbinder etwas anders als die an eine Deckfarbenzurichtung. Vor allem müssen die Filmeigenschaften des Polymerisats darauf abgestimmt sein, daß eine Verankerung auf der geschlossenen Lederoberfläche schwieriger zu erreichen ist als auf der offenen, saugfähigen Oberfläche eines geschliffenen Leders [24a].

Da die für eine Anilinzurichtung notwendigerweise weitgehend fehlerfreien Rohhäute immer schwieriger zu beschaffen sind, ist man in der Lederindustrie auch zur Semianilinzurichtung [25] übergegangen. Dabei werden anteilmäßig Pigmente und Pigmentbinder eingesetzt. Dadurch sind alle Übergänge zwischen einer reinen Anilin- und einer Schleifboxzurichtung gegeben.

In den letzten Jahren ist durch das Auftreten synthetischer Lederarten auf dem Markt in der Lederindustrie eine verstärkte Neigung zur Anilinzurichtung entstanden, um im gewollten Gegensatz zu dem einheitlichen Oberflächenbild des synthetischen Materials den Ledercharakter voll zur Wirkung kommen zu lassen. Die Anilinzurichtung ist aber bezüglich der Farbechtheitseigenschaften nicht problemlos. Die Anilin- oder Semianilinzurichtung mit farbigen Kunststoff-Dispersionen, die den Farbstoff einpolymerisiert enthalten, ist daher eine interessante Neuentwicklung [26], die auch bereits in der Praxis Eingang gefunden hat. Nach dem Aufbringen auf das Leder ist hier der Farbstoff gleichmäßig im Film verteilt. Als weiterer Vorteil wird geltend gemacht, daß die bei der üblichen Anilinzurichtung erforderlichen drei Arbeitsgänge: Färbung, Fixierung und Farbbindung in einem Verfahrensschritt vereinigt sind. Zum Erhöhen der Reib- und Kratzfestigkeit dient die normale Schlußappretur.

Für die *Prüfung von Lederzurichtungen* bestehen in der BRD keine offiziell festgelegten bzw. anerkannten Prüfrichtlinien. Daher arbeiten die verschiedenen Laboratorien nach eigenen Methoden. Über Prüfverfahren zur Bewertung einer Lederzurichtung hat R. SCHUBERT [27] eingehend berichtet. Im Rahmen von Untersuchungen über Deckfarben und Deckfarbenzurichtungen [24], insbesondere über den Zusammenhang zwischen dem Aufbau und den Gebrauchseigenschaften von Polymerisatbindemitteln, wurden von F. STATHER u. Mitarb. zur Analyse der chemischen Zusammensetzung von Polymerisatbindemitteln die Infrarotspektroskopie [28] und zur Ermittlung der Teilchengrößenverteilung in wäßrigen Polymerdispersionen die Elektronenmikroskopie [29] herangezogen. W. FISCHER und G. LEUKROTH [29a] wendeten die Methode der „abgeschwächten Totalreflexion" (ATR) bei der IR-spektroskopischen Bestimmung von Bindemitteln in einer Lederzurichtung an.

9.3 Lederfaserwerkstoffe

Die zwei Grundbestandteile eines Lederfaserwerkstoffs sind die Lederfasern und das Bindemittel, das die faserige Ledersubstanz in einem der Pappeherstellung analogen Verfahren zu einem Flächengebilde mit lederartiger Oberfläche verbindet. Bereits 1870 wurde in England das erste Patent auf die Herstellung von Lederfaserwerkstoffen erteilt.

Mit synthetischen Gerbstoffen gegerbte, vegetabilisch oder chromgegerbte Lederabfälle (Falzspäne, Stanzabfälle u. a. Reste) aus Gerbereien und der lederverarbeitenden Industrie sind die *Ausgangsmaterialien für Lederfasern*. Die Lederstücke werden zu Fasern mit einer Länge von 3—12 mm zerkleinert. Zu lange Fasern können die Ursache einer Knötchenbildung und von anderen Störungen bei der Herstellung sein. Zu kurze Fasern dagegen sind oft die Ursache einer zu geringen mechanischen Festigkeit von Lederfaserplatten. Faserschleim verzögert die Entwässerung und verhärtet die Platten. Mit chromgegerbten Faserabfällen entstehen unter vergleichbaren Bedingungen Erzeugnisse höherer Festigkeit, die andererseits aber auch wieder leichter brüchig werden, vor allem wenn Fußschweiß längere Zeit darauf einwirken kann. Anteilmäßige Verwendung von Textil- oder Cellulosefasern erhöht ebenfalls die mechanische Festigkeit, besonders die Stichausreißfestigkeit. Gleichzeitig verringert sich aber die Dimensionsstabilität bei wechselnder Feuchtigkeit.

Von Art und Menge des *Bindemittels* bzw. der Lederfasern hängen Zerreiß- und Stichausreißfestigkeit, Wasseraufnahme, Dimensionsstabilität bei unterschiedlicher Feuchtigkeit, Kältebruchfestigkeit, Dehnbarkeit, Elastizität und andere Eigenschaften der Lederfaserplatten ab. Die Bindemittelmenge liegt zwischen 6 und 40% und richtet sich nach den Anforderungen an das Fertigerzeugnis. Für Hinterkappenmaterial beträgt sie 10—14% und steigt in Platten für Täschnermaterial und Laufsohlen bis auf 40%. Die Bindemittelmenge ist üblicherweise als Festsubstanz auf trockene Lederfasern bezogen. Mit steigendem Bindemittelgehalt erhöhen sich Dehnbarkeit, Kältebruchfestigkeit und Biegsamkeit. Die Zerreiß- und Stichausreißfestigkeit durchlaufen mit zunehmender Bindemittelmenge ein für das jeweilige Bindemittel charakteristisches Maximum.

Naturkautschuklatex nimmt als Bindemittel immer noch eine Vorrangstellung ein, trotz naturbedingtem Schwanken der Qualität, auf das sich der Verarbeiter einstellen muß. Unter seiner Verwendung hergestellte Lederfaserwerkstoffe sind wasserbeständig und zeigen — auch ohne daß das Kautschukbindemittel vulkanisiert wurde — elastische Eigenschaften, die mit synthetischen Kautschuktypen bisher nicht erzielt werden konnten. Durch die immer mehr verfeinerte Herstellungstechnik synthetischer Kautschuklatices ist jedoch zu erwarten, daß diese den Naturkautschuk einmal weitgehend ablösen werden. Ein Nachteil von Kautschukbindemitteln ist deren verhältnismäßig geringe Alterungsbeständigkeit, was sich in Lederfaserwerkstoffen aus Chromlederabfällen wegen der darin vorhandenen Schwermetallsalze besonders ungünstig auf die Bruchfestigkeit auswirken kann. Dieses Problem der Alterung stellt sich nicht bei der Verwendung von Homo- und Copolymeren der Acryl- und Vinylester als Bindemittel. Durch Weichmacherzusatz (hauptsächlich Dibutylphthalat) kann die bei manchen Produkten, z. B. Polyvinylacetat, schlechte Kältebruchfestigkeit und Geschmeidigkeit verbessert werden. Die eingesetzte Weichmachermenge muß aber möglichst gering gehalten werden, da sonst bei Oberflächenzurichtungen mit Nitrocelluloselacken durch Weichmacherwanderung die Deckschichten klebrig werden können.

Um bei der *Herstellung der Lederfaserplatten* zu einer möglichst gleichbleibenden Qualität zu gelangen, werden im allgemeinen Lederabfälle verschiedener Herkunft gemischt und eingeweicht. Durch Mischen entsprechender Anteile fettarmer und fettreicher Ledersorten kann gleichzeitig der gewünschte Fettungsgrad eingestellt werden. Ist der Fettgehalt dennoch nicht ausreichend, wird die entsprechende Menge Lederfettungsmittel im Laufe der Verarbeitung, z. B. während der Mahlvorgänge, zugesetzt, und zwar bei fettarmen Lederresten etwa 5—10%. Liegen stark ausgegerbte vegetabilische Lederabfälle vor, ist es zweckmäßig, diese vor der Verarbeitung — zumindest teilweise — zu entgerben. Grobe Lederabfälle müssen zunächst in Schneidemühlen vorgebrochen werden. In Zahnscheibenmühlen geht bei gleichzeitigem Zusatz von viel Wasser die weitere Zerfaserung in mehrmaligen Arbeitsgängen vor sich. Die Feinmahlung erfolgt in Korundscheibenmühlen (Raffineure) oder Mahlholländern. Nach der Mahlung liegt meistens ein Faserbrei mit etwa 5% Feststoffgehalt vor, der in Mischbütten, Misch- oder Mahlholländern vor dem Zusetzen des Bindemittels auf 1,5—3% Feststoffgehalt weiter verdünnt und je nach Bindemittel auf einen bestimmten pH-Wert eingestellt wird. Das Bindemittel wird ebenfalls als sehr verdünnte Dispersion (etwa 5—10% Feststoffgehalt) zugegeben, um die Latexteilchen ohne Bildung grober Aggregate möglichst fein verteilt ausfällen zu können. Durch Fällungsmittel, meist Aluminiumsulfat in 5%iger wäßriger Lösung, wird das Bindemittel auf die Faser gefällt. Manchmal wird eine bessere Verteilung durch Zusatz eines Dispergiermittels erreicht. Das vollständige Aufziehen des Bindemittels wird durch ein klares Filtrat angezeigt. Einfärben des Lederfasermaterials erfolgt mittels wasserlöslicher oder durch Pigment-Farbstoffe ebenfalls im Holländer.

Die Fasermasse wird anschließend auf Siebkästen, Siebpressen, Rund- oder Langsiebmaschinen entwässert. Moderne, kontinuierlich laufende Anlagen arbeiten ähnlich wie in der Pappeindustrie mit Langsieben. Das Wasser darf der Masse nicht zu schnell entzogen werden, besonders im Anfangsstadium, damit die Fasern gut verfilzen können. Gegen Ende dieses Arbeitsvorganges kann die Entwässerung durch Anlegen eines Vakuums oder durch Anwenden von Druck beschleunigt werden. In Stapelpressen mit Zwischenlagen wird mit einem Druck zwischen 15 und 35 kp/cm² weiter verdichtet und bei Raum- oder mäßig erhöhter Temperatur (40°C) getrocknet. In Warmpressen oder auf Walzwerken können die Lefaplatten noch weiter verdichtet werden, wodurch die Zerreiß- und Wasserfestigkeit ebenfalls weiter ansteigen. Eine Verbesserung der mechanischen Festigkeit und geringe Wasseraufnahme sind bei Verwendung mancher Acrylat-Copolymeren auch durch längere Lagerung der Platten bei 80°C zu erreichen; im Anschluß an eine solche Lagerung müssen die Platten durch Klimatisieren wieder auf den normalen Feuchtigkeitsgehalt gebracht werden. Manchmal erhalten die Lefaplatten noch eine Oberflächenzurichtung (Schleifen, Beschichten, Prägen). Die Dicke der Lefaplatten beträgt normalerweise zwischen 0,5 und 5 mm. Das spezifische Gewicht wird im allgemeinen auf Werte unter 1,2 g/cm³ eingestellt, in vielen Fällen werden spez. Gewichte zwischen 0,7—0,9 g/cm³ angestrebt.

H. HERFELD [30] hat Güterichtlinien für Lederfaserwerkstoffe aufgestellt, von denen aber einzelne je nach Verwendungszweck entfallen können.

Lederfaserwerkstoffe werden in der Schuhindustrie für Rahmen, Hinterkappen (vegetabilisch gegerbte Lederabfälle), Brandsohlen, Zwischensohlen, Laufsohlen für Hausschuhe (chromgegerbte Lederabfälle), in der Täschnerindustrie, z. B. für Schulranzen oder für Zwischenfächer in Aktenmappen, und für technische Zwecke als Dichtungsmaterial und Manschetten verwendet.

10 Textilveredlung

10.1 Behandlung von Textilfäden und Textilgarnen

Schlichtemittel in der Textilindustrie haben die Aufgabe, eine störungsfreie
Verarbeitung von Fäden und Garnen auf dem Webstuhl zu gewährleisten und
müssen dazu eine ganze Reihe von Voraussetzungen erfüllen [1]: Sie sollen möglichst schnell unter den gegebenen Verarbeitungsbedingungen auftrocknen, damit
die hohen Geschwindigkeiten der modernen Schlichteanlagen ausgenutzt werden
können. Sie sollen das Garn mit einem rissefreien Film gleichmäßig umhüllen und
so einen glatten Lauf des Garns beim Spulen, Schären, Weben oder Wirken gewährleisten. Abstehende Fasern sollen durch eine Schlichte an die Oberfläche der
Fäden angeklebt werden. Die Scheuer- und Reißfestigkeit sollen wegen der starken Beanspruchung des Garns während des Webprozesses erhöht, die Elastizität
und Geschmeidigkeit der Garne aber nicht allzusehr vermindert werden. Ein
Schlichtemittel soll nicht zur Verklebung der Garne Anlaß geben. Das Verschmie-
ren von Maschinenteilen durch abgeriebene Teile der Schlichte ist unerwünscht.
In den meisten Fällen muß das Schlichtemittel auch nach längerer Zeit noch leicht
und ohne Faserschädigung wieder entfernbar sein.

Reine und chemisch modifizierte Naturstoffe sowie wasserlösliche synthetische
Hochpolymere sind die hauptsächlich verwendeten Schlichtemittel. Über Kunststoff-Dispersionen, die durch Alkalizusatz in Lösungen übergeführt werden und als
solche zum Schlichten von Polyesterfäden benutzt werden können, hat H. MOROFF
[2] berichtet. Kunststoff-Dispersionen auf Basis von Polyvinylacetat, Polyacrylaten, Vinylchlorid-Copolymeren und auch Butadien-Acrylnitril-Copolymerisaten
genügen der Forderung nach leichter Wiederentfernbarkeit im allgemeinen nicht;
auch läßt sich eine deutlich bemerkbare Versteifung der Garne vielfach nicht
vermeiden. Die Verwendung von Polymerdispersionen beschränkt sich daher auf
das Strangschlichten von Viskose- und Acetatreyon. Für das Schlichten von Polyacrylnitrilfasern sind Acrylnitril enthaltende Polymerisatdispersionen vorgeschlagen worden [3]. Polyäthylen-Dispersionen können als Schlichte für Polyester-
filaments verwendet werden.

Das Reißen von Nähgarnen auf schnellaufenden Konfektionsnähmaschinen
soll nach R. DROBNEK [4] durch Vorbehandlung mit Polyäthylendispersionen
vermindert werden können. Dieser Effekt ist auf die verbesserte Oberflächenglätte
der Garne zurückzuführen. Durch Butadien-Acrylnitril-Copolymerisate mit hohem
Acrylnitrilgehalt und gleichzeitigem Zusatz eines Reactant-Harzes soll die elastische Erholung von Baumwollstapelfasern für Florteppiche (Bettvorleger, Ab-
streifmatten) verbessert werden können, wobei die Faserbelegung 15 Gew.-%
nicht überschreiten soll, da sonst die Fasern zu steif werden [5]. Der gleiche Effekt
sollte mit vernetzbaren Polyacrylat-Dispersionen ebenfalls zu erreichen sein.
Nach N. E. SHERWOOD [6] wird die Abriebfestigkeit von Baumwollcordgeweben
erhöht, wenn die Garne vorher mit einer Butadien-Acrylnitril-Copolymerisat-
dispersion behandelt und dadurch etwa 10 Gew.-% Polymerisat auf der Faseroberfläche abgelagert wurden. Der Effekt blieb auch nach mehreren Wäschen erhalten. Die Vorbehandlung der Garne soll auf den Griff des Gewebes keinen wesentlichen Einfluß gehabt haben.

10.2 Pigmentdruck

Der moderne Pigmentdruck ist an die Verwendung von Kunststoff-Dispersionen als Bindemittel für die Farbpigmente geknüpft. Die Fixierung der Pigmente auf der Faser ist unabhängig von der Faserart, wenngleich auch diese bei der Haftfestigkeit des Bindemittels an der Faseroberfläche und damit für den Rezeptaufbau der Druckpaste ihre Bedeutung hat. Zu diesem Vorteil gegenüber anderen Druck- und Färbeverfahren gesellt sich die Einfachheit des Verfahrens, das nur aus den drei Schritten: Drucken im Film- oder Rouleauxdruck, Trocknen und Fixieren besteht und zusätzliche Arbeitsgänge, die beim Färben mit löslichen Farbstoffen ausgeführt werden müssen, wie z. B. Dämpfen und spezielle Entwicklungsverfahren, nicht benötigt. Außerdem lassen sich mit dem Pigmentdruckverfahren Drucke mit bemerkenswert scharfen Konturen erzielen.

Über die Grundzüge des Pigmentdruckes, die maschinellen und verfahrenstechnischen Voraussetzungen ist in der Fachliteratur bereits ausführlich in zusammenfassenden Darstellungen berichtet worden [7−11]. Im Laufe der Jahre wurden von zahlreichen chemischen Großfirmen verschiedene Pigmentdruckverfahren mit jeweils technischen Besonderheiten auf dem Markt eingeführt, denen aber allen gemeinsam ist, daß durch sie Farbpigmente mit Hilfe eines Bindemittels auf der Faser gebunden werden und Pigmente und Bindemittel bezüglich der Verarbeitung und dem Ausfall der Drucke aufeinander abgestimmt sind. Während in der Anfangszeit des Pigmentdruckes Wasser-in-Öl-(W/O-)Systeme als Druckpasten vorherrschend waren, hat die Verfahrensentwicklung schließlich immer mehr zum Öl-in-Wasser-(O/W-)System geführt, d. h. Wasser ist die äußere Phase des Gesamtsystems. Ein solches System ist auch direkt auf die Anwendung von wäßrigen Kunststoff-Dispersionen zugeschnitten, die ebenfalls O/W-Systeme darstellen.

Die Güte eines Pigmentdruckes wird durch die chemische Zusammensetzung und Menge des Bindemittels, die Art und Zubereitungsform der verwendeten Pigmente, die Verarbeitungsbedingungen und die Faser bestimmt. Demgemäß werden an die Bindemittel, Pigmente und Verarbeitung bestimmte Anforderungen gestellt, während die Faser dem Textildrucker vorgegeben wird und dieser nur noch durch eine zweckmäßige Vorbereitung des Gewebes die optimalen Voraussetzungen für einen guten Pigmentdruck schaffen kann. Die *Pigmente* müssen gute Brillanz, zweckentsprechende Lichtechtheiten und Beständigkeit gegen Wasser, organische Lösungsmittel, Alkali, Säure, Chlor, Peroxide, Körperschweiß und Industriegase aufweisen sowie sublimier- und bügelecht sein; ihre Zubereitung mit Dispergiermitteln darf die Echtheitseigenschaften und die Brillanz des Druckes nicht beeinträchtigen und muß größtmögliche Ausgiebigkeit gewährleisten. Die Farbenhersteller haben ein breites Pigmentfarbensortiment entwickelt, inzwischen auch in den Orange- und Rottönen, früher eine schwache Stelle des Pigmentdruckes. Die einzelnen natürlichen und synthetischen *Fasern* stellen durch die verschiedenartige chemische und strukturelle Beschaffenheit der Faseroberfläche, das unterschiedliche Quellungsverhalten, die thermische Beständigkeit und Art der Faserpräparation spezifische Anforderungen an das Pigmentbindemittel. Daraus ergibt sich zwangsläufig eine Differenzierung im Rezeptaufbau der Druckpaste, unter Umständen aber auch in der Zusammensetzung der Binderkomponente für einzelne Faserarten, je nachdem es sich z. B. um die sehr glatten und sehr wenig quellbaren

12*

Polyesterfasern handelt oder es ein Gewebe aus der sehr stark quellenden Zellwoll-
faser zu bedrucken gilt.

Sowohl bei der *Verarbeitung* im Maschinen- als auch im Filmdruck sind möglichst dünne Druckschichten anzustreben, die nur die Faseroberfläche einwandfrei
abzudecken brauchen. Wird darauf geachtet, kommt es nicht so leicht vor, daß
der Griff der Ware als zu steif bemängelt wird, der Druck sich gar klebrig anfühlt
oder unscharfe und unegale Drucke erhalten werden. Aus demselben Grund dürfen
die Gravuren der Druckwalzen für den Maschinendruck nicht zu tief bzw. darf die
Zahl der Rakelzüge über die Druckschablone beim Filmdruck nicht zu groß sein.
Außerdem spielt die Viskosität der Druckpaste eine wesentliche Rolle. Der Druck-
pastenauftrag soll aber nicht nur wegen einer nachteiligen Griffbeeinflussung so
gering wie möglich gehalten werden, sondern auch mit Rücksicht auf evtl. nachfolgende Ausrüstungen zum Weichmachen, Hydrophobieren, Knitterfreimachen
der Gewebe. Eine zu dicke Druckschicht schirmt nämlich die Faser vor den Ausrüstungsmitteln ab, wodurch ungleichmäßige Ausrüstungseffekte bedingt werden.
Vor dem Hydrophobieren empfiehlt es sich, einen Waschvorgang einzuschalten,
um die hydrophilen Bestandteile des Druckes möglichst weitgehend zu entfernen.
Für eine gute Reib- und Reinigungsbeständigkeit der Drucke ist bei sonst ein-
wandfreier Rezeptzusammenstellung wichtig, daß die für das Bindersystem vor-
geschriebene Fixierungstemperatur und -zeit eingehalten werden, die meist in den
Grenzen von 120—150°C für 5—3 min oder bei höherer Temperatur mit entsprechend verkürzter Fixierzeit liegen.

Eine maßgebende Bedeutung für die Echtheitseigenschaften eines Pigmentdruckes kommt dem *Bindemittel* zu. Um den Anforderungen einer Wäsche, chemischen Reinigung, eines nachfolgenden Ausrüstungs- oder Färbeprozesses und den
allgemeinen Gebrauchsbeanspruchungen gewachsen zu sein, dürfen die Bindemittel in Wasser und chlorierten Kohlenwasserstoffen nicht quellen und von verdünnten Säuren und Alkalien, Chlor, Sauerstoff oder Körperschweiß nicht angegriffen werden. Trotz guter Geschmeidigkeit darf der Binder nicht zu thermoplastisch sein, da es sonst beim Bügeln und Heißprägen, Schreinern, Kalandrieren
und Chintzen Schwierigkeiten durch Kleben der bedruckten Stellen des Gewebes
am Bügeleisen bzw. an den Walzen der dafür notwendigen Ausrüstungsmaschinen
geben kann.

Außerdem müssen die Bindemittel unter dem Einfluß von Licht und Sauerstoff
unverändert bleiben, sollen also nicht vergilben und abgebaut werden. Über die
Auswirkungen zu geringer Alterungsbeständigkeit des Pigmentbinders für Textilien, die der Bewetterung oder starker Belichtung ausgesetzt sind, hat K. CRAE-
MER [12] in einer ausführlichen Untersuchung berichtet.

Die gute Alterungsbeständigkeit ist mit ein Grund dafür, daß sich im modernen
Pigmentdruck vorwiegend Acrylesterpolymerisate durchgesetzt haben. Dies
kommt auch in der neueren Patentliteratur deutlich zum Ausdruck [13], die sich
in der Mehrzahl mit Acrylester-Copolymerisaten befaßt. Butadien-Copolymerisate
mit mehr als 50 Gew.-% Butadien im Mischpolymerisat und meistens mit Styrol
oder Acrylnitril als den wesentlichen Comonomeren bilden sehr geschmeidige,
wasserfeste Filme [14], die allerdings, je nach Copolymerisatzusammensetzung,
im unvulkanisierten Zustand bzw. ohne Vernetzung durch Formaldehydkonden-
sationsprodukte in den Lösungsmitteln zur Trockenreinigung mehr oder weniger

quellen. Ihre Anwendung scheitert jedoch vielfach an der nicht ausreichenden Licht- und Alterungsbeständigkeit. Es hat aber nicht an Versuchen gefehlt, Butadien in geringen Anteilen in Polymerisate anderer Monomerer, vor allem aber solche aus Acrylester, entweder durch Copolymerisation [15] oder durch Pfropfpolymerisation [16] einzubauen, um die Eigenschaft des Butadiens einerseits auszunutzen, ein Copolymerisat sehr flexibel machen zu können, ohne andererseits die Alterungsbeständigkeit des gesamten Polymerisats zu gefährden; dennoch gelten Acrylester-Copolymerisate als die bevorzugten Bindemittel. Sie enthalten meistens Äthyl- oder Butylacrylat als Hauptkomponente. Durch Comonomere, wie z. B. Methylmethacrylat, Styrol, Vinylchlorid oder Acrylnitril, werden den Polymerisatfilmen die erforderliche Filmzähigkeit und Griffgebung verliehen [17].

Die notwendigerweise sehr geringe Quellbarkeit und mäßige Thermoplastizität der Polymerisate im fixierten Zustand wurden bis vor wenigen Jahren allein dadurch erreicht, daß man in das Polymere funktionelle Monomere mit reaktionsfähigen Gruppen oder Atomen ($-OH$, $-COOH$, $-CONH_2$, $-Cl$ [18], $-NH_2$ usw.) einpolymerisierte, die mit difunktionellen oder mehrfunktionellen, wasserlöslichen Verbindungen vernetzt wurden. Solche Verbindungen sind z. B. verätherte Aminoplast-Vorkondensationsprodukte, Triacrylyl-s-triazine, Polyamine und deren Umsetzungsprodukte [19], Reactant-Harze u. a.

Ein großer Fortschritt in der Entwicklung der Pigmentbindemittel wurde durch die selbstvernetzenden Polymerisate [20] erzielt, die zur Vernetzung nicht unbedingt mehr den Zusatz eines Vernetzungsmittels benötigen. Dieses Vernetzungsprinzip stellt insofern einen Vorteil dar, als beim selbstvernetzenden Polymerisat die miteinander in Reaktion tretenden Gruppen statistisch über die Molekülketten des Polymerisats verteilt sind, während sonst die wasserlöslichen Vernetzungsmittel erst in das dispergierte Polymerisatteilchen über einen Quellungsvorgang eindiffundieren müssen, um auch im Innern des Teilchens mit den dort befindlichen, reaktionsfähige Gruppen tragenden Molekülketten zur Reaktion zu gelangen. Die größte Bedeutung haben für den selbstvernetzenden Polymerisattyp die freien oder verätherten Methylolverbindungen des Acryl- bzw. Methacrylamids [21]:

$$-\underset{\underset{O}{\parallel}}{C}-\underset{\underset{R_1}{|}}{N}-CH_2-OR_2 \qquad\qquad R_1 \text{ und } R_2 = \text{Alkyl; H}$$

Es sind aber auch Mannichbasen des (Meth-)Acrylsäureamids untersucht worden, deren Acylderivate:

$$CH_2{=}\underset{\underset{R_1}{|}}{C}-\underset{\underset{O}{\parallel}}{C}-\underset{\underset{H}{|}}{N}-CH_2-N\underset{R_3}{\overset{\overset{O}{\overset{\parallel}{C}{-}R_2}}{<}}$$

$R_1 = H, CH_3$;

R_2 und $R_3 = $ z. B. Alkyl, Cycloalkyl, Aryl mit 1—8 C-Atomen

gegenüber den verätherten Methylolverbindungen den Vorzug größerer Reaktionsfähigkeit, gegenüber den freien Methylolverbindungen des (Meth-)Acrylamids den Vorteil der größeren Lagerstabilität bei Raumtemperatur haben sollen [22]. Aber auch den selbstvernetzenden Polymerisatdispersionen werden noch die üblichen wasserlöslichen Vernetzungsmittel zugesetzt, wenn es auf einen äußerst niedrigen Quellungsgrad ankommt. Das ist besonders bei vollsynthetischen Fasern wichtig, da dort die an sich geringe Haftfestigkeit des Pigmentbindemittels schon bei geringer Quellung ziemlich geschwächt wird.

Eine der neuesten Entwicklungen vereinigt Farbstoff und Bindemittel im gleichen Makromolekül durch Hauptvalenz-Bindungen [23]. Der Farbstoff ist entweder über reaktionsfähige Gruppen an das vernetzbare oder selbst-vernetzende Polymerisat gebunden oder wird mittels einer im Farbstoffmolekül bereits vorhandenen ungesättigten, monomeren Gruppe copolymerisiert.

Zur einwandfreien *Verarbeitung* müssen die Binderdispersionen scherstabil sein, um die Scherbeanspruchungen beim Einrühren des Schwerbenzins zum Verdicken der Druckpaste und unter dem Rakel an der Druckwalze bzw. auf dem Filmtisch auszuhalten. Die Druckpaste soll bei einem vorübergehenden Stillstand der Maschine nicht sofort antrocknen. Durch Zusatz von Glykolen, Glyzerin oder wäßrigen Harnstofflösungen kann das Laufverhalten der Paste gegebenenfalls verbessert bzw. einem unerwünschten Antrocknen vorgebeugt werden. Auch durch Einpolymerisieren ausreichender Mengen hydrophiler Monomerer in das Bindemittel kann ein irreversibles Antrocknen verhindert werden [24]. Dadurch wird die angetrocknete Druckpaste im nichtfixierten Zustand reemulgierbar gemacht. Beim Kondensationsvorgang werden diese hydrophilen Monomeren durch die Vernetzungsreaktion mit erfaßt, so daß das Bindemittel im fertigen Druck nicht zu wasserempfindlich ist. Die Stabilität der Kunststoff-Dispersionen gegen Elektrolytzusätze ist für die Kombinationsmöglichkeit des Pigmentdrucks mit anderen Druckverfahren (z. B. Ätz- und Reservedruck) Vorbedingung, da bei diesen Verfahren organische Säuren und mehrwertige Metallsalze wie Zinnchlorür und Aluminiumsulfat als Reservierungsmittel sowie Verbindungen wie Formaldehydsulfoxlat als Reduktionsmittel verwendet werden. Für den Entwicklungsprozeß von Begleitfarbstoffen ist neutrales bzw. saures Dämpfen oder eine alkalische Nachbehandlung (z. B. beim Zweiphasendruck) unumgänglich, so daß das Pigmentbindemittel auch schon beim Trocknungsvorgang (90—110°C) genügend echt fixiert sein muß.

Wie bereits erwähnt, erstreckt sich die Anwendungsbreite des Pigmentdruckverfahrens auf alle Faserarten, auch auf Glasfasern. Die Vorzüge dieser einfachen Technik kommen am besten zur Geltung, wenn es als selbständiges Druckverfahren, als Alleindruck, angewendet wird. Während für Buntdrucke das Pigmentdruckverfahren eines von mehreren ist, hat es sich für Spezialdrucke, wie Aluminium- und Goldbronzedrucke, und für den Flockdruck (s. 6.5) ein ausgesprochenes Reservat geschaffen. Bei den Mattweiß- bzw. Mattbuntdrucken kommt ihm entgegen, daß die Kombination von Pigment und Kunststoffbinder auf glänzende Fasern sowieso einen mattierenden Effekt ausübt.

10.3 Färben von Textilien

Für die *klassischen Färbeverfahren* in der Textilindustrie werden — abgesehen von bestimmten Hilfsmitteln — üblicherweise nur Farbstoffe benötigt. Bei manchen Farbstoffklassen — besonders bei Naphthol- und Pigmentfarbstoffen, aber auch bei Küpenfarbstoffen — ist jedoch die Fixierung an der Faser nicht immer ausreichend, um ein Übertragen des Farbstoffs auf ungefärbtes Gewebe durch Reiben im trockenen oder gar nassen Zustand zu verhindern. Vielfach werden solche Drucke und Färbungen auf Textilgut aus Cellulosefasern oder deren Mischungen mit synthetischen Fasern daher im Klotzverfahren (Foulard, Jigger, Haspelkufe) mit Kunststoff-Dispersionen nachimprägniert, wodurch die Trocken- bzw. Naßreibechtheit verbessert wird. Da der Griff und das Aussehen der Ware möglichst nicht verändert werden sollen, wird der Feststoffgehalt in der Imprägnierflotte gewöhnlich unter 10 % gehalten; außerdem genügen verhältnismäßig geringe Mengen Polymerisat, um den gewünschten Effekt zu erzielen.

Wenn nicht gleichzeitig eine Griffvariation des Gewebes erwünscht ist, scheiden grobdisperse Polyvinylacetat-Dispersionen für diesen Anwendungszweck ebenso aus wie die mehr oder weniger steife Filme bildenden Kunststoff-Dispersionen auf der Grundlage von Vinylchlorid. Dagegen haben sich weiche Acrylester-Copolymere gut bewährt, wobei die Acrylatpolymerisate noch den Vorteil besserer Lichtbeständigkeit haben. In immer stärkerem Maße werden auch vernetzbare und selbst-vernetzende Acrylester-Copolymerisate [25, 26] verwendet. Vielfach setzt man ihnen noch geringe Mengen eines Vernetzers auf Basis von Methylolharnstoffen oder Methylolmelaminen oder eines Reactant-Typs in den Grenzen zu, daß einerseits die Fixierung noch verstärkt, andererseits aber der Griff noch nicht nachteilig beeinflußt wird. Diese vernetzbaren Verbindungen müssen in Anwesenheit von Protonendonatoren bei Temperaturen über 120°C nach dem Trocknen kondensiert werden, wenn sie ihre volle Wirkung entfalten sollen. Die Höhe der Kondensationstemperatur richtet sich nach der Kondensationszeit.

Es ist auch ein Verfahren zur Verbesserung der Reibechtheit von Drucken mit Reaktivfarbstoffen durch gleichzeitige oder nachträgliche Anwendung einer Polymerisatdispersion ausgearbeitet worden [27], die unter der Einwirkung von Alkalien vernetzt, also unter den für Reaktivfarbstoffe üblichen Bedingungen. Die Reaktionsweise solcher Bindemittel ist auch dem Zweiphasendruck angepaßt, so daß man auf dem gleichen Gewebe einen Pigmentdruck und eine Färbung mit Küpen-, Schwefel- oder Reaktivfarbstoffen mit guter Reibechtheit erhält [28]. Diese Verfahren haben sich in der Praxis aber noch nicht eingeführt.

In den letzten Jahren sind Kunststoff-Dispersionen entwickelt worden, die auch für die Praxis des Textilfärbens interessante Vorteile bringen. Es sind dies farbige Kunststoff-Dispersionen, bei denen der Farbstoff über Hauptvalenzen im Polymerisat gebunden ist [29, 30]. Die Farbstoffe enthalten entsprechende funktionelle Gruppen oder sind mit funktionellen Monomeren umgesetzt und werden entweder über die vorhandenen funktionellen Gruppen mit dem Polymerisat verbunden oder direkt einpolymerisiert. Es kann der Farbstoff aber auch durch eine Reaktion von zur Kupplung fähigen Gruppen mit Diazoniumsalzen direkt an der Polymerenkette erzeugt werden [31]. Die Polymerisate selbst — hauptsächlich Acrylesterverbindungen — sind über die im Polymerisat eingebauten, noch freien funktionellen oder reaktionsfähigen Gruppen vernetzbar oder selbst-vernetzend. Mit solchen Polymerisaten ausgeführte Färbungen sind sehr gut reibecht, da der Farbstoff im Polymerisat gebunden ist. Von Vorteil ist außerdem, daß nachträglich Farbänderungen durch das Fixieren nicht auftreten, da Färben und Fixieren in einem Arbeitsvorgang vereinigt sind. Durch die Rezeptzusammenstellung und die Verfahrensbedingungen muß vermieden werden, daß die Kunststoffteilchen mit dem

Farbstoff beim Trocknen wandern können, da sonst leicht Zweiseitigkeit in der Färbung eintritt.

Große Bedeutung haben Kunststoff-Dispersionen für das Färben von Textilien mit Pigmentfarbstoffen, da Pigmente immer ein Bindemittel brauchen, um auf einem Substrat gleich welcher Art fixiert zu werden. Mit der fortlaufenden Weiterentwicklung der Drucktechnik ist auch das Interesse am Färben mit Pigmentfarbstoffen immer stärker geworden. In der Literatur sind gute Übersichtsreferate erschienen [32—34], die auf die Einzelheiten dieser Färbetechnik und auch auf die wesentlichen Verfahren eingehen.

Das Pigmentklotzfärben bietet gegenüber den klassischen Färbeverfahren einige Vorteile. Vor allem besticht die einfache Arbeitsweise, die keine Farbstoffentwicklungsprozesse und keine Naßnachbehandlung verlangt. Die gute Lichtechtheit der meisten Pigmentfarbstoffe kommt auch in den Färbungen selbst — entsprechendes Bindemittel vorausgesetzt — zum Ausdruck. Da die Pigmente nicht faseraffin sind, eignen sich Gewebe aller Faserarten und entsprechende Mischfasergewebe für die Pigmentfärbung, und die Egalität der Färbung ist ausgezeichnet. Ein wichtiger Vorzug ist außerdem, daß man das Pigmentfärben mit anderen Ausrüstungsverfahren, wie z. B. Knitterfreiausrüstung, Mattierung und Griffvariationen, in einem Arbeitsgang kombinieren kann. Andererseits sind dem Pigmentklotzfärben aber Grenzen dadurch gesetzt, daß man im allgemeinen nur helle bis mittlere Farbtiefen erreicht. Größere Pigmentfarbstoffmengen bedingen bei gleich guter Reibechtheit naturgemäß einen größeren Bindemittelverbrauch, wodurch sowohl das Verfahren unwirtschaftlich als auch die resultierende, versteifende Griffvariation für den Warenausfall untragbar wird. Wegen des natürlichen Mattierungseffektes der Pigmente können stark glänzende Färbungen nicht erzielt werden.

Das Pigmentfärben vollzieht sich in drei Verfahrensabschnitten: Foulardieren (s. 10.4), Trocknen und Fixieren bei höherer Temperatur. Die Klotzflotte enthält als Hauptbestandteile Pigmente und Bindemittel, denen als Hilfsmittel z. B. Dispersionsstabilisatoren, Harze, Weichmacher, Vernetzungsmittel und Katalysatoren zugesetzt werden.

Wenn auch den Pigmenten und Bindemitteln eine wesentliche Bedeutung für den Ausfall und die Echtheitseigenschaften der Färbungen zukommt, spielen in dieser Hinsicht Faktoren wie eine sorgfältig aufeinander abgestimmte Zusammensetzung und die Herstellung der Klotzflotte, die Gewebequalität (gleichmäßige und gute Saugfähigkeit; keine Schlichten und Präparationen, die die Haftfestigkeit des Bindemittels an der Faser beeinträchtigen; faltenfreie Ware u. a.), einwandfrei arbeitende Imprägnier- und Trocknungseinrichtungen und die Fixierungsbedingungen eine keineswegs zu unterschätzende Rolle.

Die modernen Pigmentfärbeverfahren benutzen fast ausschließlich rein wäßrige Systeme mit Kunststoff-Dispersionen als Bindemittel. An das Pigmentbindevermögen und die Haftfestigkeit der Bindemittel auf verschiedenen Fasern werden große Anforderungen gestellt, wobei die Quellbarkeit des Bindemittelfilms während der Wäsche klein und seine Weichheit groß sein soll, ohne hinwiederum dem gefärbten Gewebe einen feuchten, klebrigen Griff zu erteilen. Es haben sich daher heute beim Pigmentfärben wie im modernen Pigmentdruck in weit überwiegendem Maß vernetzbare und selbst-vernetzende Acrylat-Copolymerisate durchgesetzt, in denen neben den verschiedenen Acrylestern noch geringe Mengen Styrol, Acrylnitril, Vinylchlorid u. a. vorhanden sein können. Vor allen Dingen aber sind in den Polymerisaten funktionelle bzw. reaktionsfähige Gruppen tragende Monomere für die Vernetzungsreaktion bei höheren Temperaturen (Fixierung) enthalten [35, 36], z. B.:

$$R_1-\overset{\overset{\text{O}}{\|}}{C}-O-C_nH_{2n}-OH; \qquad R_1-COOH; \; R_1-\overset{\overset{\text{NH}_2}{|}}{C}=O; \qquad R_1-\overset{\overset{\text{O}}{\|}}{C}-\overset{\overset{\text{H}}{|}}{N}-CH_2OR_2;$$

$$R_1-\overset{\overset{\text{O}}{\|}}{C}-\underset{\underset{\text{H}}{|}}{N}-CH_2-N{\overset{R_2}{\underset{R_2}{\big<}}} \qquad\qquad \begin{aligned} R_1 &= \text{Vinyl} \\ R_2 &= \text{H oder Alkyl} \end{aligned}$$

Copolymerisate mit größerem Anteil Butadien sind für dieses Anwendungsgebiet mehr und mehr in den Hintergrund getreten. Auf das Problem des Alterungsverhaltens, hauptsächlich der Lichtechtheit, hat in diesem Zusammenhang K. Craemer anhand eingehender Untersuchungen hingewiesen [12].

Textilartikel, für die das Pigmentfärben von Bedeutung ist, sind z. B.: Bänder, Bucheinbandstoffe, Dekorations- und Tischdeckenstoffe, Einlage- und Petticoatstoffe, Finette- und Flanellstoffe aus Baumwolle für Schlafanzüge und Bettücher, Futterstoffe, Gardinenstoffe, Bekleidungs- und Wäschestoffe, Wandbekleidungsstoffe.

10.4 Textilausrüstung

Ziel einer Ausrüstung von Textilien ist es, die Ware hinsichtlich ihres Oberflächenbildes (z. B. Glanz, Mattierung), des Griffs und der Fülle, ihrer Anpassung an modische Gegebenheiten oder ihres Gebrauchswertes (z. B. Scheuerfestigkeit, Formbeständigkeit, Hydrophobierung, leichte Pflege) zu verbessern. Vielfach wird eine Kombination mehrerer dieser Eigenschaften gewünscht. Dazu kommen noch dio mohr odor wonigor großen Anforderungen an die Dauerhaftigkeit der Ausrüstung.

Die verschiedenen Ausrüstungsverfahren unter dem Gesichtspunkt der Verwendung von wäßrigen Kunststoff-Dispersionen nach einem übersichtlichen Schema zu behandeln ist nicht einfach, da selbst in der Textilfachliteratur keine einheitliche Auffassung über eine Einteilung der verschiedenen Ausrüstungsverfahren nach übergeordneten Begriffen und die Zweckmäßigkeit des Gebrauchs von Fachausdrücken, wie Ausrüstung, Hochveredlung u. a. [38], zu finden ist. In der Aufgliederung des Kapitels Textilausrüstung und Bezeichnung der einzelnen Verfahren wurde daher einem Vorschlag von W. Rümens und W. Rüttiger [39] gefolgt. Dennoch konnte ein gewisser Bruch in der Systematik nicht ganz vermieden werden; so kann man eine Rückenbeschichtung („Rückenappretur") von Teppichen dem Effekt nach ebenso als Griffvariation auffassen, wie vom Verfahren her der Textilbeschichtung zuordnen, was in diesem Buch geschehen ist.

Allen im folgenden beschriebenen Ausrüstungsarten ist gemeinsam, daß der Ausrüstungseffekt vorwiegend durch Imprägnieren der Textilien mit der Behandlungsflotte erzielt wird. Wenn auch die Haspelkufe hierzu nach wie vor verwendet wird, so ist doch das Foulardieren das bevorzugte technische Verfahren. Die Schemaskizze eines Dreiwalzenfoulards zeigt Abb. 27.

Er ermöglicht zweimaliges und, bei eingeschaltetem Luftgang, sogar dreimaliges Durchlaufen der Imprägnierflotte und wird vor allem zur Knitterfreiausrüstung eingesetzt. Für die meisten der anderen Ausrüstungsverfahren genügt ein Zweiwalzenfoulard.

Die Trocknungseinrichtungen reichen von der einfachen Trockenhänge über Spannrahmen, bei denen die Gewebe beidseitig von sog. Kluppen gefaßt oder auf Nadeln aufgesteckt werden, und Trockenzylinder bis zu den modernen Düsenschwebetrocknern, in denen das Gewebe auf einem Luftstrom getragen wird. Als Wärmequelle dient Heißluft oder IR-Strahlung. Erfordern die Ausrüstungsmittel

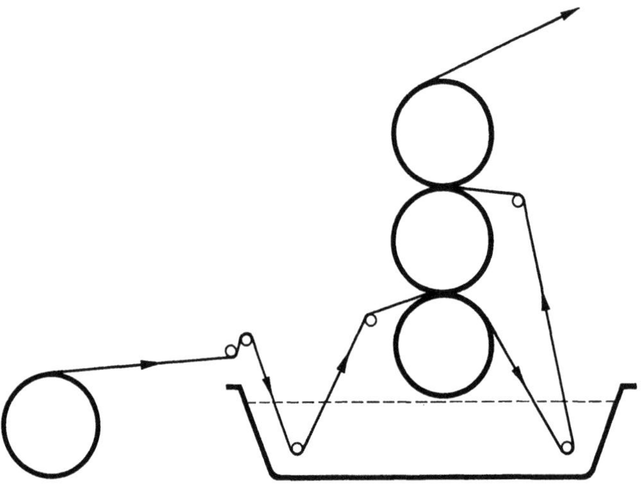

Abb. 27. Dreiwalzenfoulard

eine thermische Nachbehandlung im getrockneten Zustand, so erfolgt diese in vielen Fällen in einer gesonderten Kondensationskammer oder -apparatur.

10.4.1 Knitter- und Krumpffreiausrüstung

Die zusätzliche Verwendung von wäßrigen Kunststoff-Dispersionen bei der *Knitterfreiausrüstung* von Cellulosegeweben mit Harnstoff- und Melamin-Formaldehydverbindungen, vor allem aber mit den heutzutage im Vordergrund stehenden N-Methylol-Verbindungen von Harnstoff-Derivaten — den sog. Reactant-Typen, wie z. B. den N-Methylolverbindungen des Äthylen- bzw. Propylenharnstoffs —, ist eine bei der Textilausrüstung bereits lange geübte und bewährte Praxis. Die genannten N-Methylolverbindungen verbessern zwar die Knittererholungseigenschaften, vermindern aber gleichzeitig den Gebrauchswert der behandelten Textilien, indem die Reiß-, Einreiß- und Scheuerfestigkeit zurückgeht. Dieser Festigkeitverlust ist bei der Mitverwendung von spezifisch wirkenden, wäßrigen Kunststoff-Dispersionen im Ausrüstungsbad geringer als beim alleinigen Einsatz von Methylolverbindungen (Abb. 28).

Bleibt der Knittererholungswinkel auf gleichem Niveau, werden im allgemeinen durch den Polymerisatzusatz die Festigkeitseigenschaften des Gewebes im Vergleich zu der Ausrüstung ohne Additiv erhöht; bei gleichbleibenden Festigkeitswerten sind dagegen die Knittererholungswinkel größer.

Polymerisate auf Basis der Monomeren Vinylacetat, Vinylchlorid oder Styrol sind für die Knitterfreiausrüstung von untergeordneter Bedeutung, da sie das Gewebe zu sehr versteifen. Dagegen sind Polyacrylester-Dispersionen als Additive gut geeignet, weil Polymerisate mit Äthylacrylat — und noch mehr solche mit Butylacrylat — dem Gewebe den gewünschten, geschmeidigen Griff verleihen können. Ganz allgemein soll die Einfriertemperatur der Polymerisate $< 0°C$ sein. In dieser Beziehung wären Acrylester-Polymerisate mit mehr als 4 C-Atomen im Alkoholrest noch günstiger. Doch muß in Betracht gezogen werden, daß mit zunehmender Weichheit des Films auch eine verstärkte Oberflächenklebrigkeit verbun-

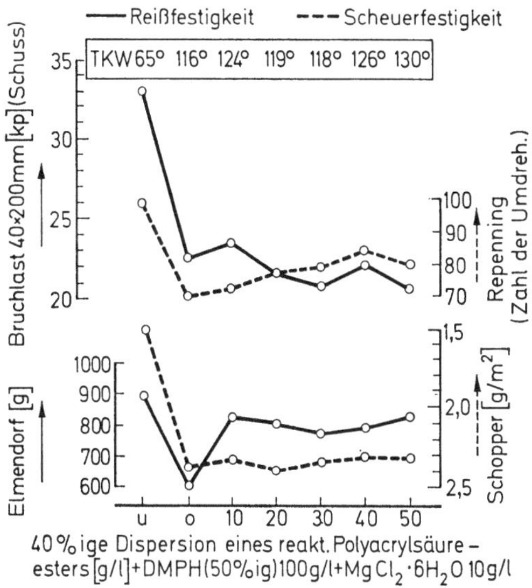

Abb. 28. Reiß- und Scheuerfestigkeit in Abhängigkeit vom Zusatz eines reaktiven Polyacrylsäureesters bei Ausrüstungen mit Di-methylol-propylenharnstoff (u = unbehandeltes Gewebe; TKW = Trockenknittererholungswinkel)

den ist, die wegen der damit zunehmenden Schmutzanfälligkeit einer beliebigen Auswahl der Monomeren eine Grenze setzt. Gegenüber den ebenfalls weichen Butadien-Acrylnitril-Polymerisaten haben Acrylesterpolymere den Vorteil, beim Waschen mit Chlor-haltigen Waschmitteln nicht zu verfärben, wie auch E. ABRAMS und N. H. SHERWOOD [40] bei einer breit angelegten Untersuchung verschiedener Latex-Typen feststellten. In dieser Untersuchungsreihe wurden im Vergleich zu einer Gewebeausrüstung ohne Polymerisatzusatz die günstigsten mechanischen Festigkeitswerte mit der Kombination eines Butadien-Acrylnitril-Copolymeren (hoher Acrylnitrilgehalt) mit Di-methylol-äthylenharnstoff im Mischungsverhältnis 70:30 Gew.-% erzielt. Das in derselben Reihe untersuchte Acrylesterpolymere kam in den Festigkeitseigenschaften nicht ganz an das beste Butadien-Acrylnitril-Polymere heran, war jedoch in der Verfärbungsbeständigkeit diesem überlegen. Allerdings kann es sich bei dem von ABRAMS und SHERWOOD eingesetzten Acrylesterpolymerisat noch nicht um eines der selbst-vernetzenden Acrylesterpolymeren gehandelt haben [41, 42, 43, 44, 45, 46], die wegen ihrer besseren Eigenschaften für die Knitterfreiausrüstung fast vollständig an die Stelle nichtvernetzender Acrylester-Polymerisate getreten sind. Direkt nach dem Aufbringen auf das Gewebe sind diese Polymerisate während der Temperaturerhöhung beim Trocknen meistens noch genügend thermoplastisch, so daß ihre adhäsiven Eigenschaften zur Faser voll zur Wirkung kommen können. Nach der Vernetzungsreaktion, die gleichzeitig mit der Kondensation, z. B. eines Reactant-Typs, bei den dafür gebräuchlichen Temperaturen über 120°C und Zeiten ab 3 min abläuft, ist dann die Thermoplastizität und außerdem die Quellbarkeit des Polymerisats in Wasser und organischen Lösungsmitteln vermindert. Die Ausrüstungseffekte mit vernetzbaren oder selbst-vernetzenden Polymerisaten [47] sind daher nicht nur waschfest, sondern auch weitgehend beständig gegen chlorierte Kohlenwasserstoffe, die als Lösungsmittel zur Trockenreinigung herangezogen werden. Vernetzbare bzw. selbst-vernetzende Acrylester-Polymerisate, deren Einfriertemperatur etwas höher als die der normalerweise für die Knitterfreiausrüstung verwendeten Polymeren liegt, können als Additive bei der Knitterfreiausrüstung mit gleichzeitig steifender oder füllender Griffvariation verwendet werden. Dabei ist aber zu berücksichtigen, daß mit zunehmender Versteifung des Gewebes zwangsläufig die Knittererholungseigenschaften nachlassen.

Trotz der durch Vernetzung verringerten Oberflächenklebrigkeit ist eine gewisse Anschmutzungsneigung von Geweben während des Gebrauchs und Waschens vorhanden, die unter Mitverwendung einer Kunststoff-Dispersion knitterfrei ausgerüstet wurden, während eine nur mit z. B. einem Reactant-Typ behandelte Ware normalerweise weniger anschmutzt als die nichtbehandelte. Über diese aus der Praxis bekannte Tatsache wird auch in der Literatur berichtet [48]. Durch selbst-vernetzende Acrylester-Polymerisate bestimmter Zusammensetzung kann diese nachteilige Begleiterscheinung abgeschwächt werden [49], ohne daß der Griff der Ware in ungewünschter Weise beeinflußt wird. Die gleiche Wirkung zeigen auch wäßrige Polyäthylendispersionen. Während bis vor einigen Jahren nur Sekundärdispersionen dieses Kunststofftyps für die Textilausrüstung bekannt waren [50, 51], stehen inzwischen sehr feinteilige Primärdispersionen des Polyäthylens zur Verfügung, die sich vor den Sekundärdispersionen auch durch bessere Waschbeständigkeit und Ausgiebigkeit auszeichnen. Das in den Primärdispersionen enthaltene Polymerisat nimmt bezüglich des Molekulargewichts eine Zwischenstellung zwischen den für die Herstellung der Sekundärdispersionen verwendeten, niedermolekularen Polyäthylenwachsen und den nach unterschiedlichen Verfahren hergestellten, hochmolekularen Polyäthylentypen ein. Vielfach werden Polyäthylen-Primärdispersionen als alleiniger Zusatz zu einer Knitterfreiausrüstung verwendet, oft aber auch noch mit Polyacrylesteradditiven kombiniert, die ebenfalls die Gebrauchseigenschaften des ausgerüsteten Gewebes verbessern. Durch die genannte Kombination mit Acrylesterpolymeren wurde in dieser Hinsicht sogar noch eine weitere Steigerung festgestellt [43].

Die Kunststoffpartikel erhöhen den Gebrauchswert bzw. den Knitterwinkel eines Gewebes dadurch, daß sie die Fasern im Textilgarn an mehreren Stellen miteinander verkleben und damit fixieren [43, 52, 53]. Eine Verklebung der Garne selbst ist nicht der entscheidende Faktor.

Die im Imprägnierbad einzusetzende Menge einer Kunststoff-Dispersion richtet sich nach der angestrebten Kunststoffaufnahme des Gewebes. Diese soll im allgemeinen 3 Gew.-% nicht überschreiten, da sonst vielfach mit einer spürbaren Versteifung des Griffes zu rechnen ist. Hierfür sind aber bei gegebener Kunststoffkonzentration nicht nur die Einfriertemperaturen der Polymerisate entscheidend, sondern es spielen auch Faktoren wie die Faserart und die Gewebestruktur eine Rolle. Der normale Arbeitsablauf einer Knitterfreiausrüstung wickelt sich der Reihe nach in den Einzelprozessen Imprägnierung, Trocknung, Kondensation, evtl. Auswaschen mit erneuter Trocknung und Konfektionierung ab. Bei dem sog. „Permanent-Press-Verfahren" und seinen Verfahrensvariationen ist diese Reihenfolge der Verfahrensschritte geändert, indem die Konfektionierung vor die Kondensation verlegt wird. Ungeachtet dessen werden auch bei diesem modernen Ausrüstungsverfahren Ausrüstungsadditive wie selbst-vernetzende Polyacrylesterdispersionen oder Polyäthylendispersionen verwendet, um die Gebrauchsdauer der ausgerüsteten Textilien zu verlängern [54].

Die unterschiedlichen Prüfmethoden zur Bestimmung des Knittererholungswinkels, der Reiß-, Einreiß- und Scheuerfestigkeit u. a. wurden von J. T. Marsh [55] verglichen. Auch er weist wie andere Autoren [56] darauf hin, daß die Beurteilung eines Ausrüstungseffektes oft von der Art der ausgewählten Prüfmethode abhängt. Unabhängig davon zeigt sich in der Praxis aber immer wieder, daß die mit geeigneten Polymeradditiven knitterfrei ausgerüsteten Gewebe eine längere Lebensdauer aufweisen, wenn dies auch auf Grund der Prüfmethoden im Labor nicht immer eindeutig vorauszusehen ist.

Die Ursache für ein *Filzen und Krumpfen* von Textilien sind die Oberflächenstrukturen und das elastische Dehnvermögen, speziell der Wollfasern, im feuchten oder nassen Zustand. Wenn beim Herstellungsprozeß in das Gewebe Spannungen eingebracht werden, so ist es nicht auszuschließen, daß das textile Gebilde während eines später erfolgenden Waschvorganges durch Auslösen dieser Spannungen schrumpft. Nach F. H. Steiger [57] müssen die Reibungsverhältnisse im Faserverband geändert werden, wenn ein Filzen oder ein nachträgliches Krumpfen von Textilien aus Wolle vermieden werden soll. Geeignete Maßnahmen hierzu sind das Glätten der Oberflächenstruktur der Fasern mittels einer Beschichtung oder die Veränderung der elastischen Eigenschaften der Fasern durch Vernetzen, Polymerisateinlagerung oder durch eine chemische Umsetzung. Hinzu kommen die mechanischen Verfahren, wie z. B. Sanforisieren, bei denen das Gewebe meist in Kettrichtung gestaucht wird, wodurch die im Gewebe vorhandenen inneren Spannungen weitgehend beseitigt werden.

Über die Eignung und die Vorteile einer Verwendung von Kunststoff-Dispersionen (nicht- und selbst-vernetzende, weiche Acrylester-, Butadien-Acrylnitril-, Styrol-Butadien- und Vinylester-Polymerisate) zur Krumpffreiausrüstung und zur Verringerung des Filzens von Wolle wurde in der Literatur mehrfach auf Grund von Untersuchungen berichtet [58—63]; dennoch hat sich diese Art der Textilausrüstung wegen des für die Praxis offenbar doch zu geringen Effektes bisher nicht durchsetzen können. Dagegen haben sich Polymerisat-Dispersionen als Zusätze bei der mechanischen und chemischen Krumpffrei- und Antifilzausrüstung von Cellulose- und Wollfasergeweben ebenso zur Verbesserung des Gebrauchswertes bewährt wie bei der Knitterfreiausrüstung.

Zu erwähnen ist noch der Zusatz von Kunststoff-Dispersionen zu den Imprägnierbädern mit Methylolverbindungen, mit denen die durch Schreinern, Prägen, Riffeln, Plissieren und Kalandrieren erhaltenen *mechanischen Ausrüstungseffekte* waschfest fixiert werden sollen. Es werden die gleichen Polymeradditive, nur

in etwas geringeren Mengen, verwendet wie bei der Knitterfreiausrüstung, da auch
hier die Festigkeitsminderung der Gewebe ausgeglichen werden soll, die durch die
eingesetzten Methylolverbindungen und die mechanischen Beanspruchungen der
Ausrüstungsverfahren auftritt.

10.4.2 Ausrüstung zur Verbesserung der Scheuerfestigkeit von Geweben

Durch eine Imprägnierung von Zellwolle- und Baumwollegeweben mit Kunststoff-Dispersionen kann deren Scheuer-, Reiß- und Einreißfestigkeit verbessert
werden. Der erzielbare Effekt hängt jedoch sehr von der Beschaffenheit der Roh-
ware ab. Da meistens der textile Griff der Gewebe nicht verändert werden soll, werden zur Ausrüstung weiche Polymerisate herangezogen, deren Auftragsmenge im
allgemeinen unter 10 Gew.-%, bezogen auf das Fasergewicht, gehalten wird. Es
kommen vor allem Polyacrylat-Dispersionen und Butadien-Acrylnitril-Latices in
Frage. Sehr gut geeignet sind auch Polyäthylen-Dispersionen, die zufolge ihres
paraffinartigen Charakters den Fasern eine besonders gute Gleitwirkung vermitteln
und gleichzeitig eine Anschmutzung des Gewebes nicht fördern. Die im Handel
befindlichen Kunststoff-Dispersionen unterscheiden sich in der Beständigkeit des
Ausrüstungseffektes nach mehreren Wasch- oder Trockenreinigungsvorgängen,
innerhalb der genannten Polymerisatklassen, durch die im Latex vorhandenen
Hilfsstoffe.

Zur Prüfung der mechanischen Werte eines Gewebes sind unterschiedliche Prüfverfahren und Geräte gebräuchlich [64, 65]. Die Auswertung der Ergebnisse, besonders der einer Scheuerfestigkeitsprüfung, hinsichtlich der zu erwartenden Gebrauchsdauer von ausgerüsteten Geweben sind aber sehr umstritten [66]. Um die
sehr komplizierten Beanspruchungsvorgänge beim Gebrauch eines Gewebes wenigstens angenähert zu erfassen, werden solche Prüfungen daher meistens nach
mehreren Methoden durchgeführt, die nach unterschiedlichen Prinzipien arbeiten.

10.4.3 Griffvariationen

Unter der Bezeichnung „Griffvariationen" sollen die Begriffe: Steifungs-, Griff-,
Füll-, Beschwerungs- und weichmachende (Avivagen) Appreturen zusammengefaßt und vor allem soll der in der modernen Textilausrüstung nicht mehr klar zu
definierende Ausdruck „Appretur" ersetzt werden[1].

Für Griffvariationen — mit Ausnahme der weichmachenden — hatten die verschiedenen Stärkesorten, Dextrine, Cellulosederivate und pflanzlichen Leime bis
zum Erscheinen der wäßrigen Kunststoff-Dispersionen eine beherrschende Marktstellung inne. Allerdings wurden bis vor einigen Jahrzehnten den Griff verändernde
Ausrüstungen auch einzig zu dem Zweck ausgeführt, die Verkaufbarkeit des Gewebes zu verbessern. Eine Erhöhung des Gebrauchswertes der Ware oder gar eine
Wasch- oder Reinigungsfestigkeit des erzielten Effektes wurde nicht angestrebt.
In dieser Beziehung trat eine Änderung ein, beeinflußt durch die Weiterentwicklung auf dem Gebiet der Knitterfreiausrüstung, die ihrerseits mit zunehmendem
Einsatz von Cellulosefasern zur Herstellung von Oberbekleidungsstoffen notwendig
geworden war. Heute sind Kunststofflatices in vielen Imprägnierrezepten minde-

---

[1] Nach einem BASF-internen Vorschlag von W. RÜMENS und W. RÜTTIGER.

stens anteilmäßig zu finden, weil ihre Verwendung gegenüber den Naturprodukten die folgenden Vorteile mit sich bringt: Durch die Polymerisatzusammensetzung und gegebenenfalls Weichmacherzusätze kann der Griff der Textilien beliebig eingestellt werden. Wegen der Unlöslichkeit der Polymerisate in Wasser sind die Ausrüstungen waschfest. Die Haftfestigkeit auf synthetischen Fasern ist besser. Wegen der größeren Flexibilität der meisten Polymerisate tritt bei entsprechender Auswahl das von der Stärke her bekannte „Schreiben" und „Stauben" nicht auf. Das Kalandrieren einer aus einem Polymeren bestehenden Ausrüstung wird durch dessen thermoplastische Verformbarkeit erleichtert.

Polyvinylacetat-Dispersionen [67] werden bevorzugt als Ausrüstungsmittel herangezogen, da mit ihnen auch bei verhältnismäßig geringem Kostenaufwand in den meisten Fällen der gewünschte Griffeffekt erzielt wird. Dennoch werden aber auch Acrylester- [68, 69, 70, 71], Vinylpropionat-, Vinylchlorid- und Styrol- [72] Polymerisate verwendet, zumal diese gegenüber Vinylacetatpolymeren den Vorzug größerer Alkalifestigkeit aufzuweisen haben. Der für eine Griffvariation von Geweben gewünschte Steifheitsgrad der Ausrüstung wird bei Acrylester- und Styrol-Butadien-Polymerisaten im allgemeinen ausschließlich durch Copolymerisation eingestellt. Bei Vinylacetat- und Vinylchlorid-Polymeren geschieht dies sowohl durch Copolymerisation als auch durch Zusatz von Weichmachern zu den Homopolymeren.

Wegen der Vielzahl der Copolymerisationsmöglichkeiten kann man heute nicht mehr davon sprechen, daß eine bestimmte Polymerisatklasse dem Gewebe einen weichen, eine andere dagegen bevorzugt einen harten Griff verleiht. Solche Aussagen können nur auf definierte Polymerisate bzw. Marktprodukte bezogen werden. Dagegen ist aus Erfahrung bekannt, daß grobdisperse Latices Textilien gut versteifen, sofern sie nicht wie viele Polyvinylacetat-Dispersionen Weichmacher enthalten, während feinteilige Kunststoff-Dispersionen einen etwas weicheren Griff ergeben. Bei gleicher Polymerisatzusammensetzung ist dieser Effekt nicht zuletzt darauf zurückzuführen, daß die grobdispersen Kunststoff-Dispersionen zum Unterschied zu den feindispersen mit einem Schutzkolloid als Emulgiermittel hergestellt sind. Schutzkolloide, wie z. B. Polyvinylalkohol, polyacrylsaure Salze und Polyvinylpyrrolidon, versteifen aber wie auch Stärkeprodukte sehr stark, da sie nicht wie die Kunststoffpartikel mehr oder weniger an der Oberfläche der Fäden liegen bleiben, sondern als wasserlösliche Substanzen auch stärker in das Fadeninnere eindringen. Außer durch den Polymerisataufbau ein und desselben Latex bzw. einer geeigneten Mischung verschiedener Kunststoff-Dispersionen läßt sich der Griff auch durch die Flottenkonzentration und den Abquetscheffekt im Foulard, d. h. durch das Auftragsgewicht des Polymeren, regulieren.

Bei manchen Griffausrüstungen werden dem Ausrüstungsbad außer Kunststoff-Dispersionen noch andere Textilhilfsmittel (Textilweichmacher, Antistatika, Paraffinemulsionen, optische Aufheller usw.) zugesetzt, wobei immer auf die Verträglichkeit dieser Stoffe mit den betreffenden Kunststoff-Dispersionen Rücksicht genommen werden muß. Diese hängt weitgehend vom Ladungszustand der Hilfsstoffsysteme der Kunststoff-Dispersionen und von dem der Textilhilfsmittel ab. Durch anorganische Füllstoffe, wie Kaolin, Chinaclay u. a., kann in vielen Fällen der Griffeffekt verstärkt werden, wenn die Verringerung der Transparenz nicht einen solchen Zusatz verbietet. Zum Anfärben kommen hauptsächlich saure und substantive, wasserlösliche Farbstoffe sowie Farbpigmente in Frage. Basische Farbstoffe scheiden meistens wegen Nichtverträglichkeit mit anionischen Latices aus.

Ganz allgemein werden an Kunststoff-Dispersionen zur Griffbeeinflussung von Textilien die Anforderungen gestellt, daß sie farblose, durchsichtige und wasserbeständige Filme bilden, die sich während der Gebrauchsdauer der Textilien nicht verändern und auch unter der Einwirkung von Licht und Wärme nicht vergilben. In besonderen Fällen soll die Griffvariation auch wasch- oder sogar trockenreinigungsbeständig sein. Die zuletzt genannte Anforderung kann mit weichmacherhaltigen Polymerisaten, deren Weichmacher in den zur Trockenreinigung üblicherweise verwendeten chlorierten Kohlenwasserstoffen löslich sind, nicht erreicht werden. Geeignet sind hierfür vor allem vernetzbare und selbst-vernetzende Acrylester-Polymerisate, denen meistens Harnstoff- bzw. Melamin-Formaldehyd-Produkte oder Reactant-Typen zugesetzt werden, durch die gleichzeitig auch die Waschfestigkeit der Ausrüstung verbessert wird.

Von den in der Textilausrüstung gebräuchlichen Verfahren wird für Griffvariationen die Imprägnierung der Textilien mittels Foulard am meisten angewendet. Für das Ausziehverfahren im langen (niedrig konzentrierten) Bad fehlt den Latices meistens die Substantivität, um auf Fasern aufzuziehen. Auch das Sprühverfahren ist von geringer Bedeutung. Für das Foulardieren mit Kunststoff-Dispersionen sind zu weiche Kautschukwalzen und Walzen aus Buntmetall ungünstig. Besonders auf Kautschukwalzen bildet sich oft im Laufe der Imprägnierung ein Belag aus Kunststoff, der dadurch vermieden oder zumindest vermindert werden kann, daß man dem Ausrüstungsbad geeignete oberflächenaktive Substanzen (z. B. niedrig äthoxylierte Fettsäuren bzw. Fettalkohole) zusetzt.

Vor der eigentlichen Trocknung kann man die Hauptmenge des Wassers durch Absaugen über einen Saugschlitz entfernen, bevor die Ware auf einem Spannrahmen oder einem Trockenzylinder getrocknet wird. In den letzten Jahren hat sich der Düsenschwebetrockner, bei dem die Gewebebahn vom Luftstrom getragen wird, zunehmend eingeführt.

An den Trocknungsvorgang können sich noch Nachbehandlungsverfahren, wie Brechen, Kalandrieren, Nachwaschen, Rauhen usw., anschließen.

Das Gewebe muß wie vor jeder Ausrüstung auf die Imprägnierung mit Kunststoff-Dispersionen vorbereitet werden. Reste von Schlichten, Öl- und Fettrückstände können die Haftfestigkeit der Latexteilchen an Fasern vermindern und sollen daher durch Waschen entfernt werden. Es ist auch zweckmäßig, den pH-Wert zu kontrollieren, da Alkalireste im Gewebe sich bei etwaiger Anwendung von Methylolverbindungen auf deren Kondensation nachteilig auswirken können. Wird ein gefärbtes Gewebe ausgerüstet, ist bereits beim Färbeprozeß die nachfolgende Ausrüstung zu berücksichtigen, um eine Farbstoffwanderung sowie Farbtonänderungen durch Temperatur- und Chemikalieneinwirkung (z. B. Formaldehyd) zu vermeiden. Durch die Veränderung der Lichtbrechungsverhältnisse wird bei der Imprägnierung eines gefärbten Gewebes mit Kunststoff-Dispersionen fast immer auch die Farbnuance geändert, worauf sich der Färber ebenfalls durch entsprechende Zusammensetzung des Farbrezeptes einstellen muß.

Das *Beschweren* einer Textilware dient zur Erhöhung des Warengewichts pro Flächeneinheit und verleiht ihr einen schweren Fall und einen fülligeren Griff. Mit Kunststoff-Dispersionen sind wasserfeste Beschwerungen zu erzielen, bzw. es können wasserlösliche Beschwerungen aus z. B. Dextrin durch Mischen mit Kunststoff-Dispersionen in der Wasserfestigkeit verbessert werden. Allerdings muß dann das Hilfsstoffsystem der betreffenden Kunststoff-Dispersion gegen Borax beständig sein, der im allgemeinen in der Dextrinlösung vom Aufschluß her vorhanden ist und durch den z. B. Polyvinylalkohol ausgefällt wird. Zum Mischen mit Dextrinlösungen geeignete grobdisperse Polyvinylacetat-Dispersionen sind daher mit Dextrin anstatt mit Polyvinylalkohol als Schutzkolloid hergestellt.

Durch *Füllen* mit Kunststoff-Dispersionen erhalten besonders die leicht eingestellten lockeren Gewebe einen kräftigeren Griff, wobei das Gewebe möglichst wenig versteift werden soll. Zum *Versteifen* von Geweben werden hauptsächlich Polyvinylacetat-Dispersionen ohne Weichmacher neben solchen Vinylpropionat-, Acrylester-, Styrol- und Vinylchlorid-Copolymerdispersionen verwendet, die entsprechend steife Filme bilden. Eine versteifende Ausrüstung, die nicht von der Textilindustrie, sondern in den einzelnen Haushaltungen durchgeführt wird, sind die sog. *Wäsche- oder Dauersteifen.* Sie haben dort die früher verwendete Stärke weitgehend verdrängt. Die Wäschesteifen bestehen vorwiegend aus Mischungen von Polyvinylacetat-Dispersionen, denen noch optische Aufheller, Duftstoffe, verträgliche Paraffin- oder Wachsemulsionen für Glanz und Glätte und Weichmacher zur Griffeinstellung zugegeben sein können. Der Versteifungseffekt hält über mehrere Wäschen hinweg an. Beim heißen Waschen geht er zwar wegen der Thermoplastizität der Kunststoffausrüstung stark zurück, ist aber nach dem Bügeln und Abkühlen erneut vorhanden.

Ausrüstungen zur Griffvariation werden in der Textilindustrie für viele Gewebearten und Textilartikel durchgeführt: Hemden-, Schürzen-, Trachten- und Berufskleiderstoffe, Dekorationsstoffe, Bezugsstoffe, Matratzendrelle, Kordgewebe, Gardinenstoffe [71, 73], wollene Kleiderstoffe [74], Krageneinlagestoffe u. a. m.

10.4.4 Hydro- und oleophobe Ausrüstung

Paraffin-, Wachs- und Silikonemulsionen sind die bekanntesten Mittel, um Textilien wasserabweisend auszurüsten. Durch Imprägnierung mit porenfüllenden Kunststoff-Dispersionen können die Gewebe zusätzlich noch wasserdicht gemacht werden; allerdings geschieht dies mehr oder weniger auf Kosten der Luftdurchlässigkeit der Gewebe. Es eignen sich für diesen Zweck Kunststoff-Dispersionen aller Polymerisattypen, wenn deren Latexteilchen ausreichend fest an den Fasern haften und das betreffende Polymere evtl. Anforderungen an Wasch- und Trockenreinigungsfestigkeit und Griffvariationen genügt; vor allem aber darf das Hilfsstoffsystem der Kunststoff-Dispersion den Effekt der Hydrophobierung nicht wesentlich vermindern.

Meistens wird die Hydrophobierung und die Imprägnierung eines Gewebes in getrennten Arbeitsgängen vorgenommen, wobei die Hydrophobierung sich an die Imprägnierung mit Kunststoff-Dispersionen anschließt. Ein dazwischengeschalteter Waschvorgang, um die mit der Kunststoff-Dispersion eingeschleppten hydrophilen Substanzen wenigstens teilweise zu entfernen, erhöht zwar die Wirkung der nachfolgenden, wasserabweisenden Ausrüstung, er wird aber aus Rationalisierungsgründen vielfach unterlassen. Die Trennung der beiden Ausrüstungsvorgänge ist in vielen Fällen allein deshalb unumgänglich, weil die ein Zirkon- oder Aluminium-

salz enthaltenden Hydrophobierungsmittel und die meistens anionischen Kunst-
stoff-Dispersionen nicht miteinander verträglich sind und daher nicht im gleichen
Ausrüstungsbad eingesetzt werden können. Außerdem ist der wasserabweisende
Effekt bei nachträglicher Hydrophobierung oft größer als bei gleichzeitiger. Der
Unverträglichkeit der Hydrophobiermittel mit Kunststoff-Dispersionen kann man
durch Verwendung eines kationaktiven Emulgiermittels, wie z. B. eines mit
Dimethylsulfat quaternisierten Fettamins, bei der Herstellung der Latices begeg-
nen [75], wodurch auch die Kombination von hydrophobierender Ausrüstung mit
einer Griffvariation möglich sein soll.

Einige Bedeutung haben Kunststoff-Dispersionen auch als Pigmentbinder und
Porenfüller beim Pigmentfärben und Hydrophobieren von Schwergeweben aus
Leinen oder Baumwolle bzw. deren Mischungen für Zeltbahnen, Autoverdeckplanen,
Persennings, Segeltuche, Liegestuhlbespannungen gewonnen, die normalerweise
im Mehrbadverfahren vorgenommen werden. Ein Einbadverfahren zur Pigmentfärbung soll dann möglich sein, wenn die wasserempfindlichen Pigment-Disper-
giermittel (z. B. oxäthylierte Fettsäuren, Naphthalinsulfosäure-Kondensations-
produkte, oxäthylierte Fettalkohole) durch ein wasserlösliches N-Vinyllactam-
Copolymerisat ersetzt werden [76].

Gleichzeitig öl- und wasserabweisende Ausrüstungen von Textilien werden mit
Kunststoff-Dispersionen erzielt, deren Polymere fluorierte Methacrylverbindungen:

$$(C_nF_{2n+1})CH_2CH_2O-\overset{\|}{\underset{O}{C}}-\overset{|}{\underset{CH_3}{C}}=CH_2 \qquad n = 3-14$$

neben Monomeren wie Acrylester, Styrol, Chloropren oder auch Monomeren mit
vernetzbaren Gruppen enthalten [77]. Zur Anwendung auf Gewebe kommen
0,5 bis 10 Gew.-%.

Die Prüfung des Hydrophobiereffektes kann im sog. „Bundesmann-Bereg-
nungsgerät" erfolgen. Auf das gespannte Gewebe tropft aus 1,5 m Höhe eine Wassermenge von 550 l/Std. Unter dem Gewebe rotieren Metallkreuze und fördern
durch Reibung die Wasserdurchlässigkeit. Nach einem bestimmten Zeitabschnitt
wird die durchgetretene und die vom Gewebe aufgenommene Wassermenge gemessen. Außerdem wird der Abperleffekt beurteilt.

10.4.5 Schiebefest-, Maschenfest- und Anti-Snag-Ausrüstung

Eine Schiebefestausrüstung soll das Gleiten von Fäden und Maschen in Geweben oder Gewirken verhindern. Zu den früher hierzu verwendeten Pigmentsuspen-
sionen, kolloidalen Kieselsäurelösungen und hitzehärtbaren Kondensationsharzen
sind heute Kunststoff-Dispersionen mit Polymerisaten verschiedenster Zusammensetzung hinzugekommen, wie z. B. Polymerisate auf Basis von Vinyl- und Acrylestern, Butadien-Acrylnitril-Copolymerisate und Vinylchlorid-Copolymerisate.
Diese haben vor allem den Vorteil, auf den glatten, synthetischen Fasern gut zu
haften. Eine Schiebefestausrüstung ist vor allem für Gittergewebe notwendig, die
als Trägergewebe für Beschichtungen aus z. B. PVC, Polyurethanen oder natürlichen oder synthetischen Kautschuken und für Kaschierungen mit Folien aus
PVC zur Herstellung von Wagenplanen dienen. Weichmacherhaltige Polymerisate
(z. B. Vinylchlorid-Polymere) sind hier als Ausrüstungsmittel nicht unbedingt von

Nachteil, besonders wenn das Gittergewebe mit Weich-PVC beschichtet werden soll. Vinylidenchlorid-Copolymerisat-Dispersionen sollen vor allem wegen ihrer geringen Quellbarkeit in Wasser für die Knotenverfestigung von Fischernetzen aus Polyamidfasern verwendbar sein.

Zur *Anti-Snag- und Maschenfestausrüstung* von Perlon- und Nylon-Strümpfen, Trikotwaren und Gardinen haben sich grobdisperse, klebfreie Filme bildende Schutzkolloiddispersionen auf Basis von Vinylacetat- und Vinylpropionat-Copolymeren gut bewährt. Sie verhindern weitgehend das Fadenziehen bei der Herstellung und im Gebrauch der Gewebe und tragen außerdem wesentlich zur Formbeständigkeit der fixierten Ware bei. Der Ausrüstungseffekt ist waschbeständig. Wegen der Thermoplastizität der Polymerisate muß bei der Konfektionierung der Textilien entweder das Verfahren darauf abgestimmt oder durch Zusätze von z. B. kolloidalen Kieselsäuresolen oder Wachsen ein Kleben an warmen Formflächen verhindert werden.

10.4.6 Mattieren

Bei manchen Textilartikeln, z. B. bei Gardinenstoffen und Strümpfen, wird vielfach gewünscht, daß sie nur wenig oder gar nicht glänzen. Werden aber vollsynthetische Fasern bei der Herstellung von Geweben verwendet, glänzen diese wegen der glatten Oberflächen der Fasern. Zum Mattieren solcher Gewebe [78] werden daher mittels Imprägnierung Kunststoff-Dispersionen auf der Grundlage von Vinyl- und Acrylestern aufgebracht, die mit z. B. Titandioxid, Zinkoxid oder Bariumsulfat leicht pigmentiert sind. Der Mattierungseffekt beruht auf der Lichtstreuung an den auf der Faseroberfläche haftenden Pigmenten.

10.4.7 Flammfestausrüstung

Der Begriff des Flammfestmachens soll nicht bedeuten, daß die so behandelten Textilien überhaupt nicht brennen; sie sollen aber nach Entfernen der Fremdflamme von selbst verlöschen und nicht nachglimmen. Wichtig ist diese Art der Ausrüstung z. B. für Wagenplanen, Arbeitsanzüge, Tarnnetze, besonders aber für Wandbespannungen, Gardinen, Vorhänge und Dekorationsstoffe in öffentlichen Gebäuden.

Textilien aus Cellulosefasern werden zum Flammfestmachen vorwiegend mit Stickstoff oder Phosphor bzw. beide Elemente enthaltenden Verbindungen imprägniert. Aus der Vielzahl der Kunststoff-Dispersionen eignen sich für eine Flammfestausrüstung solche, die einen sehr großen Prozentsatz chlorhaltiger Monomerer, wie Vinylchlorid oder Vinylidenchlorid, im Polymerisat [79] aufweisen. Oft reicht dennoch der Flammfesteffekt nicht aus, so daß dieser durch Kombination mit den gebräuchlichen Flammschutzmitteln, durch Zusatz von Füllstoffen wie Antimontrioxid oder von flammfesten Weichmachern (z. B. Tri-chloräthylphosphat, Trikresylphosphat) verstärkt werden muß.

Zur Flammfestausrüstung von Textilien aus vollsynthetischen Fasern genügt eine alleinige Ausrüstung mit den üblichen, Stickstoff oder Phosphor enthaltenden Verbindungen nicht. Wirksamer und gleichzeitig reinigungsfest ist eine kombinierte Behandlung solcher Gewebe mit Vinylidenchlorid-Copolymerdispersionen und flammhemmenden Zusätzen wie Antimontrioxid. Dabei muß allerdings im allgemeinen eine geringe Versteifung der ausgerüsteten Gewebe in Kauf genommen werden. Für Dekorations- und Vorhangstoffe beginnen sich Gewebe aus den unbrennbaren Glasfasern einzuführen, die im üblichen Pigmentfärbe- oder -druckverfahren mit vernetzbaren Polyacrylat-Dispersionen als Bindemitteln gefärbt werden können (s. 10.2 und 10.3).

10.5 Textilbeschichtung

Die Beschichtung von Textilien war eines der ersten Anwendungsgebiete für Kunststoff-Dispersionen. Mit dem Vordringen von Kunstledererzeugnissen auf PVC-Basis und anderen beschichteten Artikeln auf Basis von Polyäthylen auf dem Markt sind Kunststoff-Dispersionen als Mittel zur Textilveredlung vorübergehend in den Hintergrund getreten. Die Beschichtung von Teppichen und Polstermaterial hat aber die Bedeutung der wäßrigen Kunststoff-Dispersionen in diesem Zweig der Textilbehandlung wieder anwachsen lassen.

Grundsätzlich lassen sich alle *Gewebearten* beschichten. Auch Textilverbundstoffe (s. 10.6) können als Beschichtungsunterlage dienen. Die Auswahl richtet sich nach dem Verwendungszweck, und hierauf muß auch bezüglich der *Faserart* Rücksicht genommen werden. Über den zweckmäßigen Einsatz von Trägergeweben aus vollsynthetischen Fasern hat H. MAMOK [*80*] eine zusammenfassende Darstellung gegeben.

Eine glatte, knotenfreie und saubere Oberfläche der Beschichtungsunterlage ist eine der Vorbedingungen dafür, daß eine gleichmäßige, porenfreie Beschichtung erzielt werden kann. Scheren, Schleifen, Sengen und Kalandrieren sind daher erforderlich, wenn das Gewebe, Gewirke oder Vlies nicht in einem für die Beschichtung einwandfreien Zustand vorliegt. Schlichten, besonders solche auf Basis von Stärke, sowie Schmälzen müssen meistens entfernt werden, da sie die Haftfestigkeit der Kunststoffbeschichtung an der Faser herabsetzen. Wird das Gewebe vor der Beschichtung hydrophobiert, sollte im Interesse der Haftfestigkeit des Polymerisats auf dem Trägermaterial die Art des Hydrophobiermittels entsprechend der vorgesehenen Beschichtung ausgewählt und die davon aufgebrachte Menge genau kontrolliert werden.

Wäßrige Kunststoff-Dispersionen haben zur Beschichtung von Textilien Streichmassen in organischen Lösungsmitteln dank wichtigen anwendungstechnischen Vorteilen (s. S. 1) weitgehend verdrängt.

Als *Bindemittel für die Beschichtungsmassen* haben sich alle Polymerisatklassen eingeführt. Einige Polymerisattypen werden für bestimmte Anwendungsgebiete bevorzugt, so z. B. synthetische Kautschukdispersionen für die Rückenbeschichtung von Nadelflorteppichen, Vinylester-Polymerisate für die Rückenversteifung von Webteppichen, Acrylester-Polymerisate für die Polverfestigung von leichten Bezugsstoffen.

Die Beschichtungsmasse enthält in vielen Fällen außer dem Bindemittel noch *Füllstoffe* (Kreide, Talkum, Kaolin, Schiefermehl u. a. m.), *Pigmente* (organische und anorganische Bunt- und Weißpigmente), gegebenenfalls Weichmacher und andere Zusatzstoffe. Verdickungsmittel sind manchmal notwendig, um die erforderliche Streichviskosität einzustellen. Der Füllstoff- bzw. Pigmentgehalt, der bis zu 400 %, bezogen auf festes Polymerisat, betragen kann, richtet sich nach der gewünschten Biegsamkeit der Beschichtung.

Der *Beschichtungsaufbau* erfolgt fast immer in mehreren Schichten verschiedener Zusammensetzung. Vom Grundstrich wird erwartet, daß er die Beschichtung haftfest mit der Faser verbindet, ohne durch zu tiefes Eindringen ins Gewebe dieses zu versteifen. Da der Grundstrich einen wesentlichen Einfluß auf die Flexibilität und den Griff des beschichteten Gewebes hat, wird er nicht oder nur schwach gefüllt. Die Zwischenstriche sollen für ausreichende Deckkraft sorgen und enthalten daher einen größeren Anteil einer geeigneten Kombination von Füllstoffen und Pigmenten. Wegen der meist gewünschten Geschmeidigkeit ist die Oberfläche der Beschichtung nach den Vor- und Zwischenstrichen nicht vollständig klebfrei. Es werden daher dünne, klebfreie Schlußstriche aufgebracht. Für diesen Zweck haben Lösungen von plastifizierten Harnstoffharzen, Nitrocellulose, Celluloseacetobutyrat, Polyamiden und Polymethacrylaten in organischen Lösungsmitteln ihren Platz vielfach behauptet. Die Wasserfestigkeit ihrer Filme ist auch im allgemeinen größer als die eines Films aus Kunststoff-Dispersionen, der meistens Teile der wasserempfindlichen Hilfsstoffe eingeschlossen enthält. Sollen bei der Beschichtung Weichmacher-haltige Kunststoffe mitverwendet werden, müssen die einzelnen Striche, vor allem aber der Schlußstrich, sorgfältig zusammengesetzt bzw. ausgewählt sein, sonst können sich die Eigenschaften der Gesamtbeschichtung im Laufe der Zeit verändern oder der Schlußstrich durch Einwandern von Weichmacher klebrig werden.

Die Kunststoff-Dispersionen, Pigmente, Füllstoffe und anderen Zusätze werden nach dem Mischen auf Trichtermühlen oder Walzenstühlen abgerieben, damit eine stippenfreie, glatte Beschichtungsmasse zur *Verarbeitung* gelangt. Beschichtet wird am häufigsten auf Streichanlagen, bei denen die Streichmasse entweder mit Walzen von unten an die Trägerbahn angetragen („Pflatschen") (Abb. 29a) oder von oben vor ein Rakelmesser gegossen wird.

Die Rakelstreichvorrichtungen werden üblicherweise nach der Unterlage benannt, gegen die das Beschichtungssubstrat durch das Rakelmesser gedrückt wird: Walzen-, Gummituch- und Luftrakel (Abb. 29b—d).

Form und Art der Rakelmesser als Egalisierungsvorrichtung sowie deren Winkeleinstellung zum Gewebe sind für die Dicke der Beschichtung ebenso maßgebend wie die Einstellung des Fließwiderstands der Streichmasse. Für dünne Beschichtungen und beim Beschichten locker geschlagener oder feiner Gewebe mit mittelviskosen Streichmassen werden Luftrakel bevorzugt. Sowohl bei einem Gummituch als auch bei einem Luftrakel ermöglicht das Fehlen einer starren Unterlage bei Fehlstellen im Gewebe ein Ausweichen desselben unter dem Rakel, wodurch Fehler in der Beschichtung vermieden werden können. Mehrere Rakel hintereinander erhöhen die Gleichmäßigkeit der Beschichtung. Die Trocknung erfolgt mittels Dampf oder Wärmestrahlung (z. B. Infrarot-Heizung) auf Trockenzylindern, Spannrahmen und in Trockenkanälen, dagegen immer seltener in Trockenhängen. Bei der Trocknung des Grundstriches darf zu Beginn die Temperatur nicht zu hoch sein, da sonst die Viskosität der Streichmasse so weit erniedrigt wird, daß diese zu stark in das Gewebe eindringt.

Die beschichteten Gewebe werden im allgemeinen kalandriert, um die Oberfläche zu glätten und evtl. vorhandene Poren zu schließen. Aus dem gleichen Grund wird vielfach auch zwischen den einzelnen Strichen, besonders aber nach dem ersten Strich, kalandriert. Dabei wird das noch warme Gewebe mit der beschichteten Seite gegen die kalten Kalanderwalzen gedrückt. Analog verfährt man beim Prägen, nur daß dann die Beschichtung gegen eine Prägewalze mit entsprechend eingravierter Musterung gepreßt wird.

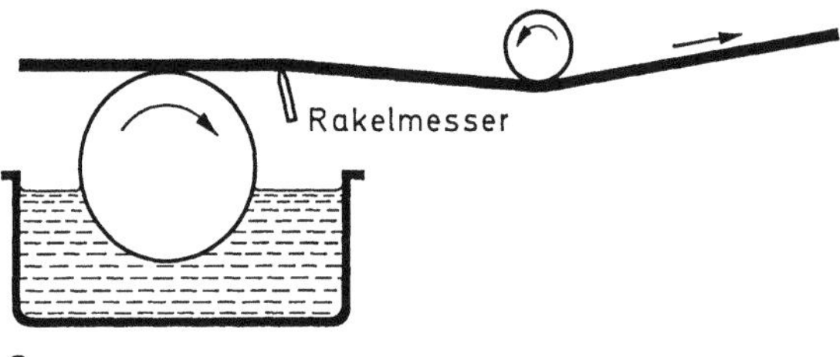

Abb. 29a. Schemaskizze einer Pflatscheinrichtung

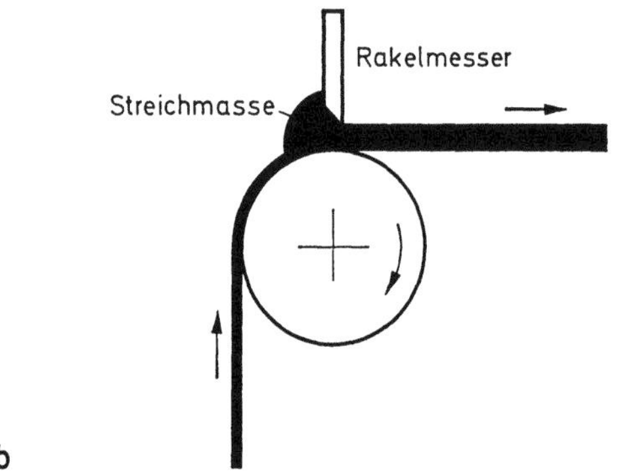

Abb. 29b. Schemaskizze einer Streicheinrichtung mit Walzenrakel

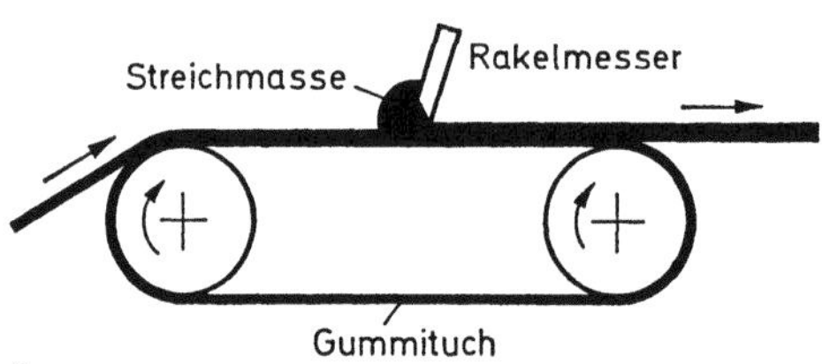

Abb. 29c. Schemaskizze einer Streicheinrichtung mit Gummituchrakel

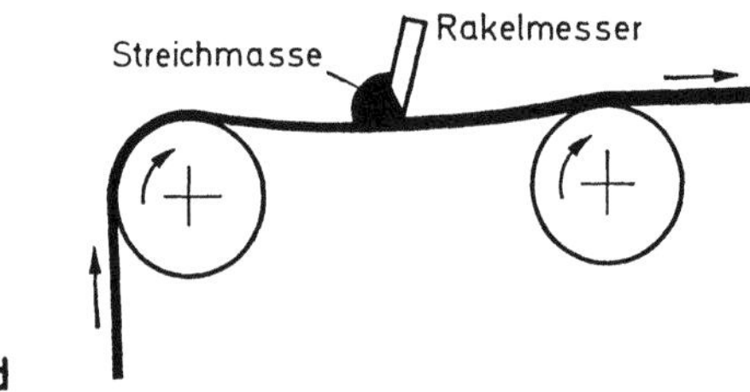

Abb. 29d. Schemaskizze einer Streicheinrichtung mit Luftrakel

Wie bereits erwähnt, richtet sich die *Verwendung* bestimmter Polymerisatklassen nach der Art des herzustellenden Textilartikels. Es soll daher im folgenden noch auf die wichtigsten Textilerzeugnisse eingegangen werden, die durch Beschichtung mit Kunststoff-Dispersionen hergestellt werden.

Kunstleder wird heute vorwiegend durch Beschichten von Geweben mit Polyvinylchloridpasten und durch Kaschieren von Geweben mit Weich-PVC-Folien hergestellt. Dispersionen auf der Grundlage von Acrylester- und Vinylester-Polymerisaten werden nur noch zur Beschichtung herangezogen, wenn das Vorhandensein von Weichmachern in der Beschichtung stört, die Kunstlederschicht also z. B. in Kontakt mit Nitrocellulose-lackierten Flächen kommen soll, oder nur leichte Kunstlederqualitäten gefertigt werden. Eine gewisse Bedeutung haben Vinylchlorid-Polymerdispersionen, weichgemacht mit Phthalsäureestern oder Butadien-Acrylnitril-Latices, und Acrylester-Copolymerdispersionen als Vorstriche auf Baumwoll- und Zellwollgeweben unter PVC-Pasten, denen sie wegen ihrer größeren Hydrophilie eine gute Haftfestigkeit zur Faser vermitteln. Sie verhindern außerdem, daß die PVC-Paste während des Streich- und vor allem des Geliervorgangs in das Gewebe eindringt. Zu diesem Zweck kann man allerdings auch durch Zusatz einer geringen Menge Kunststoff-Dispersion zur PVC-Paste deren rheologisches Verhalten beim Gelieren verändern oder in einem technisch geänderten Verfahren die PVC-Paste zunächst auf einem silikonisierten, inerten Trägerband vorgelieren und dann auf das zu beschichtende Gewebe übertragen. Auch Butadien-Acrylnitril-Copolymerisat-Latices sollen im Gemisch mit Resorcin-Formaldehyd-Kondensaten die Haftfestigkeit von PVC-Paste auf Polyamidgeweben verbessern [*81*].

Einen erneuten Aufschwung hat die Textilbeschichtung mit Kunststoff-Dispersionen, nach dem Rückgang in der Kunstleder- und Wachstuchproduktion, durch die Entwicklung der *Nadelflorteppiche* (Tufted Carpets) genommen, deren Herstellungstechnik in der Fachliteratur ausführlich beschrieben ist [*82*]. Die Aufgabe einer Beschichtung beschränkt sich nicht allein darauf, dem Teppich Stand, Griff und Schnittfestigkeit zu verleihen, sondern die Rückenbeschichtung soll vor allem die Bindung des im Grundgewebe eingenähten Faserflors gewährleisten. Hierfür sind Beschichtungsgewichte von 450—800 g/m² (100 %ig gerechnet) bei Füllstoffmengen bis zu 400 %, bezogen auf trockenes Bindemittel, notwendig. Damit ein Nadelflorteppich beim Auslegen durch einfaches Ausrollen glatt auf dem Boden zu liegen kommt, ist bei den verhältnismäßig dicken Beschichtungen eine gute Filmelastizität des Bindemittels erforderlich. Anfänglich Naturkautschuklatex und heute mehr und mehr synthetische Kautschuklatices sind daher die hauptsächlich verwendeten Bindemittel und von diesen wiederum solche auf Basis von Butadien-Styrol-Copolymeren mit 60—70 Gew.-Tl. Butadien. Butadien-Acrylnitril-Copolymerisate eröffnen zwar, wie die vernetzbaren Acrylester-Polymerisate, die Möglichkeit, trockenreinigungsbeständige Beschichtungen zu erhalten, doch ist diese Eigenschaft nicht unbedingt erforderlich, und eine Reinigung des Teppichs von der Florseite her mit den üblichen Reinigungsmitteln lassen auch Butadien-Styrol-Copolymere zu. Die alterungsbeständigen, vernetzbaren Acrylester-Polymerisate erreichen außerdem nicht ganz die den Butadien-Copolymeren nach der Vulkanisation eigene Elastizität. Die zunehmende Verwendung synthetischer Latices ist nicht zuletzt auf die gegenüber Naturkautschuk bessere Alterungsbeständigkeit zurückzuführen, die besonders gut dann ist, wenn nach Einpolymerisieren von (Meth-) Acryl-, Itacon-, Malein- oder Fumarsäure in das Butadien-Polymerisat die Ver-

netzung („Vulkanisation") über Metalloxide (Zinkoxid, Magnesiumoxid usw.) [*83*],
durch Reaktion der Carboxylgruppen untereinander in der Hitze [*84*], durch Reaktion mit einer Epoxidverbindung [*85*] oder durch Aminoplastvorkondensate [*86*]
und nicht durch Schwefelvulkanisation erfolgte. Allerdings sind Beschichtungen
mit „carboxylierten" Latices, die nur über die Carboxylgruppen vernetzt sind,
nicht so elastisch wie die üblicherweise mit Schwefel vulkanisierten Butadien-
Copolymeren, mit oder ohne Carboxylgruppen im Polymerisat. Sie sind auch etwas
weniger geschmeidig im Griff. Styrol- und Vinylester-Polymerisate haben als
Bindemittel für Teppichrückenbeschichtungen kaum Bedeutung; dagegen werden
sie als versteifende Bindemittelkomponente manchmal verwendet.

Die Beschichtungsmasse, meistens auf 60—70 % Festgehalt eingestellt, enthält
außer dem Bindemittel noch Kaolin, Lithopone, vor allem aber Kreide und Schwerspat als Füllmittel, neben den üblichen Alterungsschutz- und Vulkanisationshilfs-
mitteln. Das Verhältnis Bindemittel: Füllstoff beeinflußt die Biegsamkeit der
Beschichtung und damit auch die Noppenverankerung; es muß bei synthetischen
Latices mit maximal 1 : 3,5 etwas geringer gehalten werden als bei Naturkautschuk
mit 1 : 4—5. Für eine gute Polverfestigung, die bei Schlingenflorgewebe schwieriger
zu erreichen ist als bei einem velourartig aufgeschnittenen Nadelflorteppich, bewegt sich das Bindemittel-Pigmentverhältnis aber meistens in den Grenzen 1 : 2 bis
1 : 3. Sehr bedeutsam für die Noppenverankerung ist auch die Eindringtiefe der
Beschichtungsmasse in das Gewebe — ohne auf die Florseite durchzuschlagen —
und in die Faser selbst. Diese hängt vom Benetzungsvermögen und Fließverhalten
ab und wird gegebenenfalls durch Zusatz von Netz- und Verdickungsmitteln eingestellt. Eine zu starke Imprägnierung der Faser jedoch macht diese brüchig.
Besonders hohe Anforderungen werden an die rheologischen Eigenschaften der
Rückenbeschichtungsmasse gestellt, wenn zur besseren Maßhaltigkeit des Teppichs
gleichzeitig ein Jutegewebe als Unterlage aufkaschiert wird. Eine gute Dimensionsstabilität soll auch durch Prägen der Beschichtung erzielt werden können [*87*].

Die Beschichtungsmasse wird bevorzugt aufgepflatscht und mit einem Rakel-
system egalisiert, was bei einer Teppichbreite von 5 m ein technisch nicht ganz
einfaches Problem ist, wenn eine gleichmäßige Beschichtungsdicke über die ganze
Breite in bestimmten Toleranzgrenzen garantiert sein soll. Erfahrungsgemäß darf
bei der dicken Beschichtung anfangs nicht mit zu hoher Temperatur getrocknet
werden, da sonst Dampfblasen in der Beschichtung entstehen können, die die Aus-
reißfestigkeit des Florgarns zwangsläufig herabsetzen.

Wird die Teppichrückenbeschichtung als Schaum aufgebracht, vergrößert sich
noch die wärme- und schallisolierende Wirkung des Teppichs. Zweckmäßigerweise
wird aber unter der Schaumschicht mit der nicht geschäumten Masse vorgestrichen,
um die Noppen ausreichend fest zu verankern. Durch ein Prägeverfahren, das den
Schaum örtlich begrenzt verdichtet und in das Jutegewebe eindrückt, soll ein Vorstrich überflüssig sein [*88*]. Dem Latex werden dabei bevorzugt Polyvinylacetat-
Dispersionen zur Verbesserung des Standes der Schaumbeschichtung zugegeben.
Grundsätzlich sind aber alle Polymerisatzusätze möglich, die die Standfestigkeit
des vulkanisierten Schaums verbessern helfen. Bisher wurde für die Schaumbeschichtung in Europa fast ausschließlich Naturlatex eingesetzt. Es besteht aber
kein Zweifel, daß die Weiterentwicklung der Syntheselatices in Europa zu Produkten mit mindestens technisch gleichwertigen Eigenschaften führen wird.

P. Ellis [*89*] gab eine Übersicht der Patentliteratur über maschinelle Fortschritte bei der Herstellung von Schlingenflorteppichen; J. M. Mitchell [*90*] beschrieb eine Laboratoriumsmethode zur Messung des Gleitverhaltens der Rückenbeschichtung und der Noppenverankerung im Trägergewebe.

Länger noch als die Rückenbeschichtung von Schlingenflorteppichen gehört die *Rückseitenbeschichtung von Webteppichen* mit Kunststoff-Dispersionen zum Stand der Technik [*91*]. Leim, Stärke, Carboxymethylcellulose und Dextrin als Bindemittel wurden in zunehmendem Maße in den Beschichtungsrezepten teilweise oder ganz durch Latices ersetzt, weil diese waschfeste, nicht staubende und dauerhaft flexible Beschichtungen ermöglichen. Die transparente oder gefüllte Beschichtung soll vornehmlich den Stand und Griff des Teppichs ohne zu starke Kostenerhöhung verändern und übernimmt bei Plüsch-, Velour- und Bouclé-Teppichen zusätzlich die Polgarnverankerung; demgemäß sind Polyvinylacetat-Dispersionen mit und ohne Weichmacher neben Styrol-Butadien-Copolymeren und stark gefüllten Butadien-Styrol-Copolymerisaten die hauptsächlich verwendeten Bindemittel, obwohl auch Acrylester- [*92*] und Vinylchlorid-Copolymerisate hierfür geeignet sind.

Ähnlich wie bei der Teppichrückenbeschichtung ist die Aufgabenstellung für die *Rückseitenbeschichtung von Polster- und Möbelbezugsstoffen*, nur daß bei diesen Textilien auf die Alterungsbeständigkeit der Beschichtung großer Wert gelegt wird, besonders wenn die Beschichtung durch das Gewebe durchscheint, d. h. das Warengewicht aus Kostengründen herabgesetzt und der entstandene Griffverlust durch eine Beschichtung ausgeglichen wird. Dadurch haben auf diesem Beschichtungssektor Acrylester-Polymerisate [*93*] neben Vinylester- und synthetischen Kautschuklatices größere Bedeutung als bei der Teppichrückenbeschichtung. Durch Beschichtung mit vernetzbaren Acrylester-Polymerisaten, zusammen mit Aminoplastvorkondensaten, sind pol- und flor- bzw. schnittfest gemachte Plüsch-, Cord- und Velvetongewebe gleichzeitig auch wasch- und trockenreinigungsbeständig [*94*].

Die *Wachstuchproduktion* [*95*] nimmt zugunsten von mit PVC oder Polyäthylen beschichteten Textilien laufend ab. Kunststoff-Dispersionen, besonders die weichmacherfreien Acrylester-Polymerisate, dienen hier als Bindemittel für gefüllte Grundstriche vor der eigentlichen Leinölbeschichtung, wodurch die Haftfestigkeit erhöht und außerdem das Wachstuch auch knickbeständiger wird. Durch Zusatz der Polymerisate zum Leinöl selbst kann die Oxydationsdauer in der Trockenhänge herabgesetzt werden. Fast ganz aus dem Markt verschwunden sind die durch Beschichtung mit Kunststoff-Dispersionen und Füllstoffen hergestellten Wachstuchimitationen und die durch eine glänzende, transparente Beschichtung mit Kunststoff-Dispersionen hergestellten *Chintzartikel*, für die weichgemachte Vinylchlorid-Polymerisate, Acrylester-Copolymerisate und Polyvinylester-Dispersionen die am meisten verwendeten Binde- bzw. Überzugsmittel waren. Sie wurden ausnahmslos mit einem klebfreien Schlußstrich abgedeckt.

Ein Anwendungsgebiet für wäßrige Kunststoff-Dispersionen ist dagegen nach wie vor die Herstellung von *Schuhkappenstoffen*. Bei den sog. „Harnstoffharzkappen", mit Aminoplastvorkondensaten beschichtete Gewebe oder Vliesstoffe (s. 10.6), die nach dem Tauchen in eine wäßrige Härterlösung in der ihnen vorher gegebenen Form aushärten, wirkt der Zusatz von weichen Acrylester- oder Vinylester-Copolymerisaten und synthetischen Kautschuklatices zu den Aminoplastvorkondensaten einer zu großen Sprödigkeit der Kappe entgegen. Die sog. „Lösungsmittelkappen", die mit Nitrocelluloselösungen seit langer Zeit gefertigt werden, gehören wegen des bei der Herstellung angewendeten Imprägnierverfahrens eigentlich nicht in den Abschnitt „Textilbeschichtung". Zur Vervollständigung des Themas „Schuhkappenstoffe" sollen sie aber dennoch an dieser Stelle mitbehandelt werden. Für die „Lösungsmittelkappe" werden wäßrige Dispersionen von Styrolpolymeren bevorzugt. Diese sollen nicht zu einem geschlossenen Film auftrocknen, sondern erst nach Tauchen in den üblichen Lösungsmitteln (Aceton, Toluol und Chlorkohlenwasserstoffen sowie entsprechenden Lösungsmittelgemischen davon) und Wiederverdunsten derselben einen harten, standfesten Film bilden, wie er für jede Schuhkappe im Gebrauch auch unter der Einwirkung von Feuchtigkeit und Wärme erforderlich ist. Durch die Filmbildung wird die Kappe versteift. Über die Verfahrenstechnik zur Herstellung der mit Lösungsmitteln aktivierbaren Schuhkappen und über geeignete Polymerisatzusammensetzungen befinden sich Angaben in der Patentliteratur [96]. Um die Aktivierungszeit möglichst kurz zu halten, muß die Beschichtung gleichmäßig porös sein. Die „thermoplastische Schuhkappe", so genannt, weil sie bei der Verarbeitung durch Druck und Wärme verformt wird, gleicht in ihrem Aufbau und Herstellungsverfahren weitgehend der „Lösungsmittelkappe". Zur Erzeugung dieser Art von Schuhkappen werden hauptsächlich Latices von relativ harten Homo- oder Copolymerisaten, z. B. des Styrols oder Vinylchlorids, herangezogen, die vielfach noch mit Polyvinyl- oder Polyacrylester-Dispersionen gemischt werden, die ziemlich steife Filme bilden. Für die Verarbeitung der Schuhkappe ist in diesem Fall besonders wichtig, daß die Polymeren (-mischungen) schon bei geringen Drücken und möglichst niederen Temperaturen (80—120°C) verformbar sind.

Schließlich haben sich Kunststoff-Dispersionen einige Bedeutung für die Herstellung von *Bucheinband-, Rollo-, Lampenschirm-, Einlage-, Schuhfutter-, Mitläuferstoffen bzw. Transportbändern* [97] erhalten, für die je nach Anwendungszweck weichere oder härtere Vinylacetat- und Acrylester-Homo- und -Copolymere, aber auch Vinylchlorid- und Styrol-Polymerisate Verwendung finden. Die Beschichtung wird vielfach durch Mischen mit Stärke, Stärkederivaten, Celluloseäthern steifer gemacht, abgesehen davon, daß bei nicht transparenten Beschichtungen auch der Zusatz von Füllstoffen und Pigmenten den Griff verändert.

Das Wasserundurchlässigmachen von *Regenmantelstoffen* aus vollsynthetischen Fasern erfolgt zwar vorwiegend durch eine Beschichtung mit Kunststoff-Lösungen, doch lassen sich auch mit Latices aus vernetzbaren Polyacrylaten (s. 10.2 und 10.4.1) befriedigende Resultate erzielen. Zu ausreichender Haftfestigkeit beim Reiben des beschichteten Textils im feuchten Zustand zu gelangen, ohne dabei den Griff der Ware wesentlich zu verändern, ist das eigentliche Problem der Beschichtung mit Kunststoff-Dispersionen, dessen Lösung eine Frage der geeigneten Polymerisatzusammensetzung und der Wahl des Hilfsstoffsystems der Dispersion ist. Der Regenmantelstoff wird meistens mit Siliconen nach der Beschichtung hydrophobiert.

Welche Eigenschaften beschichteter Textilien als Hauptmerkmale gelten sollen und eine Zusammenstellung der genormten Prüfverfahren für beschichtete Textilien (Dicke, Flächengewicht der Beschichtung, Reißfestigkeit und Reißdehnung, Weiterreißkraft, Trennkraft, Haftfestigkeit der Beschichtung, Knickzahl bei wiederholter Biegung, Verhalten in der Kälte, Reibechtheit der Beschichtung, Lichtechtheit u. a.), ist in der DIN 16923 niedergelegt.

10.6 Textilverbundstoffe

Als Textilverbundstoffe bezeichnet man textile Erzeugnisse, bei deren Fertigung man von Faservliesen — Flächengebilden aus Textilfasern, deren Zusammenhalt durch die den Fasern eigene Haftung gegeben ist — oder von Garn- bzw. Fadenlagen ausgeht, die durch Verkleben oder auf mechanischem Wege verfestigt werden. Sie werden also nicht nach einem der klassischen, technischen Verfahren, wie Weben, Wirken oder Stricken hergestellt. Sondergruppen bilden die nach altbekannter Technik gefertigten Filze aus Wollfasern und die mit einem Nadelstuhl erzeugten Nadelfilze aus vollsynthetischen Fasern. Über eine weitere Unterteilung der Textilverbundstoffe nach mechanischer oder adhäsiver Bindung, nach Fasern, Fäden oder Bindern als Ausgangsmaterial oder nach den Herstellungsverfahren bestehen in der Fachliteratur verschiedene Auffassungen [98]. Jedenfalls sind die ursprünglichen Ausdrücke ,,Non-Woven-Fabrics'', ,,Nichtgewebte Textilien'' und ,,Bonded-Fibre-Fabrics'' im deutschen Sprachraum wegen unklarer Definition immer weniger im Gebrauch. In der BRD hat H. JÖRDER [99] Vorschläge zur systematischen Einteilung gemacht. Einige Begriffsbestimmungen sind im Norm-Entwurf DIN 60000 vom März 1965 niedergelegt. Danach wird diejenige Gruppe von Textilverbundstoffen, für deren Herstellung wäßrige Kunststoff-Dispersionen die größte Bedeutung haben, unter der Bezeichnung Vliesstoffe mit folgender Definition zusammengefaßt: ,,Flexible, poröse Flächengebilde aus Textilfasern, die — gegebenenfalls nach Vorverfestigung auf mechanischem Wege (Nadeln) — durch Verkleben mit Hilfe von Bindemitteln, durch Anlösen, durch Verschweißen oder durch eine Kombination dieser Verfahren miteinander verbunden sind.''

Zur Herstellung der Faserflore und -vliese — der unverfestigten Vorstufe der Vliesstoffe — können grundsätzlich alle textilen, aber auch mineralische Faserarten genommen werden; jedoch kommt Viskose-, Polyamid-, Polyester-, Polyacrylnitril- und Acetatfasern die größte Bedeutung zu, während Baumwolle immer weniger eingesetzt wird und außerdem in jüngster Zeit noch Konkurrenz durch die sog. Polynosefasern, Viskosefasern mit hoher Naßreißfestigkeit, erhalten hat. Für Sonderzwecke finden auch Polyvinylchlorid-, Polypropylen- und Polyvinylalkoholfasern Verwendung. Auf die Eigenschaften der Vliesstoffe wirken sich aber nicht nur bestimmte charakteristische Fasereigenschaften, wie z. B. große Scheuerfestigkeit (Polyamidfasern), große Bauschelastizität, besonders gute Chemikalien- und Hitzebeständigkeit (Polyester-, Polyacrylnitrilfasern), leichtes Anquellen durch flüssige Medien zum Quellverschweißen (Acetatreyon-, Polyvinylalkoholfasern), niedriger Schmelztemperaturbereich (Polyolefinfasern), Verschweißungsmöglichkeit durch Hochfrequenz (Polyvinylchloridfasern), großes elastisches Erholungsvermögen (vollsynthetische Fasern ganz allgemein) aus, sondern auch Titer, Länge, Kräuselung [100], Querschnittsform, Oberflächenstruktur und evtl. Schrumpfvermögen der Fasern. Die Auswahl der Fasern und das Zusammenstellen einer Fasermischung richtet sich daher spezifisch nach dem vorgesehenen Anwendungszweck der Vliesstoffe [101].

Man unterscheidet bei der Herstellung von Faservliesen zwischen dem *Naß*- und dem *Trockenverfahren*. Nach dem zuletzt genannten wird zur Zeit der weitaus überwiegende Anteil der Vliesstoffe produziert.

Das *Naßverfahren* leitet sich von der bekannten Technik der Papiererzeugung ab. Zur Herstellung eines Vlieses aus synthetischen Fasern mit ihren nicht fibrillierten, wesentlich glatteren Oberflächen und aus Fasern mit größeren Stapellängen, deren Verwendung für einen möglichst textilartigen Griff Voraussetzung ist, auf einer Papiermaschine, muß vor allem deren Siebteil abgeändert sein [102]. Technische Probleme können auftreten beim Übergang vom Maschinensieb in die Trockenpartie durch die geringe initiale Naßfestigkeit des gebildeten Vlieses und durch Wanderung der Latexteilchen beim Trocknen sowie durch Kleben des Vlieses an den Trockenzylindern, wenn innerhalb der Trockenpartie der Papiermaschine mit Latices imprägniert wird. Eine Lösung dieser Fragen schien sich durch in den USA entwickelte, fibrillierte Synthesefasern, die sog. Fibrids anzubahnen, die nach einer besonderen Verfahrenstechnik hergestellt wurden [103]. Diese sollten dem frisch gebildeten Vlies bessere initiale Naßfestigkeit verleihen und durch einen gegenüber dem Hauptteil der verwendeten Synthesefasern erniedrigten Schmelztemperaturbereich die Endverfestigung mittels einer thermischen Behandlung ermöglichen. Die Herstellung dieser Fibrids wurde inzwischen wieder aufgegeben, vermutlich wegen der hohen Verfahrenskosten. Dagegen verdient ein Verfahren Beachtung, bei dem Bindefasern durch Auffällen von Kunststoff-Dispersionen auf Zellstoff-Fasern durch Aufeinanderabstimmen der elektrischen Ladungszustände von Fasern und Kunststoffpartikeln hergestellt werden [104]. Durch Zusatz solcher Bindefasern zu dem aufgeschlämmten Faseransatz wurde eine zur sicheren Führung in einer Papiermaschine ausreichende mechanische Festigkeit erreicht. Bei Anwesenheit von Zellstoff wurde darüber hinaus eine deutliche Zunahme der initialen Naßfestigkeit der Vliese festgestellt. Wenn die gleiche Menge Kunststoff in ein Vlies einmal durch Imprägnierung allein und einmal über die genannten Bindefasern sowie mittels einer zusätzlichen Imprägnierung eingebracht wurde, führte der letztere Weg nicht nur zu einer gleichmäßigeren Verteilung des Bindemittels, sondern meistens auch zu höherer mechanischer Festigkeit. Durch Zuführen von Endlosfasern beim Stoffauflauf konnte die mechanische Festigkeit solcher Vliese noch gesteigert werden. Das Prinzip eines anderen Verfahrens zur Herstellung einer Art Bindefasern [105] besteht darin, daß eine Kunststoff-Dispersion auf einen sich drehenden Zylinder aufgegossen und unverzüglich eingefroren wird. Der spröde, gefrorene Film wird von der Trommel z. B. durch einen Schaber abgenommen, wobei er in kleine Einzelstücke zerspringt. Diese werden in einem Behälter gesammelt und mit heißem Wasser aufgetaut. Durch dieses Verfahren sollen 0,02–3,0 mm lange Bindemittelteilchen gebildet werden, deren Länge deutlich größer ist als ihre Breite bzw. ihr Durchmesser.

Der Vorteil des Naßverfahrens gegenüber dem Trockenverfahren, die größere Arbeitsgeschwindigkeit (bis zu 250 m/min), wirkt sich hauptsächlich bei einer Produktion von Massenartikeln aus, da es schwierig ist, für ein breites, aber je Artikel kleines Fertigungsprogramm die maschinelle Einrichtung auf verschiedene Faserzusammensetzungen und Vliesdicken in kurzer Folge einzustellen. Durch die bei einer Verwendung von vollsynthetischen Fasern erforderliche starke Verdünnung des Faseransatzes muß im allgemeinen die Maschinengeschwindigkeit auf 50 bis

60 m/min verringert werden. Bei kleinen Fasertitern (1—3 den) ist die Stapellänge der Fasern mit etwa 10 mm als oberer Grenze festgelegt. Mit längeren Fasern entstehen sehr leicht Knötchen und „Wolken" in dem sich bildenden Vlies, wenn nicht der Stoffauflauf auf das Sieb stark verdünnt wird, was technisch und wirtschaftlich untragbar ist. Dickere Fasern wiederum, deren Stapellänge bis zu 40 mm betragen kann, setzen durch die größere Starrheit des Vliesgebildes dessen textilen Charakter stark herab. Durchgesetzt hat sich daher das Naßverfahren zur Fertigung preisgünstiger Massenartikel aus vorwiegend Cellulosefasern, bei denen ein papierartiger Griff in Kauf genommen wird. Zur Herstellung von hochwertigen, textil-

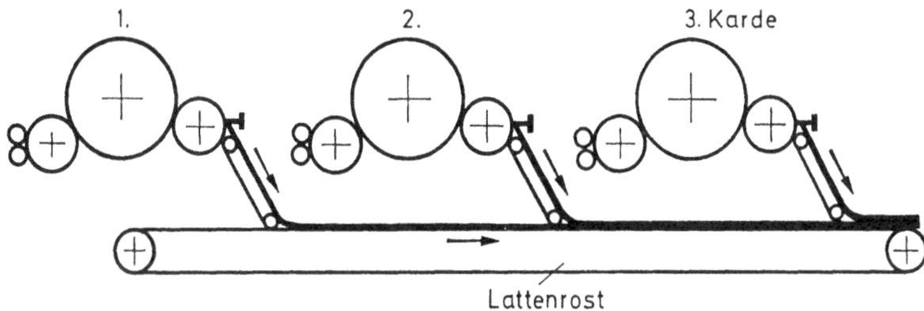

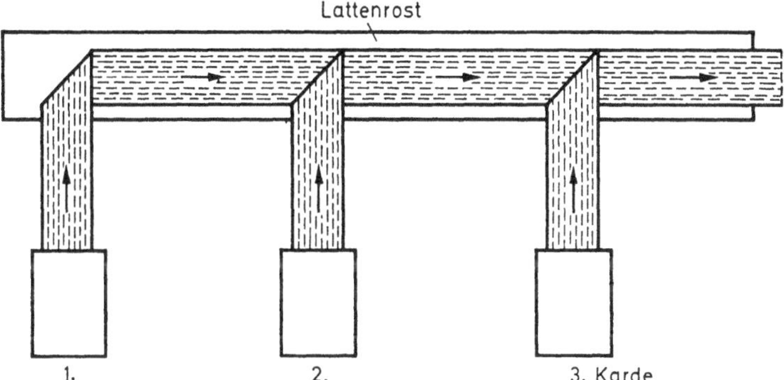

Abb. 30. Schemaskizze einer Vliesbildungsanlage für längsgerichtete Vliese. [nach J. KESSLER: De Tex **25**, 297 (1966)]

artigen Produkten bedarf es dagegen einer Weiterentwicklung der Herstellungstechnik. Ist diese erfolgreich abgeschlossen, wird sich sicher eine echte Konkurrenz zwischen dem Trocken- und Naßverfahren entwickeln, die für die Produktion hochwertiger Vliesstoffartikel voraussichtlich zu einer gegenseitigen Abgrenzung, je nach der vom Markt her erforderlichen Produktionsgröße der Erzeugnisse, führen wird.

Das *Trockenverfahren* bedient sich vorwiegend der in der Textilindustrie üblichen Maschinen wie Öffnern, Mischkammern, Kastenspeisern, Krempeln, Karden und Garnettmaschinen. Der von einer Krempel oder Karde abgenommene, längsgerichtete Faserflor hat ein Gewicht bis zu 20 g/m² oder bis zu 30 g/m² bei einer Doppelflorkrempel. Durch Längsleger können die von den Krempeln kommenden Flore zu Faservliesen mit Gewichten von 400 g/m² gelegt werden, die in

Längsrichtung der Fasern nach der Verfestigung viel fester sind als quer zur Faserrichtung (Abb. 30). Eine wesentlich weniger ausgeprägte Vorzugsrichtung der mechanischen Festigkeit zeigen Vliesstoffe, die durch Abtafeln eines oder mehrerer Vliese mittels eines bzw. mehrerer Kreuzleger (Abb. 31a u. b) unter verschiedenen Winkeln quer zur Arbeitsrichtung der Krempeln auf ein Transportband entstanden sind. Mit einer entsprechend gewählten Anordnung von Krempeln und Legern kann man zu Faservliesen mit Gewichten über 1000 g/m² gelangen, die der für viele Fälle angestrebten vollkommenen Wirrfaserlage recht nahe kommen. Wirrfaser-

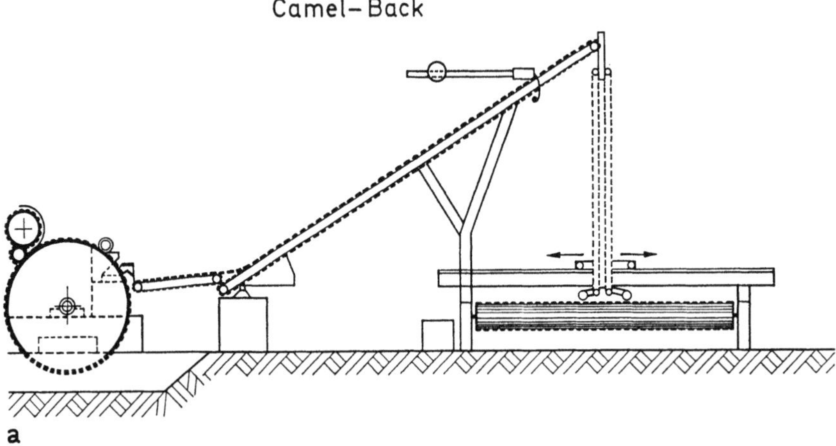

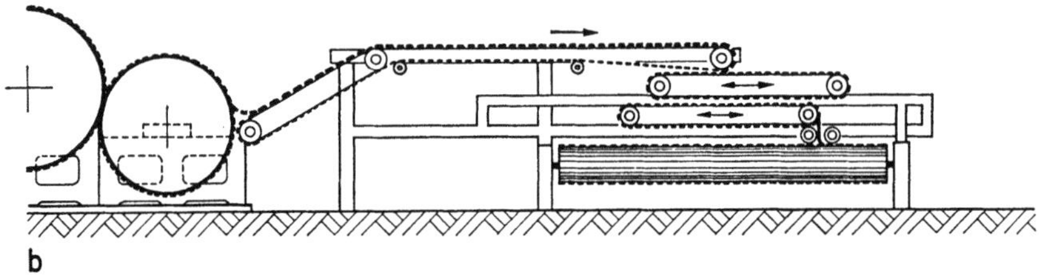

Abb. 31a u. b. Schemaskizzen von Kreuzlegertypen, *a* Camel-Back, *b* Horizontal-Leger. [nach C. L. Nottebohm: Textilveredlung **1**, 437 (1966)]

vliese können auch mit den sog. pneumatischen Vliesbildungsmaschinen (Abb. 32a u. b) erzeugt werden. Dabei wird ein auf einer Karde oder Krempel zunächst gebildeter Flor durch einen scharfen Luftstrom wieder zerblasen. Die Fasern werden anschließend in regelloser, dachziegelartiger Anordnung auf einer Saugtrommel zu einem kontinuierlich abzunehmenden Faservlies gesammelt. Während aber kreuzgelegte Vliese eine erhöhte Reißfestigkeit quer zur Arbeitsrichtung zeigen, besteht bei den auf pneumatischem Wege hergestellten Vliesen immer noch eine gewisse Vorzugsrichtung längs der Vliesbahn.

Beim Trockenverfahren werden Fasern verarbeitet, die zwischen 30 und 110 mm lang sein können. Bei der pneumatischen Vlieslegung wird eine Stapellänge von 40 mm allerdings kaum überschritten. Die Arbeitsgeschwindigkeit beträgt bis zu

30 m/min. Wie beim Naßverfahren müssen auch zur einwandfreien Durchführung des Trockenverfahrens bestimmte, technische Probleme beherrscht werden. So ist z. B. eine vollständige Auflösung und gleichmäßige Verteilung der Fasern die erste Voraussetzung dafür, ein wolken- und knötchenfreies Faservlies zu erzeugen. Es ist weiterhin darauf zu achten, daß sich beim Kreuzlegen der Flore bei

Rando-Feeder und Rando-Webber

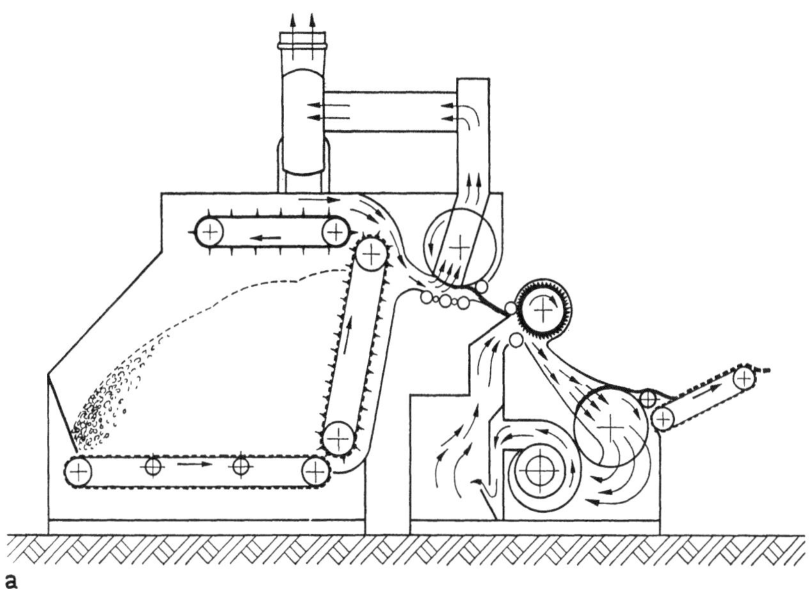

a

Duo-Former

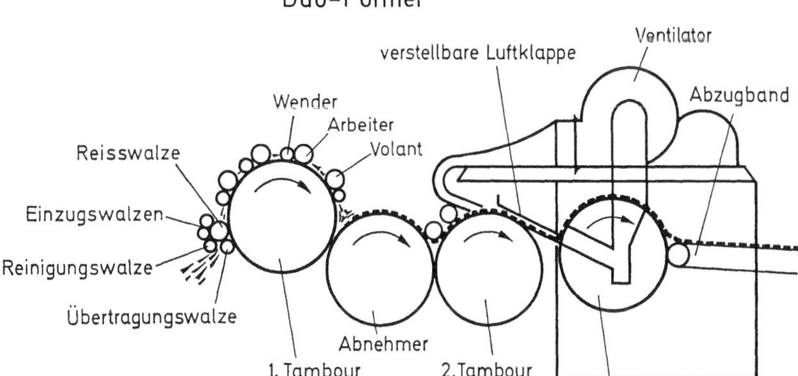

b

Abb. 32a u. b. Schemaskizzen von Vliesbildungsanlagen für Wirrfaservliese, *a* nach dem „Rando-Feeder und Rando-Webber"-Prinzip und *b* nach dem „Duo-Former"-Prinzip. [nach C. L. Nottebohm: Textilveredlung 1, 438 (1966)]

höheren Produktionsgeschwindigkeiten keine Falten bilden bzw. die einzelnen Querlagen sich nicht überlappen. Auf den pneumatischen Anlagen kann es beim Einsatz vollsynthetischer Fasern zu Störungen der Vliesbildung kommen, wenn die Fasern sich elektrostatisch aufladen. Überhaupt ist es sehr schwierig, auf diesen Anlagen leichte und gleichmäßige Vliese aus feinen Fasern (um 3 den) herzustellen.

Die verschiedenen *maschinellen Einrichtungen zur Vliesbildung* [106] sind in der einschlägigen Fachliteratur ausführlich beschrieben, so daß an dieser Stelle nicht weiter darauf eingegangen werden soll.

Manchmal werden die Faservliese vor der eigentlichen Verfestigung einer mechanischen *Vorbehandlung* auf dem Kalander oder auf einem Nadelstuhl unterzogen. Als Vorbehandlung ist auch das ein- oder beidseitige Auftragen eines Bindemittelschaums bzw. Aufsprühen eines Bindemittels auf die Vliesoberfläche zu betrachten. Alle die genannten Maßnahmen verfolgen den Zweck, die Faservliese entweder für die weiteren Verarbeitungsgänge ausreichend zu stabilisieren oder aber den fertigen Vliesstoffartikeln durch eine zusätzlich verfestigende, mechanische Vorbehandlung eine größere mechanische Festigkeit zu verleihen, bzw. sie zu verdichten. S. H. ZERÓMAN [106a] berichtet über seine ersten Versuche, durch Pfropfpolymerisation von Monomeren (Methyl-, Butylacrylat, Methylmethacrylat, Acrylsäure) auf Cellulosefasern die Haftfestigkeit von Bindemitteln an diesen Fasern zu erhöhen. Die mechanische Festigkeit von Vliesstoffen, die 10—20 % Bindemittel, bezogen auf modifizierte Fasern, enthielten, war nur dann höher, wenn Butylacrylat auf die Fasern aufgepfropft worden war.

Während Gewebe und Gewirke ihren Zusammenhalt lediglich den zwischen den Garnen wirkenden Reibungskräften verdanken, wird die Verfestigung von Faservliesen durch Verkleben oder Verschweißen der Einzelfasern miteinander bewirkt. Als Bindemittel dienen hierzu Kunststoff-Dispersionen, Lösungen von synthetischen oder natürlichen Hochpolymeren, thermoplastische Pulver sowie thermoplastische oder mit Lösungsmitteln oder Weichmachern anlösbare bzw. quellbare Fasern. Das *Bindemittel* soll zusammen mit den Fasern und gegebenenfalls auch zusätzlichen Ausrüstungsmitteln sowie der angewendeten Verfahrenstechnik den Vliesstoffen die gewünschten Eigenschaften oder Eigenschaftskombinationen verleihen. Zu diesen gehören z. B. Geschmeidigkeit, Griff, Sprungelastizität, Wasch- und Trockenreinigungsbeständigkeit, Licht- und Hitzestabilität und Drapierfähigkeit (Faltenwurf). Jedes Bindemittel muß aber vor allem die Voraussetzung erfüllen, bei ausreichender Eigenfestigkeit gut an der Faseroberfläche zu haften, da der mechanisch feste Verbund der Fasern einerseits von der Adhäsion des Bindemittels an der Faser und andererseits von der Kohäsion der Bindemittelsubstanz bestimmt wird. Eine optimale Adhäsion an Fasern zu erzielen, insbesondere an vollsynthetischen Fasern, ist nicht einfach. Sie hängt bei Kunststoff-Dispersionen, abgesehen von einer einwandfreien Benetzung des Fasersubstrates durch das Bindemittel als erster Voraussetzung (s. 2), nicht allein von dem mehr oder weniger polaren Aufbau des Polymerisates und dessen Fließwiderstand bzw. Fließvermögen unter den gegebenen Verfahrensbedingungen ab, sondern auch von den zur Polymerisation verwendeten Emulgiermitteln und von gegebenenfalls zugesetzten Verarbeitungshilfsmitteln.

Nach J. T. TAYLOR [107] wird z. B. die Haftfestigkeit an Fasern verstärkt, wenn zusammen mit einer Kunststoff-Dispersion Weichmacher für die betreffende Faser verwendet werden, die die Faseroberfläche anquellen und diese dadurch für das Polymerisat aufnahmebereit machen. Welchen Einfluß die Polymerisationsbedingungen bei der Herstellung eines Bindemittels auf dessen Bindevermögen haben können, zeigt eine Untersuchungsreihe an Polymerisaten, deren chemische Konstitution völlig identisch war, die sich aber durch verschiedenartige Führung der Polymerisation im durchschnittlichen Polymerisationsgrad und in der Teilchengrößenverteilung der hergestellten Kunststoff-Dispersionen unterschieden [108] (Tab. 8). Als Maß für das Bindevermögen wurde die Berstdruckfestigkeit von mit den einzelnen Latices verfestigten Faservliesen herangezogen.

Tabelle 8. *Einfluß der Polymerisationstechnik bei der Herstellung von Kunststoff-Dispersionen gleicher chemischer Zusammensetzung auf ihr Bindevermögen für Faservliese*

Variation	a	b	c	d
Berstdruck (kp/cm²)	0,31	0,34	0,36	0,26

Die am meisten verwendeten Bindemittel zur Herstellung von Vliesstoffen sind wäßrige Kunststoff-Dispersionen auf Basis der Monomeren Vinylacetat, Vinylchlorid, Butadien und Acrylester. Eine verallgemeinernde Beurteilung von Polymerisatgruppen, wie sie mehrfach in der Literatur zu finden ist, hat nur insoweit Gültigkeit, als sie sich auf die Eigenschaften bezieht, die durch den dominierenden Anteil eines Monomeren im Polymerisat vorgegeben sind. Durch Copolymerisation werden jedoch Grenzen in der Eigenschaftsbewertung vielfach verwischt, wie z. B. bei einer Griffbeurteilung. Diese kann nur auf bestimmte Polymerisate in den engen Grenzen ihrer Zusammensetzung bezogen werden. Dagegen liefern Butadien-Acrylnitril- und Butadien-Styrol-Copolymere mit überwiegendem Butadien-Anteil Vliesstoffe mit bisher unübertroffener Sprungelastizität, sind aber andererseits vergilbungsanfällig bei Temperatur- und Lichteinwirkung. Bei reinen Acrylester-Polymerisaten ist vom Polymeren her keine Vergilbung zu befürchten, jedoch erhält man selbst mit vernetzbaren Acrylester-Polymerisaten bisher nicht so sprungelastische Vliesstoffe wie mit Butadien-Polymeren. Ein weitaus überwiegender Anteil Vinylacetat oder Vinylchlorid im Polymerisat bedingt einerseits einen ziemlich harten Griff des hergestellten Vliesstoffes, zum anderen aber auch den Vorteil, daß solche Bindemittel im Hochfrequenzfeld verschweißbar sind. Vinylidenchlorid-Copolymere können einen Vliesstoff zusammen mit entsprechenden Füllstoffen, wie z. B. Sb_2O_3, schwer entflammbar machen, gleichzeitig wird aber auch der Griff steifer. Aminoplast-Vorkondensate werden nur in Sonderfällen als Bindemittel eingesetzt, dagegen werden sie [109] und auch die Reactant-Typen als quellungsvermindernde und die Sprungelastizität erhöhende Zusätze vielfach verwendet.

Die zunehmende wirtschaftliche Bedeutung der Vliesstoffe führte zu einer starken Forschungstätigkeit auf dem Gebiet der zu ihrer Herstellung notwendigen Bindemittel. Im Vordergrund standen die vernetzbaren und selbst-vernetzenden Acrylester-Copolymeren, weil durch die Vernetzung die Lösungsmittelbeständigkeit, der Verformungswiderstand im feuchten Zustand und die elastischen Eigenschaften der Bindemittel erhöht werden können. Eine Übersicht über verschiedene Vernetzungssysteme gaben A. C. NUESSLE und B. B. KINE [110]. Von den vielen Möglichkeiten der Vernetzung, wie z. B. über Carboxylgruppen [111], Hydroxylgruppen (langkettige Hydroxyalkylester bzw. -amide, Hydroxy-(thio-)vinyläther

14 Reinhard, Anwendung

[*112*]) und Glyzidylester [*113*], haben technisch und wirtschaftlich bis heute die Methylolverbindungen von ungesättigten Carbonsäureamiden, vor allem von (Meth-)Acrylsäureamid, und deren Derivate die größte Bedeutung gewonnen (s. 10.2). Die grundlegenden Arbeiten wurden ziemlich zur gleichen Zeit an unterschiedlichen Orten durchgeführt, wie sich aus der Literatur ergibt [*114*]. Auch die

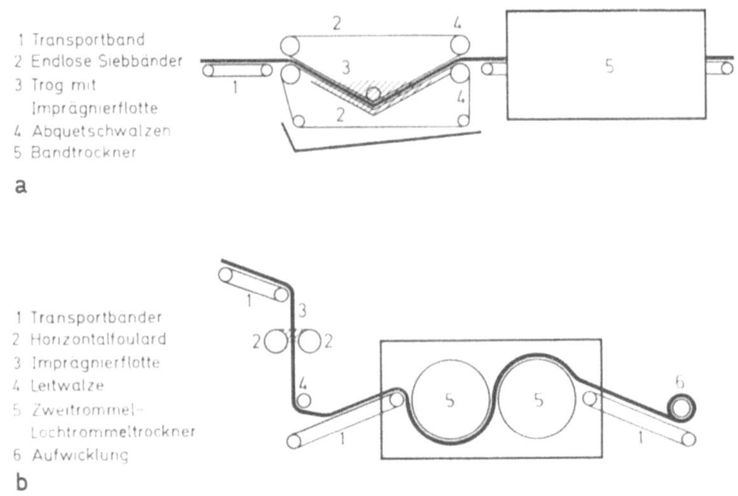

Abb. 33a u. b. Schemaskizzen von Anlagen zur Vliesverfestigung durch Vollbadimprägnierung
a im Trog, b im Zwickel eines Horizontalfoulards

Butadien-Polymeren werden durch Copolymerisation mit geringen Mengen der auch bei den Polyacrylaten verwendeten funktionellen Monomeren anstelle der Vulkanisation mit Schwefel einer Vernetzungsreaktion zugänglich gemacht, die bei Anwesenheit von Carboxylgruppen vorwiegend mit Metalloxiden (ZnO, MgO), bei Hydroxylgruppen bevorzugt mit Melaminharzvorkondensaten durchgeführt wird.

Die *Verfestigungsverfahren* mit wäßrigen Kunststoff-Dispersionen können nach drei Hauptmerkmalen gegliedert werden: Imprägnierung, Sprühen, Drucken, wobei beim Imprägnieren noch zwischen Vollbad- oder Schaumimprägnierung (Abb. 33 a u. b und Abb. 34) unterschieden wird. Die Verfahrenstechnik übt ebenso wie das Bindemittel und die Fasern einen Einfluß auf die Eigenschaften der Vliesstoffe aus. Durch Tränken mit der wäßrigen Bindemittelmischung und anschließendes Abpressen des Überschusses zwischen Walzen gelangt man zwangsläufig zu kompakteren Vliesen als durch ein- oder beidseitiges Aufsprühen des Bindemittels, bei dem das Volumen des Rohvlieses erhalten bleibt. Andererseits sind der Sprühtechnik hinsichtlich Eindringen des Bindemittels in das Vliesinnere durch die Dichte der Vliese Grenzen gesetzt. Unterschiede in der mechanischen Festigkeit können bei gleichem Bindemittelgehalt im Vliesstoff auftreten, wenn

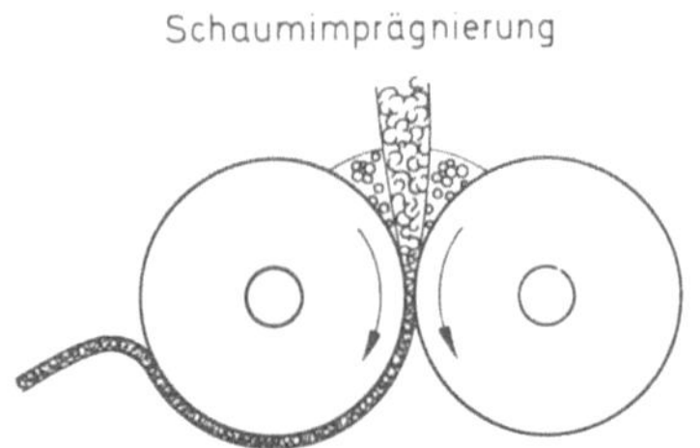

Abb. 34. Schemaskizze zur Schaumimprägnierung [nach C. L. NOTTEBOHM: Textilveredlung 1, 439 (1966)]

dieser anstatt durch Konzentrationsänderung der Imprägniermischung durch den Abquetschdruck der Foulardwalzen eingestellt wird, was sich durch Streck- und Verzerrungsvorgänge in den einzelnen Vlieslagen erklären läßt. Diese Beobachtung wurde von R. I. C. MICHIE, R. H. PETERS und W. TAYLOR [115] bei Untersuchungen des Festigkeits-Dehnungsverhaltens von Kautschuk-gebundenen Vliesstoffen gemacht. H. JÖRDER und L. NOTTEBOHM [116] untersuchten die technologischen Bedingungen, unter denen in der Umgebung der Kreuzungspunkte der Fasern die Ausbildung von Bindemittellamellen erfolgt, die sie als Voraussetzung für eine gute Sprungelastizität von Vliesstoffen betrachten. Nach den vorgenommenen Modellversuchen ist hierzu ausreichendes Netzvermögen, ein nicht zu geringer Fließwiderstand der Bindemittelmischung, aber auch ein nicht zu hoher Abquetschdruck erforderlich. Die Verfestigung der Vliese durch Aufdrucken des Bindemittels schließlich hat den Vorteil, daß im Vergleich zur Vollimprägnierung der Griff textilartiger bleibt. Das Druckverfahren wird bevorzugt bei längsorientierten Faservliesen ausgeübt. Eine Festigkeitseinbuße gegenüber einem durchimprägnierten Vliesstoff läßt sich hier nicht vermeiden, auch sind Festigkeitsunterschiede vorhanden, je nachdem das Bindemittel balken-, wellen- oder kreisförmig [117] aufgedruckt wird.

Zum *Trocknen* der Vliese werden vorwiegend die unterschiedlichen Bandtrocknertypen und Lochtrommeltrockner herangezogen. Dabei kann es, besonders beim Trocknen von imprägnierten schweren Vliesen, zu einer Wanderung der Kunststoffteilchen in Richtung der Vliesoberfläche (s. S. 4) kommen. Die dadurch bedingte Kunststoffanreicherung an der Oberfläche kann in einigen Fällen erwünscht sein, führt aber meistens zu einer untragbaren Erniedrigung der Spaltfestigkeit. Durch Wärmesensibilisieren der Bindemittelmischung kann die Teilchenwanderung unterbunden werden. Dabei müssen die wärmesensibilisierenden Zusätze in Art und Menge auf jedes Bindemittel individuell eingestellt werden. Ein an die Imprägnierung anschließendes Fällbad ist ebenfalls eine Maßnahme gegen die Wanderungstendenz der Bindemittelteilchen, ist aber technisch schwierig zu beherrschen, da leicht beträchtliche Bindemittelverluste eintreten können. Auch die Trocknungsführung spielt bei dem Problem der Bindemittelwanderung eine wesentliche Rolle (s. S. 4). Eine Untersuchung der Wanderungsprobleme bei einer Imprägnierung von Vliesstoffen mit Kunststoff-Dispersionen liegt von R. I. C. MICHIE und J. A. WILKINSON [117a] vor. Die Ergebnisse bestätigen die Temperaturabhängigkeit der Wanderung und den Einfluß, den das Kolloidsystem eines Latex auf die Wanderungstendenz hat.

Mit der Verfestigung ist der Herstellungsprozeß der Vliesstoffe meistens nicht abgeschlossen. Sie werden je nach Verwendungszweck noch gewaschen, entkrumpft, durch Kalandrieren geglättet, wodurch sie außerdem an Geschmeidigkeit gewinnen, geschliffen und mit den für Gewebe üblichen Verfahren ausgerüstet (Griffvariationen, Färben, Drucken, Hydrophobieren). Durch Aufsintern von Kunststoffpulvern (Polyäthylen, Polyamid) erhält man aufbügelbare Vliesstoffe. Außerdem können sie wie ein Gewebe auch beschichtet, kaschiert oder beflockt werden.

Die *Prüfung* von Vliesstoffen ist soweit wie möglich nach den Bestimmungen für die Gewebeprüfung ausgerichtet [118]. Teilweise mußten aber auch wegen ihrer andersartigen Eigenschaften neue Prüfmethoden geschaffen werden bzw. sind

14*

diese noch in Ausarbeitung [119]. Für die Prüfung der Weiterreißkraft an Vliesstoffen ist von W. WEGENER [120] ein Gerät entwickelt worden, mit dem diese in jeder
Beanspruchungsrichtung geprüft werden können, ohne daß die Rißlinie abwandert.

In den letzten Jahren waren verschiedene Vliesstoffeigenschaften Gegenstand
wissenschaftlicher Untersuchungen. R. I. C. MICHIE, R. H. PETERS und W. TAYLOR
[115] untersuchten das Spannungs-Dehnungsverhalten an kautschukgebundenen
Vliesstoffen aus Zellwolle und Polyamid in Abhängigkeit vom Bindemittelgehalt.
Ab einer bestimmten Bindemittelkonzentration im Vlies überwiegen die mechanischen Eigenschaften des Bindemittels. Um auf den einem Gewebe ähnlichen Faltenwurf („drape") zu kommen, mußte der Kautschukgehalt im Vlies auf 3 % erniedi-
rigt werden, wodurch die mechanische Festigkeit des Vliesstoffs ungenügend war.
Durch spätere Untersuchungen von R. I. C. MICHIE [121] an Wirrfaservlies-
stoffen aus Viskosefasern, die im Imprägnierverfahren mit unterschiedlichen
Kunststoff-Dispersionen als Bindemitteln hergestellt worden waren, werden die von
MICHIE, PETERS und TAYLOR erhaltenen Ergebnisse bestätigt, daß durch Variation
der Bindemittel wohl die Flexibilität eines Vliesstoffes verbessert werden kann,
gleichzeitig aber die mechanische Festigkeit unvermeidlich abfällt. Die Steifheit
eines Vliesstoffs, ausgedrückt durch den Elastizitätsmodul (E_f) steht nach den
Messungen von MICHIE in eindeutigem Zusammenhang mit dem Elastizitätsmodul
des verwendeten Bindemittels (E_b). Dies kann durch die Gleichung:

$$E_f = \frac{700\,E_b}{1 + 16\,E_b}$$

wiedergegeben werden. Auch die Arbeiten von J. W. S. HEARLE und A. NEWTON
[121a] über den Einfluß der Bindemittel auf die mechanische Festigkeit von Vliesstoffen zeigen, daß weder eine Veränderung des Bindemittelgehaltes, noch der
Steifheit des Bindemittelfilms zu weicheren und gleichzeitig mechanisch festeren
Vliesstoffen führt.

D. R. PETTERSON und S. BACKER [122] sowie J. W. S. HEARLE und P. J.
STEVENSON [123] befaßten sich mit theoretischen Überlegungen zum Spannungs-
Dehnungsverhalten von Vliesstoffen. HEARLE und STEVENSON definierten einen
„Fibre Curl Factor" als Quotienten aus der tatsächlichen Länge einer Faser
zwischen zwei Bindungsstellen und deren gerader Verbindungsstrecke und messen
der Kenntnis der „Curl"-Verteilung im Vliesstoff große Bedeutung für die Vorher-
bestimmung des Zug-Dehnungsverhaltens bei. Den nicht gespannten Fasern
im Fasernetzwerk ist ein großer Teil des Dehnungsvermögens zuzuschreiben.
Eine möglichst enge „Curl"-Verteilung — d. h. weitgehend gleiche Faserlängen
zwischen den Bindungsstellen — sollte maximale Festigkeitswerte ergeben. B. E.
THIRLWELL und L. R. G. TRELOAR [124] untersuchten das Problem der Dimen-
sions- und mechanischen Anisotropie an einem kreuzgelegten und einem Wirrfaservlies. Mit dem schlechten Drapierverhalten der Vliesstoffe im Vergleich zu Geweben, bedingt durch die größere Biegesteifigkeit der bisher gefertigten Vliesstoffe,
beschäftigten sich auch R. I. C. MICHIE und P. J. STEVENSON [126], W. D. FREE-
STON jr. und M. M. PLATT [128] sowie J. W. S. HEARLE, R. I. C. MICHIE und P. J.
STEVENSON [127]. Letztere legen bei vergleichbarem Bindemittelanteil im Vlies
den Fasereigenschaften größeres Gewicht als der Bindemittelart bei. FREESTON jr.
und PLATT stellen auf Grund von Modellbetrachtungen und -berechnungen drei

Forderungen für Vliesstoffe mit verbessertem Faltenwurf auf: a) Die Fasern sollen zwischen den beiden Oberflächen des Vlieses hin- und hergehen und nur in der Mittelebene, der neutralen Biegezone, gebunden sein. b) Größere Abstände der Bindungsstellen und verringerte Dichte der Vliese. c) Bindemittel mit niedrigerem Modul, ohne daß dadurch die elastische Erholung und mechanischen Festigkeiten leiden. MICHIE und STEVENSON gingen bei ihren Untersuchungen über den Einfluß einer Verstreckung von Vliesstoffen auf deren mechanische Eigenschaften davon aus, daß ein Zusammenhang zwischen dem Drapiervermögen und dem Widerstand besteht, den ein textiles Flächengebilde kleinen spezifischen Deformationen entgegensetzt. Gewebe können eine große Anzahl auf sie einwirkender Verformungskräfte durch z. B. Abbiegen des Garns, Änderung der Garnkräuselung, Änderung des Winkels der Garnüberschneidungen u. a. m. ausgleichen. In Vliesstoffen dagegen sind die Bewegungsmöglichkeiten der Fasern dadurch sehr eingeschränkt, daß diese in ein Netzwerk mit vielen, nicht verschiebbaren Bindestellen einbezogen sind. Nicht alle Bindungsstellen in den derzeitig hergestellten Vliesstoffen jedoch tragen zur Zerreißfestigkeit bei. Danach müßte es also möglich sein, durch Aufbrechen von Bindungsstellen, die für den Widerstand gegen kleine Formveränderungen verantwortlich sind, das Drapiervermögen beträchtlich zu verbessern, ohne die mechanische Festigkeit und andere Eigenschaften wie die elastische Erholung wesentlich herabzusetzen. Versuche mit Wirrfaser- und kreuzgelegten Vliesstoffen, die bis zu ca. 30 % verstreckt wurden, bestätigen die angestellten Überlegungen. Von R. I. C. MICHIE [125] liegt eine Arbeit über die Beziehung zwischen der Haftfestigkeit des Bindemittels an der Faser und der Veränderung der Zerreißfestigkeit des Vliesstoffs vor, wenn die Einspannlänge immer kleiner wird, bis mit Sicherheit alle Fasern des Prüfstreifens von beiden Backen des Reißfestigkeitsprüfgerätes erfaßt werden. In diesem Fall sollte die Vliesstoff-Festigkeit unabhängig vom Bindemittelgehalt sein. Ab einem bestimmten Bindemittelanteil im Vlies steigt dennoch die Zerreißfestigkeit an, da die Faserstruktur durch den sich bildenden Kunststoff-Film verstärkt wird.

H. JÖRDER [128a] hat das Verhalten textiler Flächengebilde gegenüber Wasser untersucht. Bei Vliesstoffen können sich unter dem Einfluß von Wasser nicht nur das Gewicht und die Dimensionen, sondern auch die mechanisch-technologischen Eigenschaften ändern. JÖRDER führt unterschiedliches Verhalten gegenüber Wasser auf Unterschiede in der Grenzflächenspannung Wasser/Faseroberfläche, im Quellvermögen der Fasersubstanz und in der Struktur des Flächengebildes (Form und Länge der Fasern, Kräuselung, Flächengewicht, Porenvolumen u. a.) zurück.

Die *Anwendung* der Vliesstoffe erstreckt sich auf viele Bereiche der technischen und der Gebrauchsgüter-Industrie. Vliesstoffe treten dabei nicht nur an die Stelle herkömmlicher Textilien, sondern dringen auch in neue, Textilien bisher verschlossene Anwendungsgebiete vor. Dabei hat es sich gezeigt, daß die Entwicklung in einzelnen Ländern verschiedene Richtungen eingeschlagen hat. In der BRD umfaßte die Herstellung von Einlagestoffen für die Bekleidungsindustrie 1963 noch über $^2/_3$ der Vliesstoffproduktion [129], während dieser Produktionszweig in den USA noch 1965 mit nur ca. 10 % von dem der sanitären Wegwerfartikel mit ca. 30 % weit übertroffen wurde [130], die wiederum in der BRD 1963 nur ca. 15 % der Gesamtproduktion einnahmen [129]. Insgesamt wurden 1965 ca. 3 % der Faserproduktion in der Vliesstoff-Fabrikation verarbeitet.

Eine Aufzählung einer Vielzahl von Einzelartikeln (synth. Papiere s. 7.8) aus Vliesstoffen findet sich bei W. Rupert, P. Graff und C. L. Nottebohm [131]. Im Rahmen dieser Ausführungen soll nur auf einige besonders hervorstechende Vliesstoffanwendungen eingegangen werden.

Große Anforderungen werden an Bindemittel und die Herstellungstechnik zur Fertigung von *Einlagestoffen* [132] für waschbare, trockenreinigungsfeste und bügelfreie Oberbekleidung gestellt. Wegen der erforderlichen Sprungelastizität (Maßhaltigkeit, Formhaltevermögen) kommen als Bindemittel ausschließlich Butadien-Acrylnitril-Copolymere und vernetzbare Acrylester-Polymerisate in Betracht, die letzteren besonders in Einlagen für leichte, durchscheinende Oberbekleidungsstoffe, bei denen eine Eigenfarbe oder Vergilbung des Vlieses durch Alterung stören würde. Der Anteil des Bindemittels im Vliesstoff beträgt 50—60 %. Auf die Unterschiede im Dehnungsverhalten je nach Faserauswahl und Vliesstruktur geht E. Heintze [133] ausführlich ein.

Ein bevorzugtes Einsatzgebiet für vernetzbare Acrylester-Polymere, neben Vinylacetatpolymeren, sind auch die sog. *Füllvliese* [134] für Steppdecken, Anoraks, Morgenröcke, Schlafsäcke usw.; Füllvliese sind lockere, bauschige Vliese, meist aus Polyesterfasern, die an der Oberfläche mit einem klebfreien, geschmeidigen, gegen Trockenreinigung und Feinwäsche beständigen Polymerisat gebunden werden, damit die Fasern nicht das Abdeckgewebe durchdringen. Auf die nach dem aerodynamischen Prinzip oder auf Krempeln hergestellten Vliese werden beidseitig jeweils ca. 20 g/m² Polymerisat (fest) aufgesprüht.

Eine Vielzahl *sanitärer Artikel* werden sowohl nach dem Naß- wie auch nach dem Trockenverfahren hergestellt. Außer wasserlöslichen Bindemitteln kommen auch Polyvinylacetat- und Polyacrylester-Dispersionen zur Anwendung.

Die Herstellung von *Wegwerfartikeln* hat sich bei Massenverbrauchsgütern (Krankenhausbettücher, Tischtücher, Ärztekittel, Handtücher usw.) besonders in den USA bereits eine gewisse Marktstellung erobert [134a]. Neuerdings werden auch in stärkerem Maße nach dem Naßverfahren hergestellte Oberbekleidungsartikel sowohl in den USA als auch in Europa auf dem Markt angeboten. Teilweise sind diese Artikel durch eingelegte Gittergewebe (s. 10.4.5) oder durch ein weitmaschiges Netz aus endlosen Fäden verstärkt. Leitet man das noch unverfestigte Vlies über eine Trommel, aus der durch ein Lochsystem Wasser unter Druck austritt, werden an diesen Stellen die Fasern beiseite gedrückt. Es entsteht ein Lochmuster entsprechend der Anordnung und Form der Öffnungen in der Trommelfläche [135]. Der Bindemittelgehalt wird bei diesen Vliesstofferzeugnissen sehr niedrig gehalten, im allgemeinen noch unter 30 %, und die meistens längsgerichteten Vliese werden vielfach im Druckverfahren gebunden. Die gebräuchlichsten Bindemittel sind Polyvinylacetat- und Polyvinylchlorid-Dispersionen, daneben in geringerem Umfang Butadien-haltige Polymerisate und — wenn es der Preis des Artikels zuläßt — auch Acrylester-Copolymere.

Für *Putztücher* wird natürlicher und synthetischer Kautschuk als Bindemittel bevorzugt. Der Bindemittelgehalt (ca. 80 %) ist noch wesentlich angehoben gegenüber dem der Einlagevliesstoffe. Durch wasserlösliche Substanzen in der Imprägniermischung wird die Saugfähigkeit erhöht.

Als Bindemittel für *Filterstoffe und -matten* [136] dienen Aminoplaste — wegen der Temperaturbeständigkeit — und Polyacrylester. Für die Filtereigenschaften sind außer dem Bindemittel auch die Faserauswahl und die Herstellungstechnik wichtig. Wird z. B. ein getränktes Faservlies mit hoher Bauschelastizität durch einen engen Walzenspalt abgequetscht und anschließend zur Trocknung einem Temperaturstoß unterworfen, so erstrecken sich die Bindemittellamellen in alle Richtungen und gewährleisten auf diese Weise große Abscheideleistung für Ruß, Staub usw. bei geringem Luftwiderstand [137].

Die *Schweißwatte* [138] ermöglicht, den Arbeitsgang der Sitz- und Seitenwandpolsterung bei der Automobilproduktion zu rationalisieren. Früher mußte das Polstermaterial aus Reißwolle, groben Zellwolle- und Synthesefasern in vorgesteppte Taschen streifenförmig eingeschoben werden. Heute wird stattdessen Schweißwatte mit dem Sitzgewebe vollflächig oder mit beschichtetem Karton als Unterlage und PVC-Folie als dekorativer Deckfläche im gewünschten Muster im elektrischen Hochfrequenzfeld innerhalb 3—5 sec verschweißt. Hierzu werden die einzelnen Florlagen aus den genannten Fasern mit Vinylchlorid- bzw. Vinylacetat-Polymerisat-Dispersionen besprüht und zusammengelegt, damit das Bindemittel gleichmäßig durch das ganze Vlies verteilt ist.

Ein anderes Polstermaterial, vornehmlich für Auto- und Polstermöbelsitze, ist das sog. *Gummihaar* [139]. Zu dessen Herstellung wird noch vorwiegend natürlicher Kautschuklatex verwendet, dem gewisse Mengen an Butadien-Styrol-Copolymerisatlatex zugemischt werden können. Das Herstellungsverfahren geht von groben Tierhaaren aus, die gegebenenfalls mit Fasern pflanzlichen Ursprungs wie Sisal gemischt werden. Die gekräuselten Haare werden entweder in einem kontinuierlichen Schüttverfahren auf einem Transportband zu Matten gelegt und mit Bindemittel besprüht oder eine bestimmte Menge bereits besprühter Haare wird in entsprechend durchbohrte Metall- oder in Drahtformen eingedrückt, so daß direkt die gewünschte, evtl. unregelmäßige Gestalt des Polstermaterials erhalten wird. Das Bindemittel muß vulkanisiert werden, um neben den Haaren mit zur elastischen Rückfederung des Polstermaterials beizutragen.

Die lederverarbeitende Industrie kennt Vliesstoffe schon seit längerer Zeit als Schuhfutter, Brandsohlendeckstoffe und Kofferfutter. Ein neueres Anwendungsgebiet dagegen ist die Verwendung als Basismaterial für *synthetisches Leder* [140]. Einem Vliesstoff müssen hierzu die charakteristischen Eigenschaften des Leders, wie z. B. entsprechende Feuchtigkeitsaufnahme und -abgabe und Dehnfähigkeit bei guter mechanischer Festigkeit, erteilt werden. Der Hauptvorteil liegt in der Gleichmäßigkeit des Materials und der dadurch erzielbaren Rationalisierung in der Schuhfertigung. Bei den ersten auf den Markt gekommenen Artikeln sind zwar Bindemittel auf Polyurethan- und PVC-Basis vorherrschend, doch sind auch nach wie vor Versuche im Gange, Kunststoff-Dispersionen, und zwar hauptsächlich Butadien-Acrylnitril- [141] und vernetzbare Acrylesterpolymere einzusetzen.

Zu den *Nadelverbundstoffen* muß der Nadelvliesbodenbelag [140, 142, 143, 143a], eine neue Art der textilen Bodenbeläge, gezählt werden, der neben den Schlingenflorteppichen (s. 10.5) mehr und mehr an Bedeutung gewinnt. Er besteht aus einer Nutz- und Zwischenschicht aus Faservliesen, die auf ein Trägergewebe aus Jute aufgenadelt und durch Imprägnierung mit Kunststoff-Dispersionen zusätzlich verfestigt sind. Anstelle des Jutegewebes kann auch ein Gewebe aus Polypropylen- oder Polyesterfasern, ein Vliesstoff, ein verfestigtes Glasfaservlies, Korkment oder Gummihaar als Unterlage dienen. Manchmal befindet sich auf der Rückseite eine

PVC- oder Latexschaumbeschichtung. Wird der Nadelvliesbodenbelag in Fliesenform hergestellt, so trägt er meistens eine rutschfeste oder selbstklebende Rückseitenbeschichtung. Wenigstens die Nutzschicht besteht zum überwiegenden Teil aus vollsynthetischen Fasern. Um zusammen mit den Fasern die notwendige Rückstellelastizität des Belages nach Belastung zu erzielen, werden als Imprägnierungsmittel vernetzbare Acrylester-Polymerisate und auch Butadien enthaltende Polymere bevorzugt; für steifere Beläge kommen auch Polyvinylacetat-Dispersionen und andere, entsprechend harte Filme bildende Kunststoff-Dispersionen in Frage. In einem Kontinuefärbeverfahren mit anschließender Imprägnierung können Nadelvliesbodenbeläge in einem Arbeitsgang gefärbt und verfestigt werden [*144*].

Schmelzspinnverbundstoffe [*145*] sind nach DIN-Entwurf 60 000 folgendermaßen definiert: „Textile Flächengebilde aus Endlosfasern (Elementarfäden), die aus thermoplastischen Kunststoffen in einem Arbeitsgang mit dem Erspinnen der Fasern aus der Schmelze, z. B. durch Formen eines Flächengebildes aus ungeordneten Schlingen und anschließendes Verfestigen durch Verschweißen oder Verkleben hergestellt werden.‟ Zur Herstellung werden geschmolzene, faserbildende Polymerisate oder Polykondensate durch zahlreiche Spinndüsen gepreßt und als Endlosfasern in Schleifen auf eine langsam laufende Transporteinrichtung abgelegt. Vorher werden die Filamente noch beim Durchlaufen entsprechend gestalteter Kanäle durch einen Druckluftstrom stark verstreckt. Dadurch, daß die Transportgeschwindigkeit des abgelegten Vlieses sehr viel geringer ist als die Austrittsgeschwindigkeit der Filamente aus den Spinndüsen, überlappen sich die Schleifen der Endlosfasern und bilden ein Wirrfaservlies. Dieses wird mit den von der Vliesstoffherstellung bekannten Verfahren verfestigt. Dabei wird bei einer Verwendung von Kunststoff-Dispersionen als Bindemittel den vernetzbaren Acrylester-Polymeren der Vorzug gegeben, da die Anforderungen an die Bindemitteleigenschaften bei den Schmelzspinnverbundstoffen denen für Vliesstoffe weitgehend gleich sind. Um die gleichen Festigkeitseigenschaften wie bei einem Vliesstoff aus Stapelfasern zu erzielen, sind jedoch in Schmelzspinnverbundstoffen erheblich weniger Bindungsstellen notwendig, weil das Faservlies hier aus Endlosfasern besteht. Da bei Schmelzspinnverbundstoffen der Bindemittelgehalt ohne Festigkeitsverlust beträchtlich reduziert werden kann, ist es möglich, Schmelzspinnverbundstoffe mit einem Drapiervermögen herzustellen, das im Vergleich zu dem von Vliesstoffen aus Stapelfasern erheblich verbessert und mindestens weitgehend dem von Geweben ähnlich ist. Dies entspricht auch den theoretischen Überlegungen von FREESTON und PLATT [*128*] und den experimentellen Untersuchungen von MICHIE u. a. [*115, 121*] (s. S. 212). Wegen ihrer gewebeähnlichen Eigenschaften eignen sich Schmelzspinnverbundstoffe nicht nur für die von den Vliesstoffen her bekannten Anwendungsgebiete, sondern es ergeben sich auch zusätzliche Anwendungsmöglichkeiten auf dem Bekleidungssektor (Oberbekleidung, Unterwäsche, Nachthemden, Schlafanzüge u. a.).

11 Linoleum und Feltbasebodenbeläge

Mit Kunststoff-Dispersionen können auf *Linoleum* glänzende Schlußstriche erzeugt werden. Von solchen Schlußstrichmaterialien werden Eigenschaften wie z. B. ausreichende Flexibilität, klebfreie Oberfläche, genügende Abriebfestigkeit,

Wasserfestigkeit und Glanz verlangt. Diesen Anforderungen entsprechend, werden dafür vorwiegend Copolymerisate des Vinylidenchlorids, Vinylchlorids, Styrols und Methylmethacrylats eingesetzt. Gegebenenfalls werden die entsprechenden Kunststoff-Dispersionen noch mit Wachsemulsionen gemischt, ähnlich wie bei der Herstellung von Fußbodenpflegemitteln (s. 12). Das Auftragen der Kunststoff-Dispersionen auf die Linoleumoberfläche erfolgt meistens mit Walzen. Zweckmäßigerweise wird die Beschichtung direkt anschließend mit einer Luftbürste, mit Roll- oder feinen Messerrakeln egalisiert, wobei für die beiden zuletzt genannten Egalisiermethoden die Auftragsmasse auf einen höheren Fließwiderstand eingestellt werden sollte.

Der *Feltbasebelag* wurde als eine preiswerte Abart des Linoleums entwickelt. In der Gebrauchsdauer reicht er allerdings nicht an Linoleum und andere Bodenbeläge heran. Eine bituminierte Filzpappe aus Wollabfällen bildet die Hauptmasse des Bodenbelages. Die zur Herstellung der Filzpappe verwendeten Wollabfälle sollen möglichst keine Gummiteilchen enthalten, da diese durch Bitumenbestandteile angequollen werden und Unebenheiten in der Belagoberfläche verursachen können. Durch teilweisen oder vollständigen Austausch der Wolle durch Cellulosefasern kann die Maßhaltigkeit des Belages unter Feuchtigkeitseinwirkung verbessert werden. Die Oberfläche des imprägnierten Filzes wird mit einer pigmentierten Isolierschicht mit Kunststoff-Dispersionen als Bindemittel abgedeckt. Diese soll einerseits die verhältnismäßig rauhe Filzoberfläche glätten, damit auf ihr mit möglichst geringem Druckfarbenverbrauch ein gleichmäßiges Druckbild mit hohem Glanz erzielt werden kann. Andererseits muß durch die Isolierschicht verhindert werden, daß das Druckdessin durch Einwandern niedermolekularer Bestandteile des Bitumens verfärbt wird. Zum Bedrucken werden vorwiegend Leinöldruckfarben verwendet; es können aber auch Kunststoff-Dispersionen als Druckfarbenbindemittel eingesetzt werden. Der Druck wird mit einem glänzenden Alkydharz-, Harnstoff-Formaldehyd-Harz- oder Polyurethan-Lack überlackiert. Auf die Rückseite wird ebenfalls eine Isolierschicht aus hochgefüllter Kunststoff-Dispersion oder einem Alkydharzlack aufgetragen, um die Oberseite vor der Verschmutzung durch Bitumen zu schützen, solange der Bodenbelag aufgerollt gelagert wird.

Zur Herstellung der Isolierschicht wurden früher Kasein und hochpigmentierte Leinöllacke herangezogen. Heute werden fast ausschließlich Beschichtungsmassen aus Kunststoff-Dispersionen und Füllstoffen verwendet, und nur noch in wenigen Fällen wird anteilmäßig Kasein eingesetzt oder der erste Isolierstrich mit Kasein oder Leinöl als einzigem Bindemittel ausgeführt. Durch die Verwendung von Kunststoff-Dispersionen wird das Produktionsverfahren erheblich abgekürzt, da der langwierige Oxydationsprozeß des Leinöls durch eine rein physikalische Trocknung der wäßrigen Kunststoff-Dispersion abgelöst wird. Die gute Flexibilität, Wasserfestigkeit und Alterungsbeständigkeit entsprechend ausgewählter Polymerisate bieten außerdem Vorteile gegenüber den nachhärtenden Leinöllacken und den wasserempfindlichen und spröden Kaseinschichten. Die für die Isolierschicht verwendeten Polymerisate müssen ein gutes Bindevermögen für Füllstoffe, Wasserfestigkeit, gute Filmflexibilität und ausreichende Alterungsbeständigkeit aufweisen. Vorwiegend werden entsprechende Acrylester-Copolymere neben Vinylacetat- und Vinylchlorid-Copolymeren und in geringerem Ausmaß auch Styrol-Butadien-, Butadien-Acrylnitril-, Butadien-Methylmethacrylat- und Vinylidenchlorid-Copo-

lymere als Bindemittel eingesetzt, letztere meist in Mischungen mit den anderen
Bindemitteln. Bei Vinylidenchlorid-Copolymeren, deren Gehalt an Vinylidenchlorid
sehr hoch ist, können Schwierigkeiten bezüglich der Haftfestigkeit von Leinöldruckfarben auftreten.

Die Verwendung von öllöslichen Weichmachern in den Beschichtungsmassen
ist gefährlich, da hierdurch die Einwanderung von Bitumen in die Druckschicht
gefördert werden kann. In vielen Fällen ist ein Zusatz von Netz- und Antischaum-
mitteln notwendig, um die Entstehung von Poren in der Isolierschicht zu vermeiden. Die Beschichtungsmasse muß die bituminierte, rauhe Filzoberfläche vollständig benetzen, da sonst in den Vertiefungen des Filzes durch die Beschichtungsmasse Luft eingeschlossen wird, die beim Trocknen der Isolierschicht diese als
Luftblase durchbricht. Schaum im Beschichtungsansatz zieht ebenfalls durch
Porenbildung eine verminderte Isolierwirkung nach sich. Beschichtungsmängel
dieser Art sind nicht dem Polymerisat, sondern dem Hilfsstoffsystem der einzelnen
Kunststoff-Dispersionen oder Fehlern beim Zusammensetzen und Verarbeiten der
Beschichtungsmasse zuzuschreiben.

Die Beschichtungsmasse enthält als Füllstoffe einen hohen Anteil Kreide und
ist außerdem mit Eisenoxidrot eingefärbt. Eisenoxidrot wird durch TiO_2 ersetzt,
wenn ein helleres Dessin aufgedruckt werden soll. Der Bindemittelgehalt in der
trockenen Masse liegt zwischen 15 und 30 Gew-% je nach Filzqualität und Produktionsverfahren. Meist wird die Isolierschicht aus mehreren Einzelschichten aufgebaut, die wiederum sich in Bindemittelgehalt und Bindemittelart, entsprechend
den gestellten Anforderungen, unterscheiden können. Der Feststoffgehalt der
Auftragsmasse beträgt oft über 70%, ohne daß dadurch die Verarbeitbarkeit auf
der Beschichtungsmaschine und die Verlaufseigenschaften der Beschichtung nachteilig beeinflußt sein dürfen. Als Beschichtungsmaschinen kommen solche mit Ein-
oder Mehrwalzenauftragssystemen in Frage. Nach dem Auftragen werden die Beschichtungen mit einer Luftbürste, einer oder mehreren Walzen-, Messer- oder
Federrakeln geglättet. Die Rückseitenbeschichtung wird meistens im Anschluß an
die Imprägnierung des Filzes mit Bitumen aufgebracht, wobei die im imprägnierten Filz noch vorhandene Wärmeenergie zum Trocknen der sehr hoch gefüllten
Schicht benutzt wird.

Auf Grund des starken Vordringens der PVC-Fußbodenbeläge auf dem Markt
wurden Feltbasebeläge entwickelt, bei denen der preiswerte bituminierte Filz mit
einer abriebfesten Laufschicht aus PVC kombiniert ist. Bei einem dieser Verfahren
wird das Dessin im Tiefdruckverfahren mit PVC-Druckfarben auf die Isolierschicht
gedruckt und darüber eine zähe, transparente, bis zu 150 μ starke Schicht aus
einem PVC-Organosol gelegt. Die für die Gelierung des Organosols notwendige
hohe Temperatur erfordert eine besonders gute Isolierwirkung durch die pigmentierte Zwischenschicht, deren Zusammensetzung auch auf gute Haftfestigkeit des
PVC-Organosols abgestimmt sein muß. Beim Herstellungsprozeß eines derart auf-
gebauten Bodenbelages treten durch die Temperaturempfindlichkeit des Bitumens
verfahrenstechnische Schwierigkeiten auf, die bei zwei anderen Herstellungsverfahren vermieden sind. Bei dem einen wird das PVC-Organosol zunächst auf ein
mit Kunststoff-Dispersionen imprägniertes und bedrucktes Papiervlies aufgetragen
und dieses anschließend auf den Bitumenfilz mittels Kunststoff-Dispersionen kaschiert. Das andere tauscht die Organosolschicht durch eine PVC-Folie aus, die an

der Unterseite bedruckt ist und mit der bedruckten Seite auf den Bitumenfilz kaschiert wird. In beiden Fällen sind die Kaschierschichten gleichzeitig auch Isolierschichten.

Um die mit Bitumen wegen dessen Wanderungstendenz bestehenden Schwierigkeiten zu umgehen, wurde schon mehrfach vorgeschlagen, die Filzpappe durch solche Kunststoff-Dispersionen zu verfestigen, die sehr wasserbeständige Filme bilden. Ein solches Verfahren ist jedoch bisher aus wirtschaftlichen Gründen nicht über das Versuchsstadium hinausgekommen.

Prüfmethoden für Rollbodenbeläge wurden von E. FORTUN [1] beschrieben. Zur Beurteilung der Isolierschicht eines Feltbasebelages wird vor allem deren Isoliervermögen gegen Bitumen geprüft. Ein genormtes Prüfverfahren hierzu existiert nicht. In konventioneller Weise werden im Kurzzeit-Test Prüfkörper mit der Isolierschicht, aber ohne Druckdessin, mehrere Stunden unterschiedlich hohen Temperaturen ausgesetzt. Bewertet wird hauptsächlich eine etwaige Verfärbung der Isolierschicht durch eingewandertes Bitumen; Porendurchschläge deuten auf Fehler im Rezeptaufbau oder in der Auftragstechnik hin. Wegen der besseren Beobachtungsmöglichkeit bei der Prüfung ist die Isolierschicht nur mit Weißpigmenten eingefärbt. Durch den Dornbiegeversuch nach DIN 51949 soll das Verhalten von Fußbodenbelägen unter den beim Aufrollen oder auch Verlegen auftretenden Formänderungen geprüft werden. Die Krümmung, die ein Belag beim Biegen über Dorne mit unterschiedlichem Durchmesser gerade noch ohne Schädigung erträgt, ist kennzeichnend für seine Biegsamkeit. In analoger Weise kann die Biegsamkeit der Isolierschicht eines Feltbasebelages geprüft werden. Als Bewertungsmaßstab dient ebenfalls der Dorndurchmesser, bei dem sich gerade noch keine Risse in der Belagsschicht zeigen.

12 Fußbodenpflegemittel

Fußbodenpflegemittel auf Dispersionsbasis sind seit 1929 auf dem Markt [1]. Sie bestanden damals im wesentlichen aus wäßrigen Carnaubawachsemulsionen, denen zur Erhöhung der Trittfestigkeit und Verminderung der Schmutzanfälligkeit Schellacklösungen zugesetzt waren. Nach 1945 wurden erstmals Polymerdispersionen bei der Herstellung von Fußbodenpflegemitteln mitverwendet. Die Verbreitung dieser leicht verarbeitbaren Pflegemittel wurde durch die zunehmende Verwendung von PVC-Fußbodenbelägen im Wohnungsbau stark gefördert; es werden aber damit auch Linoleum, Feltbasebeläge und genügend abgesiegelte Holzböden behandelt. Heute ist eine Selbstglanzemulsion — so genannt, weil der aufgetrocknete Film ohne Polieren glänzt — aus den drei Hauptkomponenten: Polymerdispersionen, Wachsemulsionen und alkalilöslichen Harzen zusammengesetzt. Der Feststoffgehalt liegt meistens um 15 %. Die Selbstglanzemulsionen werden je nach der Art des Emulgiermittels der Wachsemulsionen in anionische und nichtionische eingeteilt. Das Emulgiermittel der Kunststoff-Dispersion bleibt bei dieser herkömmlichen Klassifizierung unberücksichtigt.

Als *Polymerisatkomponente* werden Polystyrol und harte Polyacrylate sowie Copolymerisate des Styrols [2] mit geringen Mengen eines Acrylates als Comonomerem bevorzugt. Eine gewisse Bedeutung haben auch Vinylacetat-Polymere.

Flexible Filme bildende Latices aus Vinylacetat- und Acrylat-Copolymeren dienen als weichmachende Zusätze zu den erstgenannten Polymerisattypen. Um die Menge der hydrophilen Emulgiermittel in der Kunststoff-Dispersion gering zu halten und dennoch während der Polymerisation sehr kleine Polymerisatteilchen zu erzielen, ist als Emulgiermittelsystem eine ammoniakalische Lösung eines Polymerisates aus einem Halbester der Itakonsäure und einem Acrylester vorgeschlagen worden [3]. Während zuerst fast ausschließlich Carnaubawachs verwendet wurde, ist später die Auswahl der *Wachse* um synthetische Esterwachse, mikrokristalline Wachse und Polyäthylenwachse bereichert worden. Die am meisten gebräuchlichen *Harze* sind Schellack und Kolophoniumderivate. Neuerdings wird auch von der Verwendung von Styrol-Maleinsäure-Polymerisaten als Harzkomponente berichtet.

Von dem Überzug aus einer Selbstglanzemulsion wird je nach Anwendung eine mehr oder weniger weitgehende Kombination folgender *Eigenschaften* gefordert [4]:

> großer Widerstand gegen Abnutzung,
> Haftfestigkeit auf dem Untergrund,
> Rutschfestigkeit,
> keine Farbänderungen und kein Verspröden,
> Polierbarkeit,
> Unempfindlichkeit gegen schwarze Striche durch Schuhabsätze aus Gummi,
> Wiederbenetzung durch Erneuerungsaufstriche,
> leichte Entfernbarkeit.

Um diesen Anforderungen in der gewünschten Kombination gerecht zu werden, müssen Art und Menge der drei Hauptbestandteile sowie etwaiger Zusatzstoffe wie Verlaufmittel, Weichmacher und Netzmittel gut aufeinander abgestimmt sein. Wichtig ist vor allem die Verträglichkeit der einzelnen Mischkomponenten untereinander. In dem aus einer Selbstglanzemulsion gebildeten Überzug sind die Latexteilchen als diskontinuierliche Phase in einen Film aus Wachs und Harz eingebettet, wie aus elektronenmikroskopischen Aufnahmen ersichtlich ist [4,5] (Abb. 35). In dem Überzug übernehmen die Einzelbestandteile: Polymerisate, Wachse und Harze jeweils bestimmte Aufgaben. Die harten Latexteilchen und der Harzanteil im Pflegemittelfilm schützen vor zu schneller Abnutzung und gewährleisten damit dessen Trittbeständigkeit. Damit der Film glänzt, müssen die Durchmesser der harten Latexteilchen kleiner als 0,1 μ sein, um den Durchmesser von Unebenheiten in der Filmoberfläche im Vergleich zur Wellenlänge des Lichtes gering zu halten.

Untersuchungen von E. NEUFELD und K. SCHÄFER [5] haben außerdem gezeigt, daß glatte Filmstrukturen aus Mischungen einer Polystyroldispersion und einer Esterwachsemulsion nur bei Mischungsverhältnissen zwischen 70 : 30 und 30 : 70 Gew.-% erhalten werden. Liegt der Polystyrolanteil im Gemisch unter 30 %, dann wird die Oberfläche des Überzugs inhomogen wie bei einem reinen Esterwachsfilm; überschreitet der Polymerisatanteil im Überzug 70 %, dann bildet sich kein geschlossener Film mehr. Diese Ergebnisse wurden von NEUFELD und SCHÄFER anhand der Filmbildungstheorie von G. BROWN gedeutet (s. 1.5). Durch den bei der Filmbildung wirkenden Kapillardruck werden die weichen Wachsteilchen in die Zwischenräume der harten, nicht deformierbaren Polystyrolteilchen gepreßt.

Risse und größere Unebenheiten, die eine diffuse Lichtstreuung bewirken würden, können deshalb nicht entstehen. Voraussetzung dafür ist aber einerseits, daß genügend Wachs zum Ausfüllen der Zwischenräume zwischen den Polystyrolkügelchen vorhanden ist. Andererseits muß auch der Polystyrolanteil in der Mischung ausreichend sein, damit die Latexteilchen ein „starres Filmgerüst" bilden können, in das die Wachsteilchen eingepreßt werden. Eine weitere Voraussetzung für eine glänzende Filmoberfläche ist, daß die Selbstglanzemulsion beim

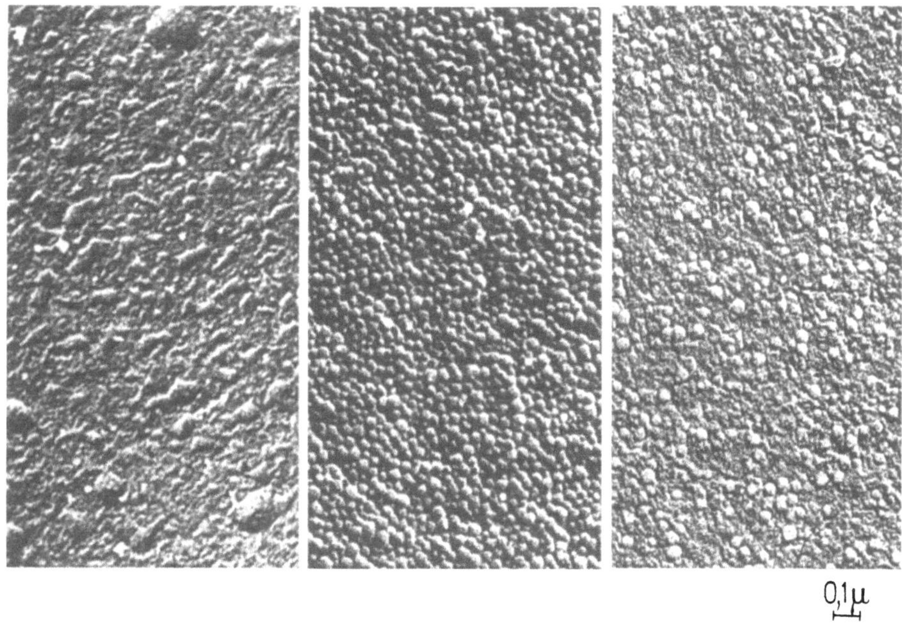

Abb. 35. E-Mikroskopaufnahmen von Oberflächenabdrücken eines Aufstriches einer Esterwachsemulsion, einer Polystyroldispersion und einer Mischung aus beiden

Trocknen gut verläuft. Hierfür sorgt hauptsächlich das alkalilösliche Harz, unterstützt durch Verlaufmittel, wie z. B. Glykole, Glykoläther und Weichmacher für das Polymere. Tri-isobutylphosphat ist ebenfalls ein gut wirkendes Verlaufmittel, das gleichzeitig die Schaumneigung der Pflegemitteldispersion dämpft. Wichtig ist, daß der Film optisch homogen ist, da sonst der Überzug trüb erscheint. Sowohl das Harz als auch die Kunststoff-Dispersion verbessern die Haftfestigkeit des Glanzüberzuges auf dem Untergrund. Die Wasserfestigkeit wird außer durch die Art des Polymerisates vor allem durch die Emulgiermittel beeinflußt. Die sog. anionischen Pflegemittel sind meistens etwas wasserfester als die nichtionischen, da bei ersteren die Wachsemulsion mit einem instabilen Emulgiermittel hergestellt wird, das aus einer Fettsäure (Olein) und einem flüchtigen Amin (Aminomethylpropanol, Morpholin) besteht. In den nichtionischen Selbstglanzemulsionen dagegen bleiben die Emulgiermittel, meistens Äthoxylierungsprodukte, als solche im Film erhalten. Die Lichtbeständigkeit kann durch Amine enthaltende Emulgiermittel und mindere Schellackqualitäten beeinträchtigt werden. Styrolhaltige Polymerisate neigen etwas zum Vergilben, was sich aber nur bei Pflegemitteln mit

hohen Polymerisatanteilen auswirkt. Lichtbeständig dagegen sind Polyacrylate.
Die Flexibilität der Glanzfilme spielt besonders auf nachgiebigen Böden eine Rolle.
Wachsreiche Filme erfüllen diese Bedingungen am besten. Den Polystyrollatices
müssen wegen der notwendigen Biegsamkeit der Filme Polyacrylesterdispersionen
oder Weichmacher wie Dibutylphthalat oder Tributoxyäthylphosphat in Mengen
um 10 % zugesetzt werden. Eine größere Menge Weichmacher fördert die Wasserbeständigkeit, den Abnutzungswiderstand und den Verlauf, verringert aber gleichzeitig den Widerstand gegen eine Anschmutzung durch Striche mit Schuhabsätzen.
Die Art des Weichmachers ist dabei mitentscheidend [6]. Die Polierbarkeit ist um
so besser, je mehr Wachs in der Mischung vorhanden ist. Dagegen halten die Überzüge mit hohem Polymerisatanteil den Glanz länger und können nicht so leicht ver-
kratzt werden. Ein Nachpolieren ist dann allerdings nur wenig wirksam. Die Rutsch-
festigkeit eines Selbstglanzfilmes ist durch die Einführung der Polymerisatdispersionen in die Selbstglanzrezepte verbessert worden. Die Wiederentfernbarkeit von
Selbstglanzfilmen beruht auf der Alkalilöslichkeit der darin enthaltenen Harze. Inzwischen sind aber auch Polyacrylesterdispersionen bekannt geworden, die ein
Monomeres wie Dimethylamino-äthylacrylat im Copolymerisat enthalten [7].
Mit solchen Copolymerdispersionen hergestellte Glanzfilme können mit einer
schwach sauer eingestellten Waschlösung entfernt werden und weisen den Vorteil
auf, sich mit Seife und synthetischen Reinigungsmitteln säubern zu lassen. Bei
älteren Filmen ist die Wiederentfernbarkeit jedoch erschwert.

Bei einer Kombination von Filmbildnern (Wachsen, Kunststoff-Dispersionen)
mit waschaktiven Substanzen oder organischen Lösungsmitteln soll durch Fußbodenpflegemittel außer dem Selbstglanz auch ein gewisser Reinigungseffekt erzielt
werden können [8].

13 Entdröhnungsmassen

Zur Lärmbekämpfung gehört auch die Entdröhnung von Metallflächen, die zu
Resonanzschwingungen angeregt werden können. Die auf das Metall aufgebrachten Entdröhnungsmittel bewirken, daß ein Teil der Schwingungsenergie durch
Relaxationsbewegungen der Moleküle des Bindemittels verbraucht, in Wärme umgewandelt und somit die Abstrahlung von Störschall vermindert wird. Dieser Vorgang wird als Körperschalldämpfung bezeichnet. Die ersten und grundlegenden
Untersuchungen an Entdröhnungsmitteln sind von H. OBERST, K. FRANKENFELD
und G. W. BECKER durchgeführt worden [1, 2, 3, 4].

Entdröhnungsmittel sollen ihr Dämpfungsmaximum im Hörschallbereich, also
zwischen 50 und 1000 Hz, liegen haben. Entscheidend für ihre Wirksamkeit ist
ferner, daß außer einer größtmöglichen absoluten Höhe des Dämpfungsmaximums
dieses auch in den Temperaturbereich der Anwendung fällt. Die Temperaturlage
des Dämpfungsmaximums ist nach bekannten Gesetzmäßigkeiten [5—7] frequenz-
abhängig, die für alle hochpolymeren Bindemittel in gleicher Weise gelten. Gegenüber der bei 200 Hz gemessenen Temperaturlage liegt das Maximum bei 50 Hz
um etwa 4°C tiefer und bei 1000 Hz um etwa 4°C höher.

Entdröhnungsmassen für Spritz- oder Spachtelbeläge sind aus einem oder mehreren Bindemitteln und bestimmten Füllstoffen als den wesentlichen Bestandteilen zusammengesetzt. Sie können außerdem Weichmacher zur Erniedrigung der Temperaturlage des Dämpfungsmaximums, Dispergiermittel für Füllstoffe und geringe Mengen Lösungsmittel zur besseren Filmbildung enthalten. Außer guter akustischer Wirksamkeit werden von Entdröhnungsmitteln je nach Anwendungsbereich noch gute Wasser-, Öl-, Benzin- und Temperaturbeständigkeit, gute Haftfestigkeit auf der Unterlage, Witterungs- und Alterungsbeständigkeit, Kälteflexibilität und leichte Verarbeitbarkeit gefordert. Die Auswahl der Bindemittel richtet sich — abgesehen von den erwähnten Eigenschaften — hauptsächlich nach der Temperaturlage und der Breite des Dämpfungsmaximums der Bindemittelfilme, der Höhe des Dämpfungsmaximums und der Wirtschaftlichkeit der Anwendung. Polyvinylacetat-Dispersionen und daneben Vinylpropionat-, Acrylat- und Butadien-Polymerisatdispersionen werden am häufigsten verwendet. Einen Anhaltspunkt über die Temperaturlage des Dämpfungsmaximums eines Hochpolymeren gibt dessen Glastemperatur bzw. Einfriertemperatur, kurz oberhalb der, im elastisch-plastischen Bereich, die zur maximalen Dämpfung notwendigen Relaxationsprozesse im molekularen Bereich besonders ausgeprägt sind.

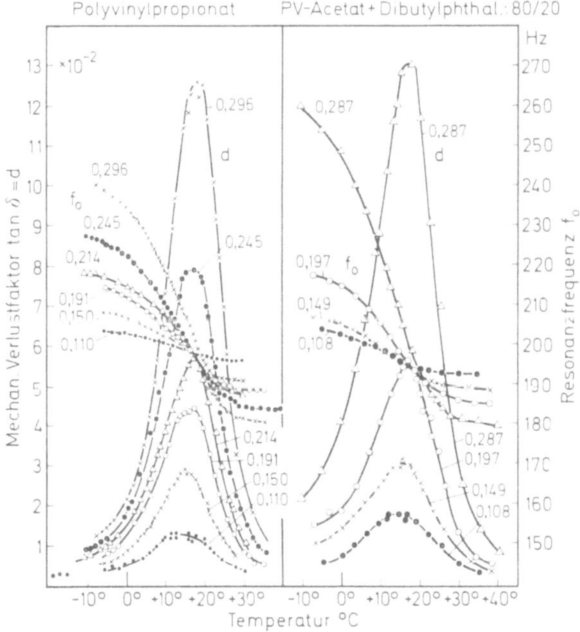

Abb. 36. Dämpfung von mit Polyvinylpropionat und äußerlich weichgemachtem Polyvinylacetat belegten Blechstreifen in Abhängigkeit von der Temperatur für verschiedene Verhältnisse Belagmasse/Blechmasse [Kunststoffe **50**, 607 (1961)]

Als Füllstoffe eignen sich besonders solche mit Schichtebenenstruktur, wie z. B. Vermiculit, Glimmer oder Graphit, weil sie die Dämpfung durch das Polymerisat wesentlich erhöhen. Dieser Effekt beruht auf der Schichtstruktur selbst, und zwar auf der besonders großen Versteifung des Belages durch die Schichtebenenstruktur der Füllstoffe und auf einer Reibungsdämpfung zwischen deren Schichtebenen [8]. So führt z. B. Graphit zu beträchtlicher Erhöhung der Dämpfung, nicht aber der chemisch identische Ruß, der im Gegensatz zu Graphit keine Schichtebenenstruktur aufweist. Außer von der Polymerisatzusammensetzung, dem Verhältnis von Belagmasse zu Blechmasse (Abb. 36) und der Art der Füllstoffe ist die Höhe des Dämpfungsmaximums auch von der Füllstoffmenge abhängig.

Das optimale Mischungsverhältnis ist für die einzelnen Bindemittel-Füllstoff-Kombinationen unterschiedlich (Abb. 37). Einen Einfluß darauf dürfte das Füllstoff-Binde-

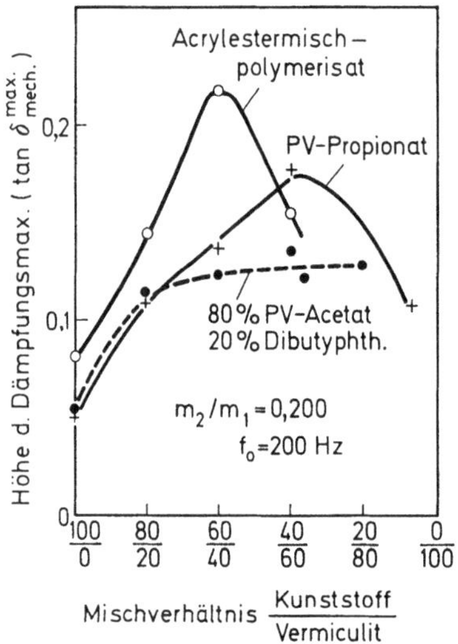

Abb. 37. Höhe des Dämpfungsmaximums d von drei mit Vermiculit gefüllten Schallentdröhnungsmitteln als Funktion des Mischungsverhältnisses. Verhältnis Belagmasse/Blechmasse = 0,200; Frequenz 200 Hz [Kunststoffe **50**, 609 (1960)]

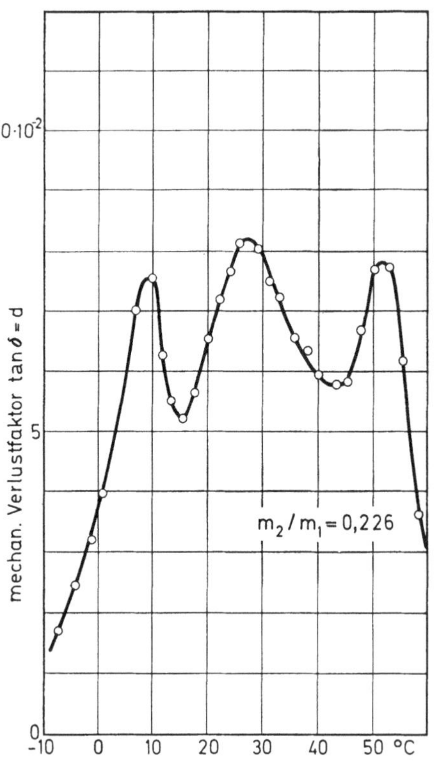

Abb. 38. Breitbandspritzbelag aus 3 Komponenten mit Gewichtsanteilen von 50%, 30% und 20% zusammengesetzt und mit Vermiculit im Verhältnis 40:60 gemischt. [VDI-Ber. **69**, 89 (1963)]

vermögen der Polymerisate haben. Es ist nämlich leicht einzusehen, daß die für die Erhöhung der Dämpfung nach der Theorie erforderliche Zunahme der Biegesteifheit des Belages durch steigende Füllstoffmengen nur so lange erfolgt, wie die Füllstoffe durch die Kunststoffteilchen zu einem festen Verbund verklebt werden. Mit der Dämpfungserhöhung durch den zunehmenden Füllstoffanteil in der Entdröhnungsmasse verschiebt sich gleichzeitig auch das Dämpfungsmaximum nach höheren Temperaturen. Das gleiche tritt bei zunehmender Belagsdicke ein, nur daß sich die Temperaturlage schließlich asymptotisch einem Grenzwert nähert. Im allgemeinen zeigen Entdröhnungsmittel mit nur einem Hochpolymeren als Bindemittel ein ausgeprägtes Dämpfungsmaximum bei einer bestimmten Temperatur, das, auf halber Höhe seiner Flanken abgegriffen, meist eine Halbwertsbreite von 15—20°C aufweist. In der Praxis aber, z. B. bei der Entdröhnung von Verkehrsmitteln, wird oft eine gleichbleibende Entdröhnungswirkung über einen größeren Temperaturbereich verlangt. Um dies zu erreichen, müssen sog.,, Temperaturbreitbandmaterialien" [*9, 10*] angewendet werden (Abb. 38). Hierfür werden Kunststoff-Dispersionen und andere Zusätze gemischt oder durch entsprechende Führung der Polymerisationsreaktion uneinheitliche Polymere hergestellt. Die Einzelkomponenten einer Mischung müssen die Bedingung erfüllen, daß ihre Dämpfungsmaxima sich hinsichtlich der Temperaturlage durch das Mischen nicht verschieben und der Temperaturabstand der einzelnen Maxima etwa 20°C beträgt, ihre Flanken sich also nicht erst unterhalb der halben Höhe der Maxima schneiden. Das richtige Mischungsverhältnis muß durch Versuche ermittelt werden, da selbst bei gleicher Höhe der Dämpfungsmaxima der Ausgangskomponenten eine Mischung aus gleichen Anteilen nicht unbedingt eine gleichmäßige Höhe des Dämpfungsmaximums der Mischung über den gewünschten Temperaturbereich

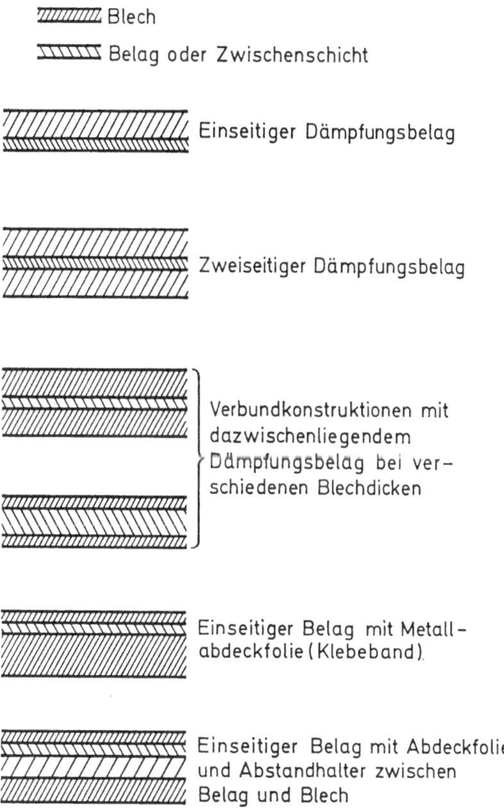

Abb. 39. Verschiedene Systeme Dämpfungsmasse-Metallschicht

ergibt. Eine Verbreiterung des Maximums verringert allerdings immer seine Höhe, weil sich die Zahl der bewegungsfähigen und energieabsorbierenden Molekülteile je Volumeneinheit der Dämpfungsmasse nur wenig ändern läßt.

Die prinzipiellen Anordnungsmöglichkeiten des Systems Dämpfungsmasse-Metallschicht sind in Abb. 39 schematisch dargestellt.

Am weitesten verbreitet ist nach wie vor die Anwendung von einseitig auf Metallkonstruktionen aufgebrachten Spritz- und Spachtelbelägen auf Basis von wäßrigen Kunststoff-Dispersionen, wenn auch die Entwicklung der Verbundsysteme mit eingeklebten oder selbstklebenden Zwischenschichten in der letzten Zeit erhebliche Fortschritte gemacht hat [9—12]. Für die sog. Sandwichanordnung werden entsprechende Kunststoff-Folien bevorzugt, die auch aus Kunststoff-Dispersionen unter Zusatz der bereits angeführten Füllstoffe gefertigt werden können. Bei der Untersuchung solcher Folien stellte sich überraschenderweise heraus,

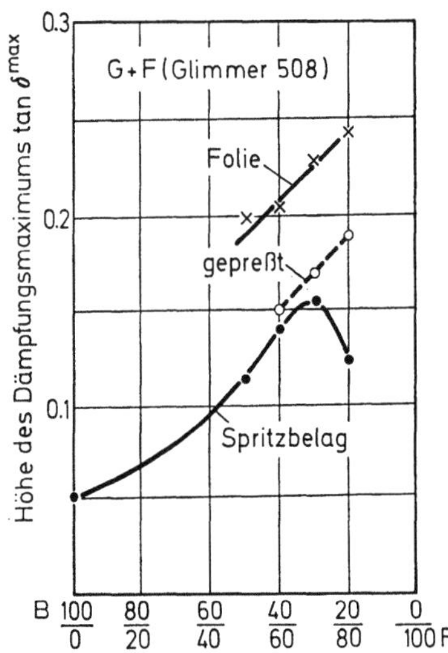

Abb. 40. Vergleich der Dämpfung eines Spritzbelages, einer Folie und eines gepreßten Spritzbelages gleicher Zusammensetzung. Abhängigkeit der Höhe des Dämpfungsmaximums von dem Mischungsverhältnis Bindemittel (B)/Füllstoff (F). [VDI-Berichte **69**, 91 (1963)]

daß — entgegen der Voraussage nach der Theorie der Dämpfung von Biegeschwingungen dünner Bleche durch festhaftende Beläge [2] — sich eine weitere Zunahme der Dämpfungswerte über die bis dahin mit Spritzbelägen gemessenen Extremwerte erzielen läßt, wenn man die Spritzbeläge bei hohen Füllstoffanteilen entweder nachpreßt oder einen Belag gleicher Zusammensetzung als Kalanderfolie aufbringt [10] (Abb. 40).

Während sich bei der Schalldämpfung im allgemeinen die Schallenergie durch mechanische Reibung in Wärme umsetzt, wird bei der Schalldämmung die Schallausbreitung verhindert, indem die Schallenergie in der Schallschutzvorrichtung reflektiert wird. Schalldämpfung und Schalldämmung sind bei den zum Schallschutz zu ergreifenden Maßnahmen oft keine getrennt zu haltenden Vorgänge. Dies gilt z. B. für beschichtete Schwermatten, die einerseits wegen ihrer schweren Masse durch Schalldämpfung, andererseits aber auch wegen ihrer ziemlich offenen Filzstruktur durch Schalldämmung wirken.

Für die Beschichtung von bituminierten Pappen oder zur Herstellung der sog. Schwermatten (beschichteten Filzmatten) stehen Polyvinylacetat-Dispersionen als Bindemittel für Füllstoffe, wie Schwerspat, Kreide, Talkum im Vordergrund. Prinzipiell sind auch Latices auf Basis von Vinylpropionat-, Acrylat- und Butadien-Polymerisaten verwendbar, sofern sie eine genügend große Menge Füllstoffe binden können. Der hohe prozentuale Anteil spezifisch schwerer Füllstoffe in der Beschichtungsmasse bringt das notwendige große Gewicht des Gesamtkomplexes, wie es für eine gute Entdröhnungswirkung mit diesem System erforderlich ist. Die beschichteten Filzmatten können zu einem Mehrschichtenbelag kombiniert sein, indem z. B. die Beschichtungsmasse zwischen zwei Filzmatten liegt. Die neueren Ausführungsformen tragen auf der einen Seite zusätzlich eine selbstklebende Schicht, die ein rationelles Aufbringen der Matten an den Konstruktionsteilen von z. B. Autokarosserien und Maschinen erlaubt. Anstelle von Bitumen wurden auch Kunststoff-Dispersionen zur Imprägnierung der Filze vorgeschlagen. Der Dämpfungseffekt von mit geeigneten Kunststoff-Dispersionen imprägnierten Filzen ist zwar bei geringerem Feststoffgehalt im Filz größer als mit Bitumen [10]; wegen des großen Preisunterschiedes konnten sich aber Kunststoff-Dispersionen gegen Bitumen bisher nicht durchsetzen.

Die Meßtechnik, um die Eignung von Entdröhnungsmitteln festlegen zu können, ist in zahlreichen Veröffentlichungen beschrieben [2, 8, 9, 13].

Im Zuge der zunehmenden Technisierung gewinnt die Anwendung der Entdröhnungsmittel zum Schallschutz ständig an Bedeutung. Die Entdröhnung von Blechwänden im Kraftwagen-Karosserie-, Eisenbahnwagen- und Schiffsbau wird seit langem durchgeführt. Maßnahmen zur Verminderung des Störschalls bei Maschinen aller Art und Transportbehältern aus Blech sind aber noch nicht in der wünschenswerten Breite durchgeführt. Hierunter fallen Schallschutzmaßnahmen z. B. an Getrieben, durch Einkapselung von Gebläsen und Kompressoren mit schwingungsgedämpften Blechen, an Lüftungs- und Klimaanlagen bis zu den Kleinstgeräten im Haushalt.

14 Lebensmittelbeschichtung

Anstatt zunächst ein Trägermaterial, wie ein Papier oder eine Folie, mit Kunststoff-Dispersionen zu beschichten und daraus anschließend ein Verpackungsmaterial für Lebensmittel herzustellen, können diese mit geeigneten Beschichtungsmassen aus Kunststoff-Dispersionen auch direkt als Verpackung umhüllt werden. Diese Art der Lebensmittelverpackung und -frischhaltung wird bei einigen Käse- und Wurstsorten schon seit längerer Zeit ausgeübt. Sie läßt sich auch auf bestimmte Obst- und Gemüsearten übertragen. Je nach Lebensmittel genügt schon eine geringe Verlängerung der Lagermöglichkeit, um einen solchen Schutz wünschenswert erscheinen zu lassen. Kunststoff-Dispersionen haben in den für Käse und Wurst bisher verwendeten Tauchmassen Wachse, Paraffine und wasserlösliche Bindemittel, wie z. B. Kasein, ersetzt. Abgesehen von einem Schutz der Lebensmittel gegen Austrocknen, vor Verschmutzung und gegen Schimmel- und Pilzbefall sowie zur Aromaerhaltung können mit Kunststoff-Dispersionen abziehbare Filme hergestellt werden, was mit Beschichtungsmassen auf der Basis von Paraffin, von Wachsen, von Kasein oder von wasserlöslichen Hochpolymeren nur schwer möglich ist. Bei entsprechender Zusammensetzung hat eine Schutzschicht aus Kunststoff-Dispersionen auch eine ausgezeichnete Fettbeständigkeit und kann auf die für das Lebensmittel günstigste Gasdurchlässigkeit eingestellt werden. Wohl ist eine Sammelverpackung in Kunststoffbehältern oder -folien als Schutz gegen Substanzverlust oder Beeinflussung von außen gleich wirksam, ein Ausbreiten einer vor dem Verpacken erfolgten Infizierung ist aber durch eine solche Verpackungsart, im Gegensatz zu der individuellen Verpackung der Lebensmittel durch eine Beschichtung, nicht zu unterbinden.

Anfänglich wurden als Bindemittel der Beschichtungsmassen für Käse und Dauerwurstsorten hauptsächlich weichgemachte Polyvinylacetat-Dispersionen [1] genommen. Heute werden Vinylacetat-Copolymerisate [2, 3], Vinylpropionat-

15*

Homo- und Copolymerisate und Acrylat-Copolymerisate bevorzugt, da sie die Verwendung von Weichmacher entbehrlich machen. Vinylidenchlorid-Copolymerisate [4] eignen sich wegen ihrer ausgezeichneten Fettbeständigkeit und hervorragenden Gasdichtigkeit ebenfalls zur Lebensmittelbeschichtung. Wenn ein gewisser Gasaustausch eines Lebensmittels mit der Umgebung für dessen Frischhaltung notwendig ist, kann die gewünschte Gasdurchlässigkeit durch Mischen von Vinylidenchlorid-Copolymeren mit anderen Polymerisaten eingestellt werden.

Die Kunststoff-Dispersionen werden je nach den zu beschichtenden Lebensmitteln mit oder ohne Füllstoffe und Pigmente aufgetragen. In vielen Fällen werden auch Konservierungsmittel oder Fungizide sowie Bakterizide zugesetzt. Die Zusammensetzung der Beschichtungsmasse muß streng den Bestimmungen der Lebensmittelgesetzgebung der Länder entsprechen, in denen die beschichteten Lebensmittel auf den Markt gebracht werden. Die Beschichtungsverfahren sind zur Zeit noch ziemlich einfach. Sie reichen vom Tauchen und Spritzen bis zum manuellen Bestreichen der Lebensmittel. Die Schichtdicke der Überzüge richtet sich nach den für das Lebensmittel gestellten Schutzanforderungen.

15 Schaumgummiherstellung

Zur Herstellung von Schaumgummi ging man noch in den Jahren vor dem zweiten Weltkrieg fast ausschließlich vom Naturkautschuklatex aus. Inzwischen hat auch für dieses Anwendungsgebiet der Syntheselatexverbrauch ein beträchtliches Ausmaß angenommen [1]. In den USA war 1959 das Verhältnis des Verbrauchs von Natur- zu Synthese-Kautschuk für die Schaumgummiherstellung 50 : 50. 1965 erreichte in den USA der Synthesekautschukanteil an einer auf 60 000 t geschätzten Schaumgummiproduktion bereits 86 %. Im gleichen Zeitraum stieg er in Großbritannien von 0 % auf ca. 40 %. Die nach wie vor große Bedeutung des Schaumgummis im Vergleich zu anderen, neueren Schaumstoffen, wie z. B. solchen aus Polyurethanen, ist durch dessen ausgezeichneten Polstereffekt bedingt, für den der bei Schaumgummi charakteristische Verlauf der Kompression unter konstanter Belastung, die gute Tragfähigkeit und das große elastische Erholungsvermögen nach der Entlastung wichtige Einzelfaktoren sind.

Das Grundprinzip der beiden wichtigsten Verfahren zur Schaumgummiherstellung — des Dunlop- und Talalay-Prozesses — besteht darin, daß eine bei einem pH-Wert > 7 stabile, geschäumte Latexmischung durch Erniedrigen des pH-Wertes zum Gelieren gebracht und dadurch als Schaum fixiert wird. Im einzelnen wird die Herstellung von Schaumstoffen aus Naturkautschuklatex bzw. Butadien-Polymerdispersionen in mehreren Verfahrensabschnitten vollzogen. Zuerst werden die zur Vulkanisation erforderlichen Chemikalien (Kolloidschwefel, Vulkanisationsbeschleuniger), Antioxydantien, Schaumstabilisierungsmittel und andere Hilfsstoffe, bevorzugt als wäßrige Paste, mit dem Latex gemischt. Nach einer bestimmten Reifezeit, die unter schwachem Rühren der Mischung bis zu 3 Tagen dauern kann, wird der konfektionierte Latex kontinuierlich oder diskontinuierlich durch Einrühren von Luft auf den gewünschten Verschäumungsgrad gebracht. Zur gleichen Zeit werden anorganische Füllstoffe zur Verstärkung des Schaumgefüges zugesetzt. Bevor der Schaum auf ein Band oder in eine Form gegossen wird, werden schließlich aktives Zinkoxid und als Gelierungsmittel Natrium- oder Kaliumsilicofluorid zugegeben. Sobald der Schaum durchgeliert ist, erfolgt die Vulkanisation. Abschließend wird der Schaum gewaschen und getrocknet. Der Zusatz von Silicofluoriden ist das eigentlich Kennzeichnende des Dunlop-Prozesses [2]. Dadurch, daß der Schaum vor der Vulkanisation und Trocknung geliert wurde, konnte erstmalig ein marktfähiges Endprodukt großtechnisch hergestellt werden. Das später entwickelte Talalay-Verfahren [3] unterscheidet sich vom Dunlop-Prozeß im wesentlichen in der Art, wie die Gelierung durchgeführt wird. Der geschäumte Latex wird eingefroren und dann mit Kohlendioxid behandelt. Dadurch fällt der pH-Wert der Latexmischung und der Schaum geliert. Während früher das Aufschäumen des konfektionierten Latex mit Hilfe von Gase oder Dämpfe entwickelnden Substanzen (Wasserstoffperoxid, Natriumperborat, niedrigsiedende Lösungsmittel) durch Anlegen eines Vakuums an die Form erfolgte, wird in der modernen Ausführung des Verfahrens die mechanisch vorgeschäumte Masse in der Form durch Erzeugen eines Unterdruckes weiter expandiert und die Dichte des Schaums durch die in die Form eingetragene Latexmenge festgelegt.

Nach ROGERS [1] hat ein nach dem Talalay-Verfahren hergestellter Schaumgummi eine gleichmäßigere Porengröße und bessere Zellstruktur als ein nach dem Dunlop-Verfahren gefertigter Schaum, woraus eine günstigere Belastungs-Kompressions-Charakteristik resultiert.

Umfangreiche Untersuchungen über den Einfluß des verwendeten Synthese-Kautschuks in verschiedenen Mischungsverhältnissen mit Naturkautschuk und der zum Vulkanisieren eingesetzten Schwefelmenge beim Talalay-Prozeß sind von L. u. A. TALALAY [4] und von J. A. TALALAY [5] veröffentlicht worden.

Während nach dem Dunlop-Verfahren Schaumgummi vorwiegend in Form von Platten hergestellt wird, werden nach dem Talalay-Verfahren auch große Schaumgummiblöcke erzeugt. In den hierzu besonders entwickelten Formen sind an den Deck- und Bodenplatten Metallfühler angebracht, die in regelmäßigen Abständen in die Schaummasse hineinragen und für eine bessere Wärmeübertragung beim Gelieren und Vulkanisieren sorgen. Wärmesensibel eingestellte, mit Schwefel vulkanisierbare Latices haben für die Herstellung von Schaumgummiblöcken und -bahnen kaum Bedeutung erlangt.

Schaumgummi enthält bis zu maximal 30 %, im allgemeinen aber nur 20 % seines Gewichtes Füllstoffe, gewöhnlich Kaolin oder Kreide. Diese dienen zur Versteifung des Schaums, um bei geringeren Dichten gleich gute Belastungswerte zu erzielen wie bei höheren. Zum gleichen Zweck können auch Latices aus Styrol-Polymeren mit sehr hoher Einfriertemperatur eingesetzt werden.

Schaumgummi ist ein offenporiger Schaumstoff. Nach einer von G. GIOUMOUSIS [6] entwickelten Theorie über die Gestalt von Schaumzellen hängen die mechanischen Eigenschaften von Schäumen aus Elastomeren mehr von der Geometrie der Schaumstruktur ab als von den mechanischen Eigenschaften der festen Phase. Dies stimmt mit den Erfahrungen in der Praxis überein, daß Schäume mit feinerer Zellstruktur eine schlechtere Belastungs-Zusammendrückbarkeits-Charakteristik zeigen als grobporige Schäume gleicher Dichte, und daß die Eindruckhärte linear mit dem mittleren Porendurchmesser ansteigt, wie J. A. TALALAY [5] berichtet.

Da die Geliermittel sowohl die Grenzfläche Latexteilchen / flüssige Phase als auch die Grenzfläche Luft / flüssige Phase instabil machen, hängt die Qualität, wie die erfolgreiche Herstellung eines Latexschaums überhaupt, sehr stark vom Ablauf des Geliervorganges ab, der durch die Art und die Menge entsprechender Zusätze, sog. „Schäumungshilfsmittel" (Salze höherer Fettsäuren, Alkylnaphthalinsulfonate) und „Schaumstabilisatoren" (Salze quaternärer Ammoniumverbindungen, Amine, Proteine) geregelt werden kann. Eine zu lange Gelierzeit der Masse führt zu einer inhomogenen Schaumstruktur. Als Folge davon wird der Kompressionswiderstand verringert und das Zug-Dehnungsverhalten nachteilig verändert. Wird die Stabilität der gasförmigen Phase aufgehoben, bevor der Schaum durch Destabilisierung der Latexteilchen geliert ist, fällt er vollständig zusammen. Diese Zusammenhänge zwischen dem Gelierungsmechanismus und dem Zusammenfallen des Schaumes wurden von K. O. CALVERT [7] untersucht. Die Art und Menge der Vulkanisationshilfsmittel sowie deren Verteilung im Kautschuk, die Vulkanisationstemperatur und -zeit sind ebenfalls Einflußfaktoren für das mechanische Festigkeitsniveau des Schaumgummis, da sie die mechanischen Eigenschaften des vulkanisierten Polymerisates mitbestimmen.

Von den zur *Schaumgummi-Herstellung verwendeten synthetischen Polymeren* stehen Butadien-Styrol-Polymerdispersionen an erster Stelle. Die fast ausschließlich nach dem Verfahren der Tieftemperaturpolymerisation hergestellten und auf ca. 60 % aufkonzentrierten Latices können jedoch nur in Mischung mit Naturkautschuklatex eingesetzt werden, wobei der Synthesekautschukanteil gewöhnlich 70—80 Gew.-% des gesamten Elastomerengehaltes beträgt. Dagegen ist es möglich, mit einem auf ca. 70 % Feststoffgehalt aufkonzentrierten Butadien-Styrol-Latex den Naturkautschuklatex in manchen Schaumgummisorten vollständig zu ersetzen (wegen des Fließwiderstandes solcher Latices s. 1.3). Voraussetzung hierzu sind grobteilige Synthesekautschukdispersionen, die aus den nach der Herstellung meistens feinteiligen Syntheselatices durch Agglomeration, d. h. durch eine irreversible Teilchenvergrößerung, mit Hilfe von Agglomerationsverfahren (z. B. Gefrieragglomeration) zugänglich sind. Von den Verfahren zur Latexaufkonzentrierung: Eindampfen, Aufrahmen, Zentrifugieren und Elektrodekantieren, die von der Verarbeitung des Naturkautschuklatex her bekannt sind, kommen für Syntheselatices hauptsächlich das Eindampfen in besonders dafür konstruierten Apparaturen oder das Aufrahmen durch Zusatz geringer Mengen von z. B. Ammonium-Alginat in Frage. Ein Zentrifugieren ist bei den synthetischen Kautschukdispersionen wegen der geringen Teilchengröße meistens nicht möglich.

Um auf höhere Modulwerte zu kommen und das Tieftemperatur- sowie Zug-Dehnungsverhalten zu verbessern, werden neuerdings dem Naturkautschuklatex auch Styrol-Butadien-Copolymere mit hohem Styrol-Gehalt zugesetzt. Diese wirken allerdings nur dann verstärkend auf das Schaumgefüge, wenn sie schon vor dem Aufkonzentrieren mit dem Naturlatex gemischt werden. Schaumgummi auf der Grundlage von Butadien-Acrylnitril-Copolymerisaten oder 2-Chlor-1,3-butadien-Polymeren kommt nur begrenzte Bedeutung zu. Diese Polymerisattypen haben für besondere Zwecke dort Anwendung gefunden, wo die gute Ölbeständigkeit des Nitrilkautschuks und die Schwerentflammbarkeit des Polychlorbutadiens ausgenutzt werden sollen [1].

Ein neuerdings zur industriellen Reife entwickeltes Verfahren [8] stützt sich auf die Verwendung eines Polymerisates mit bis zu 20 Gew.-% eines Monomeren mit einer reaktiven Gruppe ($-COOH$, $-OH$, $-NH_2$, $-CONH_2$). Das Polymerisat wird nicht mit Schwefel vulkanisiert, sondern mit mehrfach funktionellen Verbindungen vernetzt, die mit Wasser verdünnbar sein müssen. Bevorzugt werden hierzu Melamin-Formaldehyd-Vorkondensate verwendet. Die vernetzenden Substanzen wirken bei Temperaturerhöhung gleichzeitig als Gelierungsmittel für die aufgeschäumten Mischungen. Die nach diesem Verfahren hergestellten Schäume zeigen nicht den gelblichen Farbton eines mit Schwefel und Beschleunigern vulkanisierten Schaumgummis und sind alterungsstabiler als dieses. Sie sind daher vor allem für Anwendungen auf dem textilen Bekleidungssektor, z. B. für Miederwaren, interessant.

Den größten Anteil am Verbrauch von Schaumgummi hat seine Verwendung als Polstermaterial in der Automobil- und Möbelindustrie. Außerdem werden aus Schaumgummi Kissenfüllungen und Matratzen hergestellt. Teppichrückenbeschichtungen (s. 10.5) mit geschäumten Latexmischungen werden in den USA seit langem durchgeführt, in Europa erst seit kurzer Zeit.

Die Prüfung der wichtigsten physikalischen Kenndaten eines Schaumgummis — Dichte, Zug-Dehnungskurve unter Druckbelastung, Eindruckhärte und Zerreißdehnung — erfolgt nach ASTM Standards, British Standards oder DIN-Vorschriften.

16 Verschiedene Anwendungen

Die in den vorhergehenden Kapiteln geschilderten Anwendungsgebiete für Kunststoff-Dispersionen dürften wohl die wichtigsten sein. Sie umfassen aber keineswegs die ganze Anwendungsbreite synthetischer Polymerdispersionen. Im folgenden soll daher noch auf einige, wenn auch zum derzeitigen Zeitpunkt weniger bedeutende Anwendungen von Polymerdispersionen eingegangen werden, um das Bild über die Vielfalt ihrer Einsetzbarkeit abzurunden.

Die Herstellung von *Tauchartikeln*, z. B. Gummihandschuhen für Haushalts-, medizinische und industrielle Zwecke sowie Kinderballonen, vor allem aus Naturkautschuklatex, ist von D. C. BLACKLEY und G. SINN sehr ausführlich beschrieben worden [1]. Butadien-Styrol-Copolymere werden hierzu praktisch nicht verwendet. Dagegen haben sich Butadien-Acrylnitril-Copolymere für die Fertigung öl- und fettbeständiger Handschuhe [2] bewährt. Für den gleichen Zweck eignen sich auch Polychloroprenlatices. Daraus hergestellte Ballone sind außerdem weniger luftdurchlässig als solche aus Naturkautschuk.

Es gibt mehrere Verfahren, um Tauchartikel herzustellen. Im einfachsten Fall wird die Form einmal oder mehrfach in die Latexmischung unter Zwischentrocknung eingetaucht. Um die Schichtdicke der auf der Formfläche haftenden nassen Tauchmischung zu erhöhen, wird bei anderen Verfahren die Form vor oder nach dem Tauchen zusätzlich in verdünnte Säure oder eine Salzlösung eingetaucht, die eine verhältnismäßig dicke Latexschicht zum Gelieren bringt. Am weitesten verbreitet ist die Methode, die Salzlösungen (z. B. Calciumchlorid, Calciumnitrat, Cyclohexylammoniumacetat) vor dem Tauchen auf der Form auftrocknen zu lassen. Die Schichtdicke hängt bei allen diesen Verfahren von der Eintauchzeit bzw. der Wirksamkeit des Gelierungsmittel für die betreffende Latexmischung ab. Weniger gebräuchlich im Vergleich zu den vorgenannten Methoden sind die Verfahren, Schichten von wärmesensibel (z. B. mit Polyvinylmethyläther) eingestellten Latexmischungen auf einer vorgewärmten Form oder Latexschichten elektrophoretisch auf der Formoberfläche abzuscheiden.

Die Tauchmischungen enthalten außer den Polymerdispersionen die notwendigen Substanzen zur Vulkanisation des Polymerisates, Antioxydantien und meistens auch oberflächenaktive Substanzen zur Einstellung der gewünschten Tauchbadstabilität. Gegebenenfalls werden Verdickungsmittel, Weichmacher (Mineralöle), Pigmente und bis zu maximal 20 Gew.-% Füllstoffe, vor allem feinteilige Clay-Sorten, zugesetzt. Neuerdings hat auch der Zusatz von Polyäthylendispersionen in einer Menge von ca. 5 Gew.-% auf das Polymerisat Interesse gefunden, da hierdurch die Artikel eine geschmeidige Oberfläche erhalten sollen.

Im *Hohlgießverfahren* können Polymerdispersionen zu Gegenständen unterschiedlichster Gestalt geformt werden. Die Formen werden entweder aus Gips oder Leichtmetall hergestellt. Die Fertigung der Artikel erfolgt im Ausgieß- oder Rotationsgußverfahren. Bei dem Ausgießverfahren wird die Dispersionsmischung in die Formhöhlung eingegossen und nach einer bestimmten Verweilzeit der Überschuß wieder ausgegossen. In Gipsformen entzieht dabei die saugfähige Formwandung der Dispersion in den Grenzschichten Wasser, so daß sich auf ihr ein Polymerisatfilm bildet. Werden Metallformen für das Ausgießverfahren eingesetzt, muß die Dispersionsmischung wärmesensibel eingestellt sein, damit sich ein entsprechend dicker Niederschlag in der vorgewärmten Form abscheiden kann. Beim Rotationsguß wird eine vorgewogene Menge der Polymerdispersion in die Form eingefüllt und durch Rotation um mehrere Achsen gleichzeitig während des Auftrocknens über die Formwandung verteilt. Dieses Verfahren wird vornehmlich angewendet, wenn es auf sehr gleichmäßige Schichtdicken des Formkörpers ankommt.

D. C. BLACKLEY [*3*] berichtet ausführlich über Einzelheiten des Hohlgießverfahrens. Es wird wie bei der Herstellung von Tauchartikeln fast ausschließlich Naturkautschuklatex verwendet. Zur Herstellung von meteorologischen Ballonen haben auch Polychloroprenlatices eine gewisse Bedeutung erlangt. Die Herstellung unzerbrechlicher Spielwaren nach dem Hohlgußverfahren aus einem Gemisch von Kaolin, Ton, gegebenenfalls Pigmenten, Papier- und Textilfasern sowie Polyvinylacetatdispersionen ist mit zunehmendem Vordringen der thermoplastisch verarbeitbaren Kunststoffe stark zurückgegangen.

Die Herstellung von *elastischen Fasern* aus Polymerdispersionen stützt sich auch heute noch hauptsächlich auf Naturkautschuklatex [*4*]. Polymerisate des 2-Chlor-1,3-butadiens konnten daneben seit längerer Zeit eine gewisse Bedeutung erlangen. Neuerdings haben — außer den elastischen Fasern aus Polyurethanen — vernetzbare Polyacrylatdispersionen [*5*] an Interesse gewonnen. In der Patentliteratur werden auch Polymerdispersionen des Vinylidenchlorids [*6*] als zur Herstellung von Fasern geeignet bezeichnet. Der Vorteil von Fasern aus Polymerisaten, die keine Doppelbindungen mehr im Makromolekül enthalten, besteht in der besseren Alterungsbeständigkeit und helleren Farbe. Diese Fasern sind im Kontakt mit gefärbten Textilien auch nicht anfällig gegen Farbstoffe, die die als Kautschukgifte bekannten Metalle, wie z. B. Kupfer oder Mangan, enthalten. Außerdem benötigen sie, im Gegensatz zu den Polymerisaten des Butadiens, wegen der besseren Alterungsbeständigkeit keine Antioxydantien als Alterungsschutzmittel, die die Ursache von Verfärbungen sein können. Der wichtigste Anwendungsbereich für elastische Fasern liegt auf dem textilen Bekleidungssektor.

Bei den wichtigsten Verfahren [7] zur Herstellung von elastischen Fasern werden entsprechend konfektionierte Polymerdispersionen durch Düsen in ein Fällbad extrudiert, das meistens aus einer Kombination von Säuren und Salzlösungen besteht. Die Düsen tauchen einige Millimeter in die Koagulationsflüssigkeit ein, so daß sich sofort nach dem Austritt der Polymerdispersion aus den Spinndüsen Fasern bilden. Deren Durchmesser hängt nach R. G. JAMES [8] vom Radius der Düsen, von der Dichte der Polymerdispersion bzw. der frisch gefällten Fasern, vom Festgehalt und dem Fließwiderstand der Polymerdispersion, vom Druck, mit dem die Polymerdispersion aus den Düsen gepreßt wird, und von der Abzugsgeschwindigkeit der Fasern ab. Nach dem Verlassen des Fällbades werden die Fasern unter leichter Spannung durch ein Waschbad gezogen, um die Koagulationsmittel zu entfernen. Während der darauffolgenden Trocknung liegen die mechanisch noch nicht sehr festen Fasern auf einer Unterlage, meistens auf einem Transportband. In der letzten Phase des Trocknungsvorganges müssen die Fasern auf eine ausreichend hohe Temperatur gebracht werden, damit die einzelnen Latexteilchen im vorgebildeten Fasergefüge fest miteinander verschweißen. Für Fasern aus synthetischen Hochpolymeren ist es notwendig, sie nach der Trocknung zu verstrecken, um die Faserfestigkeit weiter zu erhöhen; gleichzeitig ist der Verstreckungsgrad eine weitere Einflußgröße auf den Faserdurchmesser bzw. Fasertiter. An die Verstreckung schließt sich die Vernetzung der Polymeren an. Sind die Fasern nicht richtig durchgetrocknet, können bei den hohen Vernetzungstemperaturen durch den sich bildenden Wasserdampf Blasen im Fasergefüge entstehen, wodurch die Festigkeit der Fasern beträchtlich vermindert wird. Wegen der schädlichen Auswirkung von Lufteinschlüssen in der Faser ist es auch wesentlich, daß die zur Verarbeitung gelangenden Polymerdispersionen keine Luftblasen enthalten. Am Ende des Herstellungsprozesses werden die Fasern meistens talkumiert und unter leichter Spannung aufgewickelt.

Nicht unbeträchtliche Mengen von Polymerdispersionen werden zur Herstellung von *Dichtungsmassen für konservierende, luftdichte Verpackungen* aus Metalldosen, Gläsern und Flaschen sowie für die Abdichtung von Spraydosen verwendet. Da die Dichtungsmassen meistens kurz vor dem Anpressen des Deckels bzw. Verschlusses eingespritzt werden, nennt man sie auch „*Spritzgummi*". Die Anforderungen an Dichtungsmassen für Lebensmittelkonserven sind sehr hoch. Es wird von ihnen, zusätzlich zu einer ausgezeichneten Dehnbarkeit, Flexibilität und Haftfestigkeit auf lackiertem oder verzinntem Metall und auf Glas, mindestens weitgehende Geruchs- und Geschmacksfreiheit verlangt. Sie dürfen weiterhin die Lackierung eines Metalls nicht angreifen.

Als Bindemittel für die mit nur geringen Mengen Füllstoffen und Pigmenten versetzten Massen werden vorwiegend Naturkautschuklatex und Butadien-Copolymerisat-Dispersionen eingesetzt, von denen Butadien-Acrylnitril-Copolymere den Vorzug großer Öl- und Fettbeständigkeit haben. Während und kurz nach dem zweiten Weltkrieg wurden in Deutschland wegen der Knappheit von natürlichem und synthetischem Kautschuk auch Acrylester- und Vinylesterpolymere verwendet. Heute sind diese hauptsächlich als haftverbessernde Zusätze interessant.

Für *Mineralfaserplatten und -rohrschalen* aus Stein- oder Glaswolle, die als Isoliermaterialien auf dem Bausektor dienen, werden vielfach Polyvinylesterdispersionen als Bindemittel verwendet. Zur Erhöhung der Wasserfestigkeit des Bindemittels und der Steifigkeit der Platten bzw. Rohrschalen sind sie meistens mit Phenol-Formaldehydharzen kombiniert, wodurch die Isoliermaterialien allerdings bräunlich verfärbt werden. Durch Verwendung von Melamin- oder Harnstoff-Formaldehyd-Harzen an Stelle von Phenol-Formaldehyd-Harzen werden weiße Platten erhalten. Beim Herstellungsprozeß wird das aufgeschmolzene spezielle Mineralgemisch direkt nach dem Austreten aus den Düsen durch einen scharfen Luftstrom oder beim Auftreffen auf einen rotierenden Prallteller zu Fasern zerrissen. Diese fallen frei auf ein in einem bestimmten Abstand darunter hinweglaufendes Transportband. Die zu einem Vlies gesammelten Fasern werden dann einer Imprägniereinrichtung zugeführt. Die Trocknung erfolgt in langen Trockenkanälen, an deren Ende die Platten in der gewünschten Größe geschnitten werden. Bei der Erzeugung von Rohrschalen werden die imprägnierten Mineralfasermatten in noch nassem Zustand verformt und getrocknet. Das Auftragsgewicht des getrockneten Bindemittelgemisches beträgt 2—15 %, berechnet auf Fasergewicht.

In den letzten Jahren wurden ziemlich umfangreiche Versuche durchgeführt, die Eigenschaften von *Bitumen durch Zusätze von synthetischen Kautschukdispersionen* zu verbessern. H. ESSER [9] gibt einen zusammenfassenden Überblick über die schon mit relativ geringen Zusatzmengen (ca. 5 Gew.-%) von Naturkautschuklatex, Butadien-Styrol- und Chloropren-Polymeren erzielbaren positiven Eigenschaftsänderungen. Die Flexibilität des modifizierten Bitumens wird vergrößert. Die Temperaturempfindlichkeit wird geringer, was sich in einem niedrigeren Brechpunkt in der Kälte sowie einem höheren Erweichungspunkt in der Wärme (geprüft nach den für Bitumina geltenden DIN-Vorschriften) ausdrückt. Außerdem wird das Ausbluten niederer Erdölfraktionen aus Bitumen meist vollständig verhindert. Sowohl nach H. ESSER [9] als auch nach L. M. SMITH [10] ist das Einmischen des synthetischen Kautschuks in Form einer Dispersion die günstigste Verfahrensmethode in bezug auf die Wirksamkeit des Zusatzes. Der Grund hierfür ist offensichtlich die geringe Teilchengröße bzw. feine Verteilung, in der die Kunststoffpartikel in einer Polymerdispersion vorliegen. Das Einrühren von wäßrigen Kunststoff-Dispersionen in heißes Bitumen (Temperaturen oft über 200°C) stellt jedoch einige technologische Probleme. Besonders groß ist die Gefahr des Schäumens durch das momentane Verdampfen des Wassers. H. ESSER [9] beschreibt verschiedene Methoden, die die verfahrenstechnischen Schwierigkeiten zu umgehen versuchen. Kürzlich ist außerdem ein Verfahren veröffentlicht worden, bei dem das Schäumen beim Mischen dadurch vermieden wird, daß man die Kunststoff-Dispersionen auf das geschmolzene Bitumen aufsprüht, während dieses auf einem Trägerband in dünner Schicht vom Vorratstank zu einem Mischtank transportiert wird [11]. M. BÖTTCHER [12] hat eine Patentübersicht über den Zusatz von natürlichem bzw. synthetischem Kautschuk zu Bitumen und Teer zusammengestellt.

Das Hauptziel der Untersuchungen über Zusätze zu Bitumina war naturgemäß auf ihr größtes Anwendungsgebiet, den Straßenbau, gerichtet. Doch ist man auf diesem Sektor aus wirtschaftlichen Gründen bisher meist nicht über das Versuchsstadium hinausgekommen. Für Fugenvergußmassen haben sich Kunststoffzusätze jedoch in beschränktem Umfang durchgesetzt. Vorteile bieten Zusätze von Polymerdispersionen auch zu Bitumen, das für die Imprägnierung von Dachpappen und als Isolieranstrichmaterial für den Bauten- und Behälterschutz verwendet wird.

In den letzten Jahren wurden, vor allem mit Butadien-Styrol-Copolymerdispersionen, erfolgreiche Versuche durchgeführt, Sandböden durch Besprühen einen vorübergehenden *Schutz gegen Wind- und Regenerosion* zu verleihen, bis der Boden durch Pflanzenwuchs genügend stabilisiert ist. Die Versuche erstreckten sich auf die Gewinnung von landwirtschaftlichem Kulturboden aus Wüstenflächen, hier besonders mit einer Mischung aus Butadien-Styrol-Copolymerisat- und Mineralöldispersionen [*13*], auf den Schutz einer sich bildenden Grasnarbe auf frisch aufgeworfenen Dämmen und auf die Fixierung von Wanderdünen. Für die dabei ausgearbeiteten Verfahren und Produkte wurde teilweise Patentschutz beantragt [*14*]. Es werden je nach der Bodenqualität Auftragsgewichte des Polymerisates zwischen 5 und 70 g/m² für notwendig erachtet, um einerseits den oberen Bodenschicthen genügend Halt zu geben und andererseits das Wachstum der Bepflanzung nicht zu stören.

Literaturverzeichnis

1. Die Bedeutung der Eigenschaften von Kunststoff-Dispersionen und ihren Filmen für die Anwendung

1. HEISER, E. J., u. D. W. CULLEN: Tappi 48, H. 8, 80 A (1965).
2. MARON, S. H., and J. M. KRIEGER: Rheology, theory and application, Vol. III, p. 121. New York-London: Academic Press 1960. — s. a. HENGSTENBERG, J., u. W. SLIWKA: Kunststoffe, Bd. 1 (Chemie, Physik und Technologie der Kunststoffe, Bd. 6) S. 817. Berlin-Göttingen-Heidelberg: Springer 1962.
3. Ind. Eng. Chem. 28, 1204 (1936).
4. Offic. Dig. Federation Soc. Paint Technol. 32, 690 (1960).
5. WILLETS, W. R.: Offic. Dig. Federation Soc. Paint Technol. 32, 591 (1960).
6. Offic. Dig. Federation Soc. Paint Technol. 33, 1250 (1961).
7. Textil-Rundschau 16, 4887 (1961).
8. Zum Beispiel Tappi Monogr. Ser. Nr. 22 — Synthetic and Protein Adhesives for Paper Coating (1961), Techn. Assoc. of the Pulp and Paper Industry, p. 98.
9. Farbe, Lack 67, 81 (1961).
10. Offic. Dig. Federation Soc. Paint Technol. 35, 366 (1963).
11. Makromol. Chem. 69, 220 (1963).
12. DAS 1 222 678 (1962) Monsanto (F. J. HAHN, J. FANTEL, J. F. HEAPS, CH. R. WILLIAMS).
13. Am. Chem. Soc. Div. of Paint, Plastics and Printing Ink Chemistry 18, 1216 (1958).
14. DAS 1 164 095 (1961) BASF (H. POHLEMANN, H. SPOOR).
15. WESSLAU, H.: Makromol. Chem. 69, 221 (1963).
16. DAWSON, H. G.: Anal. Chem. 21, 1066 (1949). — HOWLAND, L. H., V. C. NEKLUTIN, R. W. BROWN, and H. G. WERNER: Ind. Eng. Chem. 44, 762 (1952). — MARON, S. H., and J. N. ULEVITSCH: Anal. Chem. 25, 1087 (1953). — FISCHER, F.: Adhesives Age 3, 22 (1960).
17. J. Am. Chem. Soc. 40, 1369 (1918).
18. MYERS, R. R., and R. K. SCHULTZ: J. Appl. Polymer Sci. 8, 755 (1964).
19. WHEELER, O. L., H. L. JAFFE, and N. WELLMANN: Offic. Dig. Federation Paint Varnish Prod. Clubs 26, 1239 (1954).
20. FIKENTSCHER, H. F., H. GERRENS u. H. SCHULLER: Angew. Chem. 72, 860 (1960). — COGAN, H. D.: Offic. Dig. Federation Soc. Paint Technol. 33, 365 (1961). — GÖTZE, TH., u. G. STENZEL: Fette, Seifen, Anstrichmittel 64, 925 (1962).
21. SCHWAB, O.: Allg. Papier-Rundschau 1963, 814.
22. JÄCKEL, K.: Unveröff. Arbeiten.
23. Tappi 46, 215 (1963).
24. Rev. Gén. Sci. Pures Appl. Bull. Assoc. Franç. 11, 1269 (1900). — Am. Chim. Phys. (7), 23, 62 (1901). — s. a. JETTMAR, W.: 100 Jahre BASF, Aus der Forschung, S. 209, Ludwigshafen am Rhein (1965).
25. BROWN, G. L.: J. Polymer Sci. 22, 423 (1956).
26. J. Physics (Moskau) 9, 385 (1943).
27. DILLON, R. E., L. A. MATHESON, and E. B. BRADFORD: J. Colloid Sci. 6, 108 (1951). — HENSON, W. A., D. A. TABER, and E. B. BRADFORD: Ind. Eng. Chem. 45, 735 (1953).
28. SCOFIELD, F.: Private Mitteilung an R. R. MYERS, and R. K. SCHULTZ: J. Appl. Polymer Sci. 8, 755 (1964).
29. TIMMONS, C. O., N. L. JARVIS, and W. A. ZISMANN: Retardation of evaporation by monolayers, S. 46. LaMer, Ed. New York: Academic Press 1962.
30. J. Polymer Sci. 32, 528 (1958).
31. VI. Fatipec-Kongreßbuch, S. 418. Weinheim/Bergstr.: Verlag Chemie 1962.

32. Jäckel, K.: BASF intern (1960).

33. J. Polymer Sci. **34**, 397 (1959).

34. Fitch, R. M.: Offic. Dig. Federation Soc. Paint Technol. **34**, 542 (1962).

35. Prentiss, W. C.: Offic. Dig. Federation Paint Varnish Prod. Clubs **29**, 393, 951 (1957).

36. Trommsdorf, E., u. R. Houwink: Chemie und Technologie der Kunststoffe, 3. Aufl., Bd. II, S. 120. Leipzig: Akad. Verlagsges. Geest und Portig 1956. — Rehberg, C. E., and C. H. Fischer: Ind. Eng. Chem. **40**, 1429 (1948).

37. Cellulosechemie **13**, 60 (1932).

38. Offic. Dig. Federation Paint Varnish Prod. Clubs **26**, 1239 (1954).

39. J. Appl. Polymer Sci. **8**, 687 (1964).

40. Chandrasekaran, S., and H. Mark: Tappi Monogr. Ser. No. 22. Synthetic and protein adhesives for papercoating, S. 7. New York: Techn. Assoc. Pulp and Paper Ind. 1961.

41. Ind. Eng. Chem. **45**, 743 (1953).

42. Smith, L., u. H. Olsson: Z. Physik. Chem. **118**, 99, 107 (1925). — Bruin, P., H. A. Osterhof, G. C. Vegter u. E. J. W. Vogelzang: VII. Fatipec-Kongreßbuch, S. 49. Weinheim/Bergstr.: Verlag Chemie 1964. — Florus, G.: VII. Fatipec-Kongreßbuch, S. 149. Weinheim/Bergstr.: Verlag Chemie 1964.

43. Vortrag auf dem XXXVI. Internationalen Kongreß für Industrielle Chemie am 15. 9. 66 in Brüssel — Veröffentlichung in einem Sonderband der Zeitschrift "L'Industrie Chimique Belge" für 1967 vorgesehen.

Weitere Literatur

Lebedev, A. V., R. E. Neimann, K. A. Pospelova u. a.: Influence of various factors on the low-temperature stability of synthetic latices — 1. Effect of changes in the water phase. 2. Effect of changes in the polymer phase. 3. Effect of pH on the kinetics of slow coagulation of butadiene/styrene latices by electrolytes. 4. Characteristics of the coagulation kinetics of adsorption saturated latices. Increasing the frost resistance of synthetic latices and their oil-water emulsion models. Kolloid-Z. (russ.) **24**, Nr. 5, 565, 572, 592, 599, 602 (1962). Referiert in Colloid J. **24**, 482, 487, 503, 508, 511 (1962)

Mühlsteph, W., u. W. Pöge: Anwendungstechnik der Plast- und Elastdispersionen, S. 64ff. Leipzig: VEB Deutscher Verlag für Grundstoffindustrie 1964.

Philippoff, W.: Viskosität der Kolloide. Dresden-Leipzig: Theodor Steinkopff 1942.

Pöge, W.: Zur Kenntnis des rheologischen Verhaltens von Polyvinylacetat-Dispersionen. Plaste Kautschuk **9**, 508, 557 (1962).

Sliwka, W.: Kunststoffe, Bd. 1 (Chemie, Physik und Technologie der Kunststoffe, Bd. 6) S. 313ff. Berlin-Göttingen-Heidelberg: Springer 1962.

Wapler, D.: Über die Messung des Fließverhaltens von Anstrichmitteln. Deut. Farben-Z. **12**, 15, 56 (1958).

2. Grundlegende Erkenntnisse über Verklebungsvorgänge

1. Weiss, P.: Adhesion and cohesion. Amsterdam: Elsevier Publ. Comp. 1962. — DECHEMA-Symposium: Haftsysteme und Haftfestigkeit, April 1964. — Houwink, R., and G. Salomon: Adhesion and adhesives, Vol. I. Amsterdam: Elsevier Publ. Comp. 1965. — Seidler, P. O.: Adhäsion **7**, 503 (1963). — Lucke, H.: Kunststoff-Rundschau **11**, 513 (1964). — Jurecic, A.: Tappi **49**, 306 (1966).

2. Phil. Trans. Roy. Soc. London **95**, 65 (1805).

3. Theorie Mechanique de la Chaleur, p. 369. Paris: Gauthier-Villars 1869.

4. Trans. Faraday Soc. **33**, 805, 1459 (1937).

5. J. Am. Chem. Soc. **42**, 2534, 2539 (1920); **44**, 2665 (1922). — Chem. Rev. **29**, 408 (1941).

6. Ind. Eng. Chem. **55**, Nr. 10, 19 (1963).

7. Chem. Eng. News **41**, Nr. 15, 67 (1963). — Kunststoff-Rundschau **10**, 517 (1963). — Advan. Chem. Ser. **43**, 189 (1964).

8. J. Polymer Sci. Part B, Polymer Letters **2**, 915 (1964).

9. Doklady Akad. Nauk (SSSR) **61**, 849 (1948). — Adhesives Age **5**, Nr. 4, 30 (1962).

10. Adhesives Age **5**, Nr. 4, 30 (1962).
11. s. a. Patrikeev, G. A.: Rubber Chem. Technol. **32**, 1191 (1959).
12. J. Chem. Phys. **20**, 1956 (1952).
13. Adhesives Age **8**, Nr. 5, 18 (1965).
14. Adhesives Age **6**, Nr. 7, 30 (1963).
15. Adhesives Age **8**, Nr. 5, 18 (1965); Nr. 6, 30 (1965).
16. DAN SSSR **129**, 149 (1959). — s. a. Seidler, P. O.: Adhäsion **7**, 503 (1963).
17. de Bruyne, N. A., and R. Houwink: Adhesion and adhesives, Chap. 4. Amsterdam: Elsevier Publ. Comp. 1951.
18. Tappi Monogr. Ser. Nr. 22. Synthetic and protein-adhesives for paper coating, p. 3. New York: Techn. Assoc. Pulp and Paper Ind. 1961.
19. Offic. Dig. Federation Soc. Paint Technol. **35**, 613 (1963).

Weitere Literatur

Elliot, G. F. P., and A. C. Riddiford: Recent progress in surface science. In: Danielli, J. F., K. G. A. Pankhurst, and A. C. Riddiford: Contact angles, Vol. 2, p. 111. New York: Academic Press 1964. — Zisman, W. A.: Contact angle, wettability, and adhesion. Advan. Chem. Nr. 43, A. C. S., 1 (1964). — Boucher, E. A.: Some current ideas on wetting. Offic. Dig. Federation Soc. Paint Technol. **38**, 329 (1966).

3. Kunststoff-Dispersionen in Putzen und Anstrichen

1. Bauwirtschaft **20**, 536 (1966).
2. Betonstein-Z. **32**, 527 (1966).
3. Bauwirtschaft **16**, 1245, 1281, 1311 (1962).
4. Stuckgewerbe Nr. 8, S. 326 (1966).
5. Baugewerbe **45**, 642 (1965).
6. Warson, H.: Paint Manuf. **34**, 55 (1964).
7. O'Neill, L. A.: I. O. C. C. A. **41**, 780 (1958).
8. DBP 954 197 (1953) BASF (H. Fikentscher, H. Wilhelm) — DBP 945 091 (1953) BASF (H. Fikentscher, H. Wilhelm) — DAS 1 206 592 (1962) Farbw. Hoechst (W. Bartmann, C. Beermann, W. Ehmann, D. Ulmschneider).
9. DAS 1 197 626 (1961) Dow (G. K. Greminger jun.).
10. Offic. Dig. Federation Soc. Paint Technol. **33**, 365 (1961).
11. I. O. C. C. A. **40**, 693 (1957).
12. Oosterhof, H. A.: I. O. C. C. A. **48**, 256 (1965). — US 3 186 974 (1961) Research Corp. (J. L. Dreher).
13. Jaffe, H. L.: Am. Paint J. **50**, Nr. 21, 33 (1965). — Beardsley, H. P., and R. J. Kennedy: Offic. Dig. Federation Soc. Paint Technol. **39**, 88 (1967).
14. DAS 1 115 454 (1960) BASF (H. Pohlemann, H. Spoor, G. Florus). — DAS 1 151 661 (1961) BASF (H. Pohlemann, G. Florus).
15. FR 1 329 818 (1962) Shell (R. W. Tess, P. R. van Ess).
16. Allyn, G.: Offic. Dig. Federation Soc. Paint Technol. **33**, 1616 (1961). — Weigel, K.: Fette, Seifen, Anstrichmittel **64**, 929 (1962). — Grünsfelder, H., C. Prentiss, and R. Stankus: Offic. Dig. Federation Paint Varnish Prod. Clubs **28**, 133 (1956).
17. Oelsner, E.: Farbe Lack **72**, 876 (1966).
18. Milewsky, R.: Fette, Seifen, Anstrichmittel **58**, 184 (1956).
19. FR 1 351 347 (1963) Chem. Werke Hüls.
20. Nylen, P., E. Sunderland: Modern surface coatings, p. 666. London: J. Wiley & Sons 1965.
21. DAS 1 206 591 (1961) Dow (C. L. Dibert, D. A. Taber, R. J. Pueschner).
22. Tyler, O. Z.: Paint Ind. Mag. **75**, Nr. 5, 10 (1960).
23. Clark, J. J.: Paint Oil Chem. Rev., 4. Jun. S. 20 (1953) zit. aus Payne, H. F.: Organic coating techn., Vol. II, p. 1135. New York: J. Wiley & Sons 1961.
24. Offic. Dig. Federation Paint Varnish Prod. Clubs **28**, 883 (1956).

25. Plaste Kautschuk, **6**, 611 (1959).
26. Offic. Dig. Federation Paint Varnish Prod. Clubs **28**, 372 (1956).
27. MERKEL, K. W.: Offic. Dig. Federation Soc. Paint Technol. **38**, 543 (1966).
28. NYLEN, P., and E. SUNDERLAND: Modern surface coatings, p. 349ff. — KITTEL, H.: Pigmente. Stuttgart: Wiss. Verlagsges. 1960. — PAYNE, H. F.: Organic coating techn., Vol. II, p. 675ff. New York-London: J. Wiley & Sons 1961.
29. ELM, A. C.: Offic. Dig. Federation Soc. Paint Technol. **34**, 642 (1962).
30. LÖWA, A.: Farbe Lack **66**, 75 (1960).
31. DBP 1 113 531 (1958) Farbw. Hoechst (T. JACOBS).
32. ROSA, P., and A. C. ELM: Offic. Dig. Federation Paint Varnish Prod. Clubs **31**, 415, 1075 (1959).
33. GUTBROD, R.: Farbe Lack **69**, 889 (1963).
34. Farbe Lack **70**, 687 (1964).
35. Offic. Dig. Federation Soc. Paint Technol. **34**, 194 (1962).
36. Deut. Farben-Z. **20**, 451 (1966).
37. Offic. Dig. Federation Soc. Paint Technol. **34**, 642 (1962).
38. NYLEN, P., and E. SUNDERLAND: Modern surface coatings, p. 383ff. London: J. Wiley & Sons Ltd. 1965.
39. Ind. Eng. Chem. **41**, 1470 (1949).
40. HAUG, R.: Deut. Farben-Z. **12**, 102, 142 (1958).
41. J. O. C. C. A. **45**, 776 (1962).
42. BACHMANN, R.: Fette, Seifen, Anstrichmittel **12**, 1177 (1958).
43. PIERCE, P. E., and R. M. HOLSWORTH: Offic. Dig. Federation Soc. Paint Technol. **37**, 272 (1965).
44. KLUG, H.: Farbe Lack **73**, 1136 (1967).
45. BECKER, J. C. jr., and D. D. HOWELL: Offic. Dig. Federation Paint Varnish Prod. Clubs **28**, 775 (1956).
46. Farbe Lack **71**, 263 (1965).
47. KRESSE, P.: Farbe Lack **71**, 179 (1965).
48. Farbe Lack **67**, 351 (1961).
49. GB 806 556 (1957) Du Pont.
50. Offic. Dig. Federation Soc. Paint Technol. **38**, 494, 66 A (1966).
51. ROSSBERG, P.: Farbe Lack **70**, 29 (1964).
52. SELLERS, S. G., and H. D. COGAN: Paint Ind. Mag. **75**, Nr. 9, 17 (1960).
53. Offic. Dig. Federation Soc. Paint Technol. **34**, 115 (1962).
54. GB 976 439 (1963) The Distillers Comp. Ltd. (CH. W. ANDREWS).
55. Paint Technol. **25**, Nr. 11, 15, 44 (1961); zit. nach WEIGEL, K.: Fette, Seifen, Anstrichmittel **65**, 864 (1963). — SEVESTRE, J.: Peintures, Pigments, Vernis **35**, 184 (1959). — DAS 1 108 357 (1955) Grace & Co., Cambridge, Mass. (J. G. MARK, D. RUBINSTEIN, N. G. TOMPKINS, A. URJIL). — TESS, R. W., and R. D. SCHMITZ: Offic. Dig. Federation Paint Varnish Prod. Clubs **29**, 127 (1961).
56. GIESEN, M.: Werkstoffe Korrosion **12**, 127 (1961).
57. GB 910 799 (1960) Imperial Chem. Ind. Ltd. (E. G. GAZZARD, D. J. GUEST).
58. NYLEN, P., and E. SUNDERLAND: Modern surface coatings, p. 1090ff. London: J. Wiley & Sons Ltd. 1965.
59. GIESEN, M.: VIII. Fatipec-Kongreß, S. 185. Weinheim/Bergstr.: Verlag Chemie 1966.
60. LARSON, L. P.: Am. Paint. J. **50**, Nr. 8, 62 (1965); **51**, Nr. 43, 46 (1966).
61. Fette, Seifen, Anstrichmittel **63**, 960 (1961).
62. Offic. Dig. Federation Soc. Paint Technol. **37**, 1673 (1965).
63. FORDYCE, D. B., J. DUPRE, and W. TOY: Ind. Eng. Chem. **51**, 115 (1959).
64. J. O. C. C. A. **38**, 503 (1955).
65. Offic. Dig. Federation Soc. Paint Technol. **38**, 317 (1966).
66. Offic. Dig. Federation Soc. Paint Technol. **37**, 1011 (1965).
67. Farbe Lack **72**, 1063 (1966).
68. Offic. Dig. Federation Soc. Paint Technol. **38**, 309 (1966).
69. FLOYD, J. D., J. W. GILL, and M. G. WIRICK: Offic. Dig. Federation Soc. Paint Technol. **38**, 398 (1966).

70. TOMPKINS, N. G.: Paint Varnish Product. **49**, Nr. 10, 41, 99 (1959).
71. WOOD, J., and P. J. FRY: Paint Manufact. **31**, Nr. 6 (1961); zit. nach WEIGEL, K.: Fette, Seifen, Anstrichmittel **66**, 498 (1964).
72. Jahrbuch der Lackchemie. Kunstharzdispersionen, S. 100ff. Stuttgart: W. A. Colomb 1961.
73. US 3 092 601 (1963) Union Carbide Corp. (W. M. SULLIVAN, L. A. CARLSON). — Paint Manufact. **34**, 56 (1964).
74. RASMUSSEN, D. J., and W. H. ELLIS: Offic. Dig. Federation Soc. Paint Technol. **34**, 1015 (1962).
75. BRUSS, H.: Paint Varnish Product. **53**, Nr. 12, 41, 71 (1963).
76. SCHOLL, E. C.: Offic. Dig. Federation Soc. Paint Technol. **32**, 527 (1960).
77. GREENFIELD, J.: J. Am. Oil Chem. Soc. **36**, 565 (1959).
78. PATTON, T. C.: Paint Varnish Product. **50**, Nr. 7, 43 (1960).
79. LIBERTINU, F. P., and R. D. PIERREHUMBERT: Paint Ind. **73**, Nr. 11, 8 (1958).
80. Deut. Malerblatt **34**, 439 (1963).
81. ZIMMERMANN, H.: Deut. Malerblatt **34**, 122 (1963).
82. Baugewerbe **42**, 378 (1962).
83. Wissenschaftliche Grundlagen der Anstrichstoffe und Anstrichtechnik, Bd. II, H. 5, S. 207ff., Zürich: Verband Schweizerischer Lack- und Farbenfabriken 1963.
84. Berichte aus der Bauforschung. Außenputze, Innenputze. H. 42, S. 54. Berlin: W. Ernst & Sohn 1965.
85. Deut. Malerblatt **34**, 423 (1963).
86. Deut. Farben-Z. **16**, 200 (1962).
87. Anwendungstechnik moderner Anstrichstoffe, S. 43. Winterthur: P. G. Keller 1963.
88. KÜNZEL, H.: Zement, Kalk, Gips **19**, 17 (1966).
89. DISSELHOFF, H.: Mappe, Nr. 3, 169 (1964).
90. Farbe Lack **68**, 666 (1962).
91. VII. Fatipec-Kongreß, S. 149. Weinheim/Bergstr.: Verlag Chemie 1964.
92. Offic. Dig. Federation Paint Varnish Prod. Clubs **31**, 1640 (1959). — Peintures, Pigments, Vernis **37**, 200, 271, 350 (1961).
93. Farbe Lack **65**, 74 (1959).
94. Betonstein-Z. **32**, 26 (1966).
95. Paint testing manual, 12. Ed. Maryland/USA: Gardner Lab. Inc. 1962.
96. J. O. C. C. A. **43**, 34 (1960).
97. Offic. Dig. Federation Soc. Paint Technol. **37**, 707 (1965).
98. STAMM, A. J.: Wood and cellulose science, Kap. 1. New York: Ronald Press Comp. 1964.
99. Anwendungstechnik moderner Anstrichstoffe, S. 34. Winterthur: P. G. Keller 1963.
100. WERTHAN, S.: Offic. Dig. Federation Soc. Paint Technol. **33**, 1055 (1961).
101. KOLLMANN, F.: Technologie des Holzes und der Holzwerkstoffe, 1. Bd., S. 419 u. 497. Berlin-Göttingen-Heidelberg: Springer 1951.
102. COCKRELL, R. A.: Offic. Dig. Federation Soc. Paint Technol. **37**, 684 (1965).
103. Offic. Dig. Federation Soc. Paint Technol. **35**, 169 (1963).
104. GRIMSFELDER, H., W. G. PRENTISS, and R. STANKUS: Offic. Dig. Federation Paint Varnish Prod. Clubs **28**, 133 (1956). — ALLYN, G.: Paint Varnish Prod. **47**, Nr. 7, 37 (1957). — GORDON, J. A. jr.: Offic. Dig. Federation Paint Varnish Prod. Clubs. **30**, 79 (1958). — TOMPKINS, N. G.: Paint Varnish Prod. **49**, Nr. 9, 41 (1959). — Paint Varnish Prod. **50**, Nr. 11, 53—103 (1960). — ALLYN, G.: Offic. Dig. Federation Soc. Paint Technol. **33**, 1615 (1961). — VANNOY, W. G.: Offic. Dig. Federation Soc. Paint Technol. **33**, 807 (1961); **36**, 292 (1964). — LIBERTI, F.: Offic. Dig. Federation Soc. Paint Technol. **33**, 390 (1961). — SAFE, K. A.: Paint Manufact. **33**, 335 (1963). — BOHLEN, J. A., RH. J. ROSS, E. J. DAVIS, P. STENDAL, E. O. CUMMINGS, and J. F. McGEE: Offic. Dig. Federation Soc. Paint Technol. **35**, 1176 (1963).
105. Jahrbuch der Lackchemie. Kunstharzdispersionen, S. 126. Stuttgart: W. A. Colomb 1961. — PAYNE, H. F.: Organic coating technol., Vol. II, p. 1079. New York: J. Wiley Inc. 1961. — KAGAN, G. M., and E. B. HUNT: Offic. Dig. Federation Soc. Paint Technol. **33**, 380 (1961).
106. Plaste Kautschuk **6**, 611 (1959).

107. WERTHAN, S.: Offic. Dig. Federation Soc. Paint Technol. **35**, 671 (1963). — MEIER, O.: Mappe **1960**, 30.
108. WERTHAN, S.: Offic. Dig. Federation Soc. Paint Technol. **34**, 1099 (1962); **35**, 671 (1963).
109. Farbe Lack **70**, 366 (1964).
110. SCHWENK, E.: Deut. Farben-Z. **14**, 89 (1960). — WARSON, H.: Paint Manufact. **34**, 56 (1964). — Jahrbuch der Lackchemie. Kunstharzdispersionen, S. 106. Stuttgart: W. A. Colomb 1961.
111. Offic. Dig. Federation Paint Varnish Prod. Clubs **27**, 779 (1955).
112. Offic. Dig. Federation Soc. Paint Technol. **32**, 530 (1960).
113. SANDERMANN, W., u. M. PUTH: Farbe Lack **71**, 13 (1965).
114. Farbe Lack **72**, 1179 (1966).
115. Mitt. Forschungsges. Blechverarbeitung Nr. 5/6, 62 (1963).
116. J. O. C. C. A. **47**, 31 (1964).
117. SCHMÜCKER, B.: Fette, Seifen, Anstrichmittel **57**, 335 (1955). — MEIER, O.: Mappe **1960**, 30.
118. Jahrbuch der Lackchemie. Kunstharzdispersionen, S. 104. Stuttgart: W. A. Colomb 1961.
119. Offic. Dig. Federation Soc. Paint Technol. **37**, 698 (1965).
120. ESTRADA, N. S.: Offic. Dig. Federation Soc. Paint Technol. **33**, 434 (1961).
121. Jahrbuch der Lackchemie, 2. Ausg., S. 97. Stuttgart: W. A. Colomb 1961.
122. DAS 1 058 179 (1954). — US 2 787 603 (1957) DuPont (J. J. SANDERSON, P. F. SANDERS).
123. FR 1 294 406 (1961) Bayer (H. LOGEMANN, W. BECKER, G. KOLB).
124. BE 619 688 (1962) CIBA.
125. FR 1 259 320 (1960) BASF (H. POHLEMANN, E. NEUFELD, H. WILHELM, G. BÖHMER).
126. DAS 1 157 398 (1960) Rohm & Haas Comp. (R. E. ZDANOWSKI, W. W. TOY). — DAS 1 179 003 (1960) Rohm & Haas Comp. (R. E. ZDANOWSKI, W. W. TOY, B. E. LARSSON, B. B. KINE).
127. US 2 787 561 (1953) DuPont (P. F. SANDERS).
128. US 2 904 523 (1955) The Empire Varnish Comp. (R. I. HAWKINS jr., E. G. BOBALEK). — DAS 1 199 420 (1957) Rohm & Haas Comp. (M. D. HURWITZ). — GB 873 876 (1959) DOW (J. F. VITKUSKE). — US 3 085 076 (1959) International Latex Corp. (C. A. ZIMMERMANN). — BE 587 088 (1960) Rohm & Haas Comp. (G. L. BROWN, R. E. HARREN, B. B. KINE, E. E. WORMSER). — DAS 1 126 612 (1960) BASF (G. DAUMILLER, F. HÖLSCHER, G. SCHMÖTZER). — US 3 094 435 (1961) Pennsalt Chem. Corp. (L. K. SCHUSTER, A. L. BALDI). — US 3 083 171 (1961) Interchemical Corp. (E. J. ARONOFF, G. J. DEL FRANCO, H. J. ROONEY). — US 3 210 610 (1061) H. C. TILLSON. — DAS 1 218 156 (1962) BASF (G. SCHMÖTZER). — BE 616 732 (1962) BASF (G. SCHMÖTZER, J.-W. HARTMANN). — BE 620 913 (1962) BASF (H. DISTLER, G. SCHMÖTZER). — BE 622 280 (1962) DuPont (C. VICTORIUS).
129. ROPP, W. S.: Offic. Dig. Federation Soc. Paint Technol. **34**, 336 (1962). — ESTRADA, N. S.: Offic. Dig. Federation Soc. Paint Technol. **33**, 417 (1961).
130. STEHLE, K.: Mappe **1960**, 34. — SCHMÜCKER, B.: Fette, Seifen, Anstrichmittel **57**, 337 (1955). — LEHMANN, H., u. H. WÜSTEFELD: VIII. Fatipec-Kongreß, S. 346. Weinheim/ Bergstr.: Verlag Chemie 1966. — ROTH, M. H.: Paint Ind. Mag. **75**, Nr. 8, 10 (1960).
131. FRANK, D.: J. O. C. C. A. **43**, Nr. 2, 140 (1960).
132. DISSELHOFF, H.: IV. Fatipec-Kongreß, S. 251 und VIII. Fatipec-Kongreß, S. 338. Weinheim/Bergstr.: Verlag Chemie 1957/1966. — Farbe Lack **72**, 1086 (1966).
133. Jahrbuch der Lackchemie, 2. Ausg., S. 91. Stuttgart: W. A. Colomb 1961.
134. SCHÜCKING, G.: Kunststoff-Handbuch, Bd. II, Teil 2, S. 299. Herausg. K. KREKELER u. G. WICK. München: C. Hanser 1963.
135. VIII. Fatipec-Kongreß, S. 344. Weinheim/Bergstr.: Verlag Chemie 1966.
136. Anwendungstechnik moderner Anstrichstoffe, S. 44. Winterthur: P. G. Keller 1963.
137. VIII. Fatipec-Kongreß, S. 372. Weinheim/Bergstr.: Verlag Chemie 1966.
138. Offic. Dig. Federation Soc. Paint Technol. **35**, 34 (1963).
139. Jahrbuch der Lackchemie, 2. Ausg., S. 106. Stuttgart: W. A. Colomb 1961. — Offic. Dig. Federation Paint Varnish Prod. Clubs. **31**, 1715 (1959).
140. SCHULZ, H. W.: Kunststoffe **47**, 605 (1957).
141. SCHOLL, E. C.: Offic. Dig. Federation Soc. Paint Technol. **32**, 522 (1960).

142. STREHLE, K.: Metallreinigung u. Vorbehandlung 10, Nr. 3, 31 (1961).
143. Z. Ges. Textilind. 63, 679 (1961).
144. RIESE, W. A.: Farbe Lack 68, 222 (1962).
145. LAUREN, S.: Offic. Dig. Federation Soc. Paint Technol. 35, 654 (1963).
146. MALL, G.: Deut. Malerblatt 34, 484 (1963).
147. SCHÜCKING, G.: Kunststoff-Handbuch, Bd. II, Teil 2, S. 299. Herausg. K. KREKELER
     u. G. WICK. München: C. Hanser 1963.
148. MICHAELS, A. S.: Offic. Dig. Federation Soc. Paint Technol. 37, 638 (1965).
149. DAS 1 120 670 (1958) J. & Otto Krebber, Oberhausen.
150. Kunststoffe 52, 658 (1962).
151. Deut. Malerblatt 34, 586 (1963).
152. DAS 1 102 629 (1961) Union Chimique Belge. (A. GANCBERG).
153. DAS 1 088 405 (1959) Rohm & Haas Comp. (R. E. ZDANOWSKI, G. L. BROWN, B. E.
     LARSSON).
154. DAS 1 066 125 (1954) Rohm & Haas Comp. (G. L. BROWN, B. B. KINE, P. S. BETTOLI,
     C. R. ECKERT).
155. DAS 1 001 177 (1957) Eternit AG (H. EICK).
156. SCHULZ, H. E.: Betonstein-Z. 32, 295 (1966).

Weitere Literatur

MÜLLER, J. G.: Über Polyvinylacetat-Dispersionen, ihre Herstellung und Verwendung als
     Anstrichmittel. Fette, Seifen, Anstrichmittel 64, 565 (1962).
WEIGEL, K.: Wäßrige Anstrichmittel. Fette, Seifen, Anstrichmittel 66, 311, 493 (1964).

4. Kunststoff-Dispersionen als Zusatz für Zementmörtel

1. GB 214 224 (1924) Dr. Rudolf Ditmar, Graz.
2. GB 369 561 (1930) Critchley Ltd. (A. P. BOND).
3. GEIST, J. M., S. V. AMAGNA, and B. B. MELLOR: Ind. Eng. Chem. 45, 759 (1953).
4. STREHLE, K.: Baumarkt 1958, 126.
5. DBP 966 648 (1951) Polychemie (K. STREHLE).
6. SCHULZ, H. W.: Betonstein-Z. 1953, 305.
7. RISSEL, E.: Zement-Kalk-Gips 8, 355 (1955).
8. SCHULZ, H. W.: Kunststoffe 47, 604 (1957).
9. WAGNER, K.: Betonstein-Z. 1960, 106.
10. ALBRECHT, W.: Straßen u. Tiefbau 14, 516 (1960).
11. TSCHERKINSKIJ, J. S., i W. M. KALASCHNIKOWA: Stroitjelnije Materiali 8, Nr. 5 (1960). —
     Plaste u. Kautschuk 8, 427 (1961).
12. Adhesives Age 4, Nr. 9, 30 (1961).
13. PETRI, R.: Kunststoffe 53, 421 (1963).
14. Vortrag auf dem XXXVI. Internationalen Kongreß für Industrielle Chemie am 15. 9. 1966
     in Brüssel — Veröffentlichung in einem Sonderband der Zeitschrift «L'Industrie
     Chimique Belge» für 1967 vorgesehen.
15. Bau u. Bauindustrie 16, 122 (1963).
16. Rubber Chem. Technol. 37, 758 (1964).
17. Cement och Betong 40, 309 (1965); ref. nach Zement-Kalk-Gips 9, 452 (1966).
18. DAS 1 099 925 (1958) Polychemie (K. STREHLE).
19. BE 664 806 (1965) Lonza S. A.
20. FR 1 156 882 (1956) The Master Mechanics.
21. US 3 043 790 (1957) DuPont (PH. F. SANDERS, G. MILLS).
22. GB 970 334 (1962) Imperial Chem. Ind. Ltd. (D. N. BUTTREY).
23. DAS 1 189 435 (1959) BASF (H. REINHARD, R. PETRI, F. HÖLSCHER).
24. US 2 819 239 (1955) Dow (J. F. EBERHARD, A. PARK).
25. DBP 1 171 791 (1961) BASF (H. REINHARD, W. SLIWKA, R. PETRI).

26. SIROTKINA, N. L.: Third European Regional Conference on Electron-Microscopy — (c), Prague: Publishing House of the Czechoslovak Academy of Science 1964.
27. SIROTKINA, N. L., i V. L. SMELYANSKII: Zavodskaya Laboratoriya **29**, 970 (1963).
28. Ind. Eng. Chem. **34**, 1178 (1943).
29. Ind. Eng. Chem. — Prod. Res. Develop. **4**, 191 (1965).
30. DAS 1 136 625 (1961) Lechler Bautenschutzchemie (K. KRENKLER).
31. VDI-Berichte **72**, 55 (1966).

5. Spachtelmassen

FORTUN, E.: Kunststoffe **47**, 569 (1957).

HINZ, K.: Seifen-Öle-Fette-Wachse **52**, 727—730 (1956).

Kunststoff-Berater **3**, 807 (1965).

MÜHLSTEPH, W., u. W. PÖGE: Anwendungstechnik der Plast- und Elastdispersion, S. 229—238. Leipzig: VEB Deutscher Verlag für Grundstoffindustrie 1964.

OHL, F.: Kunststoffe-Plastics H. 1, 56 (1958).

6. Kunststoff-Dispersionen als Grundlage für Klebstoffe

1. Kunststoff-Rundschau **12**, 11 (1965).
2. LÜTTGEN, C.: Die Technologie der Klebstoffe, Teil 1: Leime, Klebstoffe und Klebbänder (1959), Teil 2: Kitte, Kleb- und Dichtungsmassen. Berlin: W. Pansegrau 1957. — Handbook of adhesives, Ed. I. SKEIST. London: Reinhold Publ. Corp. 1962. — PLATH, E., u. L. PLATH: Taschenbuch der Kitte und Klebstoffe. Stuttgart: Wissenschaftliche Verlags-Ges. 1963. — Tappi Monogr. Ser. Nr. 26. Testing of adhesives. Herausgeber W. H. NEUSS (1963).
3. MÜHLE, H.: Adhäsion **4**, 625 (1960). — DBP 895 437 (1943) Lange & Co. (A. KÜPPER, L. BECK).
4. HAARLAMMERT, F.: Plastverarbeiter **12**, 285 (1961).
5. US 2 955 970 (1957) Lowe Paper Comp. (J. C. RICE, K. THOMPSON). — REED, C. E., and G. D. FAVERO: Mod. Plast. **40**, Nr. 8, 102 (1963). — LUCKE, H.: Kunststoff-Rundschau **11**, 628 (1964).
6. Adhäsion **6**, 1 (1962).
7. Verpackungs-Rundschau **13**, 196 (1962).
8. Adhesives Age **4**, Nr. 2, 38 (1961). — US 2 996 462 (1958) Stein, Hall & Co. (A. R. ROBBINS).
9. BÜKER, D.: Allg. Papier-Rundschau **1963**, 1271.
10. GARDNER, E. D., and R. W. FLOURNAY: Adhesives Age **4**, Nr. 1, 24 (1961). — BOOTH, C. C., and T. F. DUNCAN: Adhesives Age **4**, Nr. 7, 34 (1961). — McGUIRE, E. P., and L. ROLAND: Paper Trade J. **149**, Nr. 8, 57 (1965).
11. Adhesives Age **7**, Nr. 12, 20 (1964).
12. Tappi **48**, Nr. 8, 84 A (1965).
13. COLUMBUS, P. S.: Mod. Packaging **33**, Nr. 5, 119, 152 (1960).
14. DAS 1 072 767 (1958) (W. HESSELMANN, G. SCHWEDLER).
15. GB 906 562 (1960) Nat. Adhesives Ltd. (W. J. OPIE).
16. Kunststoffe **46**, 274 (1956). — Allg. Papier-Rundschau **1956**, 1193.
17. BARTUSCH, W.: Verpackungs-Rundschau **12**, Nr. 7, Beilage S. 49 (1961).
18. — : Verpackungs-Rundschau **12**, Nr. 7, Beilage S. 17 (1961).
19. Verpackungs-Rundschau **16**, Nr. 1, Beilage S. 1 (1965).
20. Adhäsion **5**, 628 (1961).
21. Adhäsion **6**, 167 (1962).
22. Tappi **43**, 173 (1960).
23. Adhäsion **1**, 10 (1957).
24. Adhesives Age **9**, Nr. 8, 28 (1966).
25. Z. Angew. Physik **8**, 171 (1956).

26. DRP 682 076 (1938) E. Lumbeck, Essen. — DRP 687 141 (1938) E. Lumbeck. — DRP 692 086 (1938) E. Lumbeck. — DRP 700 843 (1938) E. Lumbeck. — DRP 713 077 (1939) E. Lumbeck.
27. Allg. Anz. Buchbindereien 78, 607 (1965).
28. BAYER, C.: Polygraph 15, 1613 (1962).
29. Allg. Anz. Buchbindereien 78, 628 (1965).
30. BURLAGE, H.: Allg. Anz. Buchbindereien 78, 612 (1965).
31. MANN, F.: Allg. Papier-Rundschau 17, 1190 (1964).
32. Adhäsion 10, 21 (1966).
33. US 2 976 203 (1957) Rohm & Haas (H. C. YOUNG, W. W. TOY). — US 2 976 204 (1957) Rohm & Haas (H. C. YOUNG, W. W. TOY).
34. US 3 015 638 (1959) Congoleum-Nairn Inc. (R. J. SERGI).
35. Handbuch der Verlegetechnik. Stuttgart: Deutsche Verlags-Anstalt 1965.
36. Adhäsion 8, 403 (1964).
37. Deut. Bauzeitung 4, 316 (1965).
38. HART, W.: Handbuch der Verlegetechnik, S. 165. Stuttgart: Deutsche Verlags-Anstalt 1965.
39. MOORTZ, A.: Adhäsion 8, 411 (1964).
40. SCHULTE, G. J.: Handbook of Adhesives, S. 612. Ed. I. SKEIST. London: Reinhold Publ. Corp. 1962.
41. US 2 902 459 (1954) Borden (J. TEPPEMA).
42. FITZGERALD, J. V.: Adhesives Age 5, Nr. 11, 34 (1962). — STECHER, H.: Adhäsion 7, 314 (1963). — Adhäsion 8, 414 (1964).
43. HART, W.: Handbuch der Verlegetechnik, S. 122 ff. Stuttgart: Deutsche Verlags-Anstalt 1965.
44. LAUREN, S.: Adhesives Age 8, Nr. 5, 30 (1965).
44a. GRÜNWALD, F. M.: Leder- u. Häutemarkt 19, Nr. 7, 82, 146 (1967).
45. FISCHER, W.: Adhäsion 5, 60 (1961).
46. GB 838 754 (1958) Degussa.
47. US 2 561 215 (1945) DuPont (CH. J. MIGHTON).
48. REEVES, E. V.: Adhesives Age 6, Nr. 3, 29 (1963).
49. BP 788 381 (1955) Bataafsche Petroleum Maatschappij.
50. DBP 1 112 235 (1960) Dunlop (G. M. DOYLE).
51. LOAN, L. D.: Adhesives Age 8, Nr. 3, 36 (1965).
52. PIEPER, E.: Kautschuk u. Gummi, Kunststoffe, Asbest 16, 24 (1963).
53. LITTLE, J. S.: Canad. Text. J. 78, Nr. 19, 57 (1961).
54. US 3 231 412 (1962) Deering Milliken Research Corp. (W. C. PRUITT, W. J. SCHRODER).
55. US 3 222 238 (1962) DuPont (H. R. KRYSIAK).
56. AITKEN, R. G., R. L. GRIFFITH, J. S. LITTLE, and P. M. McLELLAN: Rubber World 151, Nr. 5, 58 (1965).
57. BE 654 585 (1963) Vereinigte Glanzstoff-Fabriken. — DAS 1 212 245 (1963) Vereinigte Glanzstoff-Fabriken (K. MACURA, E. SIGGEL, F.-J. SCHMITZ). — DAS 1 199 244 (1963) Olin Mathieson Chem. Corp.
58. Kautschuk u. Gummi, Kunststoffe, Asbest 18, 22 (1965).
59. MOULT, R. H.: Handbook of adhesives, p. 496, Ed. I. SKEIST. New York: Reinhold Publ. Corp. 1962. — BLACKLEY, D. C.: High polymer latices, Vol. 2, p. 778. London: Maclaren Ltd. 1966. — MITCHELL, J. M.: Canad. Text. J. 78, Nr. 21, 57 (1961).
60. KRÜCKELS, W.: Kautschuk u. Gummi, Kunststoffe, Asbest 13, 706 (1960).
61. KAMRADL, P., u. F. HANDLER: Faserforschung Textiltechnik 11, 408 (1960). — KERN, W. F.: 11, 401 (1960). — KEMMNITZ, G.: Melliand Textilber. 42, 16, 152 (1961). — REEVES, E. V.: Adhesives Age 6, Nr. 3, 29 (1963). — KENYON, D.: Adhesives Age 6, Nr. 12, 28 (1963).
62. US 3 240 660 (1961) Burlington Ind., Inc. (E. C. ATWELL).
63. US 3 060 078 (1960) Burlington Ind., Inc. (E. C. ATWELL).
64. STUCKENBROCK, K., u. B. LANGE: Z. Ges. Textilind. 66, 663 (1964).
65. Am. Dyestuff Reporter 52, Nr. 1, 21 (1963).
66. BE 621 267 (1962) Raduner & Co.

67. Z. Ges. Textilind. **67**, 698 (1965).
68. SVF Fachorgan **18**, 159 (1963). — SMITH, W. F.: Text. Manufact. **90**, 59 (1964).
69. GLENZ, O., F. KASSACK u. G. BERNDT: Melliand Textilber. **43**, 508 (1962). — MENSCHNER, H. J.: Melliand Textilber. **43**, 619 (1962). — GROM, A.: Z. Ges. Textilind. **64**, 77 (1962). — LUCKE, H.: Z. Ges. Textilind. **64**, 600 (1962). — SEMENOW, E.: Z. Ges. Textilind. **64**, 605 (1962). — KÖNIG, W.: Z. Ges. Textilind. **64**, 681 (1962). — HAUSER, K.: Z. Ges. Textilind. **65**, 617 (1963). — ERLICH, V. L.: Mod. Text. **44**, Nr. 2, 37 (1963). — BERGS, H.: SVF-Fachorgan **18**, 796 (1963). — GLENZ, O.: Chemie-Fasern **14**, 847 (1964). — BERGS, H.: Melliand Textilber. **46**, 413 (1965). — LUCKE, H.: Kunststoff-Rundschau **12**, 691 (1965). — BERGS, H.: Chemiefasern **16**, Nr. 5, 347 (1966).
70. DBP 894 236 (1951) Plüschweberei Grefrath GmbH (E. WALTMANN).
71. DBP 877 948 (1951) Rathgeber, Kirchhausen (P. SCHOLZ).
72. DAS 1 196 161 (1961) Grefrath Velour GmbH (E. WALTMANN).
73. Z. Ges. Textilind. **67**, 630 (1965). — FR 1 384 621 (1963) Riegel Text. Corp.
74. ABBENHEIM, P.: Z. Ges. Textilind. **67**, 642 (1965).
75. GREF, R.: Melliand Textilber. **44**, 1138 (1963). — STUCKENBROCK, K. H., u. R. GREF: Z. Ges. Textilind. **67**, 199 (1965).
76. BROOKMAN, R. S.: Adhesives Age **2**, 30 (1959).
77. Z. Ges. Textilind. **67**, 819 (1956).
78. WALSH, D. J.: Am. Dyestuff Reporter **55**, 329 (1966).
79. Chem. Eng. News **43**, Nr. 2, 41 (1965).
80. HENKE, T.: Mod. Text. Mag. **45**, Nr. 6, 31 (1964).
81. Textil-Praxis **21**, 349 (1966).
82. Am. Dyestuff Reporter **55**, 57 (1966).
83. Kunststoff-Berater **11**, 632 (1966).
84. DRP 626 336 (1932) H. Baltzersen. — DBP 921 136 (1950) Wilhelm KG. (C. SCHILTERL, S. BASAKOF). — DBP 930 078 (1950) Wilhelm KG. (C. SCHILTERL, S. BASAKOF). — GÜNTHER, R.: Melliand Textilber. **34**, 333, 346 (1953).
85. FR 1 120 064 (1954) Giroud Frères.
86. US 2 097 233 (1934) Research Corp. (A. F. MESTON). — US 2 152 077 (1935) Behr-Manning Corp. (A. F. MESTON, H. A. WINTERMUTE). — US 2 217 126 (1937) Behr-Manning Corp. (A. F. MESTON, H. A. WINTERMUTE). — DRP 752 664 (1937) SSW (C. HAHN, H. HAAKH). — DRP 760 979 (1940) SSW (C. HAHN). — DRP 763 471 (1940) SSW (W. FELDMANN).
87. ALBRECHT, W., u. W. BRETHAUER: Z. Ges. Textilind. **63**, 152 (1961). — RÜD, F.: Chemiefasern **14**, 868 (1964). — KASSACK, F., F. REICH, A. SCHMITZ, G. HEYL u. G. LÜTTGENS: SVF-Fachorgan Textilveredlung **19**, 74 (1964). — GRIFFIN, K. K.: Mod. Text. Mag. **45**, Nr. 8, 39 (1964). — LEIMBACHER, E. M.: Am. Dyestuff Reporter **55**, 334 (1966).
88. ESCALES, E.: Kunststoffe **42**, 355 (1952).
89. HESSE, F.: Melliand Textilber. **35**, 90 (1954).
90. Textile Industries **128**, Nr. 5, 59 (1964).
91. SWATEK, W. T.: Melliand Textilber. **37**, 597 (1956).
92. ANASZEWICZ, H.: Am. Dyestuff Reporter **55**, S. 333 (1966).
93. Melliand Textilber. **40**, 1088 (1959). — HENKE, T.: Mod. Text. Mag. **45**, Nr. 6, 31 (1964).
94. DAS 1 098 913 (1959) Ver. Glanzstoff-Fabr. (G. FRÜH, K. GRUBER). — FR 1 385 410 (1963) Monsanto. — Chem. Eng. News **43**, Nr. 2, 41 (1965).
95. US 3 249 457 (1966) Emerson-Interchem. Corp. (J. E. LYNCH).
96. FR 1 442 068 (1965) BASF (H. ZAUNBRECHER, H. WOLF, K. CRAEMER, H. WILHELM).
97. FR 1 362 228 (1963) BASF (K. CRAEMER, W. SCHWINDT, H. WOLF, H. WILHELM).
97a. Amer. Dyestuff Reporter **55**, 337 (1966).
98. CLAD, W.: Holz als Roh- und Werkstoff **17**, 27 (1959).
99. Holz als Roh- und Werkstoff **16**, 383 (1958).
100. DUPONT, W.: Holz-Zentralbl. **84**, 1684 (1958). — LUCKE, H.: Kunststoff-Rundschau **13**, 192 (1966).
101. BOEKELMANN, W. U.: Adhäsion **7**, 528 (1963). — EISENTRÄGER, K.: Kunststoffe **53**, 555 (1963).

102. Clad, W.: Holz als Roh- und Werkstoff **23**, 58 (1965). — Raknes, E.: Holz als Roh-
    und Werkstoff **19**, 239 (1961).
103. Taschenbuch der Kitte u. Klebstoffe, S. 422. Stuttgart: Wissenschaftl. Verlagsges. 1963.
104. DBP 851 098 (1944) BASF (H. Fikentscher), DAS 1 078 264 (1956) Minnesota Mining
    a. Manufact. (E. W. Ulrich).
105. GB 952 590 (1959) Adhesive Tapes Ltd. (D. W. Aubry). — FR 1 328 593 (1962) Pitts-
    burgh Plate Glass Comp. (D. P. Hart, R. M. Christenson). — FR 1 367 962 (1963).—
    ÖP 251 151 (1963) BASF (H. Reinhard, H. Wolf, L. Keller, B. Dotzauer,
    H. Wilhelm).
106. DAS 1 079 678 (1957) Deutsche Bundespost (R. Rasch).
107. DAS 1 093 029 (1957) = GB 868 925 (1957) Minnesota Mining a. Manufact. (A. T. Knut-
    son, M. O. Kalleberg).
108. Adhesives Age **6**, Nr. 8, 21 (1963).
109. DBP 964 533 (1955) Beiersdorf (K. Fendius, K. Riecke). — GB 812 422 (1956) Beiers-
    dorf. — US 2 926 105 (1956) Minnesota Mining a. Manufact. (A. H. Steinhauser,
    H. J. Revoir). — US 2 927 868 (1958) Minnesota Mining a. Manufact. (H. J. Revoir).
    — GB 893 759 (1958) Rotunda Ltd. (E. J. M. Rosenthal, G. R. Harris). — US
    3 084 067 (1960) Johnson & Johnson (R. M. Smith).
110. DAS 1 192 357 (1961) Beiersdorf (R. Juhrich, K. Franzen).
111. Skeist, I.: Handbook of adhesives, p. 588. New York: Reinhold Publ. Corp. 1963.
112. Adhesives Age **9**, Nr. 8, 22 (1966).
113. US 2 462 029 (1945) Nashua Gummed a. Coated Paper Comp. (L. M. Perry). — DBP
    930 941 (1950) Hergis A. G. (zurückgezogen).
114. US 2 853 404 (1953) Johnson & Johnson (M. A. Weinberg). — US 2 885 306 (1956)
    Dow (R. H. Rigterink, R. L. Miller jr., L. H. Silvernail). — US 2 885 307 (1956)
    Dow (R. H. Rigterink, R. L. Miller jr., L. H. Silvernail). — GB 911 821 (1957)
    Samuel Jones & Co. Ltd. (P. S. Dunnett, H. W. Chatfield).
115. FR 1 298 244 (1961) Nat. Starch a. Chem. Corp. (J. Sirota).
116. US 2 462 029 (1945) Nashua Gummed a. Coated Paper Comp. (L. M. Perry). — DBP
    930 941 (1950) Hergis A.G. (zurückgezogen).
117. Funk, M. C.: Adhesives Age **5**, Nr. 9, 28 (1962).
118. US 2 784 111 (1954) Nashua Corp. (A. E. Davis).
119. Schindler, J.: Allg. Papier-Rundschau **1966**, 1113.
119a. Grunau, E. B.: Beton **17**, 322 (1967).
120. Anderson, M. D., and M. J. Bodnar: Adhesives Age **7**, Nr. 11, 26 (1964).
121. Lucke, H.: Kunststoff-Rundschau **11**, 569 (1964).

Weitere Literatur

Clad, W.: Untersuchungen an PVA-Leimen. Plaste Kautschuk **5**, 211, 251 (1958).
Bayer, C.: Klebebindung: Format, Papiergewicht, Papierwahl. Polygraph **16**, 1398 (1963).
Dubuit, J.: Die Klebebänder. Adhäsion **3**, 6 (1959).
Hemming, Ch. B.: Wood gluing. Handbook of adhesives, p. 505 ff. Ed. I. Skeist. New York:
    Reinhold Publ. Corp. 1963.
Holzer, K.: Kunststoff-Dispersionsleime. Furniere, Lagenhölzer und Tischlerplatten, S. 350ff.
    Herausg.: F. Kollmann. Berlin-Göttingen-Heidelberg: Springer 1962.
Kaschierung von Kunststoff-Folien mit Papier. Allg. Papier-Rundschau **1964**, 1264.
Kollmann, F.: Technologie des Holzes und der Holzwerkstoffe. 2. Aufl., Bd. 2. Berlin-
    Göttingen-Heidelberg: Springer 1955.
Lüttgen, C.: Die Holzverleimung. Technologie der Klebstoffe, Teil 1, S. 475ff. Berlin:
    Pansegrau 1959.
Mühlsteph, W., u. W. Pöge: Holzleime. Anwendungstechnik der Plast- u. Elast-Disper-
    sionen, S. 242. Leipzig: VEB Deutscher Verlag Grundind. 1964.
Plath, E.: Die Holzverleimung. Stuttgart: Wissenschaftl. Verlagsges. 1951.
—, u. L. Plath: Holzleime. Taschenbuch der Kitte und Klebstoffe, S. 289ff. Stuttgart:
    Wissenschaftliche Verlags-Ges. 1963. — Klebebänder H. Taschenbuch der Kitte und
Klebstoffe, S. 357 ff. Stuttgart: Wissenschaftliche Verlags-Ges. 1963.

Pressure sensitive adhesive tapes. Adhesives Age **4**, Nr. 10, 20 (1961).

SCHIRMANN, A.: Richtige Anwendung der Klebstoffe in der Klebebindung. Polygraph **14**, 1368 (1961).

SCHMEDDING, H.: Die Verklebung kaschierter und beschichteter Papiere bei der Papiersack-Herstellung. Adhäsion **8**, 204 (1964).

SCHNEIDER, W.: Zur Verklebung von Schaumstoffen. Plastverarbeiter **11**, 364 (1960).

STECHER, H.: Zur Chemie u. Technologie der Kunststoff-Klebstoffe. Adhäsion **4**, 290 (1960).

— : Klebstoffe für die Fußbodenverlegung. Adhäsion **7**, 62 (1963).

— : PVA-Dispersionen als Klebstoff-Bindemittel. Adhäsion **7**, 311 (1963).

WILDENBERG, P.: Kleber für Fußboden-, Wand- und Deckenbeläge. Adhäsion **8**, 406 (1964).

7. Kunststoff-Dispersionen als Hilfsmittel bei der Papierherstellung und -verarbeitung

1. GB 167 935 (1921). — DRP 400 525 (1922) K. Pelikan, Stade.
2. ABELL, W. R., and C. H. GELBERT: Tappi **48**, 97 A (1965).
3. GELBERT, C. H.: Tappi **46**, 172 A (1963).
4. Tappi **44**, 289 (1961).
5. Tappi **41**, 116 (1958).
6. OHL, F.: Imprägnieren von Papier und Pappe. Papiertechn. Bibliothek, Bd. 2. Wiesbaden: Dr. Sändig-Verlag KG 1954.
7. DAS 1 209 867 (1961) Zellstoffabrik Waldhof (U. STRÖLE).
8. DAS 1 136 199 (1960) Zellstoffabrik Waldhof (U. STRÖLE, E. THOMICH). — FR 1 338 039 (1962) Zellstoffabrik Waldhof.
9. BENTON, R. E.: Papeterie **80**, 557 (1958).
10. US 2 375 245 (1941) P. W. Pretzel, Brookfield. — Can. Pat. 450 523 (1946) American Cyanamid (L. H. WILSON, CH. G. LANDES, CH. S. MAXWELL). — KELLEY, L. E., and P. J. McLAUGHLIN: Tappi **40**, 192 (1957).
11. ANDERSSON, B., and V. T. STANNETT: Tappi **40**, 899 (1957).
12. Tappi **48**, 486 (1965).
13. Can. Pat. 450 523 (1946) American Cyanamid (L. H. WILSON, CH. G. LANDES, CH. S. MAXWELL).
14. US 2 375 245 (1941) P. W. Pretzel, Brookfield.
15. DAS 1 103 122 (1954) Farnam Co. (J. Y. L. KAO).
16. BE 610 467 (1961) BASF. — DAS 1 214 985 (1962) BASF (O. v. SCHICKH, G. WINTER, K. HERRLE, J. G. REICH).
17. BE 669 491 (1965) BASF.
18. Papier **18**, 614 (1964).
19. Tappi **47**, Nr. 11, 168 A (1964).
20. WILLETS, W. R.: Offic. Dig. Federation Soc. Paint Technol. **32**, 591 (1960).
21. Tappi **46**, 745 (1963).
22. Textil-Rundschau **16**, 887 (1961).
23. HAGERMANN, R. L., R. G. JAHN, and W. H. SOMERS: Tappi **42**, 746 (1959).
24. Tappi Monograph Series Nr. 22, S. 80. Synthetic and Protein-Adhesives for Paper Coating (1961).
25. Paper Trade J. **149**, Nr. 32, 74 (1965).
26. Tappi **44**, Nr. 12, 28 A (1961).
27. Paper Trade J. **149**, Nr. 26, 42 (1965).
28. Papier **19**, 638 (1965).
29. Wochenbl. Papierfabr. **1966**, 497.
30. US 3 242 121 (1961) Union Carbide (W. F. HILL jr.). — FR 1 372 897 (1963) Dow (R. J. PUESCHNER, H. A. WALTERS).— REINBOLD, I., a. H. WILFINGER: Minutes of the PCL Coating Conference on Properties of Pigments and Binders for Paper Coating, Stockholm (1965). Stockholm: E. KIHLSTRÖMS Tryckeri 1966.
31. Allg. Papier-Rundschau **58**, Nr. 2, 58 (1953).

32. BLOKHUIS, G., W. LENAARTS, L. J. LODEWIFKS u. J. F. MONROY: Über die Bedruckbarkeit von Papier: IGT-Publikation Nr. 12. Amsterdam 1952. — FIEBIGER, H.: Einführung in die Papier-, Zellstoff- u. Holzschliffprüfung. Herausg.: Vereinigung der Arbeitgeberverbände der deutschen Papierindustrie. Heidelberg: Werkschriften-Verlag 1954.
33. TOMPKINS, N. G.: Tappi **43**, Nr. 4, 222 A (1960). — GB 923 850 (1961) Shawinigan Resins Corp. — AVERY, R. F., W. F. SCHEUFELE, and V. S. FRANK: Tappi **45**, 105 (1962).
34. DAS 1 197 743 (1961) BASF (D. BRÜNING, H. WOLF, H.-J. KRAUSE, H. WILHELM).
35. DAS 1 205 812 (1962) BASF (H. WOLF, D. BRÜNING, H. WILHELM). — DAS 1 209 868 (1962) BASF (H. POHLEMANN, K. HASSE, I. REINBOLD, D. BRÜNING). — NE 6 516 391 (1965) Dow. — DAS 1 218 155 (1966) BASF (H. POHLEMANN, D. BRÜNING).
36. BE 634 919 (1963) Imperial Chem. Ind. — FR 1 372 897 (1964) DOW (R. J. PUESCHNER, H. A. WALTERS). — NE 6 516 391 (1965) DOW.
37. GB 965 115 (1962) Minnesota (P. F. STONE, G. A. JOHNSON).
38. DAS 1 100 450 (1956) Rohm & Haas (P. J. MCLAUGHLIN, W. W. TOY).
39. Tappi Monogr. Ser. Nr. 9, S. 134 (1952); Nr. 22, S. 49 (1961). — WILLEY, L. B.: Pulp Paper **38**, Nr. 41, 35 (1964).
40. REINBOLD, I., and H. WILFINGER: Minutes of the PCL Coating Conference on Properties of Pigments and Binders for Paper Coating, Stockholm (1965). Stockholm: E. KIHLSTRÖMS Tryckeri 1966.
41. Tappi **40**, 107 (1957).
42. Tappi **43**, 266 (1960).
43. Papierwereld XIV, p. 661 (1960). Minutes of the PCL Coating Conference on Properties of Pigments and Binders for Paper Coating, Stockholm (1965). Stockholm: E. KIHLSTRÖMS Tryckeri 1966.
44. ANTLFINGER, G. J.: Tappi Monogr. Ser. Nr. 22, S. 87 (1961).
45. NADELMANN, A. H., and G. H. BALDAUF: Paper Trade J. **149**, Nr. 40, 50 (1965).
46. US 3 048 501 (1959) Rohm & Haas (E. W. MILLER, W. W. TOY). — BE 632 629 (1963) A. E. Stanley Manuf. Comp. — BURNS, J. A., and C. J. BALLOS: Paper Trade J. **147**, Nr. 22, 40 (1963).
47. FR 1 287 752 (1961) Rohm & Haas (E. W. MILLER).
48. US 2 973 285 (1958) Dow (E. A. BERKE, R. G. JAHN). — HEISER, E. J., R. W. MORGAN, and A. S. REDER: Tappi **45**, 588 (1962).
49. REINBOLD, I., and H. WILFINGER: Minutes of the PCL Coating Conference on Properties of Pigments and Binders for Paper Coating, Stockholm (1965), p. 84. Stockholm: E. KIHLSTRÖMS Tryckeri 1966.
50. PETEREIT, B.: Papier **19**, 9 (1965). — ROSENSTOCK, K. H.: Pulp Pap. Int. 8, Nr. 4, 79 (1966). — Paper coating pigments. Tappi Monogr. Ser. Nr. 30 (1966).
51. BEYER, E.: Papier **15**, 51 (1961).
52. Coating additives. Tappi Monogr. Ser. Nr. 35 (1963). — DIEHM, R. A.: Paper Trade J. **149**, Nr. 26, 46 (1965).
53. Tappi **48**, Nr. 1, 73 A (1965).
54. BUTTRICK, G. W., G. B. KELLEY jr., and N. R. ELDRED: Tappi **48**, 28 (1965).
55. Pigmented coating processes for paper and board. Tappi Monogr. Ser. Nr. 28 (1965). — NADELMANN, A. H., and G. H. BALDAUF: Paper Trade J. **149**, Nr. 46, 66 (1965).
56. REICH, J. G.: Norsk Skogindustri 9, 325 (1958). — WILFINGER, H.: Allg. Papier-Rundschau 12, 680 (1960). — —: Textil-Rundschau 15, 663 (1960). — Allg. Papier-Rundschau 230 (1960). — FOLLETTE, W. J., and R. W. FOWELLS: Tappi **43**, 953 (1960). — BOOTH, G. L., and N. H. LAUGHREY: Tappi **43**, Nr. 5, 200 A (1960). — WULTSCH, F., u. H. ORTNER: Wochenbl. Papierfabr. 88, 897 u. 945 (1960). — FULDA, L. W. R.: Allg. Papier-Rundschau **1961**, 695. — Allg. Papier-Rundschau **1961**, 504. — ARNEBERG, Ö.: Wochenbl. Papierfabr. **91**, 1013 (1963). — Öst. Papier-Z. 9, 9 (1963). — DIEHM, R. A.: Paper Trade J. **149**, Nr. 26, 42 (1965). — NADELMANN, A. H., and G. H. BALDAUF: Paper Trade J. **149**, Nr. 49, 82 (1965). — Pigmented Coating processes for paper and board. Tappi Monogr. Ser. Nr. 28 (1965). — WIKLUND, B.: Papier **21**, 81 (1967). — WINDLE, W., and K. M. BEAZLEY: Tappi **50**, 1 (1967).
57. DRP 300 381 (1914) Füllner, Warmbrunn.

58. Papier **17**, 634 (1963).
59. US 2 934 467 (1957) Bergstein Packaging (F. D. Bergstein). — DAS 1 171 725 (1959) Bergstein Packaging (F. D. Bergstein). — Bergstein, F. D.: Tappi **44**, Nr. 11, 173 A (1961).
60. Castagne, M. R.: Pulp Paper, **5**, Nr. 56, 13 (1963). — Clancy, J. J., and R. C. Wells: Tappi **48**, Nr. 10, 51 A (1965).
61. Wolfe, D. L.: Tappi **48**, Nr. 10, 88 A (1965).
62. Janson, T. L.: Paper, Film, Foil-Converter **39**, Nr. 3, 78 (1965).
63. Engel, K. Allg. Papier-Rundschau **1964**, 1257. — Totty, G.: Tappi **50**, Nr. 8, 93 A (1967).
64. Majani, B. E., C. H. Miller, and O. W. Grant: Tappi **48**, 129 (1965).
65. Allg. Papier-Rundschau **1963**, 1362.
65a. Gardner, T. A.: Am. Paper Ind. **48**, Nr. 5, 39 (1966).
66. J. Polymer Sci., Part C, Polym. Symp. Nr. 3. Morphology of Polymers. S. 61 (1963).
67. Tappi **48**, Nr. 8, 80 A (1965).
68. Tappi **46**, Nr. 2, 173 A (1963).
69. Papier **19**, 690 (1965).
70. Allg. Papier-Rundschau **1960**, 878.
71. Albrecht, J., u. K. A. Falter: Vergleichende drucktechnische und labormäßige Untersuchung der Bedruckbarkeit gestrichener Papiere im Hochdruckverfahren. Deutsche Gesellsch. für Forschung im Graphischen Gewerbe, Instituts-Mitt. Nr. 21/9, München (1961). — Falter, K. A.: Über die Rupffestigkeit von Druckpapieren. Deutsche Gesellsch. für Forschung im Graphischen Gewerbe, Instituts-Mitt. Nr. 21/4, München (1963).
72. J. O. C. C. A. **48**, 529 (1965).
73. Papier **13**, 85 (1959).
74. Allg. Papier-Rundschau **1961**, 637.
75. Hemstock, G. A., and J. W. Swanson: Tappi **40**, 833 (1957). — Harsveldt, A.: Tappi **45**, 87 (1962). — Klingelhöffer, H.: Allg. Papier-Rundschau **1962**, 870.
76. Tappi **45**, 873 (1962).
77. Papier **20**, 1, 169 (1966).
78. Voss, H.: Wochenbl. Papierfabr. **1966**, 497.
79. Papier **18**, 90 (1964).
80. DBP 976 148 (1955) Chem. Werke Hüls (P. Schmidt).
81. Elschnig, G. H., K. Götz u. F. Witt: Papierverarbeiter Nr. 9, 12; Nr. 10, 16 (1966).
82. Ind. Eng. Chem. **45**, 2296 (1953).
83. Tappi **45**, Nr. 1, 205 A (1962).
84. Tappi **46**, Nr. 1, 163 A (1963).
84a. Elschnig, G. H., K. Götz u. F. Witt: Papierverarbeiter **2**, Nr. 1, 38; Nr. 11, 38 (1967).
85. Papier **18**, 91 (1964).
86. Beschichtete Papiere u. Pappen, S. 122. Wiesbaden: Dr. Sändig-Verlag 1957.
86a. Papierverarbeiter **2**, Nr. 5, 84 (1967).
87. Hagen, G.: Allg. Papier-Rundschau **6**, Nr. 2, 46; Nr. 7, 280 (1954). — — : Chem. Ing. Techn. **26**, 548 (1954). — Heiss, R.: Verpackungs-Rundschau **6**, Nr. 2, Beil. 1 (1955). — Hagen, G.: Kunststoffe **45**, 503 (1955). — Schoch, W.: Neue Verpackung **8**, 415 (1955). — — : Verpackungs-Rundschau **7**, Nr. 12, Beil., 93 (1956). — — : Kunststoffe **46**, 238 (1956). — Schoch, W., u. F. Kettenbach: Pharmaz. Ind. **18**, 497 (1956). — Berger, H.: Verpackungs-Rundschau **7**, 16 (1956). — Hagen, G.: Kunststoffe **47**, 2 (1957). — Avery, R. F.: Tappi **45**, 356 (1962). — Jordan jr., A. D.: Tappi **45**, 865 (1962). — Mod. Packaging **36**, Nr. 9, 98 (1963). — Baker, E. F.: Paper, Film, Foil-Converter **38**, Nr. 1, 37; Nr. 2, 56 (1964). — Sorell, S. E.: Neue Verpackung **17**, 641 (1964). — van Leer, R. K.: Package Eng. **10**, Nr. 3, 130 (1965). — Witt, F.: Fette, Seifen, Anstrichmittel **67**, 134 (1965). — Paper, Film, Foil-Converter **39**, Nr. 12, 52 (1965). — Avery, R. F., a. R. K. van Leer: Mod. Packaging **39**, Nr. 2, 144 (1965). — Elschnig, G.: Svensk Emball. Tidsk. **31**, Nr. 7/8, 19 (1965). — Poschmann, F. J.: Paper, Film, Foil-Converter **39**, Nr. 10, 72 (1965).
88. US 2 404 519 (1943) Shawinigan Chem. Ltd. (G. O. Morrison, H. M. Collings).

89. US 2 961 419 (1956) Monsanto (O. P. Cohen, J. F. Heaps, E. H. Rossin). — GB 892 189 (1959) Monsanto. — US 2 994 677 (1960) Enterprise Paint Manufact. Comp. (A. F. Bohnert, W. A. Vanick).

90. Kunststoffe 49, 401 (1959).

91. Verpackung feuchtigkeitsempfindlicher Güter, S. 29 ff. Berlin-Göttingen-Heidelberg: Springer 1956.

92. Heiss, R.: Papier 10, 37 (1956).

93. Neue Verpackung 8, 489 (1955).

94. Tappi Monogr. Ser. Nr. 22, 71, 84, 91 (1961).

95. Die Verpackung technischer Güter. Wirksamer Schutz durch Sperrschichtmaterialien. Berlin: Verlag für Fachliteratur 1956.

95a. Elschnig, G. H., K. Götz u. F. Witt: Papierverarbeiter 3, Nr. 2, 36 (1968).

96. Papierverarbeiter 1, Nr. 1, 34 (1966).

97. Beschichtete Papiere und Pappen, S. 186. Wiesbaden: Dr. Sändig-Verlag KG 1957.

98. Folien, Verpackungspapiere, 3. Folienheft, Sonderausgabe der Verpackungs-Rundschau, S. 25 (1960).

99. Beschichtete Papiere u. Pappen, S. 190. Wiesbaden: Dr. Sändig-Verlag KG 1957.

100. Verpackungs-Rundschau 14, 676 (1963).

101. Haarlammert, M.: Allg. Papier-Rundschau 1965, 212.

102. Verpackungs-Rundschau 14, 1049 (1963).

103. FR 1 323 521 (1961) AB Bonnierföretagen.

104. Rothaug, H.: Verpackungs-Rundschau 12, 108 (1961). — Kaeser, A.: Verpackungs-Rundschau 14, 688 (1963).

105. Beschichtete Papiere u. Pappen, S. 161 ff. Wiesbaden: Dr. Sändig-Verlag 1957.

106. Kunststoffe 50, 156 (1960).

107. Verpackungs-Rundschau 12, Beilage S. 25, 33 (1961).

108. Papier 10, 447 (1956).

109. US 3 113 888 (1961) National Starch (S. Gold, D. S. Greif).

110. Klingelhöffer, H.: Allg. Papier-Rundschau 12, 756 (1963).

111. FR 1 341 970 (1961) BASF (K. Craemer, W. Schwindt, H. Kessler, H. Wilhelm).

112. DAS 1 193 969 (1963) BASF (H. Otterbach, K. Apel, H. Beyer, D. Brüning).

113. Imprägnieren von Papier u. Pappe. Papiertechn. Bibliothek, Bd. 2. Wiesbaden: Dr. Sändig-Verlag 1954.

114. Tappi 47, Nr. 8, 48 A (1964).

115. Allg. Papier-Rundschau 13, 903 (1964).

116. DBP 893 112 (1943) Beiersdorf (K. Klingspor).

117. US 3 085 906 (1959) Johnson & Johnson (C. L. Harmon, R. M. Smith).

118. Gelbert, C. H.: Tappi 43, Nr. 2, 207 A (1960); 46, Nr. 2, 172 A (1963). — Abell, W. R., and C. H. Gelbert: Tappi 48, Nr. 8, 97 A (1965).

119. DAS 1 063 452 (1956) Ch. Bartell. — US 3 068 121 (1958) Johnson & Johnson (J. R. Weschler). — DAS 1 139 368 (1959) J. R. Weschler.

120. DAS 1 165 987 (1960) Grace (E. E. Habib). — FR 1 394 369 (1964) Grace (M. M. Spencer, M. Richardson, R. C. Hoch).

121. GB 837 589 (1958) Intern. Latex. — US 3 017 291 (1959) Rohm & Haas (P. J. McLaughlin, W. W. Toy).

122. US 2 868 754 (1955) Goodrich (G. E. Eilbeck, E. R. Lorain).

123. Sweeney, E. J.: Tappi 41, 304 (1958).

124. Tappi 41, 692 (1958).

125. Tappi 44, 338 (1961).

126. Tappi 44, 580 (1961).

127. Tappi 40, 676 (1957).

128. US 2 963 386 (1957) Johnson & Johnson (J. R. Weschler, Ch. Bartell).

129. DAS 1 160 293 (1958) I. R. Dunlap.

130. Papier 19, 649 (1965).

131. Allg. Papier-Rundschau 1960, 109.

132. Papierverarbeiter 1, Nr. 2, 27 (1966).

133. US 3 057 772 (1957) Riegel Paper (D. G. Magill, J. C. Eaton).

134. DAS 1 161 120 (1958) Freudenberg (L. Hartmann).

Weitere Literatur

BATTISTA, O. A.: Synthetic fibers in papermaking. New York-London-Sydney: John Wiley & Sons 1964.

BRÜNING, D.: Papier **17**, 45 (1963) — Literatur- und Patentzusammenstellung zu 7. 8.

ENGEL, K.: Gestrichene Papiere. Wiesbaden: Dr. K. Sändig-Verlag 1958.

HENTSCHEL, A. J.: Zellstoff Papier 8, 122 (1959).

HEISS, R., u. G. SCHRICKER: Packstoff-Tabellen. München: C. Hanser-Verlag 1955.

HESS, W.: Die Papierverarbeitung, 2. Aufl. Berlin: Techn. Verlag Cram 1956.

OHL, F.: Imprägnieren von Papier und Pappe, Papiertechn. Bibliothek, Bd. 2. Wiesbaden: Dr. Sändig-Verlag KG 1954.

WILFINGER, H.: Einführung in die Problematik der Papierstreicherei und das Aufbauen von Streichfarben. Wochenblatt Papierfabrikat. **93**, 225 (1965).

8. Die Beschichtung von Kunststoff- und Aluminiumfolien für Verpackungszwecke

1. Kunststoff-Rundschau **11**, 569, 628 (1964).

1a Plastverarbeiter **18**, 511 (1967).

2. Tappi **44**, 244 (1961).

3. J. Polymer Sci., Part B, Polymer Letters **4**, Nr. 3, 203 (1966).

4. GB 654 342 (1948) British Cellophane.

5. GB 665 479 (1950) British Cellophane.

6. GB 810 007 (1956) British Cellophane. — US 2 999 782 (1959) American Viscose (J. I. JUSTICE, CH. M. ROSSER).

7. US 3 144 425 (1959) FMC (W. T. KOCH, G. R. STIMMEL).

8. FR 1 408 316 (1964).

9. BE 631 681 (1963) Hoechst.

10. DAS 1 227 809 (1955) British Cellophane (W. BERRY, R. A. ROSE, C. H. PHILLIPS, CH. R. OSWIN). — DAS 1 228 170 (1957) British Cellophane (C. H. PHILLIPS, K. MOLTAN). — US 3 057 752 (1958). — BE 597 574 (1960) Hoechst.

11. DBP 821 615 (1950) Du Pont (L. LA MONTE LEWIS, J. W. MEIER).

12. GB 663 645 (1948) British Cellophane. — GB 749 276 (1954) British Cellophane. — GB 756 851 (1954) British Cellophane. — GB 795 740 (1955) Brush Electrical Engineering. — OE 214 631 (1958) Lenzing (H. BADER). — GB 876 139 (1960) Bemberg.

13. GB 810 721 (1955) Du Pont. — US 2 824 025 (1956) Du Pont (W. E. MCINTYRE jr.)

14. US 2 824 024 (1954). — DAS 1 138 665 Du Pont (A. F. CHAPMAN).

15. FR 1 360 178 (1962) Pechiney (D. LE BESNERAIS, H. SCHLOSSMACHER). — US 3 222 211 (1962) Distillers (L. UPDEGROVE, E. L. MINCHER, R. H. STEINER).

16. US 3 222 211 (1962) Distillers (L. B. UPDEGROVE, E. L. MINCHER u. a.).

17. FR 1 364 166 (1963) Grace (M. R. B. TYLER).

18. BE 656 431 (1964) BASF (A. REICHARDT, H. REINHARD, H. W. LEIFELS).

19. NE 6 516 086 (1965) ICI. — US 3 255 034 (1962) Du Pont (E. R. COVINGTON, R. N. MOYER).

20. FR 1 428 275 (1965) Eastman Kodak (E. D. MORRISON, B. R. DOTSON).

21. BE 626 433 (1962) Imperial Chemical Ind.

22. BE 613 561 (1962). — OE 239 546 Imperial Chemical Ind. (C. T. GLUCKER).

23. US 2 805 965 (1955) Sprague Electric (P. ROBINSON). — GB 808 730 (1956) Olin Mathieson. — US 2 950 218 (1957) Du Pont (E. R. COVINGTON, J. W. MEIER). — DAS 1 228 171 (1957) Du Pont (W. E. MCINTYRE jr.).

24. BE 543 503 (1955) Du Pont (A. F. CHAPMAN).

25. DAS 1 226 009 (1956) Du Pont (N. G. GAYLORD).

26. GB 958 062 (1961) Montecatini.

27. US 3 128 200 (1961) Dow (W. R. R. PARK, J. H. STICKELMEYER).

28. ELSCHNIG, G. H., K. GÖTZ u. F. WITT: Papierverarbeiter **3**, Nr. 2, 36 (1968).

29. Mod. Plastics **42**, Nr. 10, 144 (1965).

9. Kunststoff-Dispersionen für die Lederverarbeitung

1. JELISEJEVA, V. J.: Leder **14**, 193 (1963).
2. J. S. L. T. C. **47**, 81 (1963).
3. DAS 1 214 354 (1958) BASF (W. ACKERMANN).
4. J. Am. Leather Chem. Assoc. **60**, 519 (1965).
5. DRP 615 219 (1931) I. G. Farben (E. SCHARF, H. FIKENTSCHER). — GB 387 736 (1931)
   I. G. Farben (J. Y. JOHNSON).
6. Leder **7**, 252 (1956).
7. Leder **13**, 161 (1962).
8. Leder Häutemarkt **12**, 177 (1960).
9. Leder **12**, 25 (1961).
10. Leder Häutemarkt **13**, 98 (1961).
10a. Leder Häutemarkt **19**, 258 (1967).
11. GNAMM, H.: Fachbuch für die Lederindustrie, S. 431 ff. Stuttgart: Wissenschaftl.Verlags-
    ges. 1958.
12. Leder **13**, 162 (1962).
13. DAS 1 224 438 (1961) BASF (L. WÜRTELE, R. SCHUBERT, H. WOLF, H. WILHELM).
14. GB 678 614 (1949) Bayer. — DBP 821 997 (1950) Bayer (W. WIESEMANN, H. NOERR).
15. DAS 1 174 937 (1959) Bayer (G. KOLB, K. EITEL).
16. DBP 1 182 769 (1961) Bayer (K. EITEL, K.-H. KNAPP, K. BERGER u. K. DINGES).
17. US 2 884 336 (1955) Rohm & Haas, Phil. (S. LOSHAEK u. W. TOY). — GB 822 231 (1957)
    Bayer.
18. US 3 048 496 (1959) Rohm & Haas, Phil. (P. R. BUECHLER u. B. B. KINE).
19. BE 618 056 (1962) BASF (H. WILHELM, H. WOLF, L. WÜRTELE u. R. SCHUBERT).
20. Leder Häutemarkt **18**, 713 (1966).
21. DAS 1 226 791 (1963), Bayer (R. MAYER u. G. KOLB).
22. SHARPHOUSE, J. H., and K. J. JALALUDDIN: J. S. L. T. C. **48**, 215 (1964).
23. EITEL, K.: Leder Häutemarkt **14**, 76 (1962). — DAIMER, K., u. D. SCHUMACHER: Leder
    Häutemarkt **14**, 84 (1962). — WEERES, W.: Leder Häutemarkt **14**, 62 (1962). —
    WÜRTELE, L.: Leder **13**, 137 (1962). — RAU, E.: J. S. L. T. C. **47**, 220 (1963). — BIRD,
    J. G.: J. S. L. T. C. **48**, 439 (1964).
24. STATHER, F.: Leder **17**, 217 (1966).
24a. EITEL, K.: Leder **18**, 152 (1967).
25. MARTIN, K.: Leder Häutemarkt **13**, 24 (1961).
26. WÜRTELE, L.: Leder Häutemarkt **16**, 320 (1964).
27. Leder **12**, 269 (1961).
28. MÜLLER, L., G. REICH u. F. STATHER: Leder **17**, 221 (1966).
29. HEBESTREIT, G., G. REICH u. F. STATHER: Leder **17**, 227 (1966).
29a. Leder Häutemarkt **19**, 246 (1967).
30. Die Qualitätsbeurteilung von Leder, Lederaustauschwerkstoffen und Lederbehandlungs-
    mitteln, 2. Aufl. Berlin: Akademie-Verlag 1950.

Weitere Literatur

CRAMER, K.: Die Lederarten und ihre Herstellung. Lederfaserwerkstoffe. Handbuch der
   Gerbereichemie u. Lederfabrikation Bd. III, Teil 2, 723—744. Wien: Springer 1955.
BÖCKEL, E., u. G. GRUNER: Lederfaserwerkstoffe, ihre Herstellung und Verwendungsmöglich-
   keiten. Deut. Schuh- Leder-Z. **11**, 41—43, 140, 141 (1956).
GNAMM, H.: Fachbuch für die Lederindustrie, S. 424 ff. Stuttgart: Wissenschaftl.Verlagsges. 1958.
Handbuch der Gerbereichemie und Lederfabrikation, 2. Aufl., Bd. III, S. 699 ff. Wien:
   Springer 1961.
HANDSCOMB, J. A.: J. S. L. T. C. **43**, 237 (1959). — LANDMANN, A. W.: J. S. L. T. C. **47**,
   38 (1963).
LOEWE, H.: Einführung in die chem. Technologie der Lederherstellung. Darmstadt: Eduard
   Roether 1959.
MÜNZINGER, W. M.: Kunstlederhandbuch, 2. Aufl. Berlin-Wilmersdorf: Pansegrau 1950.

10. Textilveredlung

1. Frieser, E. P.: Adhäsion 5, 505 (1961).
2. Melliand Textilber. 44, 1115 (1963).
3. DBP 961 884 (1953) Röhm & Haas, Darmstadt (H. Moroff u. F. Kollinsky).
4. Textilpraxis 16, 1257 (1961).
5. Abrams, E., H. Cox, and G. Milner: Am. Dyestuff Reporter 49, 34 (1960).
6. Am. Dyestuff Reporter 44, 262 (1955).
7. Schmidt, K.: Textildruck, 2. Aufl. Wuppertal-Elberfeld: Dr. Spohr 1961.
8. Spitzner, K.: Textildruck. Leipzig: VEB-Fachbuchverlag 1962.
9. Craemer, K.: Melliand Textilber. 35, 523 (1954).
10. SVF-Fachorgan L 101: Druckereimaschinen u. Zubehör, Schweizer. Vereinigung von Färbereifachleuten, Basel.
11. Schwindt, W.: Melliand Textilber. 45, 533, 668 (1964).
12. Melliand Textilber. 36, 928 (1955).
13. US 2 886 474 (1954) Rohm & Haas, Phil. (B. B. Kine, A. C. Nuessle). — US 2 883 304 (1954) Rohm & Haas, Phil. (B. B. Kine, A. C. Nuessle). — US 2 991 260 (1959) Geigy, Basel (L. Auer, L. L. Balassa).
14. US 2 780 562 (1951) Bayer (K. Reinartz, W. Graulich, W. Lehmann u. H. Kleiner). — GB 824 277 (1955). — US 2 900 354 (1959) Geigy, Basel (L. Auer, L. L. Balassa).
15. Spinner Weber 75, 869 (1956). — FR 1 287 249 (1961) Bayer (G. Kolb). — BE 620 623 (1962) Bayer (G. Kolb).
16. BE 628 348 (1963) Bayer (K.-H. Knapp, G. Sinn, K. Dinges u. K.-H. Ott).
17. US 3 002 939 (1957) Geigy, Basel (L. L. Balassa). — US 2 991 260 (1959) Geigy, Basel (L. Auer, L. L. Balassa).
18. US 2 719 832 (1952) BASF (K. Craemer, F. Hoelscher).
19. US 2 780 562 (1951) Bayer (K. Reinartz, W. Graulich, W. Lehmann u. H. Kleiner). — US 2 903 436 (1955) Bayer (W. Lehmann, O. Bayer u. W. Graulich). — DBP 1 074 002 (1956) Bayer (K. Wagner, R. Schwaebel, W. Kass, W. Graulich u. H. Kleiner).
20. Lassiter, D. R.: Am. Dyestuff Reporter 51, 158 (1962). — Ullmanns Encyklopädie der technischen Chemie, 3. Aufl. Bd. 14, S. 274. München-Berlin: Urban u. Schwarzenberg 1963.
21. DBP 1 011 850 (1956) Bayer (W. Graulich, A. Schmitz, W. Berlenbach u. E. Müller). — DBP 1 204 410 (1960) Bayer (K. Dinges, E. Müller). — BE 605 335 (1961) Goodrich, N. Y. (R. Y. Garrett, J. F. Stuesse). — Ullmanns Encyklopädie der technischen Chemie, 3. Aufl., Bd. 14, S. 294. München-Berlin: Urban u. Schwarzenberg 1963.
22. FR 1 330 053 (1962) Bayer (E. Müller, K. Dinges).
23. DBP 1 136 302 (1960) BASF (H. Wilhelm, G. Louis, E. Penning u. H. Weidinger). — DAS 1 131 180 (1961) BASF (H. Wilhelm, D. Mahling, G. Louis, G. Lange, H. Weidinger, K. Craemer, W. Schwindt u. G. Krehbiel).
24. DBP 1 122 037 (1959) Bayer (K.-H. Knapp, K. Dinges u. W. Berlenbach). — BE 617 230 (1962) Bayer (K.-H. Ott, K. Dinges u. K.-H. Knapp).
25. DAS 1 131 406 (1954) Ciba (A. Maeder). — DBP 1 108 178 (1960) BASF (W. Rümens, N. Götz, R. Zeidler u. E. Wilhelm).
26. Nuessle, A. C., and B. B. Kine: Am. Dyestuff Reporter 50, 1014 (1961).
27. FR 1 341 347 (1962) BASF (K. Craemer, W. Schwindt, H. J. Kessler u. H. Wilhelm).
28. BE 646 112 (1964) BASF (K. Craemer, W. Schwindt, S. Lehnert, H. Wilhelm, H. J. Kessler u. H. Wolf).
29. DAS 1 136 302 (1960) BASF (H. Wilhelm, G. Louis, G. Lange, E. Penning u. H. Weidinger).
30. DAS 1 131 180 (1960) BASF (H. Wilhelm, G. Louis, D. Mahling, G. Lange, H. Weidinger, C. Craemer, W. Schwindt u. G. Krehbiel).
31. BE 668 027 (1965) BASF (K. Gulbins, G. Lange u. H. Wilhelm).
32. Craemer, K.: Textilpraxis 11, 832, 902 (1956).
33. Büddicker-Löns, H. G.: Deut. Färber-Kalender 1956, 169.

34. Schwindt, W.: Melliand Textilber. **45**, 533, 668 (1964).

35. DAS 1 000 782 (1955) Rohm & Haas, Phil. (B. B. Kine, A. C. Nuessle). — DAS 1 011 850 (1956) Bayer (W. Graulich, A. Schmitz, W. Berlenbach u. E. Müller). — DBP 1 074 002 (1956) Bayer (K. Wagner, R. Schwaebel, W. Kass, W. Graulich u. H. Kleiner). — DAS 1 122 037 (1959) Bayer (K.-H. Knapp, W. Berlenbach u. K. Dinges). — DBP 1 131 182 (1959) Bayer (K. Dinges, W. Berlenbach, K.-H. Knapp). — US 3 223 669 (1962) Interchem. Corp. (V. L. Chase u. E. Messmer).

36. Lassiter, D. R.: Am. Dyestuff Reporter **51**, 158 (1962).

38. SVF-Lehrgang E 001: Textilveredlung, Allgemeines. Schweizerische Vereinigung von Färbereifachleuten, Basel/Schweiz. SVF-Lehrgang, 0: Appretur u. Hochveredlung. Schweizer Ver. v. Färbereifachleuten, Basel/Schweiz. — Schütte, G.: Spinner Weber **75**, 888 (1957). — Fischer-Bobsien, C. H.: Lexikon Textilveredlung und Grenzgebiete. Dülmen/Westf.: Laumannsche Verlagsbuchhandlung 1960.

39. BASF-intern (1966).

40. Am. Dyestuff Reporter **43**, 780 (1954).

41. Ruile, H.: Z. Ges. Textilind. **62**, 849 (1960).

42. Nuessle, A. C., and B. B. Kine: Am. Dyestuff Reporter **50**, 1007 (1961).

43. Rümens, W., W. Rüttiger, N. Götz u. R. Zeidler: Melliand Textilber. **42**, 1398 (1961).

44. Taylor, J. T., and M. D. Hurwitz. Am. Dyestuff Reporter **51**, 642 (1962).

45. Nuessle, A. C.: Am. Dyestuff Reporter **52**, 692 (1963).

46. Kuhn, M., E. Hennige u. M. Sodnik: Melliand Textilber. **46**, 70 (1965).

47. DAS 1 110 606 (1959) BASF (W. Rümens, H. Tulo, N. Götz u. R. Zeidler).

48. Mazzeno, L. W. jr., R. M. H. Kullmann, R. M. Reinhardt, and J. D. Reid: Am. Dyestuff Reporter **47**, 299, 609 (1958).

49. DAS 1 209 989 (1962) BASF (G. Faulhaber, D. Voges, E. Penning, H. Wilhelm u. N. Götz).

50. Rosenbau, R.: Am. Dyestuff Reporter **48**, 46 (1959) May 18.

51. Brunson, O., and R. Eells: Mod. Textiles Mag. **43**, Nr. 6, 42 (1962).

52. Steele, R.: J. Textile Inst. **53**, 7 (1962).

53. Frieser, E. P.: Textil-Praxis **20**, 928 (1965).

54. Bille, H., and H. G. Conrad: Z. Ges. Textilind. **68**, 23 (1966).

55. Self smoothing fabrics, S. 373. London: Chapman and Hall Ltd. 1962.

56. Rümens, W., W. Rüttiger, N. Götz u. R. Zeidler: Melliand Textilber. **42**, 1398 (1961). — Taylor, J. T., and M. D. Hurwitz: Am. Dyestuff Reporter **51**, 642 (1962).

57. Am. Dyestuff Reporter **50**, 97 (1961).

58. Alexander, P.: J. Soc. Dyers Colourists **66**, 349 (1950).

59. —, D. Carter, and C. Earland: J. Soc. Dyers Colourists **65**, 107 (1949).

60. Feldtmann, H. D., and J. R. McPhee: Text. Res. J. **34**, 634 (1964).

61. Hine, R. J., and J. R. McPhee: Text. Res. J. **34**, 659 (1964).

62. Matlin, N. A., and A. C. Nuessle: Ind. Eng. Chem. **47**, 172 (1955).

63. Feldtmann, H. D., and J. R. McPhee: Text. Res. J. **35**, 150 (1965).

64. Wagner, E.: Mechanisch-technologische Textilprüfungen, 7. Aufl. Wuppertal-Barmen: Dr. Spohr 1963.

65. Oeser, W.: Prüfgeräte für die Textilindustrie, Stuttgart: C. E. Poeschel 1952.

66. Textil-Rundschau **10**, 502 (1955). — Mamok, H.: Chemiefasern **15**, 956 (1965).

67. Linke, F., and H. Seidel: Melliand Textilber. **44**, 1136 (1963).

68. Ullmann Encyklopädie der technischen Chemie, 3. Aufl., Bd. 14, S. 273, 274. München-Berlin: Urban u. Schwarzenberg 1963.

69. Lassiter, D. R.: Am. Dyestuff Reporter **51**, 158 (1962).

70. DBP 1 188 032 (1961) Bayer (W. Ehm).

71. Moroff, H.: Melliand Textilber. **44**, 1115 (1963).

72. Friedrich, H.: Spinner Weber **75**, 868 (1956).

73. Schmidt, R.: Melliand Textilber. **42**, 99 (1961).

74. Linke, W.: Spinner Weber **79**, 824 (1961).

75. BE 617 008 (1962) BASF (H. Wilhelm, H. Wolf, H. J. Kessler, W. Rümens u. R. Zeidler).

76. DBP 1 135 418 (1961) BASF (K. Martin, G. Fahrner).

77. US 3 248 260 (1961) Du Pont (E. O. LANGERAK, J. A. NELSON u. E. J. WRIGHT). — BE
    635 437 (1963) Du Pont.
78. SCHMIDT, R.: Melliand Textilber. 42, 99 (1961). — MOROFF, H.: Melliand Textilber. 44,
    1115 (1963).
79. SZ 355 767 (1956) Ass. Lead Manuf. Ltd. London (N. J. READ).
80. Chemiefasern 15, 956 (1965).
81. US 3 030 230 (1960) Burlington Ind., Inc., Greensboro (E. C. ATWELL).
82. STUKENBROCK, K., R. DROBECK u. B. LANGE: Z. Ges. Textilind. 62, 167 (1960). —
    SIHLER, P.: Z. Ges. Textilind. 62, 669 (1960). — BRAUN, G.: Z. Ges. Textilind. 62,
    702 (1960). — BOBE, J.: Textil-Praxis 15, 1157 (1960). — MANZ, K.: Melliand Textil-
    ber. 41, 21 (1960). — OSSWALD, H.: Melliand Textilber. 41, 409 (1960). — GOLTZ,
    D. A.: Melliand Textilber. 42, 334 (1961). — SNEYD, H.: Chemiefasern 11, 87 (1961). —
    CLAUSEN, R., u. K. STUKENBROCK: Z. Ges. Textilind. 63, 463 (1961). — STUKEN-
    BROCK, K., u. B. LANGE: Z. Ges. Textilind. 66, 663 (1964).
83. EILBECK, G. E., and E. R. URIG: Rubber World 148, Nr. 2, 38 (1963). — DAVIS, J. P.,
    and W. P. WELCH: Rubber World 148, Nr. 2, 43 (1963).
84. BE 617 838 (1962) DOW (H. E. FILTER, R. J. PUESCHNER).
85. FR 1 416 604 (1964) DOW (J. P. STRASSER, M. J. HATCH u. F. L. KNOCHEL).
86. ZIMMERMANN, R. L.: Rubber Age 98, Nr. 5, 68 (1966).
87. Am. Dyestuff Reporter 54, 654 (1965).
88. GB 991 715 (1962) Hansa-Werke (T. SCHUTTE u. B. GRATIN V. D. SCHUTENBERG). —
    JACOBS, G.: Z. Ges. Textilind. 67, 210 (1965).
89. Rev. Text. Progress 14, 268 (1962).
90. Can. Textile J. 78, 59 (1961).
91. STUKENBROCK, K.: Z. Ges. Textilind. 62, 116 (1960). — DROBEK, R., u. B. LANGE:
    Textil-Praxis 16, 584 (1961).
92. TAYLOR, J. T., and M. D. HURWITZ: Am. Dyestuff Reporter 51, 636 (1962).
93. HOEY, C. E.: Am. Dyestuff Reporter 50, 410 (1961). — HOEY, C. E., and M. J. SEIFER:
    Text. World 112, 79 (1962). — LASSITER, D. R.: Am. Dyestuff Reporter 51, 159 (1962).
94. DAS 1 125 877 (1960) BASF (W. RÜMENS, N. GÖTZ, K. MARTIN, R. ZEIDLER, H. WIL-
    HELM, E. PENNING).
95. ARNOLD, H.: Spinner Weber 76, 1160 (1958).
96. US 2 760 884 (1954) Celastic Corp., N. J. (G. L. GRAF jr.). — US 2 805 962 (1954)
    Celastic Corp. (C. E. HENDRICKS). — US 2 923 641 (1955) Celastic Corp. (G. L. GRAF
    jr.). — FR 1 156 003 (1956) Celastic Corp.
97. HILBERTZ, H. H.: Melliand Textilber. 44, 1115 (1963).
98. KRCMA, R.: Textilverbundstoffe, S. 20 ff. Leipzig: VEB-Fachbuchverlag 1963.
99. Z. Ges. Textilind. 63, 663 (1961). — Textil-Praxis 17, 568 (1962). — Melliand Textilber.
    43, 705 (1962). — Chemiefasern 14, 326 (1964).
100. NICELY, D. C.: Am. Dyestuff Reporter 49, 17 (1960). — HEARLE, J. W. S.: Skinner's
    Record 49, 559, 647, 744 (1965).
101. JÖRDER, H.: Chemiefasern 14, 326 (1964). — PUFF, F. W.: Chemiefasern 15, 764 (1965).
102. SHEARER, H. E.: Am. Dyestuff Reporter 50, 292 (1962). — SCHUBERT, F. R.: Z. Ges.
     Textilind. 65, 37 (1963). — Spinner, Weber, Textilveredlung 83, 42 (1965).
103. SCHUBERT, F. R.: Z. Ges. Textilind. 65, 37 (1963).
104. PLOETZ, TH.: Papier 19, 649 (1965).
105. FR 1 414 088 (1964) Bonded Fibre Fabric. — BE 664 303 (1965) Bonded Fibre Fabric.
106. US 2 862 251 (1956) Chicopee Manuf. Corp. (F. KALWAITES). — BURESH, F. M.: Am.
     Dyestuff Reporter 51, 629 (1962). — LORENZ, U. R., u. G. G. LORENZ: Chemiefasern
     14, 852 (1964). — THOMAS, H. J.: Deut. Textiltechnik 14, 309 (1964). — RUPERT, W.:
     Z. Ges. Textilind. 67, 602 (1965). — —: Chemiefasern 15, 766 (1965). — FEHRER, E.:
     Textilveredlung 1, 452 (1966).
106a. Text. Res. J. 36, 859 (1966).
107. Am. Dyestuff Reporter 48, 49 (1959).
108. WEBER, K. A.: Textilveredlung 1, 447 (1966).
109. DAS 1 062 206 (1952) Freudenberg (R. SCHABERT, W. LAUPPE, C.-L. NOTTEBOHM).
110. Am. Dyestuff Reporter 50, 1007 (1961).

111. US 2 754 280 (1954) Rohm & Haas, Phil. (G. L. Brown, B. B. Kine). — US 2 931 749 (1956). = DAS 1 135 413 (1957) Rohm & Haas, Phil. (B. B. Kine, N. A. Matlin).
112. US 2 780 567 (1954) Rohm & Haas, Phil. (B. B. Kine, N. A. Matlin). — US 2 923 653 (1956). = DAS 1 132 089 (1957) Rohm & Haas, Phil. (N. A. Matlin, B. B. Kine). — DBP 1 134 353 (1957) Rohm & Haas, Phil. (B. B. Kine, N. A. Matlin).
113. DBP 1 000 782 (1955) Rohm & Haas, Phil. (B. B. Kine, A. C. Nuessle). — FR 1 374 297 (1963) UCC (H. Mayfield, W. F. Hill jr.).
114. Ullmann Encyklopädie der technischen Chemie, S. 294. München-Berlin: Urban u. Schwarzenberg 1963. — DBP 1 124 465 (1957) Röhm & Haas (F. Kollinsky, H. Moroff, K. Tessmar, H. Determann). — DAS 1 086 208 (1958) BASF (H. Reinhard, E. Penning). — US 3 081 197 (1959) Du Pont (R. L. Adelmann). — DBP 1 204 410 (1960) Bayer (K. Dinges, E. Müller). — US 3 047 548 (1960) Goodrich Comp. (R. Y. Garett). — DAS 1 191 784 (1960) Rohm & Haas (F. Kollinsky, H. Moroff, E. Heil). — GB 962 458 (1960) Rohm & Haas, Phil. — GB 962 459 (1960) Rohm & Haas, Phil. — FR 1 264 661 (1960) Rohm & Haas, Phil. (V. J. Moser). — DBP 1 194 146 (1961) Bayer (K. Dinges, E. Müller, K.-H. Knapp). — FR 1 340 352 (1962) Du Pont (C. J. Shoaf). — FR 1 388 473 (1964) BASF (H. Wolf, E. Drescher, G. Faulhaber, H. Wilhelm, H. Reinhard u. E. Penning).
115. Text. Res. J. **33**, 325 (1963).
116. Melliand Textilber. **42**, 444 (1961).
117. DAS 1 144 229 (1953) Chicopee Manuf. Corp. N. J. (I. S. Ness, R. V. Lints, R. Petterson, R. W. Johnson).
117a. Text. Res. J. **37**, 461 (1967).
118. Jörder, H.: Z. Ges. Textilind. **64**, 593 (1962).
119. Jörder, H.: Z. Ges. Textilind. **67**, 22 (1965).
120. Wegener, W., u. H. Külter: Z. Ges. Textilind. **68**, 4, 89 (1966).
121. Text. Res. J. **36**, 501 (1966).
121a. Text. Res. J. **37**, 495 (1967).
122. Text. Res. J. **33**, 809 (1963).
123. Text. Res. J. **33**, 877 (1963); **34**, 181 (1964).
124. Text. Res. J. **35**, 827 (1965).
125. Text. Res. J. **33**, 403 (1963).
126. Text. Res. J. **36**, 494 (1966).
127. Text. Res. J. **34**, 275 (1964).
128. Text. Res. J. **35**, 48 (1965).
128a. Textil-Praxis **22**, 182 (1967).
129. Jörder, H.: Melliand Textilber. **44**, 702 (1963).
130. Shearer, H. E.: Am. Dyestuff Reporter **51**, 627 (1962). — Bromley, J.: Text. Manufacturer, Nr. 1095, 98 (1966).
131. Z. Ges. Textilind. **64**, 581 (1962). — Papierverarbeiter 1, Nr. 6, 3 (1966). — Textilveredlung 1, 436 (1966).
132. US 2 719 802 (dtsch. Prior. 1948) Freudenberg (C. L. Nottebohm).
133. Melliand Textilber. **45**, 988 (1964).
134. Lassiter, D. R.: Am. Dyestuff Reporter **51**, 160 (1962). — Kratzsch, E., u. H. Hendrix: Z. Ges. Textilind. **66**, 485 (1964).
134a. Heintze, E. F.: Z. Ges. Textilind. **69**, 367 (1967). — Brockhouse, R. A.: Paper Trade J. **151**, Nr. 39, 36 (1967).
135. US 2 862 251 (1956) Chicopee Manuf. Corp. (F. Kalwaites).
136. Nuessle, A. C.: Am. Dyestuff Reporter **52**, 694 (1963).
137. Jörder, H., u. L. Nottebohm: Melliand Textilber. **42**, 444 (1961).
138. Eisele, D.: Melliand Textilber. **47**, 87 (1966).
139. Mühlsteph, W., u. W. Pöge: Anwendungstechnik der Plast- u. Elastdispersionen, S. 306. Leipzig: VEB Deutscher Verlag für Grundstoffind. 1964. — Pole, E. G.: Rubber Develop. **12**, 15 (1959). — Blackley, D. C.: High polymer latices, Vol. 2, 791. London: Maclaren and Sons Ltd. 1966.
140. Nottebohm, C. L.: Textilveredlung 1, 442 (1966).

141. DAS 1 204 618 (1954) A. A. Alegre, Barcelona. — DAS 1 098 909 (1955) Goodrich Comp. (S. T. SEMEGEN). — GB 833 679 (1956) DuPont. — GB 910 483 (1959) Lantor Ltd. — DAS 1 146 473 (1959) DuPont (J. L. HOLLOWELL). — GB 914 713 (1960) DuPont.
142. Boden-Wand-Decke 11, Nr. 1, 30 (1965).
143. HAAS, F.: Melliand Textilber. 48, 448 (1967). — WELZEL, G.: Melliand Textilber. 48, 451 (1967).
143a. G. HOLZHÄUER: Melliand Textilber. 48, 382 (1967).
144. Melliand Textilber. 47, 1020 (1966).
145. JÖRDER, H.: Textilveredlung 2, 2 (1967). — —: Chemiefasern 17, 732 (1967).

Weitere Literatur

BARR, T.: Rev. Text. Progress 13, 197 (1961) Zusammenstellung der engl. u. amerik. Fachliteratur über Vliesstoffe 1960—1961.
BECK, G.: Streichen und Beschichten. München: C. Hanser 1955.
BERNARD, W.: Appretur der Textilien. Berlin-Göttingen-Heidelberg: Springer 1960.
BÖTTCHER, M.: Kunststoff-Rundschau 9, 285 (1962) (Patentliteratur-Übersicht).
BURESH, F. M.: Non-woven fabrics. New York: Reinhold Publ. Corp. London: Chapman & Hall Ltd. 1962.
Deut. Färber-Kalender 62, 222 (1958).
EWALD, G.: Rubber Age 95, 754 (1964).
FISCHER-BOBSIEN, C. H.: Lexikon Textilveredlung und Grenzgebiete, 2. Aufl. Dülmen/Westf.: A. Laumannsche Verlagsbuchhandlung 1960.
FRIEDRICH, H.: Spinner Weber 75, 867 (1956).
KRCMA, R.: Textilverbundstoffe, Leipzig: VEB Fachbuchverlag 1963.
Les tissus non tissés: Un guide industriel, Serdic. Marseille: G. Duclos 1962.
MARSH, J. T.: Self-smoothing fabrics. London: Chapman & Hall Ltd. 1962.
MEICHSNER, G.: Spinner Weber 76, 130 (1958).
MOROFF, H.: Melliand Textilber. 44, 1115 (1963).
MÜNZINGER, W. M.: Kunstleder-Handbuch, 2. Aufl. Berlin: Pansegrau 1950.
NOTTEBOHM, C. L.: Textilveredlung 1, 426 (1966). Literaturzusammenstellung Vliesstoffe 1962—1966.
REINSCH, M. H.: Chemiefasern 15, 50 (1965).
RUPERT, W.: Z. Ges. Textilind. 64, 581 (1962) Patentzusammenstellung Vliesstoffe 1909—1958.
SCHMIDT, R.: Melliand Textilber. 42, 99 (1961).
SHERWOOD, N. H.: Am. Dyestuff Reporter 44, 262 (1955).
SVF-Lehrgang für den Textilveredler, Appretur und Hochveredlung. Schweizerische Vereinigung von Färbereifachleuten, Basel/Schweiz.
SVF-Fachorgan für Textilveredlung 17, 418ff., 482ff. (1962).

11 Linoleum und Feltbasebodenbeläge

1. Kunststoffe 47, 569 (1957).

Weitere Literatur

US 2 683 094 (1949) Paulsboro Manuf. Comp. (J. R. JONES, E. R. ERB).
US 2 707 157 (1952) DOW (G. W. STANTON, TH. C. SPENCE).
US 2 983 622 (1958) Congoleum-Nairn Inc. (J. BISKUP, S. JOHNSON, P. C. WETTERAU).
DAS 1 107 184 (1958) BASF (G. HAGEN, K. HERRLE, A. REICHARDT).
US 3 066 109 (1958) Kimberley-Clark Corp. (J. F. HECHTMANN, P. A. SIMONEN).
US 3 157 561 (1960) Sandura Comp. (J. C. MILLER, E. R. ERB).

12. Fußbodenpflegemittel

1. GRICE, J. O.: Chem. Prod. 1962, 13.
2. US 3 234 158 (1962) Borden Comp. (H. L. PFLUGER, CH. G. GEBELEIN). — DAS 1 210 114 (1963) BASF (H. POHLEMANN, K. HASSE, B. LEHMANN u. W. KINDACKER). — FR 1 407 957 (1964) Reichhold.

3. US 3 238 169 (1962) Staley Manuf. Comp. (N. Wolff).
4. Smith, R. L.: Seifen, Öle, Fette, Wachse 88, 121 (1962).
5. Neufeld, E., u. K. Schäfer: Fette, Seifen, Anstrichmittel 64, 615 (1962).
6. Merken, H., u. F. H. Steffers: Seifen, Öle, Fette, Wachse 89, 511 (1963).
7. US 3 219 611 (1961) Polyvinyl Chem. Inc. (D. B. Witwer). — BE 611 247 (1962) Rohm & Haas, Phil. (R. E. Zdanowski, B. E. Larsson). — US 3 253 941 (1962) Staley Manuf. Comp. (W. M. Fum, F. L. McCarthy). — FR 1 384 694 (1963) Rohm & Haas, Phil. (R. E. Zdanowski). — FR 1 384 695 (1963) Rohm & Haas, Phil. (R. E. Zdanowski). — FR 1 384 633 (1963) Simoniz Comp.
8. DAS 1 215 287 (1963) Chem. Werke Werner u. Mertz (H. Ellwanger). — DAS 1 228 735 (1963) Reichhold (T. Götze). — FR 1 407 957 (1964) Reichhold.

Weitere Literatur

Chalmers, L.: Paint Manufacturers 32, 117 (1962).

13. Entdröhnungsmassen

1. Acustica 2, AB 181 (1952).
2. Acustica 4, 433 (1954).
3. VDI-Berichte 8, 100 (1956).
4. Kunststoffe 46, 190 (1956).
5. Williams, M. L., R. F. Landel, and J. D. Ferry: J. Am. Chem. Soc. 77, 370 (1955).
6. Thurn, H., u. F. Würstlin: Kolloid-Z. 145, 133 (1956).
7. Hendus, H., G. Schnell, H. Thurn u. K. A. Wolf: Ergebn. exakt. Naturwiss. 31, 220 (1959).
8. Thurn, H.: Kunststoffe 50, 606 (1950).
9. Oberst, H., L. Bohn u. F. Linhardt: Kunststoffe 51, 495 (1961).
10. Thurn, H., u. H. Reinhard: VDI-Berichte 69, 87 (1963).
11. Kurtze, G.: Kunststoffe 51, 599 (1961).
12. Oberst, H., u. A. Schommer: Kunststoffe 55, 634 (1965).
13. Klingner, H. J., u. H. Brauer: Plaste Kautschuk 8, 435 (1961).

Weitere Literatur

Jehle, N.: Adhäsion 9, 250 (1965).
Kernchen, G.: Glasers Ann. 84, 59, 82 (1960).
Kurz, K.: Automobiltech. Z. 62, 158 (1960).
Kurtze, G.: Physik u. Technik der Lärmbekämpfung. Karlsruhe: G. Braun 1964.
Stankiewicz, A.: Mitteilungen der Forschungsgesellschaft Blechverarbeitung e. V., Nr. 14 (1956).
Zboralski, D.: Schiff Hafen 10, 913 (1958).

14. Lebensmittelbeschichtung

1. DAS 1 137 934 (1956) Dr. Waldemar Kling, Kempten.
2. DAS 1 085 026 (1956) Klebchemie (M. G. Becker).
3. DAS 1 150 268 (1961) Hoechst (A. Schaefer).
4. DAS 1 142 269 (1957) Dr. U. Zboralski (nicht erteilt).

15. Schaumgummiherstellung

1. Rev. Gén. Caoutch.-Plast. 42, 1265 (1965). — Rogers, T. H.: SPE-J. 22, Nr. 7, 49 (1966). — Calvert, K. O., and J. L. M. Newnham: Rubber Age 98, 73 (1966).

2. GB 326 210 (1928) Dunlop (W. H. CHAPMAN, D. WHITWORTH POUNDER, E. A. MURPHY
u. F. T. PURKIS). — US 1 852 447 Dunlop (W. H. CHAPMAN, D. W. POUNDER, E. A.
MURPHY).
3. US 2 432 353 (1946) J. A. Talalay. = GB 619 619. = DBP 818 855 (1946) J. A. Talalay.
4. Ind. Eng. Chem. **44**, 791 (1952).
5. Ind. Eng. Chem. **46**, 1530 (1954).
6. J. Appl. Polymer Sci. **7**, 947 (1963).
7. Trans. JRJ. **38**, 56 (1962).
8. US 3 215 647 (1962) DOW (E. R. DUNN).

Weitere Literatur

BLACKLEY, D. C.: High polymer latices, Vol. 1, p. 296 ff.; Vol. 2, p. 583 ff. London: Maclaren
& Sons Ltd. 1966.
LOGEMANN, H.: Methoden der organischen Chemie (HOUBEN-WEYL), Bd. XIV/1. Makro-
molekulare Stoffe, Teil 1, 4. Aufl., S. 556, Stuttgart: G. Thieme 1961.
MADGE, W. E.: Latex Foam Rubber. London: Maclaren & Sons. Ltd. 1962.
SINN, G.: Kautschuk-Handbuch, 4. Bd., S. 232 u. S. 263 ff. Herausg. S. BOSTRÖM. Stuttgart:
Berliner Union 1961.

16. Verschiedene Anwendungen

1. SINN, G.: Kautschuk-Handbuch, 4. Bd., S. 246. Herausg. S. BOSTRÖM. Stuttgart: Berliner
Union 1961. — BLACKLEY, D. C.: High polymer latices, Vol. 2, p. 523. London:
Maclaren & Sons Ltd. 1966.
2. EILBECK, G. E., and E. R. URIG: Rubber World **148**, Nr. 2, 37 (1963).
3. BLACKLEY, D. C.: High polymer latices, Vol. 2, p. 561. London: Maclaren & Sons Ltd.
1966.
4. SINN, G.: Kautschuk-Handbuch, 4. Bd., S. 262. Herausg. S. BOSTRÖM. Stuttgart: Berliner
Union 1961.
5. US 2 914 376 (1955) Rohm & Haas, Phil. (A. H. BIBOLET, G. L. BROWN, R. P. FELLMANN,
G. A. RICHTER). — GB 858 864 (1957). = BE 557 919 (1957) Rohm & Haas, Phil.
(G. A. RICHTER, C. H. MCBURNEY, B. B. KINE). — BE 664 901 (1965) Rohm & Haas,
Phil. (R. G. MINTON, S. MELAMED).
6. DAS 1 218 111 (1956) Rohm & Haas, Phil. (A. H. BIBOLET, G. L. BROWN, R. P. FELL-
MANN, G. A. RICHTER).
7. BLACKLEY, D. C.: High polymer latices, Vol. 2, p. 817. London: Maclaren & Sons Ltd.
1966.
8. Trans. JRJ. **25**, 220 (1949).
9. Gummi, Asbest, Kunststoffe **15**, 741, 979 (1962).
10. J. Appl. Chem. **10**, 296 (1960).
11. US 3 127 367 (1960) Goodyear (H. A. ENDRES, W. W. BURR).
12. Gummi, Asbest, Kunststoffe **18**, 41 (1965).
13. BLACKLEY, D. C.: High polymer latices, Vol. 2, p. 833. London: Maclaren & Sons Ltd. 1966.
14. FR 1 261 507 (1960) Scholten's Chem. Fabr. — DAS 1 149 195 (1960) Alca Chem. Corp.
(B. COE). — US 3 174 942 (1961) Borden Comp. (C. R. ERIKSON, V. TEDESCHI). —
NE 6 511 014 (1965) Intern. Synthetic Rubber Comp.

MIX
Papier aus verantwortungsvollen Quellen
Paper from responsible sources
FSC® C105338